大数据应用

朱扬勇　主编

上海科学技术出版社

图书在版编目（CIP）数据

大数据应用 / 朱扬勇主编. -- 上海 : 上海科学技术出版社, 2025.4. -- ISBN 978-7-5478-7130-0
Ⅰ. TP274
中国国家版本馆CIP数据核字第2025XF0982号

大数据应用

朱扬勇　主编

责任编辑：沈　甜　杨　淦　楼玲玲

上海世纪出版(集团)有限公司
上 海 科 学 技 术 出 版 社 出版、发行
(上海市闵行区号景路159弄A座9F-10F)
邮政编码201101　www.sstp.cn
常熟高专印刷有限公司印刷
开本787×1092　1/16　印张16.25
字数：365千字
2025年4月第1版　2025年4月第1次印刷
ISBN 978-7-5478-7130-0/TP·99
定价：110.00元

本书如有缺页、错装或坏损等严重质量问题，请向工厂联系调换

内容提要

现今,数据已无处不在、无时不用,数据驱动管理决策、科学研究、技术发明、经济生活,数据驱动创新发展,数据成为企业资产与生产要素。开发大数据应用、实现数字化转型、提升核心竞争力是各类主体所希望的。开发一个大数据应用项目,需要进行充分的数据准备和技术准备,设计好实施方案,解决实际应用中的问题。本书介绍了多个领域大数据应用案例与实践,包括工业、农业、金融、物流、旅游、气象、医疗、城市管理、城市交通等领域。这些应用案例涵盖了大数据应用的大部分领域,也从一个侧面展示了大数据在实际应用中的困难和繁琐。

本书的读者对象为数据科学与大数据技术专业的高等院校师生以及从事各个领域大数据和数字化转型的工程技术人员。

编写人员名单

第 1 章　朱扬勇

第 2 章　李敏波

第 3 章　张亮　李俊清　芦旭　宋云胜　宁立新　郭鹏　董晓亮

第 4 章　谭书华

第 5 章　何承　张祎　张扬　翟希　许岩岩

第 6 章　陈云　张超　俞立

第 7 章　潘皓波　刘丹

第 8 章　汤春蕾

第 9 章　王强　金诚　李海宏　杨辰　熊赟

第 10 章　赵志远

前　言

数据、技术、应用是大数据三要素。2017年我们完成《大数据资源》、2022年完成《大数据技术》，如今终于完成了《大数据应用》，时间跨越7年，其中不易，难以言表。

在2017年，我认为"很多关于大数据的美丽故事，离我理解的大数据还有差距。现在还没有让我满意的大数据应用案例，希望在未来两年内能够收集到足够好的大数据应用案例"。然而，到了2023年，我所面临的挑战是有太多的大数据应用案例出现，如何选择典型的大数据应用案例反而成了新的问题。经过反复考察和思索，我在朋友圈广泛征询意见，并考虑行业广泛性和大数据应用的渗透性，兼顾大数据领先发展和信息化基础较弱的领域，组织了此稿的写作。当然最重要的是有科学家们愿意奉献自己的经验、智慧和精力来参与撰写工作。

开发建设一个大数据应用项目需要解决什么问题？需要具备哪些数据？还需要获取哪些数据？可以采用哪些技术、设计和算法？这是大数据应用建设方案设计需要回答的内容，其重点是数据满足性，即开发建设一个大数据应用项目的核心条件是数据有没有、够不够。准备数据以满足应用对数据的需求，需要解决四个问题：数据不够用、数据不可用、数据不好用、数据不能用。数据来源有自有数据积累和外部数据获取两种途径。自有数据积累是指企业信息化产生的数据积累，主要来源于企业管理信息系统（MIS）、客户关系管理系统（CRM）、企业资源规划系统（ERP）等；自有数据积累的另一个渠道是共同体数据整合。通常是集团公司数据管道整合下属部门数据形成数据资源汇聚以方便数据分析。为了能够获得可用的、好用的数据，企业需要建设自身的数据治理体系。外部数据获取有技术和非技术两种途径。技术途径包括网络爬取，通常需要获得对方许可，如果没有获得对方许可，容易触犯法规，需要谨慎使用；非技术途径是指通过数据市场获得数据。目前的数据市场有数据开放、数据共享、数据交易和数据出版四种形式。

大数据驱动决策方式的重大变革，改变了人类的生产、生活方式，实现政府、社会、经济、科教、人文的全面数字化转型。数据驱动创新已经成为新的创新模式，并且将持续较长时间。数据驱动创新形成了新的竞争格局,各行各业都面临着新竞争格局的挑战,各行业形态正经历着变革重构,传统型的企业如果不能实现数字化转型,将逐渐被新型企业所击败或取代。这些新型企业的主要特征是:数据密集、资金密集的网络化企业。因此,各行各业各类企业都面临数字化转型,都需要开发建设大数据应用项目。在各项权衡和各位作者的协作下,我们选择介绍了9个领域大数据应用的实际案例,包括工业、农业、金融、物流、旅游、气象、医疗、城市管理、城市交通等领域。这些应用案例涵盖了大数据应用的大部分领域,是实际情况的反映,朴实无华。朴实无华也是本书作者的特点,他们的无私奉献让我非常感动。本书作者是李敏波、张亮、李俊清、芦旭、宋云胜、宁立新、郭鹏、董晓亮、谭书华、何承、张祎、张扬、翟希、许岩岩、陈云、张超、俞立、潘皓波、刘丹、汤春蕾、王强、金诚、李海宏、杨辰、熊赟和赵志远,感谢这些作者的辛勤劳动。

虽然还有一些重要领域的行业大数据应用案例没有选入本书,我们还是希望《大数据应用》能对各个行业的企业数字化转型提供可借鉴的经验。《大数据应用》即将交付印刷了,所有参与的作者都非常努力和认真、表现出较高的水平,但由于我本人知识水平和组织能力的限制,书稿还是有许多遗憾和有待改进的地方,在此向读者表示歉意、向参与的作者表示歉意。等待读者的批判,感谢。

朱扬勇

2025 年 2 月

目 录

第1章 绪论 1

  1.1 数据的作用 1
    1.1.1 数据作为生产要素 1
    1.1.2 数据作为企业资产 2
    1.1.3 数据驱动创新 4
    1.1.4 基于数据的整合与服务 5
  1.2 数字化转型 6
    1.2.1 新竞争格局 6
    1.2.2 传统企业数字化转型的挑战 7
    1.2.3 建设企业的数据能力 10
    1.2.4 数字化转型平台 10
  1.3 数据准备 11
    1.3.1 大数据应用面对的数据问题 12
    1.3.2 自有数据积累 12
    1.3.3 外部数据获取 13
    1.3.4 数据资产化 14
  1.4 应用实施 15
    1.4.1 问题分析 15
    1.4.2 算法设计 16
    1.4.3 开发部署 17
  参考文献 18

第2章 制造大数据应用 19

  2.1 概述 19
    2.1.1 制造大数据的特征与范围 19

2.1.2 大数据在制造业的应用与挑战 ……………………………………… 21
2.2 制造大数据技术 …………………………………………………………… 23
2.2.1 制造大数据平台技术框架 …………………………………………… 23
2.2.2 大数据治理技术 ……………………………………………………… 25
2.3 电子制造行业数据集成应用 ……………………………………………… 27
2.3.1 数据采集系统 SCADA ……………………………………………… 29
2.3.2 信息系统集成应用 …………………………………………………… 31
2.3.3 生产过程实时监控 …………………………………………………… 32
2.3.4 SMT 锡膏印刷 SPI 检测参数阀值优化 …………………………… 32
2.3.5 SMT 印刷工艺参数的质量影响分析与印刷缺陷分析 …………… 37
2.4 发动机维修知识图谱 ……………………………………………………… 40
2.4.1 柴油发动机故障数据知识图谱本体设计 …………………………… 40
2.4.2 发动机故障数据命名实体识别 ……………………………………… 42
2.4.3 基于贝叶斯推理的辅助故障诊断 …………………………………… 42

参考文献 ……………………………………………………………………………… 44

第 3 章　大数据推进现代农业发展 ………………………………………… 45

3.1 农业大数据与现代农业 …………………………………………………… 45
3.1.1 现代农业的基本特征 ………………………………………………… 45
3.1.2 大数据在农业现代化中的基本作用 ………………………………… 46
3.1.3 农业大数据的定义及特征 …………………………………………… 47
3.1.4 农业大数据的技术体系 ……………………………………………… 47
3.2 农业大数据的类别与来源 ………………………………………………… 49
3.2.1 生产环境数据 ………………………………………………………… 49
3.2.2 遥感数据 ……………………………………………………………… 50
3.2.3 生命组学数据 ………………………………………………………… 51
3.2.4 视觉数据 ……………………………………………………………… 52
3.2.5 互联网数据 …………………………………………………………… 53
3.3 农业大数据的应用案例 …………………………………………………… 54
3.3.1 渤海粮仓大数据服务平台案例 ……………………………………… 54
3.3.2 基于多源遥感数据的作物长势监测案例 …………………………… 55
3.3.3 基于时空遥感大数据的土壤属性反演案例 ………………………… 60
3.3.4 基于多模态数据融合的病虫害识别案例 …………………………… 62
3.3.5 基因组选择与智能育种案例 ………………………………………… 63
3.3.6 基于农业知识图谱的作物病虫害知识服务案例 …………………… 65
3.4 农业大数据的未来展望 …………………………………………………… 67
3.4.1 技术融合创新推动农业大数据发展 ………………………………… 67
3.4.2 农业大数据标准的进一步规范 ……………………………………… 68

  3.4.3　农业应用场景的拓展和深化 ································ 69
 参考文献 ··· 69

第 4 章　现代物流的大数据应用 ································ 72

 4.1　概述 ··· 72
  4.1.1　现代物流的前世今生 ······································ 73
  4.1.2　现代物流与大数据结合的现状 ······························ 74
  4.1.3　现代物流与大数据结合的问题及挑战 ························ 76
 4.2　现代物流大数据的采集 ·· 77
  4.2.1　现代物流大数据的主要形态 ································ 77
  4.2.2　现代物流大数据的采集方式 ································ 79
 4.3　现代物流与大数据的应用 ·· 85
  4.3.1　国际物流及大数据的五大应用 ······························ 85
  4.3.2　国内物流及大数据的十种应用场景 ·························· 86
 4.4　现代物流与大数据的展望 ·· 92
 参考文献 ··· 93

第 5 章　城市交通大数据 ·· 94

 5.1　城市交通出行链画像 ·· 94
  5.1.1　个体出行行为及活动类型推断 ······························ 94
  5.1.2　个体出行行为预测 ······································ 102
 5.2　基于深度学习的城市路网行程时间预测 ····························· 114
  5.2.1　基于深度图像到时间的模型 ······························ 114
  5.2.2　行程时间预测及模型性能评估 ···························· 119
 参考文献 ·· 123

第 6 章　金融大数据应用 ······································ 124

 6.1　引言 ·· 124
 6.2　金融数据资源与大数据分析技术 ··································· 125
  6.2.1　金融数据资源 ·· 125
  6.2.2　金融业大数据分析技术 ··································· 127
 6.3　金融大数据典型应用 ·· 130
  6.3.1　金融市场预测与分析 ···································· 130
  6.3.2　量化投资高频交易策略 ··································· 133
  6.3.3　保险定价与风险管理 ···································· 135
  6.3.4　监管科技与合规管理 ···································· 137

6.4 金融大数据应用面临的挑战和发展趋势 ············· 140
　　6.4.1 金融大数据应用面临的挑战 ············· 140
　　6.4.2 金融大数据的未来发展趋势 ············· 141
参考文献 ············· 142

第7章　旅游大数据应用 ············· 144

7.1 旅游大数据的定义和应用场景 ············· 144
　　7.1.1 旅游大数据的定义 ············· 144
　　7.1.2 旅游大数据的特征 ············· 146
　　7.1.3 旅游大数据的应用场景分类 ············· 147
7.2 旅游大数据的采集、标注和指标 ············· 149
　　7.2.1 旅游大数据的采集 ············· 149
　　7.2.2 旅游大数据的标注 ············· 152
　　7.2.3 旅游大数据的应用场景数据指标 ············· 155
7.3 旅游大数据的应用案例分析 ············· 164
　　7.3.1 国际海岛舟山智慧旅游应急案例分析 ············· 164
　　7.3.2 基于未来游客量预测的住宿智能辅助定价场景 ············· 169
参考文献 ············· 174

第8章　数字医疗创新 ············· 176

8.1 数字赋能医疗 ············· 176
　　8.1.1 数字赋能医疗的一般观点：医疗价值 ············· 176
　　8.1.2 数字赋能医疗的前沿观点：价值医疗 ············· 180
8.2 数字医疗创新与数据科学理论 ············· 182
　　8.2.1 数据科学理论中的基础设施 ············· 182
　　8.2.2 数据科学理论中的"人" ············· 186
　　8.2.3 数据科学理论中的生产 ············· 189
8.3 数字医疗创新的实际案例和新应用 ············· 190
　　8.3.1 数字医疗创新的典型案例 ············· 191
　　8.3.2 数字医疗创新的新应用：护理转轨 ············· 193
8.4 数字医疗的资本化创新 ············· 196
　　8.4.1 正向：为什么要资本化——数据价值增值 ············· 196
　　8.4.2 逆向：数据资本如何推动数字医疗创新 ············· 198
　　8.4.3 有中国特色的数字医疗创新资本化 ············· 199
8.5 数字医疗创新的挑战与未来展望 ············· 199
　　8.5.1 数字医疗创新的挑战 ············· 200
　　8.5.2 数字医疗创新的未来展望 ············· 202

参考文献 ………………………………………………………………………… 203

第 9 章　基于大数据的城市运行气象风险预警 ………………………… 205

9.1　概述 ……………………………………………………………………… 205
　　9.1.1　上海主要气象灾害 …………………………………………………… 205
　　9.1.2　城市气象灾害风险 …………………………………………………… 206
　　9.1.3　城市气象影响预报预警 ……………………………………………… 207
　　9.1.4　气象大数据及应用 …………………………………………………… 208
　　9.1.5　基于气象大数据的城市运行智慧气象服务 ………………………… 210
9.2　技术路线 ………………………………………………………………… 211
9.3　数据分析 ………………………………………………………………… 212
　　9.3.1　自动站数据 …………………………………………………………… 212
　　9.3.2　网格数据 ……………………………………………………………… 212
　　9.3.3　热线数据 ……………………………………………………………… 214
　　9.3.4　事件类型的气象相关性 ……………………………………………… 216
9.4　技术方法 ………………………………………………………………… 217
　　9.4.1　文本分类方法 ………………………………………………………… 217
　　9.4.2　可解释性规则提取算法 ……………………………………………… 217
　　9.4.3　LightGBM 模型 ……………………………………………………… 218
　　9.4.4　LAMEE 模型 ………………………………………………………… 219
　　9.4.5　决策树模型 …………………………………………………………… 220
　　9.4.6　两步法建模 …………………………………………………………… 220
　　9.4.7　随机截距模型 ………………………………………………………… 221
9.5　应用成效 ………………………………………………………………… 221
　　9.5.1　气象与城市运行的双向关联规则 …………………………………… 221
　　9.5.2　结果评估 ……………………………………………………………… 222
　　9.5.3　先知系统网格模块 …………………………………………………… 224
参考文献 ………………………………………………………………………… 224

第 10 章　中等城市数字化管理 …………………………………………… 225

10.1　中等城市数字化管理的现状与挑战 …………………………………… 225
　　10.1.1　数字转型成效显著 …………………………………………………… 226
　　10.1.2　面临的挑战与问题 …………………………………………………… 226
10.2　中等城市数字化管理的特征 …………………………………………… 227
　　10.2.1　精准高效 ……………………………………………………………… 228
　　10.2.2　科学决策 ……………………………………………………………… 228
　　10.2.3　多元共治 ……………………………………………………………… 229

		10.2.4 开放共享 ………………………………………………… 229

- 10.3 中等城市数字化管理的建设方案 ……………………………………… 230
  - 10.3.1 总体框架 ……………………………………………………… 230
  - 10.3.2 基础设施体系构建 …………………………………………… 231
  - 10.3.3 业务体系构建 ………………………………………………… 233
  - 10.3.4 应用体系构建 ………………………………………………… 234
  - 10.3.5 保障体系构建 ………………………………………………… 234
- 10.4 中型城市数字化管理的实现路径 ……………………………………… 235
  - 10.4.1 强化数字技术支撑 …………………………………………… 236
  - 10.4.2 转变城市治理模式 …………………………………………… 236
  - 10.4.3 完善政策法规体系 …………………………………………… 237
  - 10.4.4 提升公众参与度 ……………………………………………… 237
- 10.5 "福州模式"建设实践 ………………………………………………… 238
  - 10.5.1 福州概况 ……………………………………………………… 238
  - 10.5.2 总体框架 ……………………………………………………… 239
  - 10.5.3 典型实践 ……………………………………………………… 240

参考文献 ………………………………………………………………………… 245

第1章 绪　论

现今,数据已无处不在、无时不用,数据驱动管理决策、科学研究、技术发明、经济生活,数据驱动创新发展,数据成为企业资产、成为生产要素。数据有用已经是众所周知了,但要问数据具体有什么用,实践中如何用,似乎并不容易回答。本章介绍数据的作用、数字化转型、数据应用方法,作为本书的绪论。

1.1 数据的作用

数据通常可以分成电子数据和非电子数据两大类。非电子数据主要是指纸质媒介中的数据,如图书馆、档案馆里面的数据;电子数据是指计算机系统中存储的数据。由于电子数据和非电子数据不论在规模上还是在流通方式上都存在本质区别,而且"大数据"的含义只是指电子数据[1-3],因此,本书讨论的数据限定在电子数据的范畴而不考虑非电子数据。

随着数据的增长,数据资源的开发利用将赋予人类新的能力,此所谓"数据赋能"。未来,人类有能力进行全球性的研究和全球性的战略部署,例如在全球气候变化、金融体系、环境与健康等领域。随着数据的增长,生活、工作效率都会大幅提高。例如,智慧城市(交通、教育、医疗)得以实现,精准医疗、循证医学将超越医生的能力,全球性的人为灾害预测、预防将有望实现。

1.1.1 数据作为生产要素

2008年,朱扬勇和熊赟提出"数据资源是重要的现代战略资源,其重要程度将越来越显现,在21世纪有可能超过石油、煤炭、矿产,成为最重要的人类资源"[4-6];2012年,Amazon前首席科学家Andreas Weigend表示"数据是原油,但原油需要加以提炼后才能使用,从事海量数据处理的公司就是炼油厂"[7]。

2020年4月,中共中央、国务院发布《关于构建更加完善的要素市场化配置体制机制的意见》,将数据与土地、劳动力、资本、技术等传统要素并列,作为第五大生产要素,指出要加快数据要素市场培育。数据的生产价值获得充分认识和肯定,作为生产资料和基础资源必将推动数字经济的发展。

那么数据是如何成为生产要素的呢? 随着信息化进程的推进,大量数据被生产出来,最早运用数据的是决策支持系统,用数据帮助人们做决策,即数据改变了决策方式,这是早期数据发挥的作用。然而,数据积累是一个漫长、成本高昂而又困难的工作,只有少数大型企业能够做到,不仅如此,积累的数据也仅仅局限在企业自身产生的数据范围内。随着技术进步和互联网的普及应用,不论是政府、组织、企业,还是个人,都越来越有能力获得各种数据,大家用这些数据做各种各样的事情,做精准广告、驾驶导航、智慧城市、网络购物,政府、社会、企业和个人都在做数字化转型。这时,数据就作为很多企业和机构的投入品,成了生产要素。由于这些数据要素大部分是从外部获得的,因此需要建立数据要素市场。

数据作为生产要素,就是生产过程的投入品。信息化是生产数据的过程,这些数据是原始数据,投入生产过程中的原始数据就是生产要素或者要素数据。作为生产过程的投入品,数据要素既可以作为数据工厂的投入品,也可以作为传统产业的投入品(例如用于数字化转型)。

数据作为数据工厂的投入品进行数据再生产。数据再生产包括数据汇集、数据清洁、数据可视化、数据分析、人工智能等,也包括计算机病毒的传播和变异等。例如,证券数商将证券交易所提供的证券行情数据作为投入品数据,对其进行再生产,形成各种K线图、移动平均线、KDJ图、布林(BOLL)线图等数据产品。

数据作为传统企业的投入品。现代企业各方面的运行都越来越依赖于数据,需要数据的投入。媒体、广告、音乐、零售以及物流等消费端的行业已经发生了根本性改变,农业、医疗健康、金融服务、汽车制造和房地产等行业正在发生深远变化。以保险业为例,驾驶员的实际驾驶习惯数据被作为保险产品开发的投入品数据,用来精准动态风险管理(即若投保人本期驾驶习惯良好其下期保费将自动降低),这种基于真实数据而非概率估值的模式,使得投保产品更有效。又如,将实时监控各项影响农作物生长的指标数据(如水分、日照、土壤盐度、杂草率等)、天气数据等作为农业生产的投入品,能改进农作物生产、科学间种混种、高效利用土地等。

1.1.2 数据作为企业资产

资产是指会计主体(政府、企事业单位等)由过去的经济业务或者事项形成的,由会计主体控制的,预期能够带来经济利益流入或产生服务潜力的经济资源。

资产具有以下几个方面的特征:

(1) 资产预期会给会计主体带来经济利益或产生服务潜力;
(2) 资产应为会计主体拥有或者控制的资源;
(3) 资产是由会计主体过去的交易或者事项形成的。

按照我国的企业会计准则,符合上述资产定义的资源,还要在同时满足以下条件时,才能被确认为资产:

(1) 与该资源有关的经济利益很可能流入;
(2) 该资源的成本或者价值能够可靠地计量。

那么,数据是否与资产的基本特征相符合呢?

首先,数据能够给会计主体带来未来经济利益。数据资源具有直接或间接地为会计主体带来未来经济利益流入的潜能是可以肯定的。如前所述,数据可以作为生产投入品,产生巨大价值,能够带来利益的流入。

其次，数据可以为会计主体拥有或者控制。这是一个法律问题，即数据的权属问题。2022年中共中央、国务院发布的《关于构建数据基础制度更好发挥数据要素作用的意见》，也称"数据二十条"，给出了数据持有权、使用加工权、产品经营权，将逐步解决数据产权问题，以确保数据生产者或者持有人，能够拥有或控制数据。

第三，数据可以是由会计主体过去的交易或事项形成。对于一个会计主体来讲，一部分数据是自己生产的，一部分数据是外购或免费获取的。这条是容易满足的。

最后，数据的成本或者价值是能够被可靠地计量的。这是目前的一个难题，目前还难以用一个统一的计量方法对各类数据进行计量，但还是存在一些类型的数据是可以被可靠计量的。随着理论的发展和技术的进步，能够被可靠计量的数据会越来越多，数据的计量问题也会逐步得到解决。

综上，如果一类数据能够被可靠地计量，就符合了资产的条件，可以作为数据资产；对于暂时还不能被可靠计量的数据，可以暂时不作为资产来看待。

数据资产是指拥有数据权属、有价值、可计量、可读取的网络空间中的数据资源[5-6]。

首先，本定义将数据界定为网络空间中的数据，并且是可读取的。

其次，本定义重要之处在于引入和强调了"可计量"。无论是无形资产还是有形资产，可计量是资产化的必要条件，数据资源只有可计量才有可能成为资产并计入会计报表，资产化才有可能实现。

第三，关于数据权属，本定义从数据的经济活动和数据分析技术的需要出发，考虑了勘探权、使用权、所有权、经营权等。定义中的"拥有数据权属"是与资产定义中"由会计主体控制的"相对应，是会计主体掌握和控制数据资源的体现。

最后，本定义强调了数据的价值性，是对会计主体具有直接或间接价值的数据，与资产定义中"预期能够带来经济利益流入或产生服务潜力"相符合。

需要特别注意的是，并非所有的数据集都是数据资产。根据定义，以下数据集不是数据资产：没有价值的数据集、垃圾数据集；没有数据权属的数据集；不能可靠计量的数据集；不可读取的数据集。

中国资产评估协会制定的《数据资产评估指导意见》指出数据资产是指特定主体合法拥有或者控制的、能进行货币计量的、且能带来直接或者间接经济利益的数据资源。

2023年8月1日财政部制定印发了《企业数据资源相关会计处理暂行规定》，明确了数据可以作为数据资产并入报表，指出该规定适用于"企业按照企业会计准则相关规定确认为无形资产或存货等资产类别的数据资源，以及企业合法拥有或控制的、预期会给企业带来经济利益的、但由于不满足企业会计准则相关资产确认条件而未确认为资产的数据资源的相关会计处理"。

以下摘自《企业会计准则——基本准则》。

第二十一条　符合本规则第二十条规定的资产定义的资源，在同时满足以下条件时，确认为资产：

（一）与该资源有关的经济利益很可能流入企业；

（二）该资源的成本或者价值能够可靠地计量。

第二十二条　符合资产定义和资产确认条件的项目，应当列入资产负债表；符合资产定义、但不符合资产确认条件的项目，不应当列入资产负债表。

数据资源被确认为无形资产或存货类别。

1.1.3 数据驱动创新

数据驱动创新已经成为发展趋势,科学研究、社会进步、产业发展都需要数据驱动创新。一个企业的新产品研发、生产、销售都需要大量使用数据,实现业务的转型,使得各项工作都是基于数据开展的,这正是推进全域数字化转型的缘由。

(1) 数据驱动科学研究:科学研究有了第四范式,数据驱动的科学研究。生物信息学的诞生应该是最好地诠释了数据驱动的科学研究。生命科学是实验性科学,用科学实验发现生物的规律。随着科学实验产生的数据越来越多,其中尤其是基因组计划产生的数据最具代表性。海量的生物数据保存在世界各地相关研究机构中,或隐含在浩瀚的科学文献里。生物信息学用计算机对各种生物数据进行储存、管理、处理和分析,以期发现生物数据所反映的生物规律,促进生命科学的发展。在数据上开展科学研究,从数据的规律中揭示自然的规律,这是数据驱动科学研究。2024年的诺贝尔奖颁给了数据分析工具的创造者,说明了数据驱动科学研究的重要性。美国和加拿大的科学家John J. Hopfield 和 Geoffrey E. Hinton 被授予2024年诺贝尔物理学奖,以表彰他们"基于人工神经网络实现机器学习的基础性发现和发明"。美国华盛顿大学西雅图分校的 David Baker,以及谷歌旗下 DeepMind 公司的 Demis Hassabis 和 John M. Jumper 被授予2024年诺贝尔化学奖,以表彰他们破解蛋白质神奇结构的密码。

(2) 数据驱动技术进步:一方面是数据驱动数据技术的进步。深度学习、大模型等人工智能技术的巨大成功,是数据驱动技术进步带来的成果。大数据是指"当前技术不能处理的数据集"[1,7],这其中有两类:一类是完全不能处理;另一类是不能在希望的时间内处理,即不能有效处理。这些是数据的积累要求技术创新,而数据积累变成了数据资源更要求技术创新来开发数据资源。如今,数据已然成为数据要素、数据资产,在数据确权、数据入表、数据运营、数据质量、数据合规等几乎所有环节都需要技术创新来支持。另一方面是数据驱动传统技术的更新换代,例如自动驾驶汽车、无人机、无人艇、精确制导技术、绿色低碳技术等,很多都是在数据驱动下实现的技术创新。在数据技术持续进步下,数据驱动各领域的技术进步会在深度和广度上都会产生令人振奋的效果。

(3) 数据驱动产业发展:新技术的创新通常会带来新兴产业的诞生,例如数据产业、人工智能产业、平台经济、低空经济等。当数据积累达到一定规模后,数据的作用就能够发挥出来了。沿着数据资源、数据资产、数据要素、数据资本、数据产业、数字经济这条线,数据驱动产业发展是明确的、快速的、效果显著的。数据作为数字经济关键要素在推进传统行业数字化转型的同时,将催生出非常多的新产业、新模式、新业态。而数据产业本身还具备第一产业的资源性、第二产业的加工性、第三产业的服务性,这将创新经济学和经济规律[8]。

(4) 数据驱动决策变革:数据驱动科学研究、数据驱动技术进步、数据驱动产业发展本质上是驱动决策的变革。古今中外,无论是在战争战场、商业竞争、科学研究还是在日常生活中,都需要运用数据(包括收集的数据、决策者经验积累和知识积累等)地做出正确的决策。如今,不论政府、组织、企业,还是个人都越来越有能力获得决策需要的各种数据,并且可以通过数据分析工具对这些数据进行分析得到决策依据。这是大数据决策,一种新型的决策方式。大数据形成决策依据的三种重要方式是从精确分析到近似分析、从样本分析到总体分析、从因果分析到关联分析[9]。大数据决策主要体现在"通过分析不同来源的各种可能的数据来支持决策活动"。由于大数据过于庞大和复杂，难以弄清数据之间的因果，所以，大数据决策常常又表现出"知其然就可以做出决策，而可以不知其所以然"的特征。

1.1.4 基于数据的整合与服务

先看几个例子。

(1) 打车平台。打车平台开始运行时向司机和乘客都进行奖励，以此来吸引司机和乘客。由于公共出租车是打表计费的，费用都给了司机，所以打车平台的收益显然不是来自乘客的车费支付。打车平台是靠数据赚钱的！打车平台获得上亿乘客的出行数据，包括出行时间、起始地点、出行频率等，分析这些数据可以形成一个城市人流数据地图，从而知道什么时间什么地点有人流集中等。这么庞大、精确、详实、细致的情报就是数据的价值所在。这些数据可以用于商业地产或商业住宅的规划、O2O的实体店布局、城市市政规划等。打车平台提供免费的打车服务，换取了个人出行数据，然后开发这些数据获得利益。

在这个过程中，打车平台通过 App，整合了乘客和司机的手机数据、汽车数据，以及地图供应商的数据。所有这些，一方面形成了平台的数据来源，另一方面黏合了平台的服务对象。由此开发的数据可形成更赚钱的数据服务，或者以数据支持拓展企业业务。在引导乘客形成消费习惯后，打车平台开始向司机收费。并且，通过对平台积累的数据进行分析，针对司机群体、行车线路、乘客习惯等的分析结果进行了差别收费，获取更大利益。

(2) 共享单车平台。共享单车平台开始运营的时候，也是通过免费甚至奖励来吸引客户的。在相当长的一段时期，打车平台很多、竞争非常激烈，到现在基本平稳了，共享单车也开始收费了。共享单车平台以解决城市出行"最后一公里"的痛点为契机，形成一个网络平台，吸引并黏住大量客户，获得亿万客户骑车数据，形成平台的数据资源。这些数据同样可以用于分析人流去向、公共交通设施布局、学区和商业区布局等。

和打车平台不同，自行车是由平台公司提供并投放街面的。平台公司通过 App 整合了自行车制造厂、客户群体、地图供应商、手机制造商等。共享单车平台曾经一度被认为是最简单明了的平台经济商业模式。

(3) 外卖平台。外卖平台在初始的时候同样运用了奖励补贴的方式吸引客户和商家形成规模。如果不是数据的规模效应，很难想象一份外卖不到 50 元的价格，由外卖员从商家送到客户手里，还能赚钱。然而，外卖平台整合了客户、商家、地图、交通、外卖员等数据，形成了庞大的数据资源，其中优化外卖员取餐送餐路线、优化一次接单量等措施，使得一个外卖员单程取餐送餐的效益最大化，形成收益。当然更重要的是平台开发利用了数据资源形成其他收益。

外卖平台的餐饮由众多商家提供，因此也是一个复杂的调度系统，是一个跨部门、跨时空的服务平台。

图 1-1 展示了基于数据的网络平台企业的运行模式[10]，即"服务换数据、数据换服务"模式，平台用服务换取平台参与者的数据，参与者用数据换取平台的服务。"服务换数据、数据换服务"模式是一种基于数据的商业模式，这种模式形成了"数据引力效应"，有利于创造出更多更好的服务，将推动数据产业快速发展。"数据引力效应"是指数据领域存在的"数据

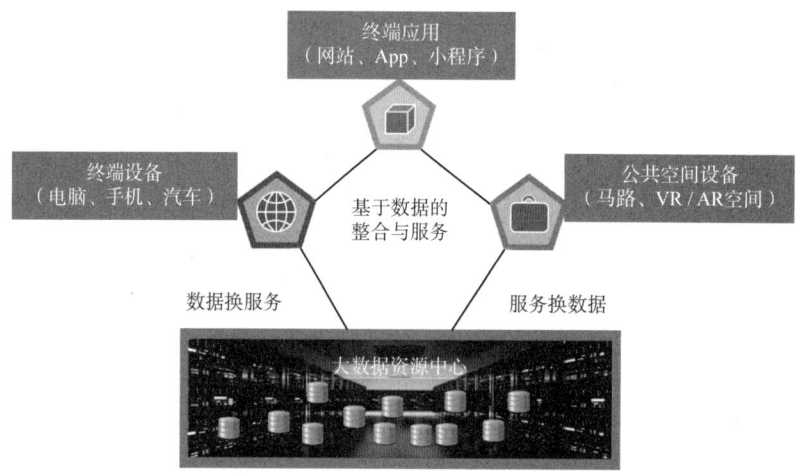

图 1-1 网络平台运行模式

越多、服务越好;服务越好、数据越多"这样一种数据越来越集中的现象。平台方要做的是"收集数据、分析数据、提供服务"。早期的数据服务模式并不涉及数据分析,例如早期的 Google 搜索服务、SCI 论文引文服务、门户网站。现在增加了"分析数据"的工作,挖掘了数据包含的价值,实现了数据资源的开发利用。

1.2 数字化转型

在数据驱动创新的趋势下,一个企业的新产品研发、生产、销售都需要大量使用数据,实现业务的转型,使得各项工作都是基于数据开展的。各行各业都面临着新竞争格局的挑战,各行业形态正经历着变革重构,传统型的企业如果不能实现数字化转型,将逐渐被新型企业所击败或取代。这些新型企业主要特征是:数据密集、资金密集的网络化企业。

1.2.1 新竞争格局

新竞争格局是行业性的,是整个行业在进行数字化转型,不以单个企业意志为转移的。在新竞争格局下,行业内的传统企业面临着要不要、能不能留在行业的问题,而不是要不要数字化转型的问题。行业内的旧式企业如果不能转型成功,就只能被淘汰或沦为代工厂,而以数据为中心的新型企业将越来越多地占据行业的主导地位。

数字化转型带来的革命性改变已经、正在、即将在各个行业发生。

(1) 媒体行业是被颠覆较为彻底的,传统纸质媒体已从传播的核心舞台退场,被新媒体、自媒体、直播等取代了。与媒体行业关联甚密的广告行业更似脱胎换骨,传统的报纸版面、邮寄商品目录、户外广告牌等广告形式已被边缘化,取而代之的是各种精准广告推送到客户眼前的手机、电脑、候车点、大型户外屏等。近些年,纸质报刊不断关闭,甚至电视台频道也出现大量关闭。媒体行业已经快完成全行业的数字化转型。

(2) 传统零售行业数字化转型也接近完成,曾经"一个商铺养三代"的现象已经不复存在。一批批沿街商场甚至整条商业街的凋零,集中式的商业"茂"演变成了培训、餐饮、娱乐这些需要切身体验的消费模式。网络购物成为习惯,颠覆了传统的零售模式,甚至连菜市场也在不断萎缩。

（3）受零售行业影响,物流行业的形态正在被重新塑造成智慧物流,实现物流业的数字化转型。数据的运用显著提升物流运营效率、有效缩减成本开支以及全面优化客户体验等。物流企业就能够基于实时信息,优化运输路线、减少延误,确保按时交付,提高整体运输效率;物流企业能够准确预测需求变化,合理规划库存,避免库存积压和短缺,降低库存成本;物流企业能够让客户通过移动应用实时跟踪包裹状态,获取准确的配送时间,提升了服务的透明度和满意度。

（4）数字化转型正改变着农业这个古老行业,使其变得更为精细、更加可控、更具智能。现代农场的田间地头放置着各式传感设备,实时监控各项影响农作物生长的指标数据(如水分、日照、土壤盐度、杂草率等),通过结合天气等各种外部数据的分析能更好地预测作物产量、优化农场生产、科学间种混种、高效利用土地。数字化的农业生产和管理、农产品流通、新产品培育等都在进行着数字化转型。

（5）生产制造业也在进行数字化转型。企业基于数据分析开展研发、生产、营销等工作,数据密集型研发创新,基于数字孪生等技术实现生产过程的设计、仿真和优化,基于市场数据预测而开展生产安排,将产品在合适的时间、合适的地点、推荐给合适的客户,实现精准营销。

数据密集、资金密集的网络化企业是发展趋势,这类企业具有绝对竞争优势,传统企业面临着新竞争格局。传统企业面临三个选择:转型成以数据为核心的网络企业、作为新型企业的一个供应商或退出市场。这场行业格局重构对处于传统行业中的各企业而言可谓是一场生死竞争,只有那些积极拥抱新兴技术开展数字化转型的企业,才有可能存活下来,而那些墨守成规不愿采取行动的企业将会被淘汰出局。

传统企业数字化转型的目标是转型成一个以数据为核心的网络企业。企业发展从"以产品为中心""以客户为中心"转型到"以数据为中心"的新型企业,不是说产品和客户不重要了,而是产品研发设计、客户发展维护都需要以数据作为主要支撑力、驱动力,数据是其价值创造的原材料和核心生产要素。数据开发和利用的能力是新型企业的核心竞争力所在。新型企业以网络化为主要运行方式,网络是其开展各项业务的重要载体。互联网及相关技术的应用不仅让新型企业的生产效率更高、成本更低、市场规模更大,还孕育出"零工经济"等新模式,促进经济社会结构的变化。

数字化转型是通过大数据、云计算、人工智能、互联网、现代通信等技术的组合应用形成组织特性的重大变革、重构组织及运行系统的过程。数字化转型,重在"转型"二字,对企业现有工作方式进行数字化是不够的,甚至可以说不是数字化转型。数字化转型是要促进行业的组织性质变革、运行方式变革和产品服务升级等。

1.2.2 传统企业数字化转型的挑战

新兴技术给传统企业带来了始料未及的重大挑战,若企业不开展数字化转型将无法在未来的竞争中存活及胜出,数字化转型是生存发展所不得不做的选题。数字化转型是一项长期的体系化工程,需要大量且持续地投入,传统企业(特别是量大面广的中小微企业)在开展数字化转型实践中遇到诸多困难和挑战。数字化转型是个复杂漫长的系统工程,传统企业面临着资金、数据、人才等多方面的挑战。对于企业而言不进行转型的风险是确定的,但转型成功与否也存在不确定性,这导致传统企业管理层对开展数字化转型充满疑虑。加之传统企业守成意识浓厚,受惯性思维和路径依赖影响,传统企业经营理念保守,扩张意愿不高,严重阻碍企业的数字化转型进程。

数字化转型需要企业从战略层面开展全局谋划,但企业数字化转型的顶层设计普遍缺乏。当前,许多企业在认知上简单将数字化转型作为数字技术投资来对待,仅从技术层面对某单一业务流程环节进行数字化工作,缺少全局协同和战略目标,势必会造成各环节各部门之间数据难以互通、无法协作,形成孤岛,不利于企业数据化转型的实施。

根据笔者在某沿海地级市600多家企业调研发现,中小企业数字化转型的挑战主要包括缺资金、缺人才、缺数据、缺意识等方面。

(1) 缺资金。数字化转型是对企业核心业务体系的重构,涉及生产经营全过程,需要长期持续的投入;当企业利润增长未覆盖数字化转型投入成本之前,需要有雄厚的资金来支撑企业平稳渡过这个转型的阵痛期。对于那些原本就资金匮乏、技术落后、能力不强的传统型中小微企业而言,进行企业数字化转型存在较大资金困难。图1-2展示了绝大部分企业每年在数字化方面的投入仅仅在100万元以内。

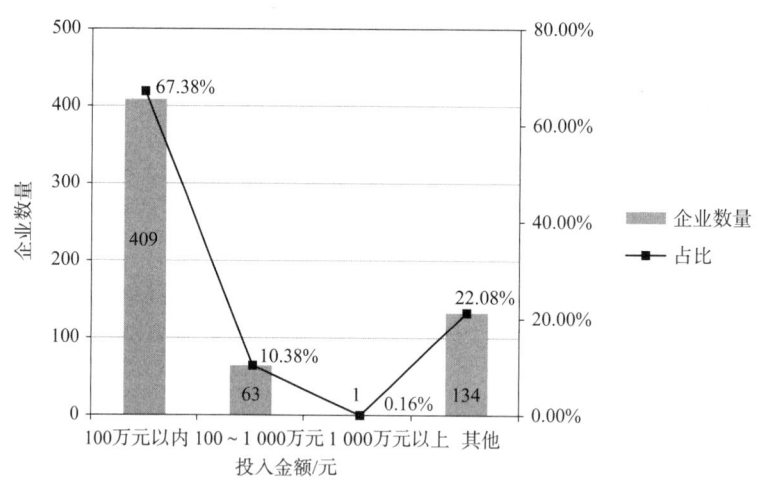

图1-2 中小企业每年在数字化方面的投入

(2) 缺人才。20多年前,企业经历过一次信息化人才短缺,很多企业缺少会用计算机的人才。现在企业办公室都有计算机,财务、人事、税务、销售等日常管理都在计算机和网络上运行,但是现在企业缺少会用数据的人才,而会数据分析的人才就更为短缺了。缺数据人才意味着即使有数据、能拿到数据、有权用数据,但是没有人会使用这些数据。缺数据人才制约了传统企业在数据存储、分析、利用、管理等各方面的能力提升,导致企业的数据能力弱,不能实现转型。图1-3展示了绝大部分企业的数据人才不足10人。

(3) 缺数据。企业在新产品研发、原材料采购、供应链建设、数字化生产、精准营销等各个环节都需要使用大量的数据。这些数据除了小部分是企业自身积累的之外,大部分是需要外部获取的或者从外部获取数据服务。然而,企业端缺数据的现象是企业自身无法解决的,需要有效的数据市场来解决。各地从2014年开始探索数据交易机构建设就是

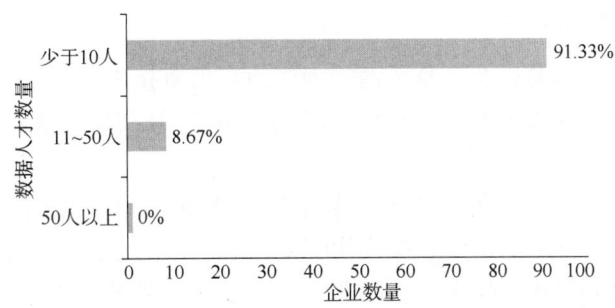

图1-3 中小企业数据人才状况

看到了旺盛的企业对外部数据的需求。但由于数据权属界定、数据产品非标准化等问题仍未得到有效解决,导致数据市场整体交易活跃度不高,传统企业从外部获取合法合规数据的渠道尚未有效建立。图1-4展示了企业的绝大部分数据是靠人工收集和业务系统生产的。

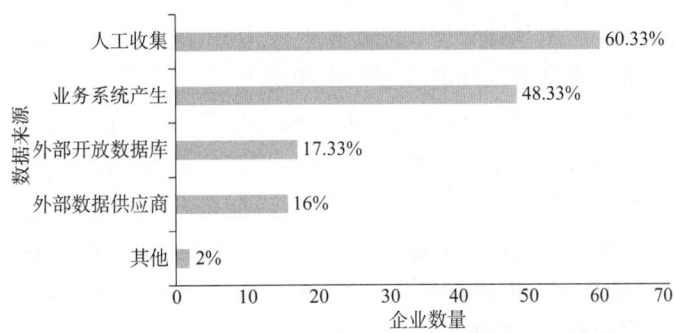

图1-4 中小企业数据来源状况

(4)缺意识。数字化转型成功与否是决定企业生存和发展的关键,但当前多数中小企业对此认识不足,尚未意识到其重要性和紧迫性,存在认知偏差,缺乏危机意识。调研发现已制定了数字化转型规划的企业仅占8%左右,而将近六成企业根本就未曾考虑过数字化转型的规划工作,此外仅有1/3左右的企业明确数字化转型是要由企业负责人直接参与推动。图1-5展示了绝大部分企业尚没有数字化转型规划。

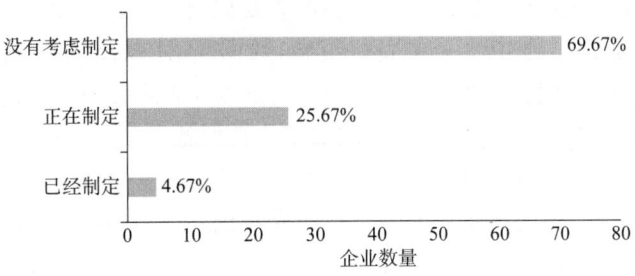

图1-5 中小企业数字化转型规划状况

1.2.3 建设企业的数据能力

掌握和利用数据的多寡以及自身数据管理能力高低直接影响着企业竞争能力,企业数据能力建设将关系到企业未来发展、决定转型成败;而数字化转型的成功意味着企业建立了良好的数据能力。

企业的数据能力主要体现在数据资产、数据员工、数据运用三个方面。

(1) 数据资产。企业是否拥有足够好用的数据资产是衡量企业数据能力建设是否成功的关键。企业数字化转型需要将现有数据进行资产化,并不断积累数据资产,运营这些数据资产,将数据资产作为企业数字化转型的驱动力。企业积累的数据资产越多,企业的数据能力建设的基础越牢靠,否则就会陷入"巧妇难为无米之炊"之窘境。

(2) 数据员工。新型企业需要有一批专业数据员工,并且全体员工具备基础数据知识和数据技能。专业数据员工具备数据思维方式和数据运用技能,具备涵盖和横跨不同学科的知识结构、掌握多种数字技术,运用数据资产和数据技术为企业创造经济效益。数据员工通常以团队方式来开展工作。与此同时,全体企业员工的数据素养建设对于企业数据能力的建设也至关重要。企业负责人需要建立数据意识,推进组织性质变革;管理层建立数据驱动的管理模式;全体员工运用基础数据技能执行企业运转,从上到下全面地开展数据能力的全员培训,使得每个员工都具备基础的数据知识和能力。

(3) 数据运用。有了数据资产和数据员工,企业管理层需要在企业开展数据运用,推动数字化转型,运用数据开展企业组织性质变革、运行方式变革和产品服务升级等。企业基于云计算等硬件基础设施可以获得数据运算资源和存储能力,通过各类信息系统、物联网中的传感设备、互联网等内外部渠道可以获取大规模数据;数据员工运用大数据、人工智能等新兴技术对来自多渠道的规模数据进行聚合处理,开展数据分析、模型开发、算法创建,实现业务流程优化、个性化服务提供、预测型决策推动、经营方式重塑,从而将进一步影响到价值链、商业模式、行业格局等方面。企业需要通过增强硬件投入、提高数据质量、提升技术水平来强化数据运用,使得企业达到数字化转型目标。

1.2.4 数字化转型平台

显然,数字化转型是一项需要大投入的任务,下面介绍叶雅珍等在数字化转型平台方面的工作,更详细内容参见文献[10]。

传统大型企业在数据规模及资金量等方面拥有一定优势,但这种优势尚不足以保证其在实施数字化转型过程中能得以胜出。首先,企业要积极开展数字化转型,要认识到数字化转型不是可选项而是必选项;其次要准备好资金、数据、人才以及设备,这都需要很多资金,如果企业没有充足的资金准备,数字化转型会半途而废,从而带来更大的损失,变成所谓的"做数字化转型找死",如果没有资金,企业的数字化转型就得参照中小企业数字化转型的模式;第三要有相应的人才和数据,这个很大程度上由资金的多少来决定,通常一个企业现有数据规模是远远不够的,需要从企业外部不断获取并积累更多的数据,这是国家倡导和推动建设数据要素市场的动因之一。

量大面广的中小微企业在数字化转型中普遍面临着缺资金、缺人才、缺数据等困难和挑战,需要地方政府通过建设"数字化转型公共服务平台"的方式来扶持。一个地方"数字化转型公共服务平台"的有无、好坏很可能就是一个地方企业数字化转型的核心竞争力之所在。"数字化转型公共服务平台"包括一个大数据资源中心和一批数据人才,为中小微企业提供数字化转型服务,是集数据资产、数据人才、技术服务等于一体的专业服务平台。大数据资源中心用于存储各式各样的海量数据,在此基础上为用户提供各种专业的数据资产化服务或直接提供数据资产;企业可以通过服务平台获得内外部数据人才的专业支持和协助,基于集成开发的各类技术工具开展各种数据运用,将数据资产应用到包括市场分析、新品研发、数字化运营、品牌传播、金融服务等在内的业务创新中,提高生产力、重塑经营方式、变革组织核心、创造获取价值(详见图 1-6)。数字化转型服务平台将极大地降低中小企业实施数字化转型所需的投入成本,提供共享式的专家资源以及数据资产或数据资产化服务,有效解决企业在数字化转型过程中所面临的"缺资金、缺人才、缺数据"等问题。

图 1-6 数字化转型公共服务平台

1.3 数据准备

从网络空间的视角来看,信息化的本质是生产数据的过程。随着信息化进程的推进,大量数据被生产出来并逐步积累,国家、机构、企业的数据积累已经越来越大,形成了数据资源。信息化形成的数据资源非常丰富。当前,世界各国都在利用卫星、望远镜,开展太空探测、深海探测、地球勘探,收集宇宙、大气、地球、海洋等自然数据,形成自然数据资源;也利用DNA 测序获得关于生命的数据,形成生命数据资源;而国民经济与社会信息化则产生了社会发展和人类行为的数据,形成了经济社会数据资源(例如,在国民经济领域,有国家统计数据、证券交易所交易数据、海关数据等);在社会民生领域,有民政数据、交通数据、医疗保险数据、社会行为数据以及更大量的互联网行为(例如电子商务行为、网络游戏行为、电子邮件行为、网络社区)数据;在科学研究领域,有国家建设的地球系统科学数据共享平台、国土资源科学数据共享网、中国气象科学数据共享网;国家正在致力于自然人数据库、法人数据库、空间地理数据库和宏观经济数据库等的建设。这些都是很重要的数据资源。当计划实施大数据应用的时候,需要获取、组织数据资源以满足大数据应用系统的需要。

1.3.1 大数据应用面对的数据问题

建设一个大数据应用项目,首先需要准备数据,以满足应用对数据的需求。需要解决数据的"六用问题"[1]中的四个——数据不够用、数据不可用、数据不好用、数据不能用——问题。

(1) 数据不够用。这是首先要解决的问题,要有足够多的数据来满足应用的需求。大数据应用常常需要获取跨领域行业、多类型的数据,而不是从自然界获取数据,因此,网络空间的什么地方有所需的数据?如何拿到?可以采用非技术方式和技术方式两种手段获取数据。非技术方式包括从政府开放数据中获得、从数据共享联合体中获得、从数据市场购买等几种形式;技术方式主要包括共同体数据整合、数据搜索和网络爬取等。

(2) 数据不可用。数据不可用,是指拥有数据但访问不到。例如,某个公共决策需要用到民政局、公安局、社保局、税务局的数据,这些数据在各部门都有,但是数据不在一个系统里,是一个个数据孤岛,并不能用来做大数据决策,即数据事实上是不可用的。解决方案有针对公共数据授权运营、数据空间模式等,还可以研究新的数据储备和管理技术等。

(3) 数据不好用。数据不好用,是指数据质量有问题。需要采取措施提升数据质量,还要进行数据质量判定、数据质量控制等。在大数据应用环境,数据的质量需求从"自用需要"到"他用需求""监管需求"的转变。在建立起数据流通体系的情况下,数据质量将形成数据产品质量管理体系,由内部数据产品生产商全面管理控制质量、外部用户和政府监管质量两个部分组成。

(4) 数据不能用。即使持有一些数据,仍然会出现数据不能用的问题,其原因有两个方面:首先,没有被授予使用权的数据肯定是不能用的;其次,涉及国家数据安全和个人隐私的数据需要严格遵守《中华人民共和国数据安全法》和《中华人民共和国个人信息保护法》也不能用;第三,一些涉及伦理等社会问题的数据也不能用,例如,信用评分中的民族、性别等数据就不能用。企业还要研究使用数据的合法合规性技术,包括数据权属的认证和判别技术、隐私保护技术、数据合法合规判别技术等。另外一方面,企业使用数据前先征得个人的授权同意,可以解决个人隐私和伦理方面的问题。但涉及国家安全的数据,总体上是不能使用的。

1.3.2 自有数据积累

企业信息化起源于工资管理系统、人事管理系统、销售管理系统、客户管理系统等,逐步扩展到整个企业的管理信息系统(MIS);后续又把市场推广系统、销售管理系统、售后管理系统等整合成客户关系管理系统(CRM);信息化再向生产系统延伸,企业开展了生产自动化、供应链管理、库存管理等,形成了企业资源规划系统(ERP)。因此,企业自有数据的主要来源是 MIS、CRM、ERP 等系统运行数据的积累。

在企业信息化推进进程中,决策支持系统(DSS)一直若隐若现地伴随着整个进程。数据积累比较好的企业希望利用自身信息化积累的数据进行决策。然而,数据积累是一个漫长、成本高昂而又困难的工作,只有少数大型企业能够做到,不仅如此,积累的数据也仅仅局限在企业自身产生的数据范围内。这使得决策支持系统产生的效果不稳定,对有些决策有用(例如绩效考核),对有些决策用途不大(例如市场分析、新产品研发)。另外要注意的是,企业历史数据常常被备份到了备份系统中,访问备份系统数据是一件费时费力的工作,甚至是不可能的工作。这也是数据不可用的原因之一。

自有数据积累的另一个渠道是共同体数据整合。通常是集团公司数据管道整合下属部门数据形成数据资源汇聚以方便进行数据分析。这项工作的实现,首先要做的工作是分析各个数据源,获得它们的元数据及其含义(如果有相应的技术文档,关于元数据的信息也可以从技术文档中直接获得)。然后根据数据整合的需要(主要是需要哪些数据),建立数据源的元数据和整合数据库的元数据之间的映射,便可以获取数据。

为了能够获得可用的、好用的数据,企业需要建设自身的数据治理体系。企业数据治理主要关注企业内部数据生产、质量、储备、使用、安全等,注重企业数据应用的合法合规性,并据此构建企业数据资源管控、绩效评估和风险管理等制度,明确企业数据治理的范围和原则。从大数据应用的视角看,数据治理和合法合规性是企业数据治理的重中之重。数据质量是一个持续、动态的过程,在数据的风险管理之外,还包括数据质量分析、问题跟踪和合规性监控。企业应建立数据质量管理体系,明确数据质量评估范围和指标体系,监控数据质量管理的合规性,定期对数据质量进行评估检查并对数据质量问题进行整改和跟踪。数据合法合规是法律要求,必须要执行的。合法合规管理是指通过规划、制定和执行数据安全规范和策略,确保数据资产在使用过程中具有适当的认证、授权、访问和审计等控制措施。企业需要建立数据合法合规管理机制,保障企业数据的合法合规性。

1.3.3 外部数据获取

大数据应用通常需要从企业外部获取大量的数据,外部数据获取有技术途径和非技术途径两种。

技术途径包括网络爬取和木马植入(非法)。网络爬取需要获得对方许可,如果没有获得对方许可,容易触犯法规,需要谨慎使用。

(1)网络爬取。这是一种常见的从互联网获取数据的方法,基本模式是"搜索-下载",即用搜索引擎搜索到所需要的数据,然后链接到相应的数据源,然后下载或爬取所需要的数据。数据爬取需要链接到相应的数据源,分析并接入(有时候是入侵,可能涉及非法行为)该网站数据源,建立数据获取的元数据映射及相应的数据获取程序,定期从该数据源服务器获取需要的数据。

(2)木马植入。这是指将木马程序植入数据源服务器,监控数据源服务器的运行,发现有新的数据产生就将新数据发送到指定的目的服务器上,完成一次数据获取工作。许多App就是通过植入木马程序来获得并收集用户的数据的。木马植入属于非法行为。

非技术途径是指通过数据市场获得数据。目前的数据市场有数据开放、数据共享、数据交易和数据出版四种形式。

(1)数据开放是将数据免费开放给每一个希望使用数据的人,没有版权、专利和控制机制等方面的限制。当前,数据开放主要是指应该将政府和公共数据资源开放给公众,使数据能被任何人在任何时间和任何地点进行自由利用、再利用和分发[11-12]。数据开放也有一些要求,例如要求数据使用者必须标注数据的来源,又如要求不能对原始数据进行修改,也有一些国家针对数据开放建立了许可证制度,用许可证限制一些开放数据的用途,例如不能用于产业目的等。

（2）数据共享是指合作双方或多方之间进行相关数据的共享、利用和开发，包括政府部门之间、跨行政区域政府之间、政府与企业之间、企事业单位之间及组织机构之间都可进行数据共享[13]。与数据开放的全面开放不同，数据共享会对数据使用对象进行限制，如中国人民银行的个人信用数据只能给本人、银行等特定对象使用。

（3）数据交易是将"数据产品＋某种数据权"作为一种交易标的的交易行为[14]。数据交易是数据市场的主要部分，是需要着力建设的，各地已经建设有近百家数据交易场所并开展数据交易服务。虽然数据交易可以是数据商品的各种权利的转移或授予，但是，数据交易与通常的物品交易、股票交易有本质上的不同。数据交易主要是数据的使用权、加工权的授予。由于数据可低成本无限复制，数据所有权的转移显然不是数据交易的重点，因此数据交易通常是所有权之外的其他数据权的交易，主要是数据的使用权、加工权等。但是，数据使用权、加工权又不应该多次转移或转授，因此数据交易更多的是数据使用权、加工权的一次性授予行为。要注意的是，数据商品再加工后，就不再是原来的商品了。再加工后的产品就是新的产品，完全可以进入数据市场，而不是使用权、加工权的转售。

（4）数据出版是实现数据流通、形成数据要素市场的主要方式之一，是数据流通的一项有益探索和实践。数据出版是指将生产的数据进行出版的一种活动[15]。数据出版意味着数据内容的公开，任何人都可以看到数据，也可以使用这些数据。数据出版主要有两个目的，一个是使生产的数据达到一定的规范，以方便使用和流通，另一个是宣示数据的著作权。

1.3.4 数据资产化

从企业运营的要求出发，开发一个大数据应用的数据资源最好作为企业的资产来对待。大数据应用很大程度上就是一项业务的数字化转型或者是数据再生产，运营数据形成企业效益很大程度上是数据资源发挥的作用。因此从企业成本核算、绩效考核等方面出发，将数据资产化、以数据资产作为投入是必要的（如前所述，数字化转型平台就包含了数据资产）。

数据资产是指拥有数据权属、有价值、可计量、可读取的网络空间中的数据资源[6]。数据资产化是指对数据资源进行适当的处理，使其满足数据资产化的条件。根据数据资源转化成数据资产的满足性条件，如果一个数据集满足 4 个必要条件（即拥有数据集的数据权属、数据集有价值、数据集的成本或价值能够被可靠地计量、数据集是可读取的），那么就可以认为该数据集是某个经济主体的数据资产；如果还满足 3 个附加条件（即数据集要具有良好的数据质量、合理的货币计价与评估方法、数据资产价值增减变动规则），那么这个经济主体就可以管理和运行这些数据资产。

数据资产化过程分为数据资源确权、数据价值确认与质量管控、数据入库管理、数据资产入表、数据资产减值/增值的五个方面[16]。每个方面的工作内容如下。

（1）数据资源确权。一个数据集要被作为数据资产，首先经济主体需要持有这个数据集一定的数据权属，这个权属可以是数据集的所有权、使用权、经营权等。只有拥有了数据资源一定的数据权属，才有可能获得数据资源价值创造的相关利益。数据资源确权是数据资产化的第一步，也是保护相关数据主体的合法权益不受侵害的关键步骤。由于数据极易被复制，在流通过程中，数据资产的所有权是可以不发生转移的，而只需将包括使用权、经营权等在内的相关权利进行独占或非独占授权。数据资源确权仍存在一定困难，这主要是由于数据的特殊性质使得原有的知识产权法和物权法并不完全适用造成的。随着法律界、产业界等各方的积极推动和实践,有关数据资源确权的工作正在积极开展中。当前,可以对数据权属相对清晰的数据资源先行开展数据资产化。

(2) 数据价值确认与质量管控。在完成对数据资源确权工作后,即确定了经济主体已拥有某个数据集一定的数据权属后,就可以对这个数据集进行价值确认,主要是确定该数据集对于经济主体而言是具有直接或间接价值,是能为这个经济主体带来预期的经济利益流入或产生服务潜力。数据价值确认不仅要判断数据集是否有价值,还需要判定数据集具有多少价值。而这与数据质量高低有关,因此需要确保这个数据集是具有一定的数据质量的,即对这个数据集进行数据价值确认与质量管控。因此,工作内容的重点难点部分就是要对数据集的数据质量进行管控。一般来说,判断一个数据集是否有价值相对比较容易,但要判定其价值大小就存在一定难度,而数据集的价值大小还与数据质量高低有关。因此,工作重点就是要对数据集的数据质量进行管控。

(3) 数据入库管理。对于完成数据资源确权、数据价值确认与质量管控的有用数据集,下一步工作就是要将其进行规范化整理,形成可计量的标准技术形态(如按相关规定将一定规模的数据集副本以"数据盒"为单位进行灌装形成盒装数据等),进而能得到一个技术上的计量量纲,继而建立资产管理目录,对其进行入库管理。

(4) 数据资产入表。入库的数据集,在有了技术上的计量量纲后,就能被更准确地计算,提高其货币计量的可靠性。可以结合数据集获取方式,根据数据集的特性、类型、质量等具体情况,以及生产成本、管理成本、市场需求等因素,采用合适的方法对其进行货币计价与评估,以确定数据资产的价格和价值,对于符合条件的计入会计报表。

(5) 数据资产减值/增值管理。在进行数据资产管理时,对于确定了价格和价值计入会计报表的数据资产,需要考虑它的折旧和增值价值增减变动的情况。通常,只要数据的载体还存在或者可以替换新的载体,数据在使用时就不会发生耗损,数据质量也不会下降。由于数据的特殊属性,数据自身并不会老化和消亡的,只是数据的价值可能会降低也可能会增加。因此,在进行数据资产管理的过程中,不仅要考虑数据资产减值折旧的情况,还要考虑数据资产增值的情况。

1.4 应用实施

1.4.1 问题分析

一个大数据应用项目需要解决什么问题?具备哪些数据?还需要获取哪些数据?可以采用哪些技术、设计哪些算法?这些工作是问题分析,其重点是数据满足性和技术满足性。

数据满足性,是指已有的数据和可获取的数据是否能够满足一个大数据应用的需要;技术满足性,是指已有的技术和算法是否能满足一个大数据应用的需要。

下面以城市气象灾害预警案例为例,进行具体的大数据应用问题分析。

台风暴雨、高温干旱、寒潮冰冻等极端气象现象常常给城市正常运行制造麻烦,严重的还会造成生命财产的巨大损失,这称为城市气象灾害。城市气象灾害是气象灾害中发生在城市区域的一类气象灾害,是指由于气象要素或其组合的异常,对城市居民的生命与健康、对城市建筑与设施、对城市生产与活动、对城市资源与生态环境造成损害的各类事件。

显然,完全消除城市气象灾害是难以做到的,随着技术进步,越来越有能力提高对各种极端气候事件潜在不利影响的应变能力,从而大大降低极端天气气候事件带来的各种风险损失。城市气象灾害预警是指根据气象预报的情况,预警城市可能发生的灾害情况,事先做好应对准备,尽可能降低或减少气象灾害带来的生命财产损失。

解决思路的关键是认识到,该项目是典型的数据驱动决策事件,即由未来一段时间的天气预报数据驱动预警系统开展气象灾害预警。项目的重点是建立"气象数据驱动的预警模型"对气象灾害进行预测预警。因此,提高天气预报的准确性这个方面不在本项目考虑之列。本项目需要在异常气象事件发生和各种灾害及其带来的损失建立某种关联,这样当预期某个极端气象事件将发生时,让城市做好应对准备(例如,停工停学、减少人员外出、建筑物加固等)。但是各项应对措施本身也会带来经济损失,因此对灾害可能发生的预测准确性就显得非常重要了。

(1) 数据满足性分析。该大数据应用涉及两大类数据,一类是气象数据,另一类是灾害事件数据。最精准的数据匹配是灾害发生地、发生时的灾害数据与最近距离的、最近时间的气象站数据相匹配,以挖掘气象数据和灾害数据的关联性。

由于气象站的建设不是大数据应用开发能够做到的,并且气象数据由气象局提供,无论从准确性还是及时性都是有保证的,因此,气象数据被认为是能够满足应用需要的。

灾害事件数据的满足性则是该项目需要考虑的问题。灾害事件数据来源于三个主要方面:一是城市网格检测体系,这部分数据由日常巡视网格员提供,数据提供相对准确及时,但是仅限于街面,不涉及小区里面,并且如果发生灾害,网格员可能无法到达现场;二是市民热线数据,这部分数据在气象灾害发生时有可能因为通信拥堵而造成数据损失,另外市民热线报送的灾害数据可能被渲染的严重化和扩大化而导致数据与实际情况的差异;三是,灾后数据,即气象灾害结束城市恢复运行后逐步发现的曾经发生过的灾害,这部分数据难以获取。

(2) 技术满足性分析。该大数据应用涉及数据获取汇聚、数据分析预测两大类技术。

作为一个城市管理项目,数据获取总体没有技术难度,只要将气象局、网格和市民热线数据接入进来就可以。而灾后数据获取的成本过高,可以考虑放弃。一个技术难点是这些数据汇聚的时候,如何将这些数据在时间上进行对齐,即气象数据与灾害事件在时间上如何对齐,以确保气象和灾害的直接关联性,以及次生灾害发生的另一类关联性。

由于本大数据应用总体上涉及的是结构化数据和文本数据。数据分析预测用通常的文本分析分类、关联规则分析、决策树预测、时间序列预测等数据分析方法基本就可以满足了。加之,结构化数据和文本数据总体规模并不大,所以对算力和存储的需求一般不大,能够容易满足,不需要特别的大数据技术。

1.4.2 算法设计

针对一个实际的大数据应用,需要对常用的算法进行定制以满足实际的数据和应用需要,获得最优的数据分析预测效果。

对于气象灾害预警这个大数据应用而言,数据对齐是一个难点,需要设计算法对来源于气象局、网格员、市民热线三大类数据在时间上进行对齐,并且还要分离出次生灾害数据。这里的约束在于:灾害事件的时间不能出现在气象事件之前、次生灾害不能出现在主灾害之前、多次气象事件叠加灾害和单次气象事件灾害分离等一系列时间对齐约束。

在数据分析预测方面,文本分类分析、关联规则分析、决策树预测、时间序列预测等都是通常的算法,能够基本满足需要。

文本分类分析主要用于网格员和市民热线对灾害事件的文本描述数据,涉及不同网格员、不同市民对类似事件用了较大差异的文字描述数据(包括有意夸大灾害事件的严重性以期获得快速响应等),需要通过文本聚类和分类算法将事件描述分成若干类型,并服务后续的分类预测工作。

关联规则分析是这个大数据应用案例的核心数据分析技术,主要用于将气象事件和灾害事件进行关联。从算法设计方面看,其复杂度取决于城市气象数据的复杂度和灾害数据的复杂度,气象数据的复杂度包括气象站的数量和分布、收集数据项的多少、收集数据频次等;灾害数据的复杂度主要是灾害的数量、类型、描述方式的标准化程度等多方面。这需要专门设计开发关联规则算法来实现。

决策树预测可用于一个灾害事件的严重程度判别以及灾害事件响应决策;时间序列分析包括气象事件时间序列分析、气象事件与灾害事件混合时间序列分析、灾害事件时间序列分析、一个气象事件期间的各类短时时间序列分析、大周期气象事件时间序列分析等。

另外,深度学习方法、大模型技术也是近些年气象领域可选的技术,要注意的是这两类技术都需要大算力的支持。

1.4.3 开发部署

通常一个大数据应用系统需要部署到一个分布式文件系统、在分布式计算框架上完成数据分析工作,因此大数据应用系统开发部署主要考虑以下几个方面:

(1) 数据系统选型。一个大数据文件是不能存放在一台数据服务器上的,因此,用多台数据服务器存储一个大数据文件是必然的,这就是分布式文件存储。根据业务类型,离线业务主要使用 MapReduce 进行数据分析计算处理,而在线业务可能需要使用 HBase 提供实时数据查询服务。此外,还需要分析用户的数据量、数据模型以及数据保存时间等要求,选择合适的数据系统。常见的大数据框架及其功能有:Hadoop,主要用于分布式存储和处理大规模数据集,包括 HDFS(分布式文件系统)和 MapReduce(离线计算框架);Spark,提供统一的分析引擎,支持批处理和实时计算,常用于大数据处理和分析;Flink,适用于实时计算场景,能够处理高速数据流;Hive,基于 Hadoop 的 SQL 查询引擎,用于数据仓库的构建和管理。

(2) 硬件规划。硬件规划通常就是指算力规划,通常根据数据量、数据分析对时间的要求、事件响应的时间要求等因素,获得整个大数据应用系统的整体性能需求。根据大数据应用系统的整体性能需求,对硬件进行规划,包括 CPU、内存、磁盘等配置。如果计算要求高,则需要高性能的 CPU 和内存;如果存储要求高,则需要大容量的磁盘。

(3) 系统环境设置。在部署前,需要进行系统环境设置,包括下载和安装必要的软件包,JDK、Hadoop、Hive、Spark 等。此外,还需要配置集群的 IP 地址、主机名、SSH 免密登录等。如果需要集群部署,那么还需要进行节点克隆、修改 IP 地址和主机名、配置 SSH 免密登录等,还要考虑防火墙处理、时间同步、HDFS 一致性等问题。

参◇考◇文◇献

[1] 朱扬勇,熊赟. 大数据是数据、技术,还是应用?[J]. 大数据,2015,1(1):71-81.

[2] 朱扬勇,熊赟. 数据学[M]. 上海:复旦大学出版社,2009.

[3] 朱扬勇,熊赟. 论数据与信息的差异[J]. 数据法学,2021,创刊号:7-12.

[4] 朱扬勇,熊赟. 数据资源保护与开发利用[M]. 上海:上海科学技术文献出版社,2008.

[5] 朱扬勇,叶雅珍. 从数据的属性看数据资产[J]. 大数据,2018,4(6):65-76.

[6] 叶雅珍,朱扬勇. 数据资产[M]. 北京:人民邮电出版社,2021.

[7] World Economic Forum. Big data, big impact: new possibilities for international development [R]. 2012.

[8] Schoenberger V M, Cukier K. Big Data: A Revolution That Will Transform How We Live, Work and Think [M]. London: Hodder Export, 2013.

[9] 朱扬勇. 旖旎数据[M]. 上海:上海科学技术出版社,2019.

[10] 叶雅珍,朱扬勇. 数字化转型服务平台:面向新竞争格局的企业竞争力建设[J]. 大数据,2023,9(3):3-14.

[11] Lehmann J D. Bpedia: A Nucleus for a Web of Open Data [C]//Semantic Web, International Semantic Web Conference, Asian Semantic Web Conference, Busan, Korea, 2007.

[12] Yozwiak N L, Schaffner S F, Sabeti P C. Data sharing: make outbreak research open access [J]. Nature, 2015, 518(7540):477-479.

[13] National Research Council, Division on Earth and Life Studies, Board on Atmospheric Sciences and Climate, et al. Earth observations from space: the first 50 years of scientific achievements [M]. Washington DC: The National Academy Press, 2008.

[14] 汤奇峰,邵志清,叶雅珍. 数据交易中的权利确认和授予体系[J]. 大数据,2022,8(3):40-53.

[15] 吴娜达,叶雅珍,朱扬勇. 大数据时代的数据出版[J]. 编辑之友,2020(11):31-38.

[16] 叶雅珍,刘国华,朱扬勇. 数据资产化框架初探[J]. 大数据,2020,6(3):3-12.

第 2 章
制造大数据应用

2.1 概述

制造大数据是指在工业领域中,围绕智能制造模式,从客户需求到产品全生命周期各个环节所产生的各类数据及相关技术和大数据应用的总称。这些数据主要来源于生产经营相关的业务数据、研发设计数据、设备物联数据和外部数据。制造大数据不仅是大数据技术在工业领域的延伸,更是大数据与智能制造等工业领域相结合的产物。它具有数据规模大、多样性、高速性、价值密度低、时序性、强关联性、准确性和闭环性等特征。大数据分析与挖掘技术应用在制造业领域中,通过快速获取、分析、处理海量的制造业流程数据和多样化的生产数据,从中提取有价值的信息,是帮助制造企业制定生产、管理决策的辅助手段。本章主要介绍制造大数据技术及其应用,包括制造大数据特征、大数据治理技术、制造大数据应用架构、大数据分析算法以及企业大数据应用案例。

2.1.1 制造大数据的特征与范围

制造大数据也称工业大数据,工业大数据的定义在 2017 年由中国电子技术标准化研究院等单位联合编制的《工业大数据白皮书》中给出:"工业大数据是指在工业领域中,围绕典型智能制造模式,从客户需求到销售、订单、计划、研发、设计、工艺、制造、采购、供应、库存、发货和交付、售后服务、运维、报废或回收再制造等整个产品全生命周期各个环节所产生的各类数据及相关技术和应用的总称。工业大数据以产品数据为核心,极大延展了传统工业数据范围,同时还包括工业大数据相关技术和应用。"制造大数据的主要类型参见表 2-1。

表 2-1 制造大数据主要类型

数据类别	数据具体类型
研发设计数据	设计文档、设计 CAD 文件、工艺数据、BOM 数据、开发测试代码等
生产制造数据	生产控制信息、生产计划、生产订单、工况状态、物料库存、工艺参数、系统日志等
经营管理数据	设备资产信息、客户与产品需求、销售信息、采购与供应商、业务管理数据、财务数据等

续表

数据类别	数据具体类型
外部协同数据	企业上下游供应链数据、外协加工数据、与其他工业企业交互的数据等,市场、地理、环境等外部跨产业链数据等
运行维护数据	产品和设备运行数据、设备维护数据等
建模分析数据	知识机理、数字化模型、统计指标、数据分析模型等
流通交易数据	产品数据信息、产品交易信息等

制造大数据体现工业系统的本质特征和运行规律,具有大数据特征、工业逻辑特征和应用特征。制造大数据与传统数据的对比参见表2-2。

1) 大数据特征

制造数据呈现典型的大数据4V特性,即体量巨大(Volume)、多样性(Variety)、速度(Velocity)、价值密度(Value),具体如下[1]。

(1) 规模性。以半导体制造为例,单片晶圆质量检测时每个站点能生产几兆字节数据,一台字段检测设备每年可以收集将近2TB数据,需要处理的制造数据规模巨大。杭州西奥电梯有限公司的数字化车间监控超过500个参数,每天产生约50万条记录。

(2) 多样性。制造数据包括不同设备运行参数、产品加工数据、生产经营管理等结构化数据;产品设计物料清单及工艺数据、数控程序等半结构化数据,以及3D模型、检测图像等非结构化数据。

(3) 高速性。车间生产运行中产生的大量数据来自可编辑逻辑控制器、传感器和数控系统等智能感知设备对制造过程的不断采样,这些时序数据大量涌入数据库中。以晶圆刻蚀设备为例,反应腔传感器按0.1s的采集间隔不断产生温度、压力、流量等各种监控数据。数据被高速更新。

制造大数据还具有数据质量低、数据价值密度低的特点。

2) 工业逻辑特征

制造大数据是对工业要素的数字化描述和在数字空间的镜像,具有工业逻辑的特征,如多模态、强关联和高通量等。

多模态源自对工业系统各要素的综合,全面表达的要求。为了追求数据记录的完整,常需要采用超级复杂的结构进行系统要素描述,以求达到要素属性的全方位展现,数据结构呈现出"多模态"特征。

强关联主要体现物理世界中对象之间和过程的语义关联,而不仅仅是数据字段的关联,是一种更深层次的关联。数据关联存在于产品部件之间、生产过程、产品生命周期不同环节、产品生命周期的单一阶段,反映了工业的系统性与复杂性、动态性的关系。

高通量主要体现在内嵌传感器的智能设备/工业产品与测点规模大、数据采集频率高、数据总吞吐量大、数据采集持续时间长等方面。

3) 应用特征

基于工业对象本身的特性或需求,制造大数据的应用特征可以归纳为跨尺度、协同性、多因素、强机理等方面。

跨尺度主要体现在跨系统尺度、跨时间尺度和跨空间尺度。跨系统尺度是指将设备、车间、工厂、供应链及社会环境等不同尺度的系统在数字世界中连接在一起。跨时间尺度是指从业务角度将纳秒级、微秒级、毫秒级、分钟级、小时级等不同时间尺度的信息进行集成。跨空间尺度是指把不同空间尺度的信息如工业 4.0 中的横向、纵向、端到端的信息集成起来。

协同性主要是为了支持工业系统的动态协同需求,通过整个企业、产业链价值链上多业务相关方的数据集成和协同,促进数据和信息的自动流动,应对工业系统的不确定性,提升业务决策的科学性。

多因素是由工业对象的特性所导致的,指影响某个业务目标的因素特别多。工业对象作为复杂的动态系统,要想全面、完整、准确地认识和理解工业对象,需要借助工业大数据描述和分析多因素的复杂关系,解决工业对象的非线性和机理不清带来的问题维度上升和不确定性增加的难题。

因果性反映了工业系统对确定性和可靠性的高度要求。不可靠、不确定的结果,会给工业系统带来巨大的风险,甚至造成巨大的损失。因此,工业大数据的分析不仅仅是发现浅层的相关性,而是执着于对"因果性"的追求。

强机理是保证分析结果高可靠的关键。机理作为"先验知识",能够帮助排除众多因素的干扰性,克服关联关系的复杂性,实现数据降维,达到去伪存真的目的。

表 2-2 制造数据与传统网络数据的对比

项目	制造数据	互联网数据
数据格式	工业现场时序数据等结构化数据较多,研发设计数据、经营管理数据多为非结构化数据	多为非结构化数据
数据质量	要求数据具有真实性、完整性、可用性,更关注处理后的数据质量和可用性	采用数据简单清晰去除无关数据,数据质量要求较低
实时性	注重数据的时效性,覆盖工业生产经营过程中各类变化条件,确保从数据中能提取以反映对象真实状态信息的全面性	对数据的实时性要求不高
关联性	生产经营流程中的数据关联性较强,注重数据特征背后的物理意义、特征之间的关联性机理逻辑,还有因果性要求	主要依靠统计学方法分析属性之间的相关性
分析结构精度	对预测和分析结果的容错率较低,要求数据具有高精度	对预测结果的准确性要求不高
闭环反馈控制	支持生产经营全流程闭环反馈与控制	一般不需要闭环反馈控制

2.1.2 大数据在制造业的应用与挑战

制造大数据作为重要的智能赋能技术,已经成为工业企业提升生产效率、核心竞争力、业务/应用创新能力的关键,逐渐应用于工业企业内部和产业链的各个环节,如研发设计、采购供应、生产制造、装配、物流、销售、使用、维护、报废等,加速工业企业数字化、网络化、智能化转型升级。

1) 制造大数据的典型应用场景

制造大数据的典型应用场景可归纳为智能化设计、智能化生产、网络化协同制造、智能化服务和个性化定制五种模式,如图 2-1 所示。

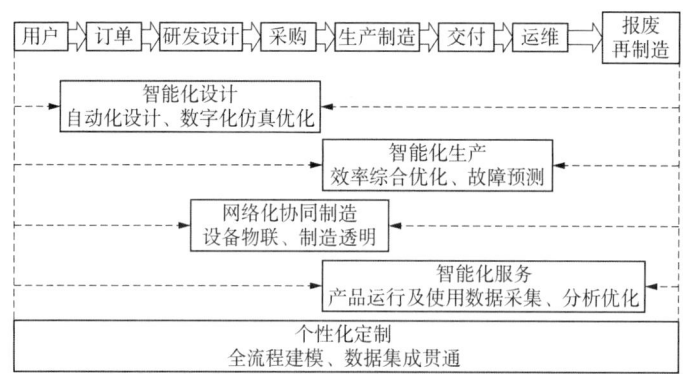

图 2-1 制造大数据典型应用场景

(1) 在智能化设计方面,通过利用大数据技术,可以实现基于模型和仿真的研发设计、基于产品生命周期的设计、融合消费者反馈的设计,达到工业企业研发创新能力提升、研发效率和质量提高的目标。

(2) 在智能化生产方面,通过采集和汇聚设备运行状态数据、流程工艺参数、质量检测数据、物流配送数据和进度管理数据等生产现场数据,在制造工艺、生产流程、质量管理、设备维护、能耗管理、复杂产线设备健康管理等场景进行大数据分析和挖掘,实现生产过程优化,推动产品制造的柔性、高质、高效、安全、低耗,驱动生产过程的智能化升级。

(3) 在网络化协同制造方面,制造大数据主要应用在协同研发与制造、供应链管理体系优化、制造能力资源优化等场景,降低了创新资源、生产能力、市场需求的集聚成本和难度,提高了对接效率,提升了产业链上下游的资源整合能力,促进了全社会多元化制造资源的高效协同。

(4) 在智能化服务方面,依托制造大数据与新一代信息技术的融合应用,在市场营销环节挖掘用户需求和市场趋势,指导生产和市场营销;在售后服务环节,数据驱动服务模式创新,从定期、被动服务转变为实时、主动服务。制造业新模式、新业务在工业大数据的赋能下不断催生,制造模式从大规模流水线向定制规模化转变,从生产型向服务型转变,推动服务型制造业和生产型服务业发展。

(5) 在个性化定制方面,根据客户需求数据的收集整合,基于制造大数据构建的需求转化机制,可以指导制造过程快速匹配和调整,动态满足客户千人千面的个性化需求。制造大数据和大规模个性化模式的结合,工业产品开发个性化、设备管理个性化、企业管理个性化、人员管理个性化、垂直行业个性化等新模式不断涌现,充分体现工业价值创造。

我国制造业企业围绕加速产品创新设计、产品故障诊断与预测、供应链的分析和优化等具体场景的应用步伐将显著加快。未来,制造大数据实时采集、跨界流动、动态分析、敏捷响应的能力不断增强,数据应用不断深化,数据价值和数据效能将加速释放,产品全生命周期服务、制造能力交易、远程运维、融资租赁等新型服务不断拓展,制造大数据加速促进工业经济向数据驱动型创新体系和发展模式转变,赋能工业高质量发展。

2) 大数据在制造业应用中所面临的挑战[2]。

(1) 数据质量:在工业数据中,数据质量问题是许多企业所面临的挑战,受限于工业环境中数据获取手段的限制,包括传感器、设备通信协议开放性、制造现场数据采集难度和成本限制,采集的制造现场数据质量难以保障。如何保障大数据分析输入的数据质量是必须克服的一个难点。

(2) 数据全面性:工业对数据的要求并不仅限于量的大小,更在于数据的全面性。在利用数据建模手段解决某一个问题时,需要获取与被分析对象相关的全面参数,而一些关键参数的缺失会使分析过程碎片化。例如,当分析航空发动机性能时需要温度、空气密度、进出口压力、功率等多个参数,而当其中任意一个参数缺失时都无法建立完整的性能评估和预测模型。因此对于企业来说,在进行数据分析前要确保所获取数据的全面性。

除了对数据所反映出来的表面统计特征进行分析以外,还应该关注数据中所隐藏的背景相关性。对这些隐藏在表面以下的相关性进行分析和挖掘时,需要一些具有参考性的数据进行对照,也就是数据科学中所称的"贴标签"过程。这一类数据包括工况设定、维护记录、任务信息等,虽然数据的量不大,但在数据分析中却起着至关重要的作用。

2.2 制造大数据技术

2.2.1 制造大数据平台技术框架

图2-2为制造大数据平台的技术框架,制造数据来源于企业信息系统(产品生命周期管理PLM、企业资源计划ERP、制造执行系统MES、仓储管理系统WMS等)数据、生产控制系统数据库、生产设备运行数据、RFID阅读器/条码/二维码/图像扫描识别时序数据。企业信息系统数据通过ETL工具、SAP SLT队列采集并同步传送到Kafka事件流平台,设备

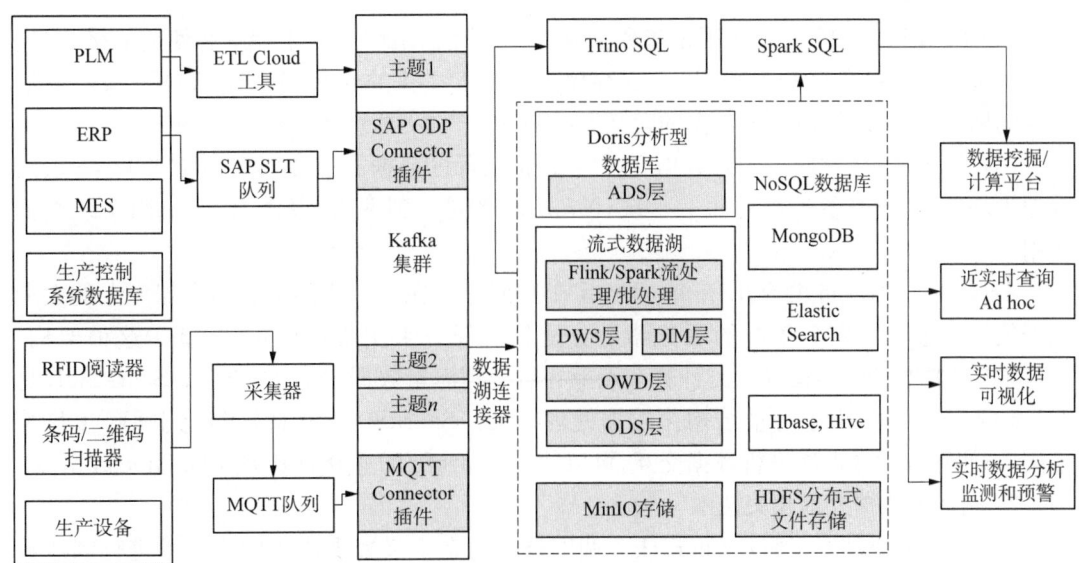

图2-2 制造大数据平台技术框架

运行时序数据通过 MQTT 队列也进入 Kafka 事件流平台，Kafka 事件流数据通过数据湖连接器存储到 MinIO 分布式对象存储、HDFS 分布式文件存储，构建流水数据湖、实时数据库，或建立 NoSQL 数据库（Hbase、Elastic Search、MongoDB）存储非结构化数据。通过构建包括 ODS 层、DWD 层、DWS 层、ADS 层的实时数据仓库，对多维异构制造数据建立多主题统计分析实时报表，提供实时数据分析监控预警、数据分析挖掘等大数据应用。

SAP SLT 是 SAP 的 ETL 工具，使用基于触发器的复制方式以实现从源系统到目标系统的数据传递。SAP Operational Data Provisioning（ODP）可用于从基于 SAP NetWeaver AS ABAP 的系统（例如 SAP ERP，ECC 或 S/4 HANA）提取数据，将 SAP ERP 或 HANA 数据库的业务数据提取到 Kafka 事件流平台中。

MinIO 是一个开源的分布式对象存储服务，它允许用户在私有云或公有云环境中构建自己的对象存储基础设施。MinIO 旨在提供高性能、高可用性的对象存储。MinIO 支持事件通知，可以在对象被创建、删除或更新时触发通知。这为构建自动化工作流和应用程序提供了便利。使用 Doris 基于 MPP 架构的高性能实时的分析型数据库。流式数据湖产品有 Paimon、Hudi，Hologres＋Flink 构建企业级实时数据仓库。

1）构建数据仓库的主要组成部分

（1）ODS 层（原始数据层）：原始数据层，存放原始数据，直接加载原始日志、业务数据，数据保持原貌不做处理。

（2）DWD 层（明细数据层）：结构和粒度与 ODS 层保持一致，对 ODS 层数据进行清洗（去除空值、脏数据、超过极限范围的数据）后的数据。

（3）DWS 层（服务数据层）：以 DWD 为基础，进行轻度汇总。一般聚集到以用户当日，设备当日，销售当日，商品当日等的粒度。在这层通常会有以某一个维度为线索，组成跨主题的宽表，比如，一个用户的当日的签到数、收藏数、评论数、抽奖数、订阅数、点赞数、浏览商品数、添加购物车数、下单数、支付数、退款数、点击广告数组成的多列表。Apache Doris 在多维报表、即席查询、用户画像、实时大屏、日志分析、数据湖查询加速等诸多业务领域都能得到很好应用。

（4）DIM 层：DIM 主要作用是将数据仓库中的数据组织成易于理解和使用的格式，它主要负责存储维度数据和规则，DIM 层存储了与维度相关的元数据，如维度表、层级结构、维度的属性等，帮助用户了解数据的含义和结构。

（5）ADS 层（数据应用层）：数据应用层，面向实际的数据需求，以 DWD 或者 DWS 层的数据为基础，组成的各种统计报表。统计结果最终同步到 RDS 以供 BI 或应用系统查询使用。

Trino 是一种分布式 SQL 查询引擎，旨在查询分布在一个或多个异构数据源上的大型数据集。它通过在整个集群的服务器上分配处理任务来实现横向扩展，基于这种架构，Trino 查询引擎可以在集群内的计算节点上并行处理海量数据的 SQL 查询。SparkSQL 是 Spark 的一个模块，用于海量结构化数据处理框架。SparkSQL，支持标准化 JDBC\ODBC 连接，方便和各种数据库进行数据交互，可以使用 SparkSQL 直接计算并生成 Hive 数据表。

2）制造大数据处理相关技术

（1）数据采集技术：通过分布式任务调度技术与自定义数据流程同步技术进行制造数据从源信息系统采集与传输到目的数据中台或数据湖。数据采集系统须具备数据流程自定义，可自定义支持多种数据源（SOAP、RESTFUL、MQ、OPC、Socket、Modbus、文件、数据库），可以对应多数据源自定义逻辑脚本，提供数据链路监控和数据异常处理，满足基于物联网的数据采集方式与异构数据采集统合。数据迁移工具有用来将 Hadoop 和关系型数据库中的数据相互转移的工具 Sqoop，异构数据源离线同步工具 DataX，还有 Kettle、FineDataLink、DataStage、DataPipeline 等 ETL 工具。

（2）数据存储：面向海量数据的存储访问与共享需求，制造大数据平台需提供基于多存储节点的高性能、高可靠和可伸缩性的数据存储和访问能力，同时需支持 MySQL、Oracle 等常用数据库保存关系型数据；采用 Hadoop 平台 Hbase、Elastic Search 或 MongoDB 存储非关系型数据。使用 MinIO 分布式对象存储服务、Paimon、Hudi 流式数据湖软件，存储制造过程的海量时序实时数据，构建企业级实时数据仓库。

（3）数据治理/加工技术：在大数据平台中，提供数据节点定义，在数据节点定义中可以方便地通过逻辑处理脚本完成数据的清洗、数据标注和数据标准格式转换。

（4）基础平台关键技术：通过 Cloudera Manager 完成数据集群服务的监控与资源管理，可快速部署群集，可以根据系统的智能默认设置进行配置。使用便携式集群配置模板确保从测试转向生产，或跨环境的一致性。可以轻松调整配置和资源，管理跨部门广泛的用户角色，自助服务访问，管理多租户环境的多个集群。通过 Storm、Hadoop、Spark 完成分布式流计算。

（5）数据管理：对集成后的数据集统一维护与管理，包括对数据质量的检测、数据安全控制、数据血缘的监控、元素管理等。应用 Solr 和 Elasticsearch 分布式大数据搜索引擎，提供实时的、多维的、交互式的查询、统计分析系统，为制造大数据的统计分析方面提供完整的解决方案，让万级维度、千亿级数据下的秒级统计分析变为现实；提供倒排索引以及聚合方式数据建模。使用分布式 SQL 查询引擎 Trino、SparkSQL、HiveSQL 处理海量结构化数据。

（6）数据应用：利用数据可视化工具，实现所见即所得的仪表盘设计，提供丰富的交互控件和图表组件，提供智能配图建议，支持旋转、钻取、切片，可自定义日期维度，实现同比、环比、基比等分析；通过自定义计算字段，扩展可分析的维度和度量。提供基于感知压缩、数据降维、贝叶斯、遗传算法的质量分析模型和设备故障诊断预测性维护等数据分析模型。

2.2.2　大数据治理技术

数据处理流程是对源数据到目标数据整个处理过程的监管，并描述了数据采集、数据处理及数据展现这 3 个方面所用到的技术架构和处理逻辑。本节主要介绍了处理流程中数据接入、数据预处理、数据规范化、数据清洗、数据标签化、数据主题化等几个方面的内容。图 2-3 所示为数据治理框架和数据治理的流程步骤。

1）数据接入

制造数据中的源数据，包括结构化文本、关系型数据库、非结构化的文本及图像数据、Hadoop 平台中的数据以及 Kafka 流式数据，经过批处理引擎或流式计算引擎，接入到统一的数据源系统中，形成最初的数据集市。

2）数据预处理

在对数据集市中的数据做处理前，根据数据规则库定义的规则，首先对数据进行预处理，包括数据质量的评估、空值率的计算、数据特征分析、数据格式的分析等；然后判断数据

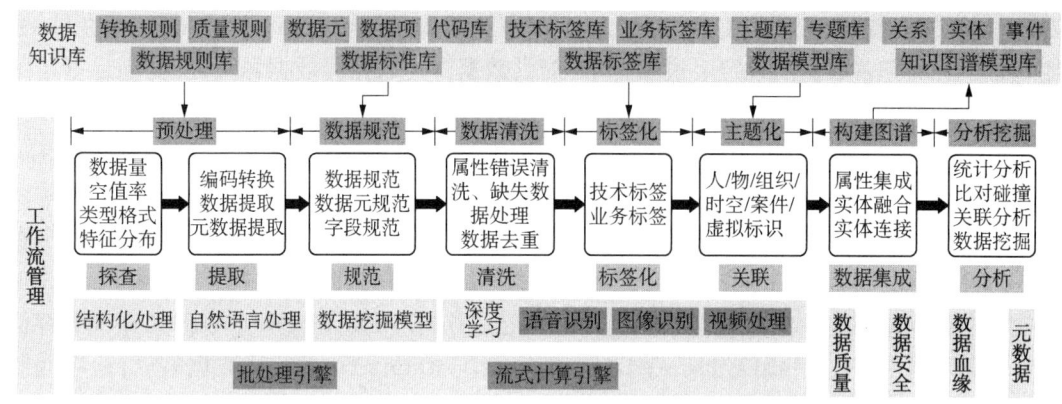

图 2-3 数据治理框架

是否有治理的价值;然后提取需要治理的数据、提取元数据,经过统一的编码转换处理后,过滤掉脏、乱、差的数据;然后进行数据去重等清洗处理。

3) 数据规范化

数据规范是将预处理后的数据,根据数据标准知识库的标准,将数据统一处理成符合行业标准及国标等标准的规范化数据,提高数据的可移植性、共享性及复用性。数据规范过程(标准化过程)中所依赖的数据规范来源于权威性的行业规范、国家标准等,对数据、名称、字段及元数据等进行标准化。

数据治理过程中可使用的数据规范方法有:规则处理引擎、标准代码库映射。

(1) 规则处理引擎:数据治理为每个数据项制定相关联的数据元标准,并为每个标准数据元定义一定的处理规则,这些处理逻辑包括数据转换、数据校验、数据拼接赋值等。基于机器学习等技术,对数据字段进行认知和识别,通过数据自动对标技术,解决在数据处理过程中遇到的数据不规范的问题。

借助机器学习推荐来简化人工操作,根据语义相似度和采样值域测试,推荐相似度最高的数据项关联数据表字段,并根据数据特点选择适合的转换规则进行自动标准化测试。根据数据项的规则模板自动生成字段的稽核任务。规则体系中包含很多数据处理的逻辑:将不同数据来源中各种时间格式的数据项,转化成统一的时间戳格式;对数据项做加密或者哈希转换;对身份证号做校验。规则库中的规则可以多层级迭代,形成数据处理的一条规则链。规则链上,上一条规则的输出作为下一条规则的输入,通过规则的组合,能够灵活地支持各种数据处理逻辑。

(2) 标准代码库映射:标准代码库是基于国家标准或者通用的规范建立的 key-value 字典库,字典库遵循资产分类与代码等标准进行构建。根据字典库的国家标准或部标代码,通过字典规则关联出与代码数据项对应的代码名称数据项。

4) 数据清洗

数据清洗是对不完整的数据、不一致的数据以及异常的数据进行清洗,并过滤掉重复相似的记录。

(1) 不完整数据清洗:在实际应用中,数据缺失是一种不可避免的现象,有很多情况下会造成数据值的缺失,字段也可能缺失。处理缺失值目前有以下几种方法。①人工填写缺失值:这种方法最大的缺点就是需要大量的时间和人力,数据清理技术需要做到最少的人工干预,并且在数据集很大、缺失很多属性值时,这种方法行不通;②全局变量填充缺失值:使用同一个常量来填充属性的缺失值。这种方法虽然使用起来较为简单,但是有时不可靠。例如,用统一的常量"NULL"来填写缺失值;③中心度量填充缺失值:使用属性的中心度量来填充缺失值。中心度量是指数据分布的"中间"值,例如均值或者中位数,数据对称分布使用均值、倾斜分布使用中位数;④使用最可能的值填充:相当于数值预测的概念。回归分析是数值预测最常用的统计学方法,此外也可以使用贝叶斯形式化方法的基于推理的工具或决策树归纳确定缺失值。

(2) 属性错误数据清洗:数据库中很多数据违反最初定义的完整性约束,存在大量不一致的、有冲突的数据和噪声数据,我们应该识别出这些错误数据,然后进行错误清洗。属性错误清洗包括噪声数据以及不一致的数据清洗。①噪声数据的清洗也叫光滑噪声技术,主要方法有分箱以及回归等方法;分箱方法是通过周围邻近的值来光滑有序的数据值但是只是局部光滑,回归方法是使用回归函数拟合数据来光滑噪声。②不一致数据的清洗在某些情况下可以参照其他材料使用人工进行修改,可以借助知识工程工具来找到违反限制的数据,例如:如果知道数据的函数依赖关系,通过函数关系修改属性值。但是大部分的不一致情况都需要进行数据变换,即定义一系列的变换纠正数据,也有很多商业工具提供数据变换的功能,例如数据迁移工具和 ETL 工具等,但是这些功能都是有限的。

(3) 相似重复记录清洗:相似重复记录的清洗一般都采用先排序再合并的思想,代表算法有优先队列算法、近邻排序算法、多趟近邻排序算法。优先队列算法比较复杂,先将表中所有记录进行排序后,排好的记录被优先队列进行顺序扫描并动态地将它们聚类,减少记录比较的次数,匹配效率得以提高,该算法还可以很好地适应数据规模的变化。近邻排序算法是相似重复记录清洗的经典算法,近邻排序算法是采用滑动窗口机制进行相似重复记录的匹配,每次只对进入窗口的 w 条记录进行比较,只需要比较 $w \times N$ 次,提高了匹配的效率。多趟近邻排序算法是针对近邻排序算法进行改进的算法,它是进行多次近邻排序算法每次选取的滑动窗口值可以不同,且每次匹配的相似记录采用传递闭包。

5) 数据标签化

数据标签根据数据标签库可以分为技术标签和业务标签。技术标签是基于表、字段的技术元数据,例如空间占用、条目数、最新更新时间、更新频率、访问频率、数据格式、字段数据类型、是否压缩等,通过规则引擎进行规则计算,为库、表、字段等打上相应的技术标签,例如最近一天更新的数据、大数据集、小数据集、频繁更新数据集、压缩文件、图片、视频等;业务标签基于库、表、字段的业务定义、描述,值域的具体内容,对于数据进行业务标签生成,例如对于库表来说,数据来源/数据种类(地区、籍贯等生活环境、生活习惯等)标签、数据内容标签(姓名、年龄、性别、地址等)。

6) 数据主题化

数据按照一定的主题进行关联来构造一个模型。制造数据治理分别以销售、产品、客户、采购、供应商、库存、成本、财务、设备资产等作为主题,分别建立不同的数据主题模型。

2.3 电子制造行业数据集成应用

电子制造企业数字化应用方案(图 2-4)包括制造设备互联与数据采集系统、企业IT信息系统、信息系统集成、数据中台以及制造大数据应用。大数据应用包括生产数据监控、设备预测性维护、质量数据分析与工艺参数优化、供应链优化、产品设计优化等方面。电子制造企业数字化建设目标包括自动化、数字化、智能化。

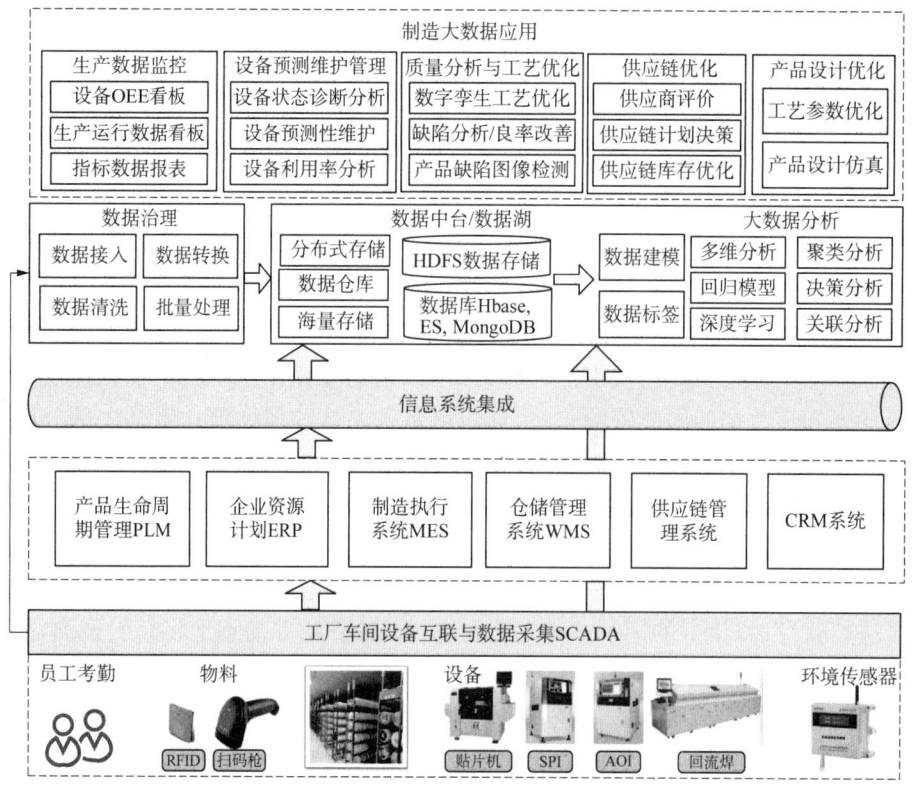

图 2-4　电子制造企业数字化应用方案

1）自动化

将电子制造 SMT 设备和生产线进行工业物联与智能化升级改造，通过传感器、采集端将设备生产、运行、环境等相关数据采集到大数据分析平台，可通过多维度的数据分析和多层级的数据报表来进行决策，有效提升设备维护效率以及相关工作人员的工作效率；建立设备数据与信息系统互联互通，实现管理过程的自动化，提高企业精细化管理水平和数字化决策能力，提高设备生产效率。

2）数字化

打通生产现场各环节之间、生产现场与决策层之间的数据互通和共享，实现人机交互方式的远程智能车间管控、生产线管控、制造单元站点管控，实现数字化、可视化运营管理，使得工厂制造更加智能化、运作更加高效。

3）智能化

通过对制造大数据的展现、分析挖掘和数据智能利用，可以更好地优化现有的生产工艺、设备维护与质量改善。通过对产品生产过程工艺数据和质量数据的关联分析，实现控制与 SMT 工艺调整优化建议，从而提升产品良率；通过对生产设备运行及使用数据的采集、分析和优化，实现设备远程点检及预知性智能化告警、智能健康检测。

2.3.1 数据采集系统 SCADA

数据采集 SCADA 系统(见图 2-5)作为生产信息收集和控制转发的枢纽,能够高并发、大容量地接入生产现场感知数据、不同厂家生产的设备监控数据,能够为企业数字化工厂应用提供集成数据支撑。数据采集系统提供:电子制造工厂自动化设备(印刷机、SPI、SMD、AOI、回流焊炉、测试机等)和智能终端(PLC、工业仪表、视觉设备、传感器、AGV 小车)的数据采集,以及业务系统(PLM、MES、ERP、WMS 系统)的数据采集。一体化数据采集 SCADA 提供三种采集方式——设备采集终端(提供日志、文件、数据库采集)、采集网关盒子(提供 RS232/485,以太网数据采集,支持 ModBus、OPC 协议)、数据抽取 ETL 服务(提供数据抽取、转换)。每种采集方式都支持采集元数据的配置满足终端多样性的特点,提供数据离线存储以保证数据完整可用,提供在线状态感知,保证采集端可用数据采集技术支持三种常见的通信协议,采用异步传输极大地提高数据效率。

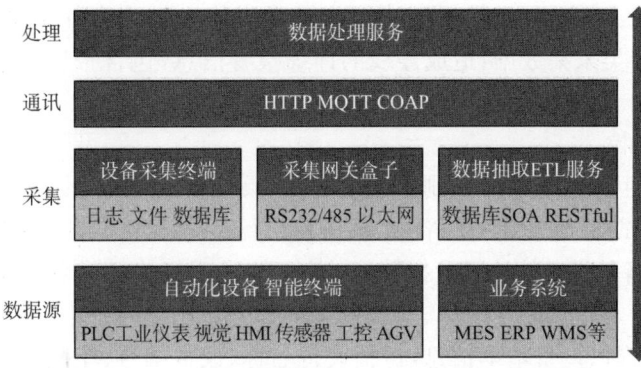

图 2-5 电子制造企业一体化数据采集架构

人员考勤数据:指纹考勤机采集员工上下班打卡时间、工作期间离开/返回车间时间、系统记录员工的考勤信息和考勤异常数据。

环境监控数据:传感器设备编号、设备名称、设备地点、点位、传感器类型(温度、湿度等)、传感器数值、设备状态、时间。

1) 生产过程采集数据

工位/设备信息:操作工位的工位/设备编号,由 MES 系统统一分配。

设备运行状态:设备操作、停止、手动、自动、急停、维修、缺料、堵料、故障等状态。

生产过程数据:生产过程中在线扫描 PCBA(printed circuit board assembly)印刷电路板的条码数据,SPI(solder paste inspection)锡膏检测数据,PCBA 印刷电路板 AOI(automated optical inspection)自动光学检测数据,PCBA 测试数据与 PCBA 维修数据等。

PCBA 主板 SPI 锡膏检测数据:单板条码、单板名称、单板长度,单板宽度,单板厚度,SPI 程序名称、SPI 检测时间、SPI 操作者、SPI 设备线体名称。测试结果,报警结果,检测结果数字定义,判定结果。

PCBA 主板 AOI 检测数据:单板条码、单板名称、AOI 检测时间,AOI 板子图像,全板匹配模板数量,班次,线别,操作员,生产批次,工作站,数据状态;确认后的缺陷类型,报警的缺陷类型,报警窗口 Top 光图片,报警窗口 Side 光图片,报警图片宽度,报警图片高度,报警窗口宽度,报警窗口高度,报警窗口角度,报警窗口 X 坐标,报警窗口 Y 坐标,元件部件。

再回流焊炉温度数据:PCBA 条码、PCBA 名称、时间,加温区域、温度。

PCBA 主板测试数据包括:单板条码,测试结果 ID,开始测试时间,测试时长,测试结果,设备 ID,运行模式,测试类型,操作类型,维修测试标志,设备名称,首个失败测试项目。

PCBA 主板维修数据包括:单板条码,接收时间,类型名称,板名称,版本,故障显示名称,故障属性名称,故障类型名称,位号,故障原因,来源,维修人员名字,维修时间,测试结果,记录时间,物料条码,物料代码,产品编号,创建时间,产品处理编号。

产品组装采集数据:产品预组装和成品组装的关键工序节点扫描条码、时间、班组、过站节点、所属工单、绑定物料条码。

成品测试数据:成品老化数据、多项功能性能测试结果数据、测试时间、测试设备。

产品包装数据:产品 SN 标签打印、称重、过站信息、绑定包装/配件物料信息、产品礼盒/中箱/栈板信息。

调用程序:加工工件的程序号,程序执行状态及工装信息;使用工装夹具的条码信息。

工位/设备报警类采集数据:造成停线的详细报警信息,包含报警编号、报警发生区域,报警地址(PLC 地址)、报警描述。

2) 设备状态监控

系统实时监控生产线上锡膏印刷机、SMD 表面贴片设备、SPI 设备、AOI、再回流焊炉、裁板机、镭雕机、测试机、老化机等设备状态、设备运行时间、设备产量、各 PLC 设备的状态,实时显示现场出现的各种设备的故障及报警,系统对 PLC、现场终端及各自动化设备的工作状态(手动、自动、运行、停止等)等信息进行采集,并在监控画面上以颜色来显示设备的状态。

设备管理系统提供设备基本信息,包括设备名称、设备编号、车间、产线,设备维修记录和设备保养记录。

3) 生产辅助材料/工具使用数据

锡膏数据:锡膏批次、供应商、生产日期及库存信息、锡膏冰箱温度、锡膏回温时长、锡膏领用记录、锡膏有效期管理。

印刷钢网使用数据:钢网的履历信息(供应商、张力、数量、当前状态、使用次数),钢网领用与借出/归还记录,钢网使用次数记录并清洗预警。

治具数据:夹具的履历信息、夹具的领用与借出/归还记录。

4) 生产物料与产品追溯数据

生产物料出入库数据:SMT 电子物料和组装物料的入库、领用、退料记录。

在制品数据:在制品所属工单、在制品出入库记录、在制品状态。

产品追溯数据:产品使用的物料 UPN 信息、产品生产过程的产线设备、操作员、工装夹具、质检数据、包装数据等。

5) 质量检验数据

自动测试记录:记录编号、生成时间、产品 SN、站位编号、所使用的设备编号、所使用的工装编号、所使用的仪表编号、是否测试、所使用的程式编号、测试结果、结束时间。

自动测试程式:程式编号、程式名称、版本、生成时间、适用型号、创建人、上一版本编号、最近一次使用时间、最近一次使用的产品 SN、最近一次使用的站位编号。

电子元器件采购入库前质量检验数据、不合格品缺陷统计。

6) 生产制造业务数据

包括内部订单、电子加工单、生产订单、生产工单、领料单、出入库单据、生产计划、工序单、产品 BOM、工艺文件、班组人员信息等。

2.3.2 信息系统集成应用

图 2-6 为某电子制造企业生产制造数据应用的业务流程，PLM（product lifecycle management）系统提供产品设计 BOM 与生产 PBOM、管理所有生产物料信息与工艺路线，以及客户需求的内部订单。企业开发了物料需求计划 MRP 计算各类生产订单所需的物料采购需求 PR，并在 ERP SAP 系统中生成采购订单 PO；根据生产计划进行车间 SMT、测试和组装计划排产，工艺文件数据/程序下发到 SMT 和测试设备，通过 WMS 系统进行生产物料发料、领料、退料和产品出入库管理。企业使用自主开发的 MES 系统和 SFC 系统进行生产过程管控：包括生产数据采集、车间工序与在制品 WIP 管理，质量检验与维修管理，电子看板管理，产品追溯管理。工业数据分析包括产品质量分析、产线和设备 OEE 生产效率分析、设备故障维修分析、生产成本分析等。

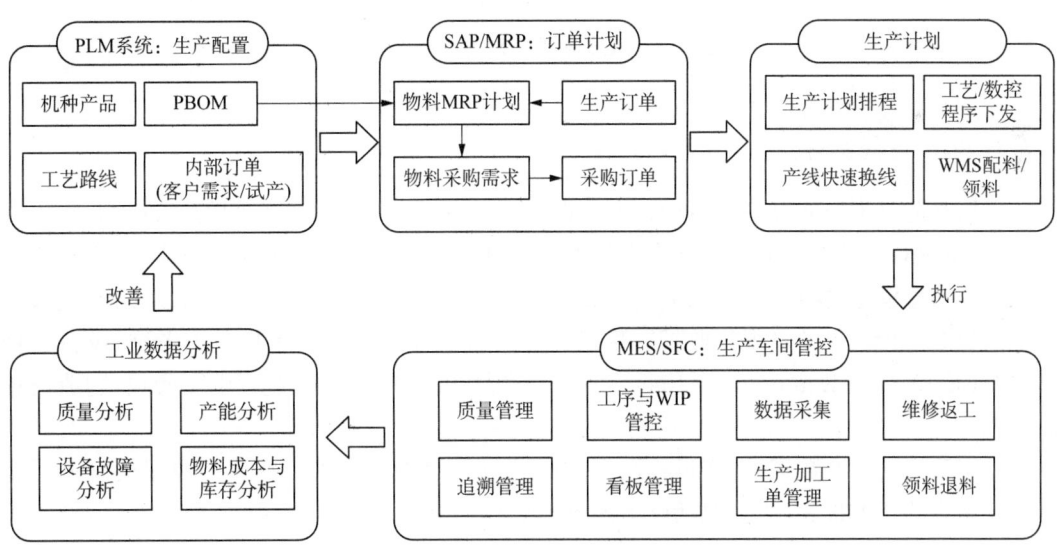

图 2-6 电子产品制造数据应用流程

图 2-7 为某电子制造企业信息系统的数据集成方案，PLM 将产品生产物料清单 BOM、企业客户和试产的内部订单传递至数据中台，SAP、电子加工单、MRP 和 MES 系统共享使用产品 BOM 数据，将内部订单配置工艺信息、各部门审核后生成电子加工单，提供给 SAP 创建生产订单、MES 系统的生产工单。物料需求计划 MRP 获取内部订单作为客户需求，获取 WMS 和 ERP 系统中的物料库存数据，基于 BOM 计算产品生产物料所需要的采购净需求，MRP 反馈给 SAP 系统作为采购需求 PR 来源，用于 SAP 生成采购订单 PO。仓储管理系统 WMS 与 SAP 系统通过数据中台实现产品和物料出入库业务数据的同步集成。通过数据中台实现产品 BOM、物料编码、物料库存数据与出入库单据数据在 PLM、SAP、MES、WMS、MRP 系统之间的共享和业务数据无缝传递；客户需求的 PLM 内部订单—电子

加工单—SAP 生产订单—MES 生产工单,不同用途多形态的生产订单实现了数据共享传递,避免了因不同信息系统孤岛造成的数据需要重复录入的弊端。通过数据中台实现多个信息系统之间的业务数据共享与数据传递,提升了晨兴希姆通公司数字化系统应用效率。

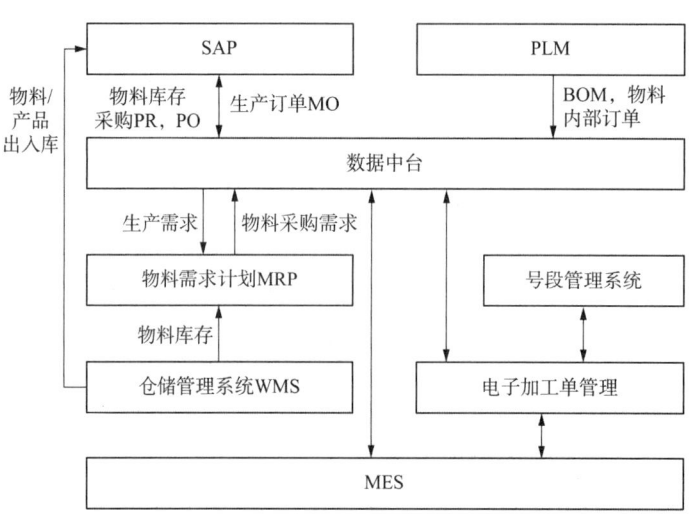

图 2-7 电子制造信息系统数据集成

2.3.3 生产过程实时监控

采用制造过程中的可视化监控技术有助于管理者实时掌握制造车间的运行状态和生产情况,提高应对突发状况的能力和生产效率。针对车间实际生产场景及业务需求,构建车间和生产线信息模型,实现员工考勤、主要设备状态、产品状态、订单执行状态、产品质量数据等场景数据分析结果的可视化监控。生产过程实时监控内容主要包括员工考勤、设备综合效率 OEE(Overall Equipment Effectiveness)、产品质量维修、生产过程电子看板、制造信息追溯。

基于采集的生产数据,生产过程数据的电子看板用于实现统一的生产数据信息电子看板和定制化的查询报表,主要包括以下内容。

车间看板:车间所有线体生产状况,故障停线/在制、投入产出、不良、良率、效率等信息的综合报表。

线头看板:各线头时段投入、产出、不良数、良率、效率等信息的综合报表。

维修看板:维修站位相关信息的综合报表。

质量管控看板:产品生产状况分类显示,产能分析(时段、机种、工单、投入、产出),不合格品统计分析等与产品质量控制相关的信息综合报表。

2.3.4 SMT 锡膏印刷 SPI 检测参数阈值优化

SMT 生产线 PCB 板生产流程:锡膏印刷→锡膏检测(SPI)→前自动光学检测→回流炉→后自动光学检测→功能检测(FT)以及维修(Repair)。SMT 生产线提供的数据主要来源于 4 个工位,分别是 3D-SPI 数据、AOI 数据、FT 数据及 Repair 数据,如表 2-3 所示。

表 2-3 PCB 板的 SMT 生产线提供的工位数据

	SPI 数据	AOI 数据	FT 测试数据	Repair 维修数据
加工产品信息	单板条码,单板名称,单板长度,宽度,厚度	单板条码,单板名称	单板条码	单板条码,单板名称
设备信息	SPI 程序名,检测时间,操作员,SPI 线体,SPI 班次	AOI 检测时间,操作员,线体,班次,生产批次,工作站,机台号,AOI 板子图像	开始测试时间,测试时长,测试人员工号,设备ID,设备名称	接收时间,版本,维修人员名字,维修时间
检测维修信息	焊盘编号(按大板),焊盘编号(按拼板),封装类型,物料代码,封装类别,元件编号,元件名称,体积结果(%),体积 NG 上限/下限,体积告警上限/下限,面积结果(%),面积 NG 上限/下限与告警上限/下限,高度结果(μm),高度 NG 上限/下限与告警上限/下限,X 偏移量(μm),X 偏移量 NG,Y 偏移量(μm),Y 偏移量 NG,偏移报警,拉尖结果,拉尖面积结果,测试结果(出现的缺陷类型),报警结果,检测结果数字定义,判定结果(具体缺陷类型)	数据状态,轨道 ID,板面,元件总数,元件名称,物料代码,元件坐标 X 与 Y,元件角度,元件图片宽度/高度,元件 Top 光/Side 光图片,料号,确认后的缺陷类型,报警的缺陷类型,报警窗口 Top 光/Side 光图片,报警图片宽度/高度,报警窗口宽度/高度/角度,报警窗口 X/Y 坐标	测试结果 ID,测试类型,操作类型,维修测试标志,首个失败测试项目	故障显示名称,故障属性名称,故障类型名称,位号,故障原因,来源,测试结果,物料条码,物料代码,产品编号,创建时间,产品处理编号

业界认为绝大部分的 PCB 板生产失败原因在于锡膏印刷,而我们可以从 SPI 仪器获得锡膏印刷的详细数据(包括体积,面积,高度,偏移等),因而如果可以根据实际锡膏检测情况实时调整印刷机参数,那将对于 PCB 板生产产生积极的指导作用。目前的 SPI 仪器对于各项参数(如体积,面积,高度,偏移等)是否合格取决于人工经验的阈值设定,如果阈值设置范围较大,会存在大量误报的情况,如果阈值范围设置太小,则会存在漏报的情况,因而优化 SPI 的各项阈值参数使其可以对锡膏检测数据给出正确的判定结果就成为首要解决的问题。

焊盘锡膏印刷发生缺陷,主要由锡膏的量引起,如焊盘锡膏体积大、面积大会造成连锡和桥接等缺陷;反之,如果焊盘锡膏体积小、面积小则易引起虚焊、少锡等缺陷。针对同种封装的焊盘数据,根据焊盘是否有缺陷及缺陷类型,需要将数据划分为正常数据和异常数据。将焊盘发生虚焊的数据归为异常数据Ⅰ;焊盘发生缺陷类型为连锡的数据归为异常数据Ⅱ;将 SPI 检测和 AOI 检测合格的焊盘的数据作为正常数据。

SMT 检测参数阈值估计方法流程主要由四部分组成,如图 2-8 所示,具体描述如下。

1) 构建 SPI 检测参数阈值估计数据集

该部分主要是数据收集、数据分类及数据预处理。收集的数据集包括 SPI 检测数据、AOI 检测数据及 Repair 数据,如表 2-4 所示。数据分类是指按焊盘是否发生缺陷划分,若

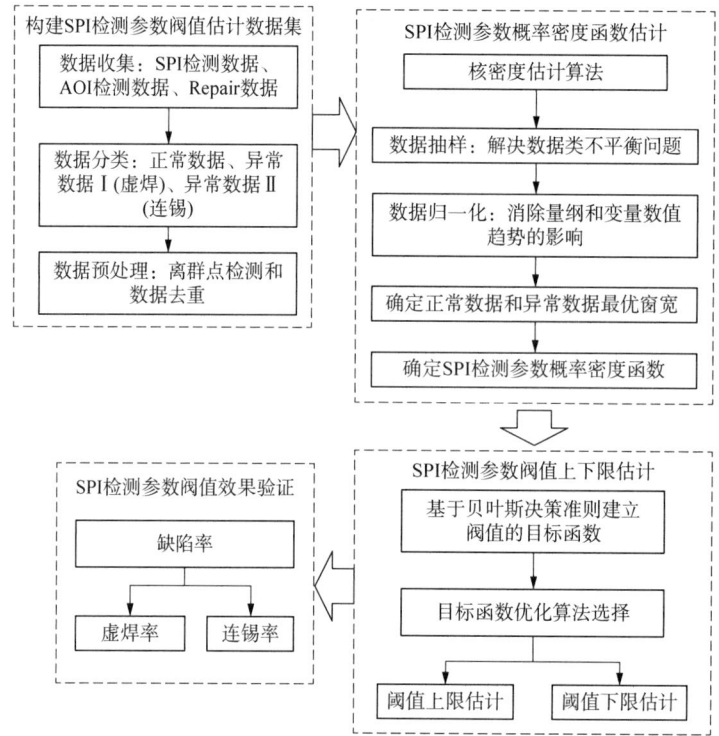

图 2-8 SPI 检测参数阈值估计方法流程

表 2-4 构建 SPI 检测参数阈值数据集所需的数据

SPI 工位	AOI 工位	Repair 工位
PCB 条码	PCB 条码	PCB 条码
焊盘位号	焊盘位号	焊盘位号
锡膏体积	机器检测	缺陷类型
锡膏面积	缺陷类型	
锡膏高度		

该焊盘没有发生缺陷,则将该焊盘数据划为正常数据;若该焊盘发生缺陷,则将该焊盘数据划分为异常数据,再按缺陷类型将异常数据划分为虚焊数据和连锡数据。数据预处理主要是对离群点进行检测和剔除。

离群点检测主要有两项处理工作:

① 将锡膏体积、面积和高度值为零的值剔除;

② 由于虚焊和连锡等缺陷与锡膏量密切相关,一般来说,当锡膏量低于某个数值时,发生虚焊的数量就会明显上升,所以在高于这个数值的情况下发生的虚焊,则大概率由其他原因引起。反之亦如此,当锡膏量高于某个数值时,产生连锡的数量明显升高,而在低于这个数值时发生的大部分连锡缺陷由其他原因引起。所以,需要将非锡膏量引起的连锡和虚焊数据剔除。

数据去重处理:每块 PCB 板的同种封装类型的焊盘少则几百,多则上千。在 SMT 实际生产中,批量印刷 PCB 板时,印刷设备工艺参数可能会一直保持不变,那么当锡膏印刷完成后,会出现许多焊盘锡膏体积参数完全一样数据,这些都是重复的冗余数据,给数据分析带来不利影响。因此,对 SPI 检测参数进行概率密度估计前,需对样本数据进行数据去重处理。

2) SPI 检测参数概率密度函数估计

项目采用非参数估计法中经典的核密度估计法(kernel density estimation),以获得焊盘正常数据和异常数据的概率密度表达式,进而表示 SPI 误判率和漏判率,建立阈值目标函数。

在估计中心点 x 处、长度为 h 的概率密度核密度估算的表达式为

$$f(x) = \frac{1}{nh} \sum_{i=1}^{n} G\left(\frac{x-x_i}{h}\right) \tag{2-1}$$

式中,$f(x)$ 为估计的概率密度值;n 为样本数;h 为窗宽;$G(x)$ 为核函数,它通常满足对称性及 $\int G(x)\mathrm{d}x = 1$。

由于每块 PCB 板包含许多大小形状不同的焊盘,一块 PCB 板上焊盘少的几百个,多的几千个。在 SMT 生产线上焊盘锡膏检测设备发现,不合格的焊盘远远低于合格的焊盘数量。例如,在锡膏印刷过程生产中,发生少锡、连锡、拉尖、桥接等缺陷的焊盘数量远远小于正常焊盘的数量。根据 SMT 生产线数据资源的特点,对数据分类以后,各类别(如连锡类型、虚焊类型和正常类型)之间数据数量差距很大,这就出现了类不平衡问题,在后续对各类型的数据进行概率密度估计时,不同数量的样本密度估计的准确性不同。样本数量多,密度估计的准确性高;样本数量少,估计的效果就比较差。因此,在后续 SPI 检测阈值估计前必须解决数据包类不平衡问题,类不平衡问题解决方法很多,项目运用分层抽样技术对正常数据进行抽样,结合使用分层抽样和有放回抽样技术对连锡数据抽样,让各类别数据之间达到平衡。

(1) 数据归一化:为了后续方便处理数据,保证算法程序运行时收敛,进而提升模型精度,本文选用最大最小归一化方法,按照式(2-2)抽样后数据进行归一化处理。

$$\hat{x}_{ij} = \frac{x_{ij} - x_{i,\min}}{x_{i,\max} - x_{i,\min}} \tag{2-2}$$

对正常数据和异常数据进行核密度估计前,首先应计算其窗宽。选取窗宽的方法很多,最常用的方法是最小平方差法。

最优窗宽表达式为

$$h_{\mathrm{opt}} = 1.059\sigma \cdot n^{-\frac{1}{5}}, \quad \sigma = \left[\frac{1}{n}\sum_{i=1}^{n}(x_i - \bar{x})\right]^2 \tag{2-3}$$

(2) SPI 检测参数概率密度估计。[3]

选取高斯型核函数,对正常数据和异常数据进行概率密度估计,得到了它们的概率密度曲线(图 2-9),其中实线为正常数据概率密度曲线,虚线为异常数据Ⅰ(虚焊数据)和异常Ⅱ(连锡数据)的概率密度曲线。

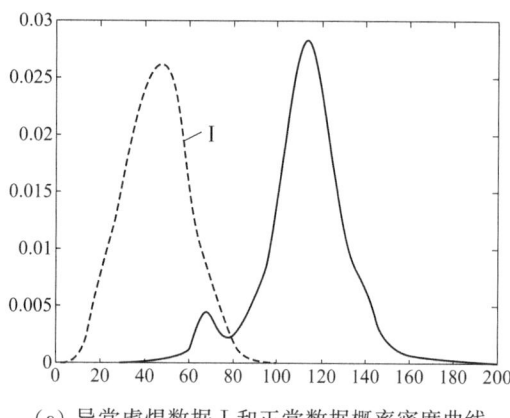
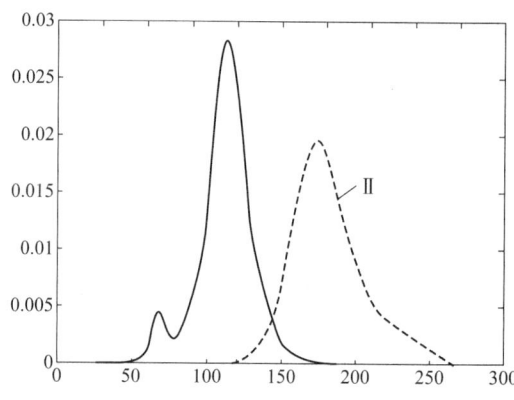

(a) 异常虚焊数据 I 和正常数据概率密度曲线　　(b) 异常连锡数据 II 和正常数据概率密度曲线

图 2-9　概率密度曲线

3）SPI 检测参数阈值上下限估计

结合最小错误率贝叶斯决策准则，以 SPI 检测阈值为决策变量，使误判和漏判的概率总和达到最低为目标，建立如下阈值优化目标函数，然后基于遗传算法对目标函数进行优化，求解最优阈值。

SPI 误判率和漏判率之和建立目标函数[3]为

$$\min F(x) = P_1(e) + P_2(e) = \int_t^{+\infty} f(x \mid w_1) \mathrm{d}x + \int_{-\infty}^{t} f(x \mid w_2) \mathrm{d}x \qquad (2-4)$$

式中，$P_1(e)$ 为 SPI 误判率；$P_2(e)$ 为 SPI 漏判率；t 是选择的检测阈值；n 是样本点个数；h 是 KDE 的窗宽，$\min F(x)$ 为误判率和漏判率之最小值。

目标函数约束区间确定后，以式(2-4)为目标函数，选取遗传算法进行最优检测阈值。调用遗传算法 genalg 包中的 rbga 函数，对函数中的关键参数进行设置，包括种群规模，迭代次数，变异概率，适应度函数，约束区间下界 stringMin，上界 stringMax。搜索目标函数最小值 $\min F(x)$，计算最优阈值下限 LCL 和最优阈值上限 UCL。

4）SPI 检测参数阈值估计结果分析

对封装类型为 A 的焊盘，根据项目方法得出体积最优 SPI 检测阈值为[69.218, 145.49]。对封装类型为 A 的焊盘，某电子通讯公司 SMT 生产线的传统人工经验设置的体积 SPI 检测阈值是[60,150]，将本文方法分析得出的体积 SPI 检测阈值应用于 SMT 生产线，试印刷一定量的 PCB 板。分别选择 SPI 检测阈值为[60,150]和[69.218,145.49]时同种规格的 PCB 板的 SPI 和 AOI 焊盘检测数据，对封装类型为 A 的焊盘的发生的缺陷（虚焊数和连锡数）进行统计，根据以下公式计算虚焊率和连锡率。

在某 SPI 检测阈值区间内：

$$虚焊率 = \frac{AOI 检测后发生虚焊的焊盘总数}{某种封装类型的焊盘总数}$$

$$连锡率 = \frac{AOI 检测后发生连锡的焊盘总数}{某种封装类型的焊盘总数}$$

传统人工方法和新方法缺陷率统计结果如表 2-5 所示。

表 2-5 缺陷率统计结果

方法	虚焊率	连锡率
传统方法	0.0339%	0.0238%
项目方法	0.024%	0.0152%

从表 2-5 中缺陷率计算结果对比看,项目基于大数据优化的阈值设置方法可以有效降低焊盘的虚焊率和连锡率,减少了 SMT 生产过程中产品的不良率,提高了 PCB 板合格率,可以及时检测出 PCB 板上潜在缺陷,降低 PCB 板返修成本。

2.3.5　SMT 印刷工艺参数的质量影响分析与印刷缺陷分析

SMT 锡膏印刷性能影响因素分析主要是针对锡膏印刷过程中质量性能指标进行影响因素挖掘,主要是以锡膏印刷要素、工艺参数、运行工况数据、印刷状态数据、设备参数和最后 SPI 检测出的主要性能指标为基础,通过大数据处理技术和特征选择方法挖掘出影响锡膏印刷性能的关键影响因素,然后根据某种评价准则进行一定的选择与评价,确定性能指标都与哪些参数有关联,并提出相应的改善建议。

SMT 生产数据主要包括六大类:PCB 板属性数据、印刷要素、印刷工艺参数、印刷过程状态参数、环境数据和 SPI 检测数据。①PCB 板属性数据包括 PCB 板的物理尺寸、焊盘排布信息和定位信息,例如板的 X/Y 尺寸和厚度、基准坐标、起始偏移、结束偏移等;②印刷要素指印刷过程涉及到的物料、印刷设置等,例如刮刀材质、角度、支撑的类型、钢网厚度等;③印刷工艺参数主要指:脱膜距离、脱膜速度、刮刀的压力设置和速度设置以及自动清洗频率、速度等;④印刷状态参数主要指印刷过程中产生的数据,包括生产计数、锡膏计数、刮刀最大和最小压力、印刷时间、清洗供给时间、过程清洗计数等;⑤环境数据主要包括 SMT 生产线环境温度和湿度;⑥SPI 检测参数主要有锡膏的体积、面积、高度、X/Y 偏移量以及缺陷类型判定。这些数据都是通过全自动印刷机和 SPI 检测设备实时自动检测获得,以电子文件或数据库表形式存储。

常见的 SMT 锡膏印刷缺陷主要有桥接、拉尖、偏移、无锡膏、面积、体积和高度超出设定阈值等十几种。这些缺陷有时候不是单独发生的,在实际生产中,存在多种缺陷并发的情况,例如拉尖和高度偏高,桥连和面积过大等可能会同时发生,从而出现印刷质量问题。

基于 SMT 大数据的产品质量影响因素分析框架如图 2-10 所示。基于 SMT 大数据的产品质量影响因素分析主要包括:SMT 锡膏印刷性能影响因素分析和 SMT 锡膏印刷缺陷影响因素分析。分析过程一共分为三个阶段:第一个阶段是 SMT 大数据处理阶段;第二个阶段是影响因素分析方法模型构建阶段,包括影响因素相似性度量,即影响因素相关性分析和样本间距离度量;然后,基于数据挖掘和机器学习算法构建锡膏印刷性能和印刷缺陷影响因素分析方法流程。第三个阶段是结果评价与应用阶段,影响因素分析的目的是为了挖掘产品质量与各种印刷因素的隐含关系,以此为依据优化生产流程,改善产品质量。

原始 SMT 数据资源经过预处理、数据分布和逻辑关系探索以及特征的初步过滤后,形成完整的锡膏印刷性能影响因素分析数据集和锡膏印刷缺陷影响因素分析数据集。锡膏印刷整个过程包含大量属性参数,但并不是所有的属性都会影响锡膏印刷质量性能,这就需要

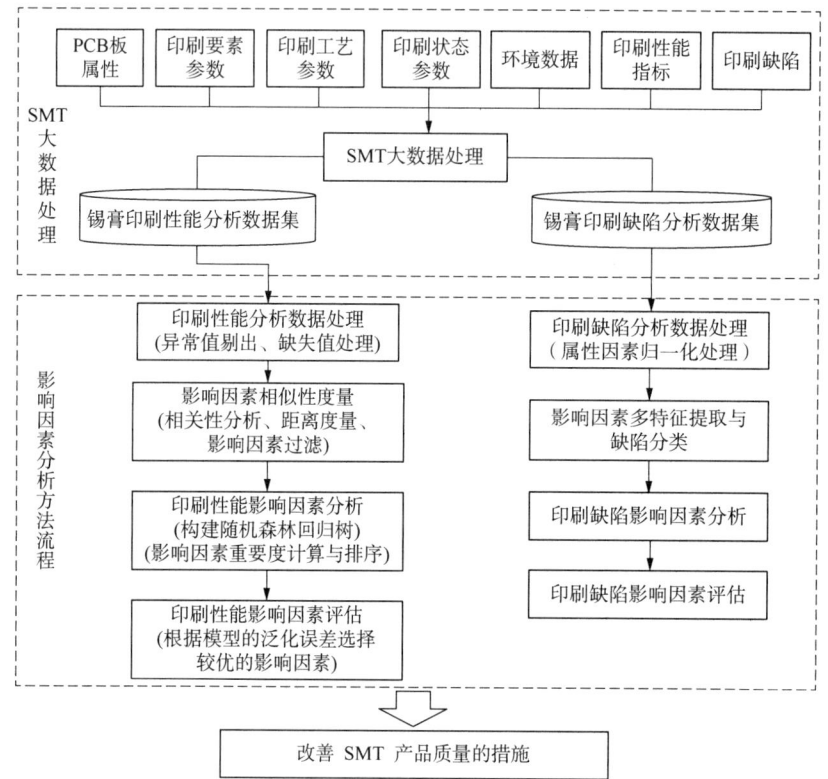

图 2-10　基于 SMT 大数据的产品质量影响因素分析框架

分析关键影响因素,找出对锡膏印刷性能影响较大的因素,便于工作人员调整和优化这些参数设置,以此达到提升 SMT 产品印刷质量的目标。对锡膏印刷质量性能目标变量(锡膏体积、面积和高度)有影响的特征称为相关特征,无影响的特征称为无关特征。

1) 基于随机森林的 SMT 锡膏印刷性能影响因素分析

以 SPI 检测锡膏体积、面积、高度和 X/Y 偏移量进行研究,搜索影响印刷性能优劣的关键因素,通过计算每个因素移除后随机森林模型拟合误差的增加量来估计该因素的重要性。分别以锡膏体积、面积、高度和 X/Y 偏移为目标变量建立影响因素分析模型,得到影响因素重要度排序,具体过程如下:

① 对数据样本进行有放回的随机抽样。预处理后的 SMT 数据样本一共约 99 万条,随机抽取 10 000 次,每次抽取三分之二数据样本,构建 10 000 棵回归树;

② 对原始样本集中的影响因素进行随机抽样。数据集一共有 145 个影响因素,每次随机抽取 12 个影响因素;

③ 设定随机森林回归树构建数量作为构建的终止条件,得到 10 000 个回归模型均方误差;

④ 计算每个影响因素的重要度分数。特征重要度分数越高,该特征对目标变量的影响程度就越大,影响因素重要度是根据特征重要度分数来进行排序的,而关键影响因素子集是根据模型泛化误差来选择的,选择原则是:当选取排序前多少个因素时,性能指标的拟合误差最小。

综合考虑五个指标（锡膏体积、面积、高度、X 偏移、Y 偏移）的回归误差，使得五个指标回归误差保持在最低状态，其重要度分数如表 2-6 所示，表中列出了重要度得分综合评估排序在前 15 位的因素。

表 2-6 锡膏印刷性能影响因素重要度排序

序号	影响因素	得分（体积）/%	得分（面积）/%	得分（高度）/%	得分（X 偏移）/%	得分（Y 偏移）/%
1	焊盘编号（拼板）	96.918 17	264.714 428 7	231.555 542 8	174.236 767 7	164.203 951
2	焊盘编号（大板）	75.051 93	224.236 530 8	167.085 426 4	188.567 974 3	261.570 23
3	印刷高度补偿	68.720 99	212.450 942 7	148.889 582 4	109.217 761 9	235.839 780
4	清洗速度	46.272 77	60.681 805 13	43.314 715 85	99.843 804 65	58.748 872 6
5	刮刀速度	23.026 03	13.886 572 21	12.693 647 74	48.300 376 13	34.128 340 3
6	脱膜速度	14.127 09	14.994 165 3	15.399 530 96	45.190 210 07	19.259 166 4
7	人工清洗	13.445	15.924 449 12	30.277 465 21	25.165 909 68	16.489 439 6
8	脱膜距离	12.957 91	13.639 409 29	17.313 449 92	38.571 897 09	17.161 507 8
9	刮刀使用次数	11.642 69	15.591 251 31	19.793 592 65	37.932 373 45	20.752 692 1
10	钢网使用次数	11.121 69	16.209 236 58	20.254 814 00	36.401 310 61	27.228 479 5
11	锡膏计数	10.621 9	15.672 849 35	18.596 536 29	37.359 597 28	21.091 438 0
12	PCB 板厚度	10.582 62	15.672 613 03	19.179 146 22	34.562 429 8	21.647 408 9
13	刮刀压力设置值	10.331 21	14.683 439 98	34.487 082 96	32.121 653 71	9.540 414 42
14	刮刀压力最小值	8.971 369	17.590 467 8	36.758 175 14	36.696 586 39	29.925 309 3
15	刮刀压力均值	8.379 201	19.737 573 28	36.720 312 74	32.782 428 63	41.348 035 0

2）印刷缺陷影响因素分析

选取某封装类型的 SMT 锡膏印刷数据以及 SPI 检测结果数据，其中包含质量良好的锡膏印刷数据、存在质量缺陷的印刷数据和 SPI 印刷性能指标数据和缺陷判定数据。SPI 检测数据，包括 5 个锡膏印刷性能指标（锡膏体积、面积、高度和 X/Y 偏移量）和 1 个锡膏印刷缺陷判定指标（缺陷类型）。经过预处理和脱密后的锡膏印刷数据样本一共 145 个变量，约 100 万条数据。在数据集中，针对 0.5QFN 封装锡膏印刷数据一共记录了 11 种缺陷类型，包含体积偏大、体积偏小、面积偏大、面积偏小、高度偏高、高度偏低、桥接、X/Y 正负偏移等。

SMT 印刷缺陷数据一共包括 145 个特征，首先对连续特征进行归一化处理。锡膏印刷缺陷样本产生 100 多万个绝对距离值，经过 MDS 初步特征提取后平均距离变化误差为 0.029，基本保持了原始数据的绝对距离。通过熵值法筛选得分较高的特征构成新特征空间，采用线性判别分析方法进行特征提取及投影，实现降维和分类。

基于 Stacking 集成的缺陷分类与影响因素 LXSMS 方法（LightGBM - XGBoost - SVM - MNB Stacking）[4]，该方法主要包括以下步骤：

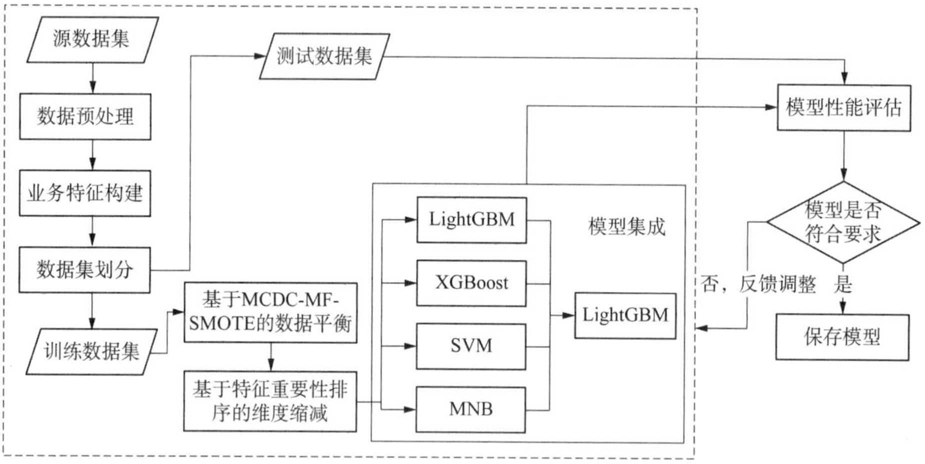

图 2-11 基于 Stacking 集成的缺陷影响因素分析 LXSMS 方法

（1）数据预处理。该步骤是对 SMT 印刷缺陷数据的数据预处理。

（2）多工序制造特征构建。经过对 SMT 生产数据集的预处理和对多工序制造质量相关影响因素的了解，可以考虑利用多个已有特征构建新的组合特征，通过熵值法筛选得分较高的特征构成新特征空间。

（3）数据集划分。为了保证训练出的模型符合真实的产品质量缺陷分类场景，需要在进行数据平衡及降维之前进行数据集划分。划分时首先需要按照时间对数据进行排序，之后截取前 80% 的数据作为训练数据集，余下的数据作为测试数据集。

（4）基于 MCDC-MF-SMOTE 的数据平衡。由于 SMT 制造数据集存在类别不平衡问题，其会严重影响分类方法的性能，使用 MCDC-MF-SMOTE 算法能生成高质量的平衡数据集。

（5）基于特征重要性的维度缩减。当数据集特征数量过多时，部分特征往往是质量影响度很小的冗余特征，且模型需要耗费更长的时间去训练和调整参数。所以利用随机森林对所有特征进行重要性排序并剔除部分排名靠后特征。该方法能够在保证特征蕴含足够知识的前提下，减少模型训练时间，提升模型分类性能。

（6）Stacking 集成。第一层基分类器主要采用 LightGBM、XGBoost、SVM（支持向量机）和 MNB（多项式先验分布朴素贝叶斯）四个分类模型，每一个模型都采用五折交叉验证的方法训练并输出预测结果到第二层元分类器层。需要注意五折交叉采样时需要采用分层抽样的方式，保证不同模型使用同样分布的数据。由于 LightGBM 训练速度极快，且相比逻辑回归模型有着更高的分类性能，所以选择 LightGBM 作为元分类器，利用第一层得到的分类数据进行训练并得出最终的产品质量缺陷分类与影响因素关系结果。

2.4 发动机维修知识图谱

2.4.1 柴油发动机故障数据知识图谱本体设计

质量信息表中包含加工、装配、试车过程中的质量问题，包括问题类型、产线、不合格描述、故障模式等,刨除无意义的订单ID、发动机编号等字段后。

由于不合格描述为文本字段,无法直接映射为实体,其通常包含故障现象和对应的故障原因,本文将故障现象和故障原因都实体化为故障部位+故障状态,并通过人工抽取知识,将其转化为PRODUCT_PARTNAME、FAULT_VEHICLEMODEL、PRODUCT_SMALLPART、FAULT_REASON四个字段,分别对应故障现象的部位+状态,以及故障原因的部位+状态。例如不合格描述"在一号厂总装车间稽查过程中,发现飞轮壳后油封孔有毛刺、漆皮",对应的故障现象为飞轮壳+外观质量,故障原因为后油封孔+加工不合格,部分抽取如图2-12所示,对应知识图谱本体设计如图2-13所示。

	D	E	F	G	H
1	PRODUCT_PARTNAME	FAULT_VEHICLEMODEL	PRODUCT_SMALLPART	FAULT_REASON	FAULT_DESC
2	飞轮壳	外观质量	飞轮壳	锈蚀	飞轮壳安装后侧面出现锈蚀现象
3	飞轮壳	外观质量	飞轮壳	锈蚀	飞轮壳安装后,安装面出现锈蚀现象
4	出水管	漏水	碗形塞	脱落	试车过程碗形塞脱落漏水,导致整机退修
5	高压油管总成	干涉	高压油管	尺寸不合格	高压油管尺寸不合格,难装配
6	堵盖	尺寸超差	堵盖	尺寸不合格	尺寸超差,边缘厚度要求4mm,实际2.5-3.5mm
7	推杆	铁屑	油孔内	加工残留	推杆油孔内有铁屑
8	集滤器总成	外观质量	集滤器	焊漏	发动机机油压力低,拆检发现集滤器焊漏,打Q测漏无效
9	水管接头	漏水	水管接头	砂眼	水管接头砂眼漏水,基本每天漏一台
10	水泵中间垫块	漏水	中间垫块	砂眼	试车砂眼漏水
11	堵盖	尺寸超差	排气接管防护堵盖	尺寸不合格	排气接管防护堵盖尺寸不合适,无法对发动机进行有效防护
12	进气管总成	漏气	进气管	砂眼	进气管砂眼
13	内六角圆柱头螺钉	断裂	油底壳紧固螺钉	断裂	油底壳紧固螺钉装配过程中断裂,批量
14	排气管螺栓	外观质量	排气管螺栓	锈蚀	12.01二号厂稽查在总装稽查过程中发现排气管螺栓脏污、生锈。现场稽查400件发现70件脏污、生
15	水分配器	漏水	水分配器加工面	刀痕	2020年12月3日,在一号厂总装车间发现潍坊永鑫(2149)厂家生产的611600060015水分配器加工面刀痕,造成
16	出水管	漏水	水管口	尺寸不合格	集约投料检查发现3件水管口加工尺寸明显偏,装配有漏水风险,不符合图纸要求
17	铭牌	外观质量	铭牌表面	划伤	12月02日,西港成套车间检查时发现:8台WP13NG气体机,发现发动机铭牌表面存在划伤,影响外
18	喷油泵法兰	外观质量	喷油泵	加工不合格	12.02日,在一号厂总装车间稽查过程中,操作者反馈喷油泵法兰外围未加工到底、肥大与机体干
19	前端盖	漏油	齿轮室	砂眼	齿轮室砂眼
20	机油泵	漏油(水)	机油泵	砂眼	机油泵砂眼
21	空压机	漏油	空压机	油封	空压机油封漏油
22	飞轮壳	外观质量	油封孔	加工不合格	12.02日,在一号厂总装车间稽查过程中,发现飞轮壳后油封孔有毛刺、漆皮,共10件。
23	管接头	外观质量	进气接头	加工不合格	11月26日,808E厂家的612639000060S空压机进气接头,胶量少,断胶,挑选12个。11月27日,
24	EGR出气管	外观质量	出气管孔	加工不合格	171Y厂家1005405513EGR出气管孔偏(重复发生),本次故障件19件,涉及2020.11.17、2020.11.
25	空心螺栓	外观质量	组合垫圈密封带	零件规格错误	总装车间装放气管工序,发现1606(一标)厂家的1001423223空心螺栓打紧后,将组合垫圈密封
26	挺柱	尺寸超差	挺柱内孔	漏加工	挺柱内孔漏加工
27	挺柱	尺寸超差	挺柱内孔	漏加工	挺柱孔内漏加工

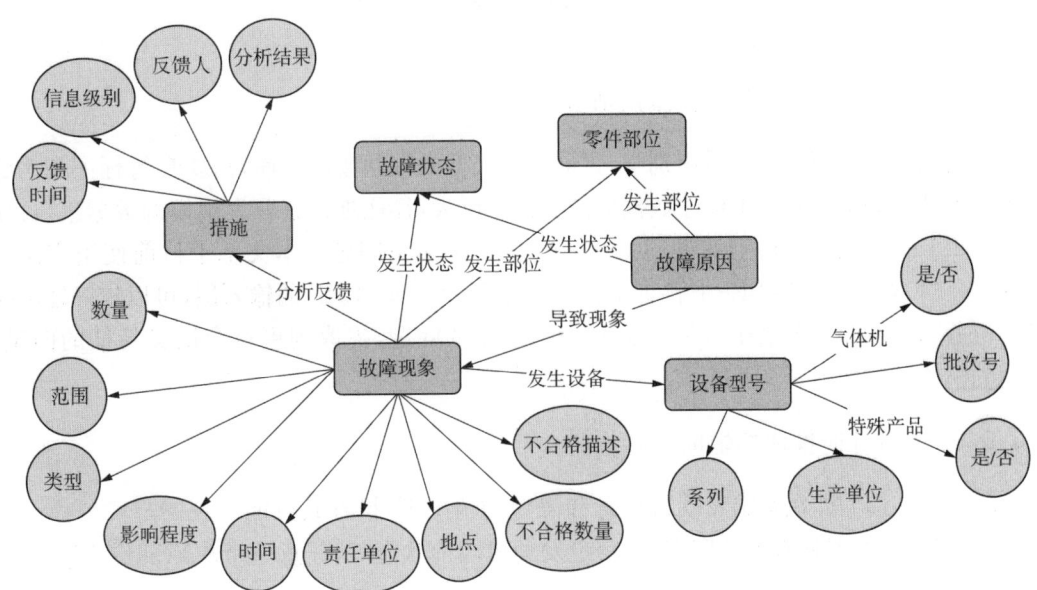

图2-12 故障部位和故障状态抽取

图2-13 质量知识图谱本体设计

售后维修报告包括维修信息、发动机信息、故障信息等,其格式涵盖结构化和非结构化数据。每条维修记录对应一个柴油发动机故障案例,并通过外键与发动机信息和故障信息等外表关联。其中维修处理过程为非结构化文本,故障信息和发动机参数为结构化数据。整体模式层设计如图2-14所示。

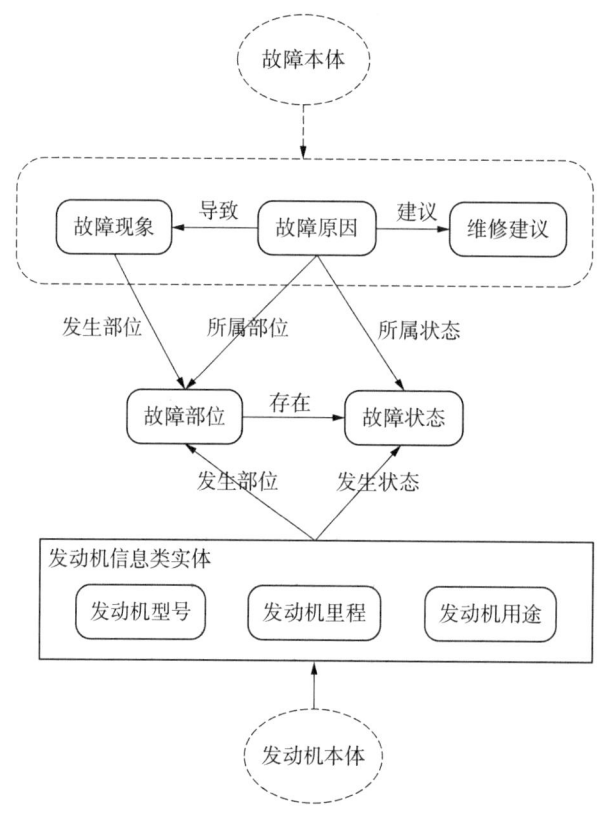

图2-14 维修知识图谱本体设计

2.4.2 发动机故障数据命名实体识别

在发动机维修领域的实体识别中,目前并无公开的该领域语料库,需要自行标注和构建训练和测试数据集。而人工标注数据集的工作量巨大,往往难以获取大规模的数据集,且使用Word2Vec方法训练得到的词向量无法解决一词多义问题。本文基于目前使用广泛的BiLSTM-CRF方法,将BERT预训练模型作为BiLSTM-CRF的输入层,可以较好地解决发动机故障领域知识图谱中一词多义和训练集小的问题,提取到更符合语义特征的向量。模型的整体结构如图2-15所示。

2.4.3 基于贝叶斯推理的辅助故障诊断

辅助决策模型即在给定发动机信息和表现的情况下,推荐其可能出现的故障原因。以故障部位为例,根据朴素贝叶斯定理,给定发动机当前状态S,任意一个故障部位FL_i出现问题的概率如式(2-5)所示[5]。

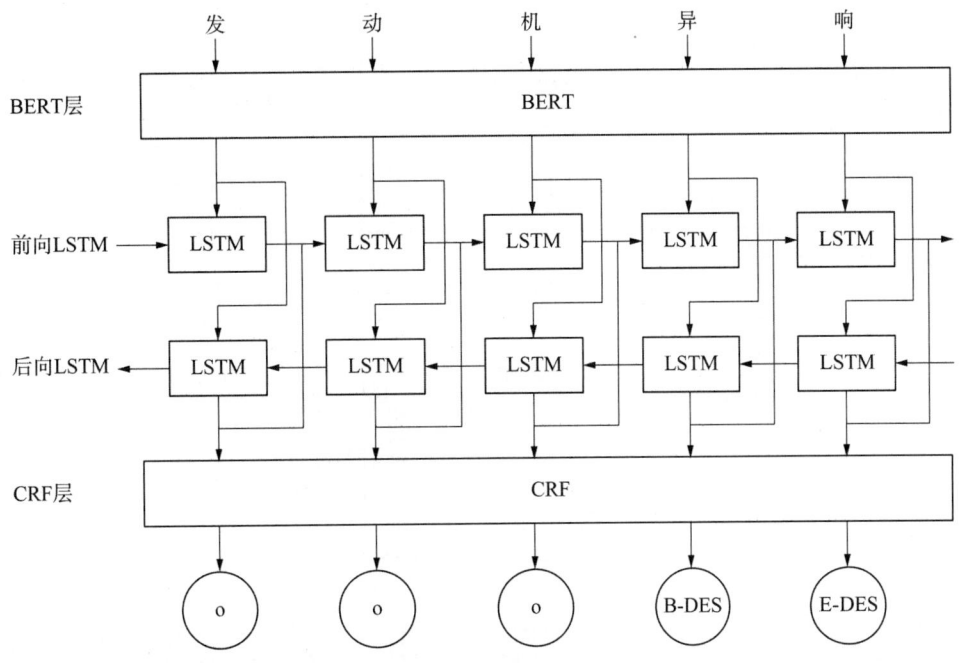

图 2-15 BERT-BiLSTM-CRF 模型

$$P(FL_i \mid S) = \frac{1}{J} \times P(FL_i) \times \prod_{k=1}^{|S|} P(S_k \mid FL_i) \tag{2-5}$$

式中，$S = \{\text{Mileage}, \text{Model}, \text{PrdUse}, \text{FalutSym}, \cdots\}$ 为给定发动机的参数信息，$J = P(S_1, S_2, \cdots, S_{|S|})$ 为参数集合 S 的联合分布。

对于一台给定的发动机，J 值是固定的，可将其忽略。$P(FL_i)$ 为该部位发生故障的先验概率，$P(S_k \mid FL_i)$ 即三元组 $\langle (h, r, t), M \rangle$ 的 FF 值，其中 h 为 FL_i、t 为 S_k。因此，该值均可以从三元组的属性中直接获取。

对于一个故障部位，可能存在多个故障状态 FS，任意一个故障状态 FS_j 的概率如式 (2-6) 所示。

$$P(FS_j \mid S, FL_i) = \frac{1}{J} \times P(FS_j) \times \prod_{k=1}^{|S|} P(S_k \mid FS_j) \times P(FL_i \mid FS_j) \tag{2-6}$$

式中，S 为发动机的参数集合，$J = P(FL_i, S_1, S_2, \cdots, S_{|S|})$ 表示 S 和 FL_i 的联合分布，且对于不同的故障状态该值固定。类似的，$P(FS_j)$、$P(S_k \mid FS_j)$ 和 $P(FL_i \mid FS_j)$ 可从对应的三元组属性中直接获取。

故障原因 FR 由故障部位 FL 和故障状态 FS 联合表示，公式如下：

$$P(FR_{ij}) = P(FL_i \mid S) \times P(FS_j \mid S, FL_i) \tag{2-7}$$

基于得到的发动机故障领域知识图谱，开发了原型系统，提供多维度信息检索、可视化功能。系统整体架构如图 2-16 所示。

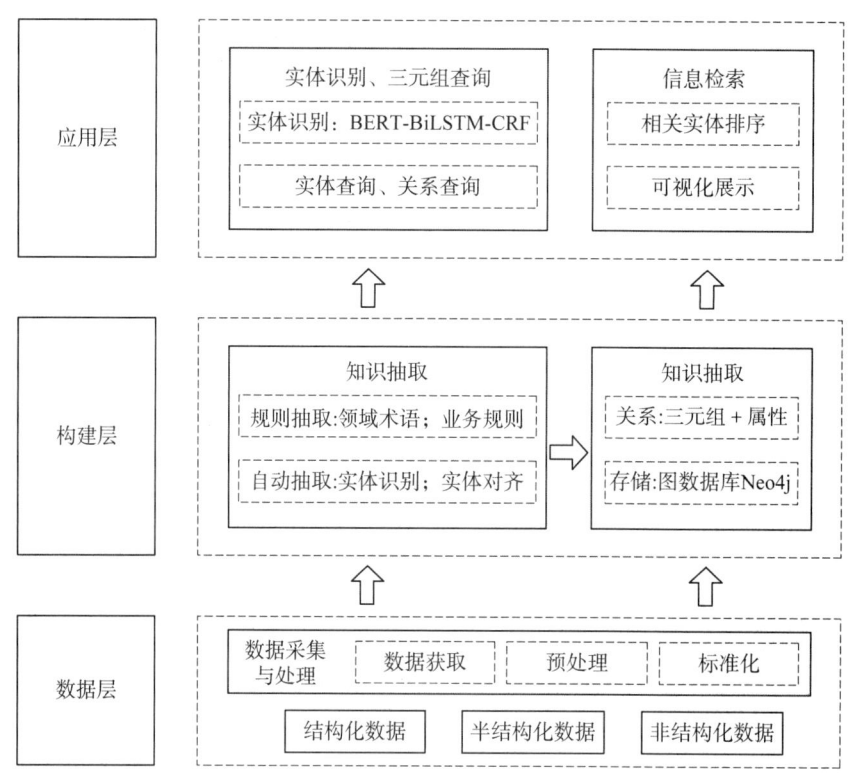

图 2-16 系统整体架构

参 ◇ 考 ◇ 文 ◇ 献

［1］张洁,吕佑龙,汪俊亮,等.智能车间的大数据应用［M］.北京:清华大学出版社,2020.
［2］Zhu K, Joshi S, Wang Q G, et al. Guest editorial special section on big data analytics in intelligent manufacturing［J］. IEEE Transactions on industrial informatics, 2019,15(4):2382-2385.
［3］刘燕龙.基于 SMT 大数据的产品质量控制方法研究［D］.西安电子科技大学,2018.
［4］李敏波,董伟伟.面向不平衡数据集的汽车零部件质量预测方法研究［J］.中国机械工程,2022,31(1):88-96.
［5］许驹雄,李敏波,刘孟珂,等.发动机故障领域知识图谱构建与应用［J］.计算机系统应用,2022,31(7):66-76.

第 3 章
大数据推进现代农业发展

现代农业是人类社会发展过程中一个全新的农业发展新阶段。农业大数据技术作为新的生产力被引入现代农业范畴，成为驱动现代农业发展的核心力量。农业大数据的产生贯穿了整个农业生产过程，其独有特征决定了数据来源性更多，复杂性更高，为农业大数据的技术体系提出了更高的要求。随着人工智能、物联网等技术的发展，新技术对于农业大数据应用的催化作用逐步凸显，已经在精准农业决策、农业生产过程优化、农产品质量与安全保障、农业灾害预测预警、农业市场预测与营销、农业遗传育种、农业组织管理等领域发挥了重要作用。本章介绍了农业大数据的特征、种类和技术体系，阐述了大数据在农业现代化中的基本作用，给出了部分应用案例，以期读者对农业大数据有更好的认识和理解。

3.1 农业大数据与现代农业

3.1.1 现代农业的基本特征

现代农业是人类社会发展过程中继传统农业之后的一个农业发展新阶段。其是在现代科技革命和产业变革背景下，由传统生产力向新型生产力过渡的过程中，对农业内涵的再造和重铸。学界专家学者对现代农业的内涵分别从农业经济、技术创新、生产过程、产业升级、组织变革等不同维度给予了内涵[1-3]，其共性的内在逻辑在于通过科技创新的赋能实现农业生产力的根本性变革，这种变革不仅仅是一种生产方式的革新，更是一场深刻的社会变革。从科技创新赋能视角分析，与传统农业相较，现代农业发展的基本特征主要表现为以下几个基本特征：

第一，科技创新扩展农业生产范畴。传统农业生产范畴局限于以传统种植业、畜牧业等初级农产品生产为代表的狭小领域。随着现代科技在诸多领域的突破，现代农业的发展逐渐由大田向设施，陆地向海洋，动植物向微生物，初级农产品加工向食品加工、生物化工等方向拓展，生产链条不断延伸，甚至与现代工业融合。

第二，科技创新带动农业生产方式和组织方式的重塑。传统农业以经验主义、手工生产、小农组织发展生产。现代农业广泛采用以现代科学技术为基础的工具和设备，并通过科技创新的不断改造升级，促使农业生产基本条件得以较大改善，农业生产方式得到较大升级,农业的组织方式、经营机制等不断创新。

第三,科技创新推动生产效率和生产质量的提升。传统农业在基于各类高新技术的注入下,对农业生产过程中的全要素进行重新优化整合和创新型再配置,甚至突破资源、劳动力等因素的限制,实现生产力诸要素的高效协同,促进生产效率和质量的显著提升。

3.1.2 大数据在农业现代化中的基本作用

大数据是信息技术高度发展的产物,其价值在于可以通过数据整合、分析和挖掘技术,能够有效地从大量信息中发现有价值的知识,降低信息的利用成本。数据作为新生产要素引入现代农业范畴,在其现代化进程中发挥了重要的作用,大数据技术作为对数据要素的再生产和再利用,具有提升其他生产要素效率的依附倍增性。概括大数据与农业现代化的关系,可以说大数据是驱动农业现代化发展的重要基础和重要驱动力之一,具体来看其在农业现代化中发挥的基本作用如下:

1) 推动农业生产的智能化

从供给侧视角看,大数据推动下的农业生产过程已经从经验模式向数据支撑模式转变,促使了人工智能技术广泛应用于农业生产,并为农业生产过程提供了更加精准的解决方案,克服了传统农业生产中依靠个人经验决策的不精确性问题。从需求侧视角看,大数据系统对于市场需求量的智能化研判分析,可以为生产者提供更合理的决策,能够很大程度上解决市场供需失衡问题。农业生产者还能够利用大数据推荐系统技术,随时根据市场需求来动态化调整生产过程,以满足消费者个性化、定制化需求。

2) 促进农业生产效益提升

从生产者视角看,大数据技术能够有效提升农业生产的智能化、规范化和标准化水平,减少生产中的不确定性,从而保障农产品的质量,促进农业生产效率的提升;更甚者,生物大数据和人工智能技术已经可以有效应用于农作物种质和品种的改良。从经营者视角看,提升农业生产效益主要体现在降低生产成本和增加销售利润,大数据技术的应用可以有效缓解市场供需两端的信息不对称,提升供需对接效率,从而降低生产及交易成本;同时,基于大数据的各类农业风险监测预警分析又可以有效规避自然灾害、社会风险、市场风险等,从而有效避免生产的盲目性。

3) 加速农业产业结构转型升级

从产品研发视角看,研发出以农业生产经营主体为中心的大数据产品,可实现农业、市场等数据的更好互动,为农业生产经营主体提供更多知识资源。从商业应用模式创新视角看,农业大数据在嵌入产业发展过程中会突破技术、空间障碍,推动产业融合共生,塑造新的供需关系,激发新业态,新模式和新产业的诞生。

4) 推动农业经营组织结构高效化

以农业企业、家庭农场、农业专业合作社等为代表的新型农业经营主体,通过大数据技术可以使各类资源要素供需方面更加透明,充分发挥资源要素的聚集效应,同时可通过大数据体系加强这些新型组织与外部市场的衔接,高效发挥其在资源调配、聚集等方面的优势,提升与市场的衔接能力。

5) 推动农业治理结构优化

农村农业治理中的"最后一公里"一直是基层治理的难题,治理结构优化是实现基层治理现代化的内在要求,也是提升农业治理效率的保障。大数据技术的应用可以为小农户与村委会、村经济组织的互动提供有效支持,也可以为乡镇政府、县政府甚至更高级政府的宏观决策提供依据。

3.1.3 农业大数据的定义及特征

1) 农业大数据定义

农业大数据是指在农业以及涉农相关领域所产生(或发生)的全样本(或多样本)不同类型数据的集合[4]。从已有的资料上看,关于农业大数据的定义有多种,大都从应用层面进行阐述,还没有形成被大家认可的综合性定义[5-6]。以上定义是基于多年从事农业大数据研究与应用实践得出的。

2) 农业大数据特征

农业大数据除了具有大数据的 5 个特征,即数据量大、处理速度快、数据类型多、价值大、精确度高之外,还包含其独有的特征。

一是数据涉及领域广。农业大数据除涉及行业领域本身的数据外,包括种植业、养殖业的数据以及扩展至产前产后的生产资料、深加工、价格数据等,还涉及影响农业生产、经营、管理、服务的其他行业的数据。例如:气象、环境、土地资源、市场价格、农业投资等数据。同时,农业数据不仅包括国家层面上的数据,还包括省市县乡村多级管理机构的数据。因此,农业数据涉及的领域面广是其基本特征。

二是数据跨越周期长[7]。一方面,我国是一个农业大国,有着几千年的农耕历史和文化,自有文字记载以来,就留下许多宝贵的历史数据。诸如二十四节气,是祖先对农业历史数据产生规律性最经典的认知与预测,一直指导着农业生产。自计算机技术和信息技术应用到农业领域之后,记录和存储数据的历史也有三十多年。另一方面,一个完整的农业生产周期经过时间是较长的,同一类数据在一种作物生长周期中变化是较大的。例如:冬小麦生长,从播种到收获要经过 7 个多月时间,历经秋、冬、春、夏 4 个季节。小麦生长的温度、光照、积温、水盐动态等因子变化差异较大,直接影响冬小麦各个关键时期生长。因此无论从农业历史数据,还是实时发生的数据,其周期是较长的。

三是数据采集难度大。我国农业受自然因素影响较大,大部分地区是靠天吃饭,加上土地集约化程度较低,这给数据收集工作造成较大困难。我国农业及其相关产业信息化水平仍有待提升,农业基层人员信息化意识、信息化知识缺乏,农业数据采集手段较为原始。缺乏成熟统一的数据共享平台,数据价值得不到充分利用,不能有效地指导农业生产经营活动。

四是数据处理较为繁杂。其一,农业生产是自然的、开放的,其数据也是相对分散的。其二,农业生产制约因素较多(如气象、水利、土壤、环境、病虫害等),其维度众多。其三,农业两个界别(植物界、动物界)分类较细,加之其他影响因素,数据标准难以囊括全部。其四,影响农业生产相关领域数据格式种类多、标准不统一等。

3.1.4 农业大数据的技术体系

农业大数据技术体系是现代农业中至关重要的组成部分,通过对农业相关数据的系统化处理与分析,为提高农业生产效率、优化资源配置等提供了坚实的技术支持。该技术体系涵盖了从数据采集到数据可视化的多个环节,每个环节都在农业大数据的应用中发挥着关键的作用。

1) 农业大数据采集

农业大数据的采集是整个技术体系的起点,通过各种传感器、无人机、遥感卫星、物联网设备等多种数据采集手段,实时获取与农业生产相关的多维度、多尺度数据。这些数据包括土壤湿度、空气温度、降水量、光照强度、作物生长状态、病虫害状况等。随着传感技术的发展,数据的采集不仅仅局限于单一时刻或单一地点,还可以通过大规模、高频次、多地点的连续监测,构建出农业生态系统的数字画像。采集到的数据为后续的分析和决策提供了基础[8],是农业大数据技术体系中不可或缺的一环。

2) 农业大数据预处理

在数据采集之后,进行农业大数据的预处理是关键的一步。原始数据往往包含噪声、不完整信息以及重复数据,直接用于分析挖掘可能导致结果存在偏差。预处理的过程包括数据清洗、数据校正、数据补全和数据归一化等操作。数据清洗是将数据中的异常值、噪声和冗余信息去除,确保数据的准确性和一致性。数据校正则是在保证数据真实反映实际情况的前提下,对数据进行合理的调整。数据补全是针对丢失的数据进行合理的推测和填补,避免信息的缺失影响分析结果。数据归一化则是为了将不同尺度的数据转化为同一尺度,方便后续的分析处理。经过预处理的数据,质量大幅提升,为进一步的分析和挖掘奠定基础。

3) 农业大数据管理

农业大数据管理是指对大量、多源、异构数据的有效存储、管理和访问。随着数据量的不断增加,数据管理重要性逐渐凸显。利用数据库、数据仓库等技术对数据进行有效的分类和索引,便于数据的快速查询和访问。此外,数据管理还涉及数据的安全性和隐私保护[9],尤其是在农业大数据广泛应用的背景下,确保数据的合法使用和个人隐私的保护显得尤为重要。通过科学合理的数据管理,能够确保数据在农业生产中的长期有效使用,为农业生产的持续优化提供支持。

4) 农业大数据分析挖掘

农业大数据分析挖掘是指通过统计分析、机器学习、深度学习等技术,从大量的农业数据中挖掘出潜在的规律和知识。分析挖掘涉及内容广泛,如:农作物的生长模式、气候对农业生产的影响、病虫害的预测模型、农产品市场价格波动趋势等。分析挖掘通常依赖于强大的算法和模型,如回归分析、聚类分析、决策树、神经网络、深度学习等,以识别数据中的隐藏模式和关系。通过对这些模式的深入分析,能够为农业生产提供科学的决策依据,帮助农户合理安排种植计划、优化资源配置、降低生产风险、提高产量和质量。

5) 农业大数据可视化

农业大数据可视化是将复杂的数据分析结果通过图形化的方式呈现给用户,帮助用户直观地理解和解读数据。可视化技术包括数据图表、地理信息系统(GIS)地图、热力图、趋势图、仪表盘等多种形式。这些可视化工具可以将海量的农业数据转化为易于理解的图形,使得决策者可以快速获取有价值的信息,辅助决策。同时,随着虚拟现实(VR)和增强现实(AR)技术的发展,农业大数据的可视化也正在向三维、交互式的方向发展,用户可以通过沉浸式的体验,更深入地了解数据背后的信息。通过数据可视化,复杂的数据分析结果变得更加直观和易于解读,为农业管理和决策提供了有力支持。

综上所述，农业大数据技术体系涵盖了从数据采集、预处理、管理、处理到分析挖掘和可视化的各个环节。通过这一体系的有效运作，农业生产过程中的决策变得更加科学和精确，有助于推动现代农业向着智能化、精细化和可持续化方向发展。

3.2 农业大数据的类别与来源

农业大数据的独有特征决定了其来源更多，复杂性更高，农业大数据的产生不仅贯穿整个农业生产过程，而且在市场运营、经营管理、组织体系等交互中不断累积，包括音视频、图像、文本文档、格式文件等结构化、半结构化、非结构化数据。根据数据源的不同，可以把农业大数据归结为 5 大数据类型，具体包括生产环境数据、卫星遥感数据、生命组学数据、视觉数据、互联网数据。

3.2.1 生产环境数据

农业生产环境数据获取是指对与动植物生长密切相关的多种环境参数，具体包括气象因子(包括温度、湿度、降水量、风速、风向、日照时数等)、土壤条件(土壤温度、湿度、pH 值、有机质含量等)、水肥营养(如溶解氧、电导率、pH 值、重金属、微生物含量等)、生态环境(生物多样性、病虫害发生情况、天敌种群数量等)等。由于生产环境数据与动植物的生产过程和生长状态息息相关，其对于农业生产的精细化管理和决策制定至关重要。随着物联网技术的高速发展，电化学传感器、光电传感器、电阻式传感器等新一代传感器技术以及高光谱、多光谱等先进检测方法在农业生产过程中的广泛应用，数据的精度、广度、频度大幅度提高；无线网络技术的高速发展又促进了大范围、分布式、多点部署的传感器网络成为现实，传感器采集节点呈级数级增长，所采集的生产环境数据也更具实时性、可靠性和细粒度性。农业生产环境数据从应用场景上大体可以分为以下几类：

1) 大田种植生产环境数据

在大田种植环境中，农业生产环境数据主要针对田间作物生长信息、田间种植环境信息进行实时监测，通过监测数据，能够及时掌握大田作物的生长动态、气候变化情况、病虫发生发展趋势等，改变了以往监测主要靠人工、费时费力效率低的问题，为指导大面积生产提供了科学数据，时效性增强，同时实现了生产管理的定量化、精确化等。

2) 设施蔬菜生产环境数据

在设施蔬菜中，通过相应的数字、化学、光学等类型的传感器实时监测温室内的空气温湿度、光照强度、土壤温度、土壤水分，作物叶绿素、氮素含量等信息，通过低功耗无线自组织网络传递至控制中心服务器，运用大数据、云计算等技术进行智能化决策，并根据决策结果自主实现对温室内环境控制设施智能化控制，例如天窗、遮阳、通风、湿帘、卷膜与卷帘等，以及肥水管理和智能喷药等控制，为温室内作物提供最佳的生长环境。

3) 设施养殖生产环境数据

在牲畜养殖过程中，运用感知技术、无线通信技术、数据处理技术、自动控制技术等进行集成化应用，通过农业物联网技术实时监测牲畜养殖舍内的环境信息，自主调控环境；对饲养、疫病、繁殖、粪便清理等环节进行自动化、智能化、精准化管理；大量使用电子标签、定位、姿态感应等技术实现对动物群体的个体进行识别与跟踪，实现畜牧、畜禽的生活习惯、行为动态的智能监测。通过运用自动调控畜舍环境和智能化变量饲养技术,实现养殖环境因子远程调控和预警预报,养殖和疫病防控水平显著提高。

4) 设施水产生产环境数据

在水产养殖领域,水产养殖管理的智能化、农产品安全追溯、水产品供应链的智能化等方面都亟待解决。农业生产环境数据的可视化和人工参与,提高信息化和智能化水平,实现渔民、管理者、水产科技人员等养殖管理技术的互联互通,进而拓展到养殖品种、养殖环境、仓储和物流等养殖信息的互联互通,以实现即时感知、信息互联互通和高度智能化,从而缓解水产养殖劳动力资源短缺等问题,转变水产养殖的发展模式,推动水产养殖的现代化发展。在设施水产方面,推广以监测水体溶解氧、调控增氧机为典型的智能控制系统的应用,实现养殖环境闭环自动控制,大幅度提高水产品产量和质量,降低水体环境污染。

3.2.2 遥感数据

遥感,是指在远离目标和非接触目标物体条件下,运用传感器/遥感器探测目标地物,获取其反射、辐射或散射的电磁波信息,并根据其特性对物体的性质、特征和状态进行分析的理论、方法和应用的科学技术[10]。遥感源自航空摄影技术,开始时为航空遥感,1972 年美国发射了第一颗陆地卫星标志着航天遥感时代的开始,目前已经形成了利用不同空间尺度的地空飞行物收集地面数据资料的技术。农业是遥感应用中最重要和最广泛的领域之一,由遥感(RS)、地理信息系统(GIS)和全球定位系统(GPS)组成的 3S 技术是现代农业信息科学的核心技术,被广泛应用于农业资源调查、土地利用现状分析、农业病虫害监测、农业生态环境参数监测、农作物长势分析及产量估算等农业领域。遥感也是目前农业在空间领域中最好的数据源[11]。

(1) 卫星遥感数据:通过在轨运行的卫星平台所携带的传感器而获取的影像数据,往往覆盖范围广,具有周期性和实效性,有利于目标地物的动态监测。目前无论是国内还是国外,越来越多的遥感卫星平台提供免费的卫星影像数据源,其中以中等空间分辨率的 MODIS 遥感数据和高空间分辨率的 Landsat、HJ-1 的遥感数据为代表。2013 年之后我国发射的高分系列卫星也提供了大量中高分辨率遥感数据,这些免费发布的遥感数据凭借其高时间或高空间分辨率和低成本的优势,在农业遥感监测方面发挥了重要作用[12]。在中高分辨率遥感卫星发展的同时,米级高分辨率商业卫星大量发射,这类数据幅宽较窄且付费使用,在使用上具有一定的局限性。

(2) 无人机遥感数据:在卫星遥感发展的同时,随着多旋翼无人机、机载传感器等技术的快速发展,遥感一个新的分支,无人机遥感逐渐发展起来,无人机遥感相较卫星遥感可以提供更加高精度的地表数据。无人遥感促进了农业遥感监测逐渐向精细化转变,使得农业遥感涵盖的应用领域逐渐拓展并且监测手段更加丰富。通过搭载各类传感器和成像设备的无人机移动平台,可以实现对农田中每一株作物的高效扫描和数据采集,利用激光雷达等高精度传感器还可以获取作物的三维信息,使作物长势监测、产量预测更加准确;利用可见光/近红外、短波红外、热红外相机等机载传感器,则可以实现对作物的水分、温度等参数的监测,有助于实现农业气象灾害、病虫害更及时的监测和预警[13]。

(3) 多源遥感数据:中高等空间分辨率的遥感数据无法实现农作物生产力空间多尺度上的精细表达,高空间分辨率遥感数据无法表现出地表作物的时序变化。多源遥感数据融合技术不但能够实现不同数据源之间的优势互补,而且在一定程度上能够对所研究区域缺失的数据进行插补,满足用户对高时空分辨率遥感数据的迫切需求。基于遥感数据高时间分辨率和高空间分辨率优势的多源遥感数据时空融合技术越来越多地被应用于农田生产力遥感监测的实践中[14]。

(4) 众源遥感数据:众源遥感是一种以人为主体的新型遥感手段,其获取的数据更具微观性。众源遥感与通过卫星、飞机等航天、航空遥感器获取地面数据的手段具有一个共同点,即远程感知、获取和传递信息。CRS 主要特点就是利用人的优势,有效地弥补传统遥感监测设备的不足。近年来,CRS 在生态监测、灾害响应等方面的应用已取得了重要进展,在土地覆盖调查和生态环境调查等方面也有不少应用项目,而在其他地学方面的应用还很少。目前,CRS 还是一个全新的领域,国内尚未见广泛报道,但在 IEEE 国际地学与遥感论坛上已有专家预测,在今后 10 年内,CRS 的影响就会像传统遥感技术对于我们理解和认识地球的影响一样深远。

3.2.3 生命组学数据

在过去的几个世纪中,生命科学一直在快速演变和发展,从最初对生命现象的简单观察和描述,到如今分子生物学、基因组学和系统生物学等领域的兴起,这种演变带动了农业微观层面的研究进入更高级阶段。应该说这种高速发展是生物学数据驱动下的快速迭代,其中以生命组学的数据极具代表性,组学数据包含了多层次、多方面丰富的信息,从基因组序列到蛋白质结构,再到细胞机理和外在表型。动植物生命组学,已经发展成一门通过大规模数据分析技术研究动植物生命现象的科学领域。该领域的研究目标是从基因组、转录组、蛋白质组、代谢组等多层次数据中揭示动植物的生命过程、发育、环境适应等机制。

(1) 基因组数据:基因组数据是动植物生命组学研究的基础,通常通过高通量测序技术获得。基因组数据包括了动植物的完整 DNA 序列信息,揭示了基因的结构、位置、变异等关键信息。动植物基因组数据不仅帮助研究基因功能和进化关系,还能用于寻找与特定性状相关的基因组,为育种和遗传改良提供支持。

(2) 转录组数据:转录组数据主要通过 RNA 测序(RNA-seq)技术获得,记录了在特定时间点或环境条件下,动植物细胞中所有转录本(包括 mRNA、非编码 RNA 等)的种类和丰度。转录组数据反映了基因的表达水平和调控方式,帮助科学家理解基因如何在特定环境中被激活或抑制,以及这些基因表达如何与动植物的生理功能和表型相关联。

(3) 蛋白质组数据:蛋白质组数据主要通过质谱法、基于亲和力的蛋白质组检测、液相蛋白质芯片检测获得,其中,质谱法被视为精确蛋白质检测和发现的金标准,而基于亲和力的蛋白质组检测可能是更具成本效益和可扩展性的定量选择。蛋白质组数据提供了基因表达的最终产物信息,揭示了蛋白质在细胞内的功能和动态变化。蛋白质组学数据的分析有助于理解动植物的生理过程、信号传导途径及蛋白质在疾病或胁迫反应中的角色。

(4) 代谢组数据:代谢组记录了动植物细胞内所有小分子代谢产物的种类和浓度,反映了细胞的代谢状态和代谢途径的活动情况。代谢组数据能够揭示基因组和蛋白质组如何在代谢层面上调控生物体的生长、发育和适应性,特别是在环境变化或疾病条件下。代谢组数据获得方式包括核磁共振和基于质谱的方法。质谱法是当前主要的商业代谢组学应用基础,能够定量分析 1 000~2 000 种代谢物,这提供了关于异质性的更多重要信息。

(5) 多组学数据：单一组学只能从单一层面去进行研究，即基因组学主要从 DNA 角度，转录组从 RNA 的角度，蛋白质组学从蛋白质的角度，代谢组学从代谢物的角度等去研究细胞或者生物体，不能从整体上揭示生物体功能，以及阐明生物和环境因素的关系。而疾病是基因与环境相互作用的结果，其中会经历一系列生理生化过程的变化。因此多组学是一种全新的系统研究生物学的方法和技术，以无偏差的方式去整合基因组学、表观基因组学、转录组学、蛋白质组学及代谢组学等。多组学数据融合通常需要先进的生物信息学工具和统计方法，以处理和解释大量的复杂数据，通过整合分析，研究人员可以识别不同层面之间的关联，发现新的生物标志物，以及揭示动植物疾病的分子机制。多组学数据融合中的维度灾难和数据异构性问题仍然是科学家探索解决的重要问题，近年来，深度学习和大语言模型等人工智能技术迅猛发展，人工智能技术逐渐被应用于多组学大数据的分析，尤其在生物大数据分析中取得了显著成效。

3.2.4 视觉数据

农业视觉数据（农业图像/视频）是指通过各种视觉传感器（如普通相机、深度相机、激光雷达等）采集的与动植物生长、农业生产过程相关的图像或视频数据[15]。具体包括普通 RGB 图像/视频、RGB-D/视频、深度图像/视频、点云数据/视频[16]等，这些数据能够提供作物、土壤、环境等方面的视觉信息。农业视觉数据的基本特征包括高空间分辨率、高时间频率和丰富的多模态信息。农业视觉数据通常可以通过近距离采集，对作物的生长过程进行精细观察。相较于遥感数据，农业视觉数据能够捕捉到植物表面更为细微的特征，如植物表面纹理、色彩变化、形状轮廓等信息，这对于判断植物的生长状态、营养状况和生理反应至关重要。例如，通过分析叶片的纹理变化，可以评估作物是否受到病虫害侵袭，或是水分和养分是否充足。农业视觉数据的高分辨率使得细粒度分析成为可能。这种精细化分析能够帮助农业生产者更准确地评估作物生长的每个阶段，如根部发育、叶片扩展、果实成熟等，为精准农业提供支持。随着计算机视觉、深度学习等技术的进步，农业视觉数据的处理和分析能力也在不断提升，进一步拓展了其在农业生产中的应用场景。通过对农业视觉数据的深度挖掘，可以实现作物健康监测、环境分析、精准施肥和灌溉等任务，优化农业管理，提升生产效益。农业视觉数据从应用场景上大体可以分为以下几类。

(1) RGB 图像/视频：RGB 图像/视频是由红（R）、绿（G）、蓝（B）三个颜色通道组成的彩色图像/视频，能够真实地反映物体的颜色和外观。在农业中，RGB 图像/视频被广泛应用于农作物生长监测、品种识别等方面。通过拍摄农作物的 RGB 图像/视频，可以观察其生长状态、颜色变化和果实成熟度等。同时，利用计算机视觉技术对 RGB 图像/视频进行分析，可以实现对农作物品种的自动识别和分类[17]。

(2) RGB-D 图像/视频：RGB-D 图像/视频是在 RGB 图像/视频的基础上增加了深度信息的图像/视频。它可以通过深度相机等设备获取，每个像素不仅包含颜色信息，还包含该点到相机的距离信息。在农业中，RGB-D 图像/视频可以用于果实采摘机器人的定位、农作物三维建模[18]等。例如，果实采摘机器人可以利用 RGB-D 图像/视频准确地确定果实的位置和深度，实现精准采摘；通过对农作物的 RGB-D 图像/视频进行处理，可以构建其三维模型，为生长监测和产量估算提供更准确的数据。

(3) 深度图像/视频：深度图像/视频记录了场景中物体到相机的距离信息，每个像素的灰度值表示该点的深度值。在农业中,深度图像可以用于农田地形测量、农作物生长监测等。例如,利用深度相机获取农田的深度图像/视频,可以构建农田的三维地形模型,为灌溉和排水系统的设计提供依据;通过对农作物的深度图像进行分析,可以监测其生长高度和体积变化。

(4) 点云图像/视频:点云图像/视频是由大量的三维坐标点组成的数据集合,通常通过激光扫描仪等设备获取。在农业领域,点云图像可以用于农作物的三维建模、土壤表面分析等。例如,通过激光扫描仪获取农田的点云数据,可以构建土壤表面的三维模型,分析土壤的平整度和坡度,为农业机械的作业提供指导;对农作物的点云进行处理,可以精确测量其形态特征和生长参数。

(5) 光场图像/视频:光场图像/视频记录了光线在空间中的传播方向和强度信息,可以通过光场相机等设备获取。在农业中,光场图像可以用于农作物的三维重建、病虫害检测等。例如,利用光场图像/视频可以实现对农作物的多角度拍摄,通过后期处理可以构建高精度的三维模型,为生长监测和品质评估提供更全面的信息;通过分析光场图像/视频中的光线信息,可以检测农作物表面的病虫害和损伤情况。

(6) 立体视觉图像/视频:立体视觉图像/视频是由两台或多台相机从不同角度拍摄同一场景得到的图像/视频对,通过立体匹配算法可以计算出场景的深度信息。在农业中,立体视觉图像/视频可以用于农田地形测量、农作物生长监测[19]等。例如,利用立体视觉技术对农田进行地形测量,可以为灌溉和排水系统的设计提供依据;通过对农作物的立体视觉图像/视频进行分析,可以监测其生长高度和体积变化。

3.2.5 互联网数据

互联网技术在农业生产、管理、经营等各个环节中产生的数据集合构成了农业互联网数据,其类型主要包括环境参数数据、作物生长数据、病虫害数据、土壤数据、市场数据、文本信息、图像与视频数据、语音数据等,这些数据类型相互关联、相互补充,共同构成了农业互联网络的数据基础。农业互联网络数据涵盖了极其广泛的数据类型,包括但不限于数字、文本、图片、视频和语音等,且这些数据之间还存在复杂的关联关系,这种综合性和复杂性要求在应用数据时必须具备较高的数据处理和分析能力,以便更好地挖掘数据的潜在价值。农业互联网络数据蕴含着巨大的价值潜力,通过深入挖掘和分析这些数据,可以发现农业生产中的问题和机遇,为农业生产者提供科学的决策依据和优化的管理方案。同时,随着技术的不断进步和应用场景的不断拓展,农业互联网络数据的价值将得到进一步释放和提升。农业互联网数据的获取方式多种多样,从数据源上主要可以归纳为以下几种途径:

(1) 农业门户网站:农业门户网站是国内开展农业信息服务最早、规模最大的一类农业网站,它们提供大量的农业信息服务,包括农业新闻、市场行情、种植技术、农业政策等方面的内容,且这些信息往往可以免费获取。常用的农业门户网站有大河农村网、中国农民网、农安在线等。

(2) 农业手机应用程序:农业手机应用程序是一种比较新型的农业信息获取途径,它们可以随时随地提供农业信息服务,方便农民了解农业市场、农业政策、农业气象和种植技术等方面的内容。常用的农业手机应用程序有百度农业、中国农业信息网、农瑞网以及一亩田等。其中,一亩田不仅提供了农产品的买卖平台,还有农产品的价格走势图、买家和卖家热度等信息,为农民提供了全面的市场参考。

(3) 农业网络论坛:农业网络论坛是农民进行交流、学习和获取信息的重要场所。在网络论坛上,农民可以通过发帖、回帖、评论等方式来交流自己的经验、沟通自己的需求,进而获取有用的农业信息。常用的农业网络论坛有燕郊农业网、农民论坛、农业家论坛等。

(4) 农业电商平台:农业电商平台是在线购买和销售各种农产品的电子商务平台,同时也是获取农业信息的重要途径。这类平台可以提供各种农产品的价格、销售渠道、交易方式等信息,也可以提供农业市场趋势、销售策略等信息。常用的农业电商平台有农村淘宝、京东农业等。

(5) 专业农业搜索引擎和智能浏览器:使用专业的农业信息搜索引擎是农业信息化发展的方向。要在海量信息中找到所需农业信息,就必须用到专业级的搜索引擎。目前,国内外都有一些专业的农业搜索引擎,如农业冲浪、搜农、农搜等。此外,使用专门开发的面向农业信息获取方面的智能浏览器,也可以方便快捷地进行快速搜索、精确搜索,过滤无关信息,提取农业信息。

(6) 官方统计数据和报告:官方统计数据和报告是获取权威农业数据的重要途径。国家统计局和农业农村部的官方网站提供了全国及地方各级的统计数据,包括农业生产、价格等相关数据。这些数据对于了解农业整体状况、制定农业政策具有重要意义。

(7) 第三方数据服务平台:除了官方渠道外,还有一些专业的第三方数据服务平台也提供农业数据服务。这些平台通常提供更细分的数据、深度分析和预测,如世界农情网、中华农业信息网、农业数字化综合服务平台等。它们的数据来源广泛,分析深入,对于需要详细了解特定农业领域的人来说非常有用。

(8) 社交媒体和短视频平台:社交媒体和短视频平台如抖音、今日头条等也包含大量的农业信息。农民和新农人可以通过这些平台了解最新的农业技术、市场动态和政策法规等信息。同时,他们也可以在这些平台上展示自己的农产品,吸引更多的关注和订单。

3.3 农业大数据的应用案例

3.3.1 渤海粮仓大数据服务平台案例

渤海粮仓是环渤海低平原地区粮仓的简称,是我国重要的粮食、棉花、蔬菜产区,由于海水倒灌,造成了大面积的盐碱荒地与中低产田。该项目的目标就是通过借助高新科技对盐碱地进行改造,提高中低产田的产能,发挥粮仓作用。

该平台主要包括四个主要功能:数据采集、挖掘分析、监控预警、决策服务。

其中自动采集数据是我们根据项目实际需求自主研发了一整套物联网自动采集设备,该设备集气象、土壤、水文等传感器,全方位立体化地对大田环境进行感知,并实现数据的可靠传输,目前该设备已经在三个地市部署了一百多个站点,每个站点每天 24 小时不间断进行数据采集,通过大数据平台实现数据的整合与服务。每个站点的数据积累之后形成了大量的时序数据,我们利用可视化的分析工具对这些数据进行挖掘分析,预测下一步可能发生的变化,为以后的农作物管理提供参考。目前该大数据平台(图 3-1)已经为渤海粮仓山东项目区提供了大量的数据支撑,下一步,该物联网、互联网、大数据相结合的系统将发挥更大作用。

图 3-1　渤海大数据平台

3.3.2　基于多源遥感数据的作物长势监测案例

基于多源遥感数据,通过构建遥感模型对不同空间尺度下的作物生长发育过程中的长势状况进行动态监测,提高作物长势监测的精度,对农田精准管理具有重要的指导意义[20]。遥感监测技术获取作物长势监测是建立在植物光谱系统化理论基础上,植物对不同波长光谱的反射、吸收和散射有不同的特征反应,植被指数是利用不同的光谱信息进行组合,以增强植被识别信号[21-22]。农作物长势遥感监测的方法主要包含两种:(1)直接监测法[23]。其主要是通过利用农作物的不同光谱波段反射率,以及利用反射率构建的光谱植被指数,与农作物长势参数建立相关估算模型,并结合地面的观测数据进而对农作物的长势信息进行反演。(2)同期对比法[24]。同期对比法主要是利用现时期的长势指标与去年、多年平均及某固定年份的长势指标进行对比,对作物长势情况进行年际之间的统计分析,进而对现时期的作物生长情况进行评价。

例如:以某年的农作物长势为基本标准,将不同生长期的不同年份间的长势进行对比,建立长势变化监测的相对幅度 CR 作为指标,进而监测农作物的长势。在逐年比较模型中,代入 CR 作为年际农作物长势对比的特征取值。

$$CR = \frac{(RSIN_n - RSIN_o)}{\overline{RSIN}} \quad (3-1)$$

式中,$RSIN_n$ 和 $RSIN_o$ 分别描述作物今年和往年同期的遥感指数值,$\overline{RSIN}$ 为连续三年的平均值;根据 CR 取值的大小,对农作物的长势做出评价。具体技术流程如图 3-2 所示。针对

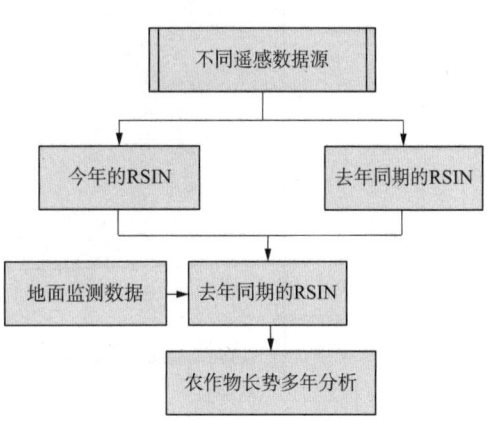

图 3-2　作物长势监测流程

RSIN 的选取,可以选取 NDVI(归一化植被指数)和 mNDVI(红边 NDVI)等反映农作物长势的遥感指数指标。

利用哨兵 2 号(Sentinel-2)计算得到 2019—2021 年 4—5 月冬季农作物的 NDVI,如图 3-3 所示。

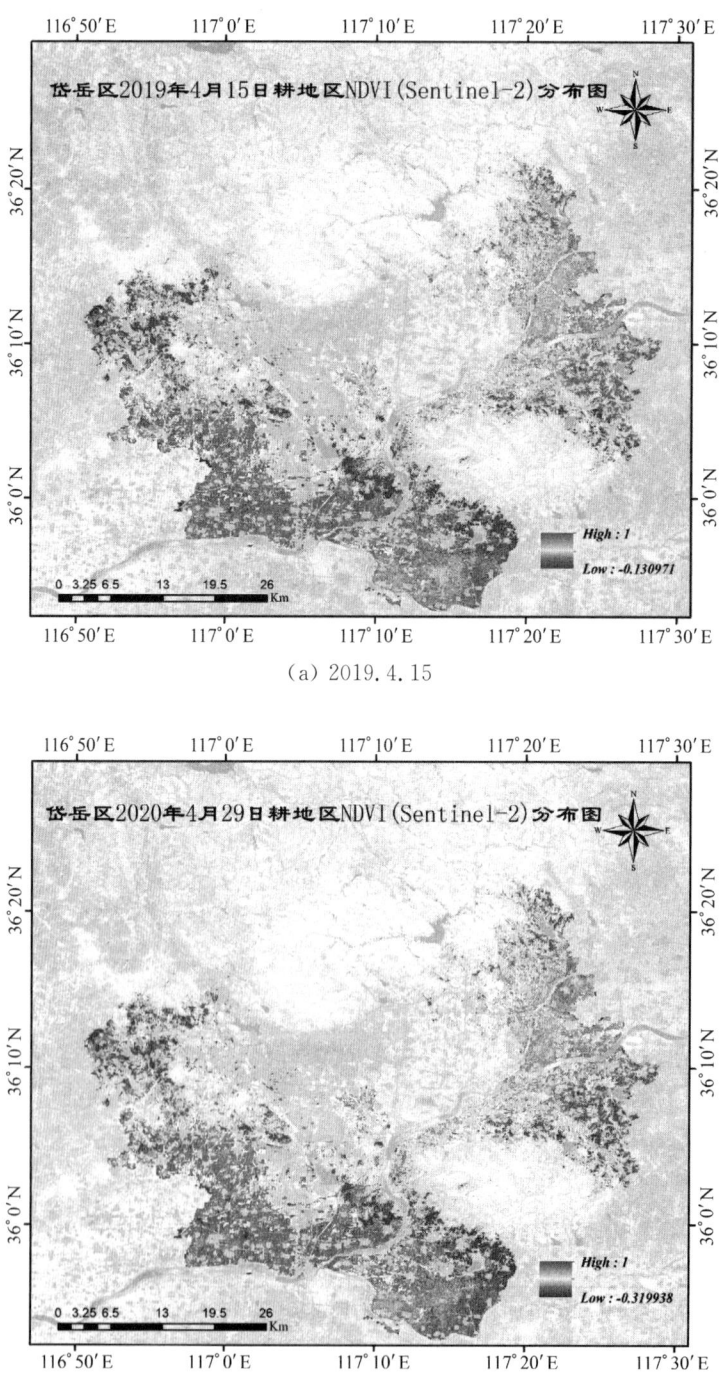

(a) 2019.4.15

(b) 2020.4.29

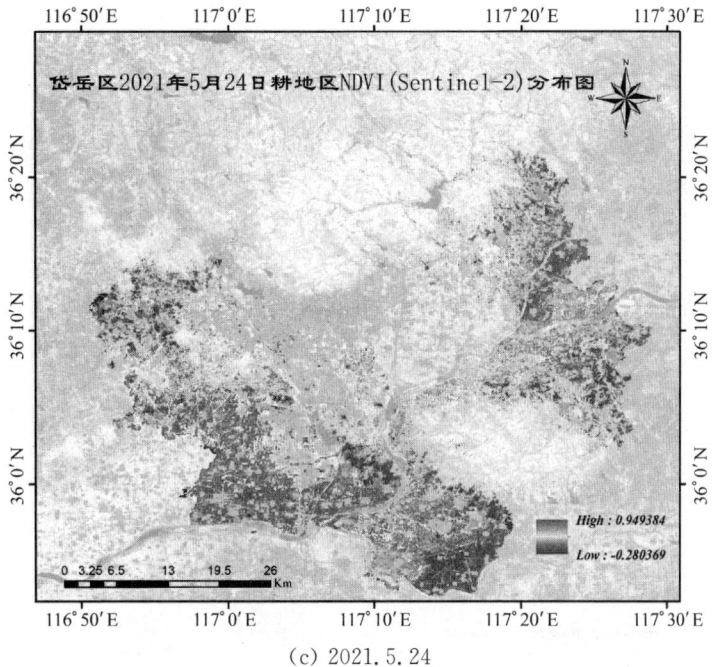

(c) 2021.5.24

图 3-3 基于 Sentinel-2 数据的山东省泰安市岱岳区 2019—2021 年 4—5 月冬季作物 NDVI 分布图

利用 Sentinel-2 遥感数据计算的 NDVI 建立 CR 模型,得到山东省泰安市岱岳区 2021 年冬季作物长势分布结果,分布如图 3-4 所示。结果表明,2020 年岱岳区冬季作物长势整体与上一年持平,仅在范镇和良庄镇存在少数区域的作物长势不及上一年。2021 年冬季作物长势在绝大部分地区较上一年持平或好于上一年,仅有如范镇的西南部和良庄镇的南部等较少地区冬季作物长势不及上一年。

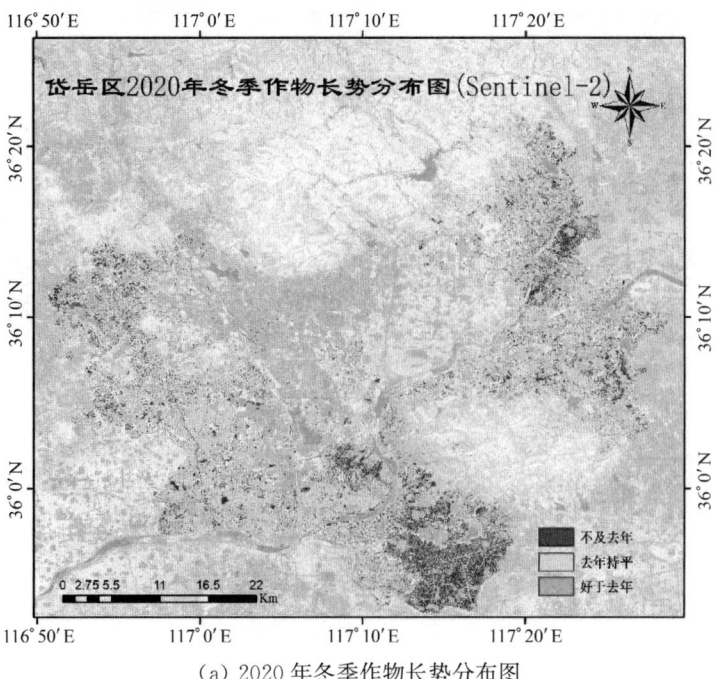

(a) 2020 年冬季作物长势分布图

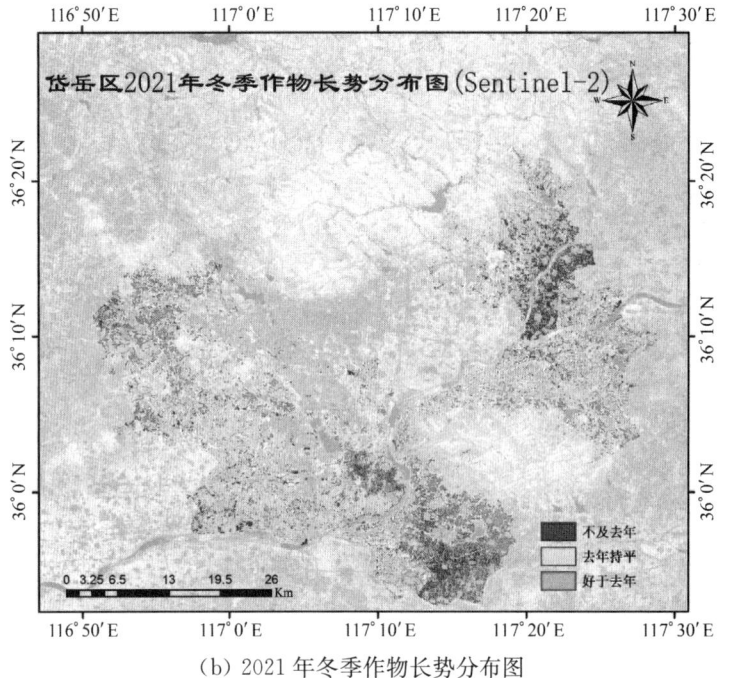

(b) 2021年冬季作物长势分布图

图3-4 基于Sentinel-2数据的冬季作物长势监测图

利用2021年3月5日及4月4日两期的GF-1号遥感影像,通过对比分析山东省泰安市岱岳区冬季作物返青期(3月)NDVI及抽穗期(4月)的NDVI分布(图3-5)及变化趋势,监测2021年冬季作物的长势变化情况。

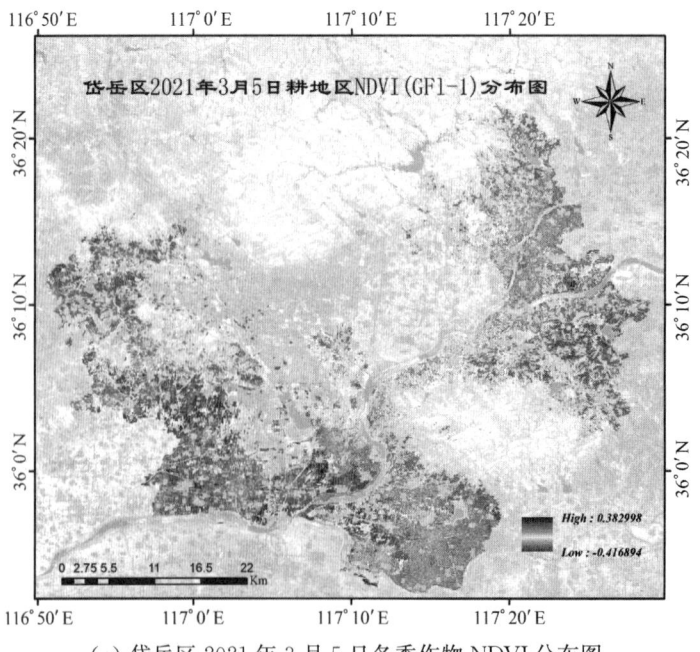

(a) 岱岳区2021年3月5日冬季作物NDVI分布图

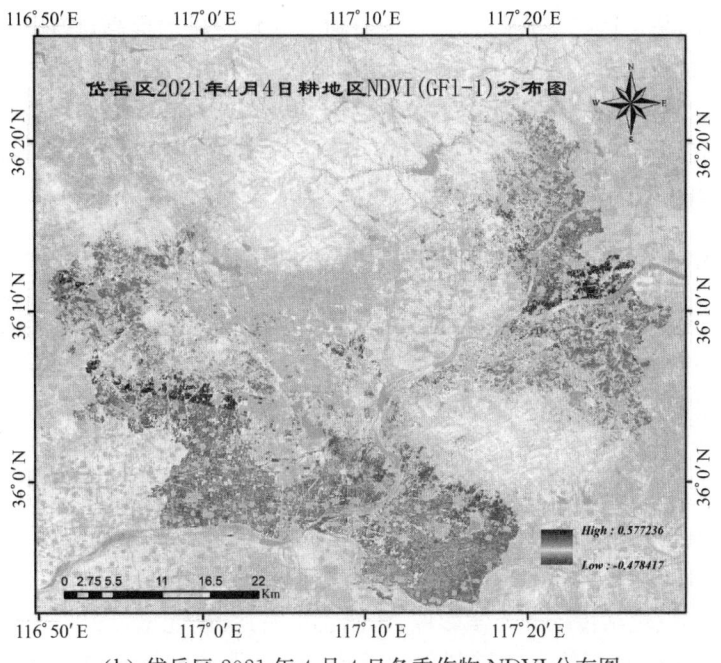

(b) 岱岳区 2021 年 4 月 4 日冬季作物 NDVI 分布图

图 3-5 基于 GF-1 遥感影像的山东省泰安市岱岳区 2021 年冬季作物 NDVI 分布图

利用基于 GF-1 遥感影像得到的山东省泰安市岱岳区 2021 年冬小麦返青期(3 月) NDVI、抽穗期(4 月)NDVI 值构建 CR 模型,得到同 3 月相比岱岳区 4 月份冬季作物长势分布图,如图 3-6 所示。结果显示,4 月份岱岳区绝大部分地区冬季作物长势同 3 月份持平,少部分地区冬季作物长势好于 3 月份,主要分布在岱岳区祝阳镇与范镇交界地带。总体来

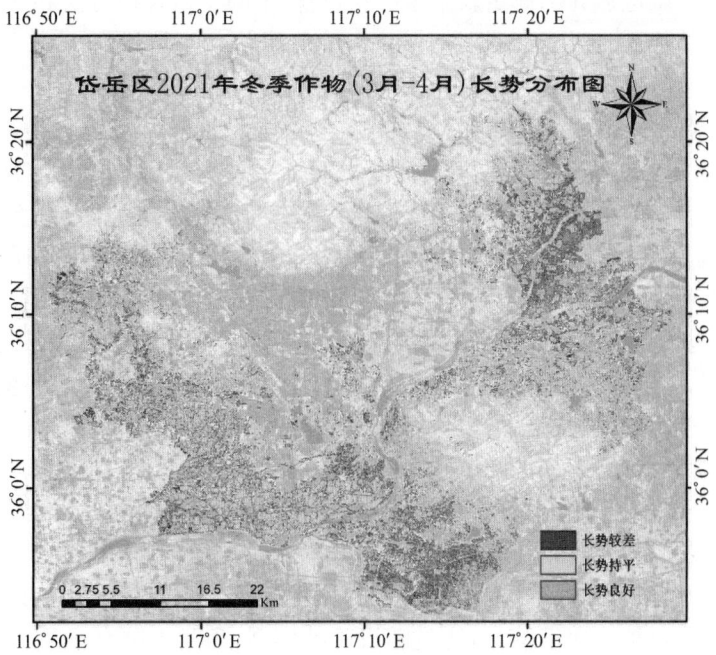

图 3-6 基于 GF-1 遥感数据的 NDVI 的 2021 年 3—4 月冬季作物长势分布图

看,同 3 月份相比,岱岳区冬季作物长势在 4 月份有了较明显的提高,说明 2021 年岱岳区冬小麦在返青期向抽穗期过渡平稳,麦田长势总体良好。

通过不同多源遥感数据可以实现大范围内不同时空分辨率要求的农作物长势的遥感监测。对多种空间尺度下的作物生长发育过程中的长势状况进行动态监测,提高作物长势监测的精度,对农田精准管理具有重要的指导意义。

3.3.3 基于时空遥感大数据的土壤属性反演案例

时空大数据是指基于统一时空基准,与时间和空间位置直接或间接相关联的大数据集合。它由时空框架数据和时空变化数据两大类数据组成。时空框架数据包括卫星导航定位数据、遥感影像数据、地图数据和地名数据等,而时空变化数据则涵盖了社会经济人文数据、位置轨迹数据、空间媒体数据、社交网络数据等。时空大数据具有位置、属性、时间、尺度、分辨率、多样性、异构性、多维性、价值隐含性、快速性等特点。时空大数据作为一种新兴的数据类型,它不仅包含了传统的空间数据,还整合了时间维度的数据[25]。

遥感数据是时空大数据中的一种类型,它通过卫星、航空摄影等方式获取地球表面的信息[26],这些数据不仅包括传统的光学影像,还涵盖了雷达、高光谱、红外等多种类型的数据。基于电磁波辐射理论,遥感技术能够利用各类传感器远距离捕捉土壤反射或发射的电磁波谱信号,经过处理后转化为直观的图像或供电子计算机分析的数据,以掌握土壤的分布、特性和利用状况[27],并绘制出各种类型的土壤图。遥感数据的高分辨率和多时相特性,使得时空大数据能够更全面地记录和分析地理环境的动态变化。

利用时空大数据进行土壤属性反演是一项高效且创新的技术应用。这项技术通过整合时间序列和空间分布的数据,分析土壤对电磁波的反射或辐射特性,并通过建立光谱亮度值与土壤属性之间的线性或非线性模型,来推断土壤的水分和有机质等关键指标。其核心优势在于能够覆盖广阔区域并迅速更新土壤信息,与传统的实地采样方法相比,遥感技术显著减少了人力和经济投入,加快了数据处理流程,确保了信息的新鲜度,为土壤科学研究及其相关领域提供了宝贵的数据资源。

土壤有机质(SOM)作为土壤的关键属性,不仅为植物提供养分,也是衡量土壤质量和肥力的重要指标[28]。在时空大数据的背景下,SOM 的研究目标、数据、方法和结果可以与遥感技术紧密结合。时空大数据技术的应用目标之一是量化 SOM 的空间分布,这对于理解碳循环、模拟生态系统变化、预测气候变化以及评估土壤质量至关重要。通过遥感技术,可以在全球尺度上监测和评估 SOM 含量,进而指导农业管理和政策制定。遥感大数据提供了丰富的数据源,包括光学遥感数据(如 Landsat、Modis 系列卫星影像)、微波遥感数据以及土壤地面光谱数据。这些数据可以作为环境预测因子,用于建立 SOM 与环境变量之间的模型。随着大数据技术的发展,遥感数据的处理和分析能力得到了显著提升。通过数据驱动的模型,如随机森林、长短期记忆网络等,可以提高土壤有机质反演的精度。例如,研究者们利用 Landsat-8、Sentinel-2 和高分六号卫星数据[29],结合随机森林算法建立 SOM 预测模型,探讨了这些卫星在时间和空间维度对 SOM 预测能力上的差异,结果表明高时空遥感影像可达到 2 m 空间分辨率,揭示 SOM 的空间异质性细节。研究者们将具有时间、空间维的遥感数据和环境变量等协变量结合,通过随机森林模型,预测土壤有机质的含量及分布,如图 3-7 所示。

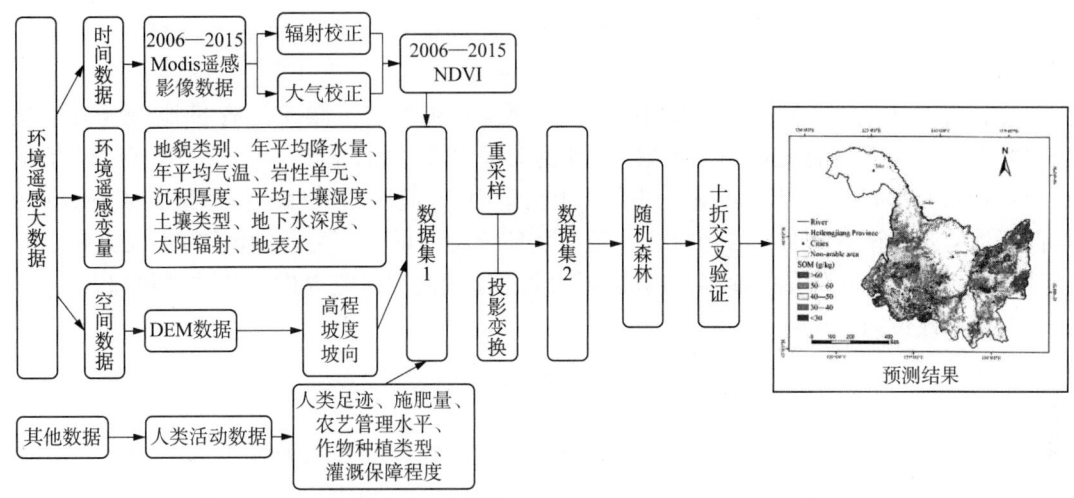

图 3-7 预测流程图

该案例通过对时间维度的 2006—2015 年 Modis 遥感数据提取年均 NDVI 数据,对空间维度的 DEM 数据提取高程、坡度和坡向因子,结合环境变量和人类活动因子,通过随机森林方法,对黑龙江省耕地 SOM 预测进行改进。案例的研究目标是:①识别影响 SOM 的重要因子;②基于时空大数据的 SOM 空间反演制图。

案例中,研究区域为中国黑龙江省,覆盖面积约 473 万 km^2。研究使用了以下几类数据:(1)SOM 数据,来自中国自然资源部实施的"耕地质量国控点监测与评价项目",该项目调查了黑龙江省耕地。(2)时间数据,选择了 2006—2015 年 Modis 系列遥感数据,并经过一系列预处理后,提取了 2006—2015 年平均 NDVI 数据。(3)空间数据,通过对 DEM 数据进行提取,获得了高程、坡度、坡向三个数据。(4)环境变量数据,10 个环境变量,包括地貌类型、年平均降水量、年平均温度、岩性单元、沉积物厚度、平均土壤湿度、土壤类型、地下水位深度、太阳辐射和地表水的情况。(5)人类活动数据,选择了人类足迹、施肥量、农艺管理水平、作物种植类型和灌溉保障程度 5 个因子。

研究采用了数字土壤制图(DSM)理论,重点关注将时间、空间维度遥感数据、环境变量、人类活动数据进行结合,并探索了各因子在 SOM 预测中的作用。在数据预处理阶段,原始的 SOM 数据是矢量格式,研究者将其转换为栅格格式,以便于与空间协变量进行分析。然后,将所有变量与 SOM 栅格数据进行空间叠加分析,并进行了投影转换和重采样。对于分类数据(如土壤类型、农艺管理水平等),研究者计算了每个类别中 SOM 的平均值,并将这个平均值作为该类别在栅格数据中的代表值。研究者对分辨率低于 250 m 的数值型协变量,使用 CUBIC 方法进行重采样,以提高其空间分辨率;对类型协变量,使用最近邻方法进行重采样,以保持类别的一致性。此外,通过偏相关分析,研究者检查了不同变量之间的相关性,以避免在后续模型中出现多重共线性问题,并去除 SOM 数据集中的异常值。研究构建了一个包含 2 017 044 个网格点的大数据集,每个网格点都包含了 SOM 值和所有协变量的值。从这个大数据集中随机抽取了样本训练集,并进行了 10 次重复,以确保模型训练的稳健性。剩余的网格点用作验证集,用于评估模型的预测性能。使用了随机森林(RF)模型对 SOM 数据和协变量数据进行建模分析。这是一种集成回归树的方法,能够处理大量数据并且可接受的输入变量类型灵活,不易过拟合。

综上所述,该案例通过综合利用时空大数据,成功改进了黑龙江省耕地土壤有机质(SOM)的预测。研究首先识别了影响 SOM 的关键因素,然后基于 2006—2015 年的 Modis 遥感数据和 DEM 数据,结合环境变量和人类活动因子,应用随机森林模型进行了 SOM 的空间反演制图。该案例通过结合时空大数据及环境协变量和人类活动因素,不仅提高了对耕地土壤有机质空间分布的预测准确性,还为数字土壤制图研究提供了新的视角和方法,对农业管理和政策制定具有重要意义。

3.3.4 基于多模态数据融合的病虫害识别案例

随着科技的不断进步,基于机器视觉的病虫害识别方法在农业领域取得了一定的成效[30-31]。在实践过程中,人们发现现有的基于机器视觉的病虫害识别技术虽然有一定作用,但在实际农田场景中的表现不尽如人意。现有的基于机器视觉的方法,通常依据自行采集的图像设计算法,然而此类采集工作通常成本较高,且所获数据量往往难以满足需求;或依赖公开数据集中的图像,但这些图像通常是在理想条件下拍摄所得,与真实农田环境存在较大差异。当面对真实的农田场景时,其中的图像可能会出现诸如遮挡、噪声、不全等各种复杂情况,进而导致病虫害识别准确率大幅降低。为了解决这一问题,研究者探索将图像数据与文本数据相结合的多模态数据融合方法,可提高病虫害识别的精度和泛化能力,为农户提供更可靠的病虫害识别方案[32-33],如图 3-8 所示。

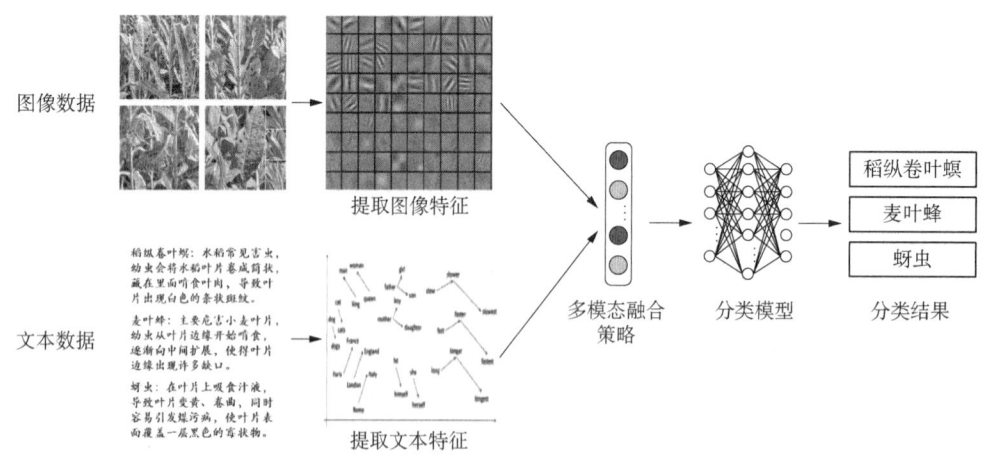

图 3-8 基于多模态数据融合的病虫害识别方案

在该案例中首先对来自田间摄像头等设备采集农作物的图像数据和来自互联网的各类型病虫害的文字描述、语义标签等文本数据进行数据预处理,其中图像数据采用去噪、增强、裁剪等操作,以提高图像的质量和可识别性,文本数据进行清洗、分词、向量化等处理,以便于与图像数据进行融合。其次分别对两类数据进行特征提取,对于图像数据,采用深度学习算法(如卷积神经网络)提取图像特征,以反映病虫害在图像中的表现形式,如颜色、形状、纹理等；而文本数据，则采用自然语言处理技术（如词袋模型、词向量模型）提取文本特征来反映病虫害的语义信息，如名称、症状描述等。

在多模态融合阶段，采用特征拼接、多模态注意力机制等方法将图像特征和文本特征进行融合。例如，通过多模态注意力机制，可以根据不同模态数据的重要性动态调整融合权重，从而更好地整合图像和文本信息。构建专门的多模态深度学习网络，如多模态卷积神经网络（CNN）、多模态长短期记忆网络（LSTM）等[34-35]。这些网络可以同时接收图像数据和文本数据，并通过共享层或注意力机制等方式实现不同模态数据的融合。例如，在多模态CNN中，设计一个融合层，将图像特征和文本特征进行融合，然后再进行后续的分类操作。利用深度学习中的自动编码器、生成对抗网络等技术，对图像特征和文本特征进行深度编码和融合。例如，通过自动编码器将图像特征和文本特征映射到一个共同的潜在空间，然后在这个潜在空间中进行特征融合，以实现更有效的病虫害识别。可以采用基于机器学习的方法，比如支持向量机（SVM）可以将融合后的图像和文本特征作为输入，通过寻找一个最优超平面来对病虫害进行分类。对于高维的融合特征，SVM具有较好的泛化能力，能够在小样本情况下保持较高的准确率。例如，当图像特征和文本特征共同描述一种病虫害时，SVM可以通过学习这些特征的组合模式，准确地判断病虫害的类型。亦可以利用深度学习算法，如Transformer能够充分发挥其强大的自注意力机制。对于图像数据，它可以捕捉不同区域之间的长距离依赖关系，提取出更具代表性的病虫害图像特征。对于文本数据，Transformer可以更好地理解语义信息，挖掘出与病虫害相关的关键描述。通过融合图像和文本的特征表示，Transformer可以综合考虑病虫害的外观特征和文字描述，从而更准确地进行分类。例如，当图像中出现一种不常见的病虫害症状，但文本描述提供了明确的病虫害名称和特征时，Transformer可以利用自注意力机制将两者的信息进行有效整合，提高分类的准确性。

通过融合图像数据和文本数据，病虫害识别系统能够充分利用不同模态数据的优势，提高识别的精度。与仅依赖图像数据的识别算法相比，多模态数据融合的识别系统在真实场景下的识别准确率有所提升。多模态数据融合的病虫害识别系统能够更好地适应不同的农田环境和病虫害情况，具有更强的泛化能力。在面对遮挡、噪声等复杂情况时，系统仍然能够准确地识别病虫害，为农户提供及时的防治建议。基于准确的病虫害识别结果，农户可以及时采取有效的防治措施，降低病虫害对农作物的危害。

3.3.5 基因组选择与智能育种案例

动植物生命组学（如基因组学、转录组学和蛋白质组学）在现代育种技术中起到了关键作用，特别是在提高产量、抗病性、耐环境胁迫等方面的基因改良中具有显著的应用价值。例如，植物中的基因组选择结合了高通量测序技术和表型数据，通过对大量候选基因的分析，快速筛选出具有优良性状的个体。在小麦、水稻、玉米等主要农作物中，这种技术已经帮助育种者显著缩短了育种周期，并提高了新品种的育种效率。

当前植物育种的格局以"数据泛滥"为特征，通过组学创新生成的数据远远超过有效的管理、归档和分析。随着科技的进步，特别是生物技术和人工智能的飞速发展，传统的育种方法正逐步迎来变革。蛋白质设计作为一项革命性的技术，正在成为推动智能育种的新引擎。通过精准设计和优化蛋白质结构，科学家们不仅能够深入理解作物或动物的生物学特性,还能提高其抗逆性、产量和营养价值,进而推动农业和畜牧业的发展。

本章以小麦为例,展示蛋白质设计如何助力基因组选择与智能育种,并探索其中的实现步骤。小麦是全球重要的粮食作物之一,其产量和品质直接关系到全球粮食安全。然而,近年来,气候变化、病虫害以及土壤退化等问题严重威胁着小麦的生产。传统育种方法依赖于自然变异和人工选择,这一过程往往需要数十年甚至更长时间,且效率较低。如图3-9所示,通过蛋白质设计,我们可以利用计算机模拟和基因编辑技术,精确地优化小麦的蛋白质合成过程,从而提升小麦的抗病能力、抗旱能力、产量以及营养成分的含量。这种新型的智能育种方法具有高效、可控和精准的特点,能够显著缩短育种周期,提高育种成功率。

图3-9　基于蛋白质设计的小麦育种方案

(1) 目标蛋白的选择与分析。智能育种的第一步是确定优化目标。以提高小麦抗旱能力为例,研究人员需要选择与抗旱相关的关键蛋白质。常见的抗旱蛋白质包括脱水蛋白、抗氧化酶以及与水分代谢相关的酶类。通过生物信息学工具,科学家可以从小麦基因组中筛选出这些潜在的目标蛋白,并分析它们在不同环境条件下的表达变化,下面展示关键步骤。

首先从蛋白质公开数据库下载蛋白质序列,然后使用基因组数据分析工具,把核酸或蛋白质序列与数据库中的已知序列比对,找出相似性。通过BLAST,可以快速筛选出与目标性状(如抗旱、抗病等)相关的蛋白质。HMMER是基于隐性马尔可夫模型的比对工具,常用于蛋白质序列的域比对和多序列比对。与BLAST相比,HMMER在处理结构域、蛋白质家族等方面更为精准,因此在蛋白质功能分析中具有独特优势。

(2) 蛋白质结构的预测与优化。在确定了目标蛋白后,下一步是对其结构进行预测和优化。通过蛋白质结构预测工具(如AlphaFold),可以准确模拟蛋白质的三维结构。此时,研究人员需要考虑该蛋白质在小麦体内的稳定性、活性以及与其他蛋白的相互作用。若预测结果显示该蛋白质的结构较为不稳定,可能会影响其功能,则需要进行蛋白质工程,通过定点突变等方式优化蛋白质的稳定性和功能。

AlphaFold是由DeepMind开发的一种人工智能系统,专门用于预测蛋白质的三维结构。传统的蛋白质结构解析方法,如X射线晶体学和核磁共振(NMR),通常需要昂贵的实验设备和时间,而AlphaFold通过深度学习方法大幅提高了结构预测的效率和准确性。它被誉为蛋白质折叠领域的突破性进展。AlphaFold接受一个蛋白质的氨基酸序列作为输入。这些序列是由氨基酸的1D线性排列构成的,然后利用深度神经网络对蛋白质序列的氨基酸链进行建模,预测这些氨基酸在三维空间中的相对位置。此外,AlphaFold 3可以帮助提高作物的抗逆性,在农业领域的主要应用之一是培育抗病植物。通过对作物及其病原体的蛋白质结构进行精确建模,研究人员可以找出病原体生命周期中的潜在弱点,并培育出抗病作物品种。著名植物生物学家艾米丽-卡特博士指出:"AlphaFold 3 为我们提供了对植物与病原体相互作用的分子层面的理解,使我们能够在作物中设计出强大的抗病机制"。通过蛋白质从头设计,再结合实验室快速进化与定向进化技术,我们有望以前所未有的高效率和低成本,创造出自然界中不存在的新蛋白质和基因,提升作物的抗逆性和品质,解决传统育种方法难以攻克的难题。

(3)基因合成与转化。优化后的蛋白质设计完成后,科学家需要将其基因序列合成出来。通过基因合成技术,将优化后的基因导入到小麦的基因组中。这一过程通常采用转基因技术,或者使用基因编辑技术,如 CRISPR-Cas9,以高效地将目标基因导入小麦的胚芽或根系中。

(4)转基因小麦的培育与筛选。完成基因转化后,接下来的步骤是将转基因小麦进行培育,观察其在不同环境下的表现。为了验证蛋白质设计的效果,研究人员需要对转基因小麦进行抗旱、抗病、产量等方面的测试。通过田间试验和实验室分析,筛选出最优的转基因小麦品种。

3.3.6 基于农业知识图谱的作物病虫害知识服务案例

农业知识智能服务是指利用人工智能和大数据技术,通过对农业各类不同类型知识的采集、存储、处理、分析和利用,建立农业知识智能服务系统,为农业生产经营者提供智能化的农业知识服务。本案例以病虫害知识服务为例构建基于农业知识图谱智能问答服务系统。由于病虫害是制约农业产业化发展和农业经济效益的重要因素,具有范围广、影响大、损失高和防治难度大的特点[36]。因此,有效预防和控制作物病虫害对降低粮食损失具有重要意义。而知识是实现作物病虫害快速、精准和高效防控的基础和前提。构建作物病虫害领域的知识图谱,不仅可以有效整合分散的病虫害知识,而且能够为病虫害防控提供重要的知识支撑[37]。

本案例以多种结构化、半结构化和非结构化农业病虫害数据为对象,以自底向上和自顶向下相结合方式构建作物病虫害本体,在模式层面上实现作物病虫害知识统一和形式化管理,降低知识冗余度[38]。针对结构化、半结构化和非结构化等不同数据类型,分别采用规则映射、命名实体识别、实体关系联合抽取等方法提取知识三元组,构建数据层;通过知识融合将不同数据来源的异构化知识进行关联和整合,并采用 Neo4j 图数据库进行存储,实现作物病虫害知识图谱构建[39],如图 3-10 所示。

为了能够充分利用该知识图谱,案例设计了一个面向作物病虫害的知识问答原型系统,该系统主要包含四大核心模块:模型载入模块、问题解析模块、问题求解模块和答案生成模块。模型载入模块载入已训练好的意图识别与槽位填充模型;问题解析模块利用上述模型进行问句解析,提取关键词和理解用户意图[40];问题求解模块根据识别的关键词和意图,生成 Cypher 语句查询知识图谱;答案生成模块则用于处理查询知识图谱得到的答案,并反馈给用户。此外,本章还设置了前端交互模块,以实现用户提问和答案展示;历史记录模块用于存储问题记录,以备后续模型优化。

该系统的总体流程如图 3-11 所示。第一步,通过前端交互界面提交作物病虫害相关问题;第二步,在已载入模型基础上,采用第五章所提意图识别与槽位填充模型同时识

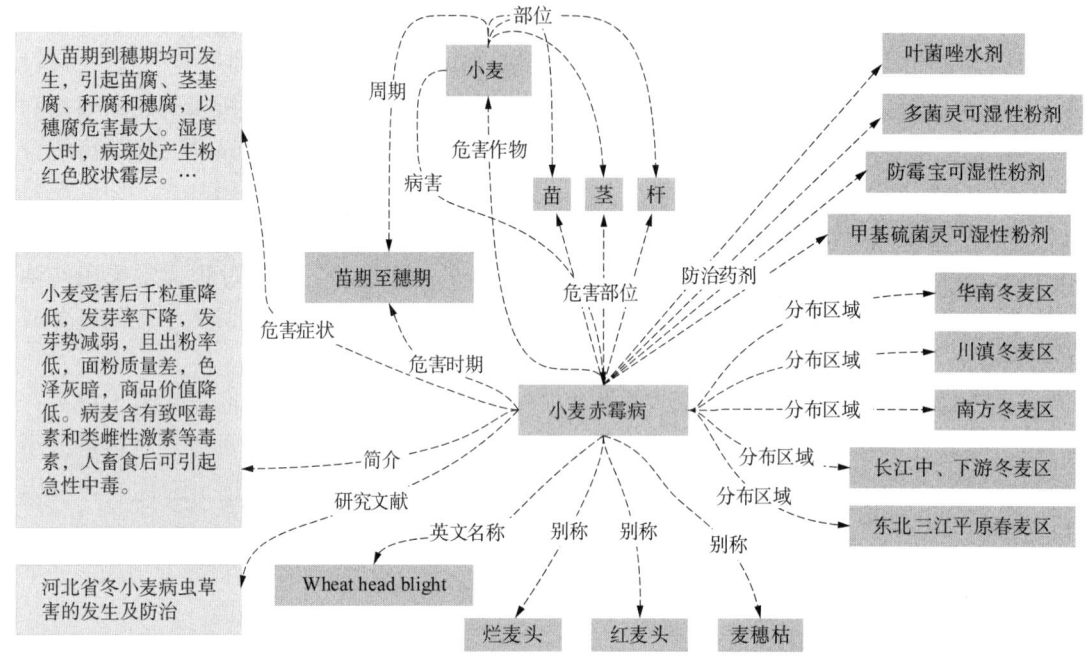

图 3-10 作物病虫害知识图谱

别问句中的关键词(头实体)和意图(关系),构成待查三元组(头实体,关系,?),"?"即待查答案;第三步,构造 Cypher 查询语句,查找符合条件的答案;第四步,生成答案并反馈至前端。

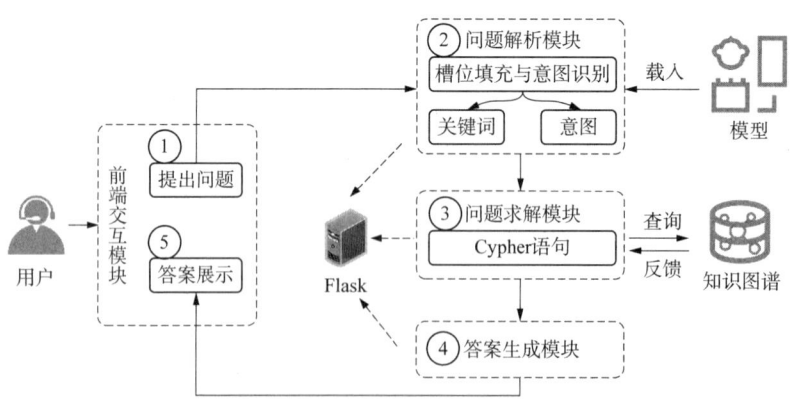

图 3-11 作物病虫害知识服务流程图

如图 3-12 所示,该系统以微信公众号作为前端,负责问题发送和答案显示,并通过微信公众号服务器提供的请求-响应接口实现与后端的通信。后端采用轻量级 Web 框架 Flask 实现,用于处理问答业务逻辑并响应微信公众号服务器请求。

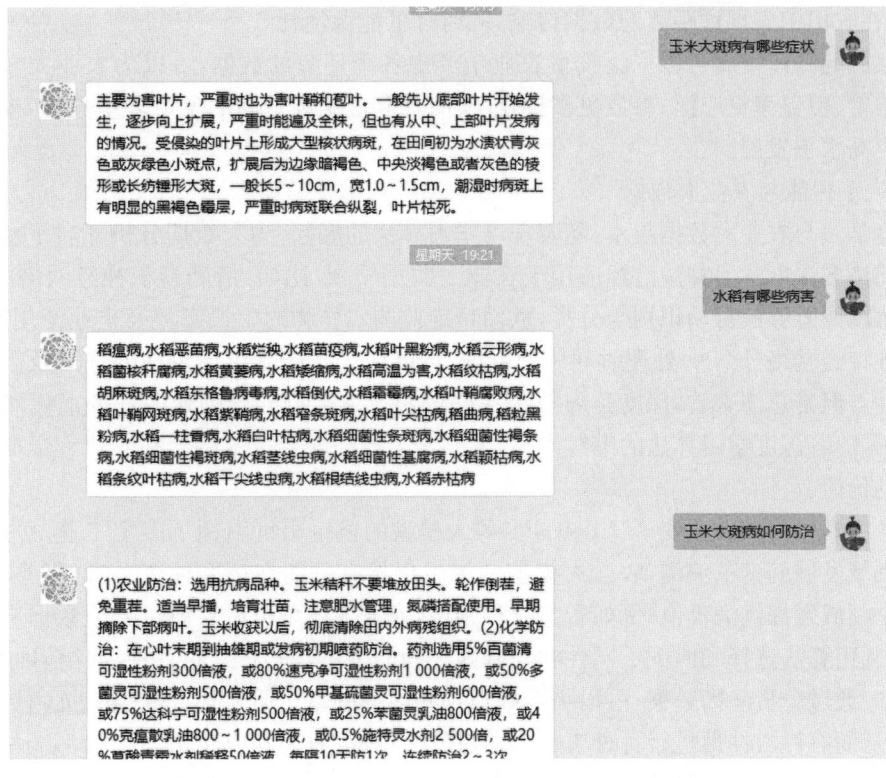

图 3-12 微信公众号服务示例

3.4 农业大数据的未来展望

3.4.1 技术融合创新推动农业大数据发展

人工智能、物联网、区块链等新一代技术的高速发展为大数据在农业领域的创新应用带来了新的机遇和挑战。

1) 物联网与农业大数据

随着物联网和传感器的进一步发展,整体上具有以下趋势。

(1) 更高精度与稳定性:农业传感器的数据采集能力将向更加精准和稳定性发展。例如,土壤传感器能够更准确地测量土壤的养分含量、水分含量和酸碱度等指标,为精准农业提供更可靠的数据支持。同时,传感器的稳定性也将得到提高,减少因环境因素或设备故障导致的数据误差。

(2) 多参数集成:未来的传感器将趋向于集成多种参数的测量功能。例如,一款新型传感器可以同时测量土壤温度、湿度、养分含量、pH 值以及电导率等多个参数,减少传感器的部署数量,降低成本,同时提高数据的关联性和一致性。

(3) 无线传输与低功耗:传感器的无线传输技术将更加成熟,实现高宽带和高实时性的远距离数据传输。同时,低功耗设计将使得传感器能够在不频繁更换电池的情况下长时间工作,适用于大规模的农田部署。例如,采用低功耗蓝牙或 LoRa 等无线通信技术的传感器,可以在农田中实现远距离的数据传输,同时降低能源消耗。

物联网的高速发展可以广泛收集农业生产中各个环节的数据,可以为农业大数据提供来源更丰富、覆盖率更广泛、参数更多样化、实时性和准确性更高的生产环境数据,推动精准农业向更高水平发展。

2) 人工智能与农业大数据

深度学习与农业大数据技术:随着深度学习算法的崛起,为大数据分析开启了新的可能性。当前诸多深度学习算法已经应用于农业大数据领域,比如:借助卷积神经网络(CNN),卫星遥感图像能够被自动识别与分类,从而精准监测农作物的生长态势及土地使用的变迁;通过循环神经网络(RNN)处理时间序列数据,可以优化农产品市场价格的预测及需求估算的准确性。但是总体来看,深度学习技术在处理农业大数据问题的业务任务上仍然受到不少的限制,随着深度学习算法的继续发展,尤其是多模态融合技术将会在农业大数据领域发挥更大的价值。

农业大模型引领农业变革:ChatGPT 等大模型的横空出世引领了多个工业、医疗、教育等多个领域发展的变革浪潮,农业大模型的诞生仍然有可能在精准种植、知识服务、智慧育种等多个领域发挥巨大价值,例如智慧育种领域,农业大模型可以对海量基因数据进行分析和处理,利用算法选择和匹配不同性状与基因之间的关系,助力"经验育种"向"精确育种"转变。例如,通过分析基因数据,可以更准确地预测品种的蛋白质含量、成熟期、抗病抗灾能力等性状,从而有针对性地进行育种工作,大大提高育种的效率和成功率。

3) 区块链与农业大数据

区块链技术具备去中心化、不可篡改和可追溯性等特征,为农业大数据的安全存储与共享开辟了新的解决路径。通过建立基于区块链的农业数据共享平台,可以确保数据的真实性和完整性,解决数据信任问题,促进数据的流通和共享。区块链技术和农业大数据结合为质量追溯、供应链优化、物流追踪、金融保险等农业领域带来了巨大的应用空间。

4) 多源、多模态数据的深度融合

农业大模型的数据来源丰富多样、模态类别多样,从农业大数据应用趋势上看,多源、多模态数据的获取将变得更加便捷和丰富,例如图像、音频、文本、传感器数据等多种模态的信息融合将不断深化。这将使数据融合系统能够更全面、准确地理解和分析复杂的现实场景,提高决策的准确性和可靠性。例如:

(1) 农业生长环境数据与作物生长状态数据的深度融合:通过传感器采集到的农业生长环境数据与作物生长状态数据的融合提供优化迭代种植过程;

(2) 多源、多尺度遥感数据的深度融合:通过从宏观到微观的遥感数据提供更为准确的大田长势监测、病虫害预测预警等;

(3) 动植物外在表型与多组学数据的深度融合:通过动植物生理和外在表型揭示动植物外在表型与多组学数据之间的内在联系和规律。

3.4.2 农业大数据标准的进一步规范

数据标准的规范化:农业数据来源复杂,数据质量参差不齐,可能存在数据不准确、不完整等问题,随着农业大数据融合应用的不断增多,制定统一的数据标准和规范将变得尤为重要,这将有助于解决不同数据源之间的数据格式、接口、语义等不兼容问题,提高数据融合的效率和质量。未来发展上,将会在政府、行业、企业等多个层面制定更加健全数据存储、应用、共享、安全的标准规范和管理制度,确保农业大数据存储、应用和共享的合法性、安全性、及时性和规范性。

数据质量评估体系的完善:农业数据质量本身就是亟待解决的问题,建立科学、完善的数据质量评估体系,对数据融合过程中的数据质量进行评估和监控,将是未来数据融合应用发展的重要方向,这将有助于及时发现和解决数据质量问题,提高数据融合的可靠性和准确性。

3.4.3 农业应用场景的拓展和深化

技术深度融合催生下的应用创新:随着农业大数据与人工智能、物联网等新技术融合的更加深入,将会出现更多创新的应用场景。例如,利用人工智能驱动的具身智能机器人进行农田作业,实现自动化的种植、除草、收获等。

跨领域合作将不断加强:农业与信息技术、生物技术、工程技术等领域的融合将推动农业的智能化和现代化发展。例如,结合基因编辑技术和大数据分析,培育更适应环境变化和市场需求的农作物品种。

农业大数据服务平台愈发成熟:农业大数据服务平台提供的智能农业服务将不断完善,为农民提供更加便捷、高效的服务。例如,建立一站式的农业大数据平台,集成数据采集、分析、决策支持等功能,农民可以通过平台获取全方位的农业信息和服务。

参◇考◇文◇献

[1] 魏后凯.农业农村现代化的内涵、目标和驱动机制[N].经济日报,2023年2月16日第10版.
[2] 陈锡文.实施乡村振兴战略,推进农业农村现代化[J].中国农业大学学报(社会科学版),2018(1):5-12.
[3] 杜志雄.农业农村现代化:内涵辨析、问题挑战与实现路径[J].南京农业大学学报(社会科学版),2021(5):1-10.
[4] 宋长青,柳平增,任万明,等.实施现代农业大数据工程的理性思考[J].中国现代教育装备,2016,2(15):111-114.
[5] 管辉.数据要素赋能农业现代化:机理、挑战与对策[J].中国流通经济,2022(6):72-84.
[6] 孙忠富,杜克明,郑飞翔,等.大数据在智慧农业中研究与应用展望[J].中国农业科技导报,2013,15(6):63-71.
[7] 宋长青,温孚江,李俊清,等.农业大数据研究应用进展与展望[J].农业与技术,2018,38(22):153-156.
[8] 李俊清,宋长青,周虎.农业大数据资产管理面临的挑战与思考[J].大数据,2016,2(1):35-43.
[9] 张浩然,李中良,邹腾飞,等.农业大数据综述[J].计算机科学,2014,41(2):387-392.
[10] 孙家抦.遥感原理与应用[M].北京:科学出版社,2009.
[11] 公海燕.遥感在我国农业农村的应用与发展[J].中国测绘,2020(1):2.
[12] 湖北省农业遥感应用工程技术研究中心.国产系列卫星平台介绍——环境系列、资源系列[R].2019.
[13] 田婷,张青,张海东,等.无人机遥感在作物监测中的应用研究进展[J].作物杂志,2020,36(5):1-8.
[14] 罗亮,闫慧敏,牛忠恩,等.农田生产力监测中3种多源遥感数据融合方法的对比分析[J].地球信息科

学学报,2018,20(2):268-279.

[15] 刘晖,李兆雄,詹杰,等.机器视觉技术在农作物生长状况监测的研究进展[J].福建农机,2018,2(4):20-26.

[16] Comba L, Biglia A, Aimonino D R, et al. Unsupervised detection of vineyards by 3D point-cloud UAV photogrammetry for precision agriculture [J]. Computers and electronics in agriculture, 2018, 155:84-95.

[17] Song X, Wu F, Lu X, et al. The classification of farming progress in rice-wheat rotation fields based on UAV RGB images and the regional mean model [J]. Agriculture, 2022,12(2):124.

[18] Vulpi F, Marani R, Petitti A, et al. An RGB-D multi-view perspective for autonomous agricultural robots [J]. Computers and Electronics in Agriculture, 2022,202:107419.

[19] 田东旭.基于双目立体视觉的玉米叶片识别与定位[D].吉林大学,2018.

[20] 吴炳方,张峰,刘成林,等.农作物长势综合遥感监测方法[J].遥感学报,2004(6):498-514.

[21] Mulla D. Trends in satellite remote sensing for precision agriculture [J]. Crops & Soils, 2020,54(1):3-5.

[22] 马爽,张卓然,张钧泳,等.理化复合参数和神经网络结合的冬小麦长势遥感监测[J].农业工程学报,2024,40(14):91-99.

[23] 王恺宁,王修信.多植被指数组合的冬小麦遥感估产方法研究[J].干旱区资源与环境,2017,31(7):44-49.

[24] 邹文涛,吴炳方,张淼,等.农作物长势综合监测——以印度为例[J].遥感学报,2015,19(4):539-549.

[25] 王家耀.时空大数据:地理信息产业融合发展必由之路[J].中国测绘学报,2022.

[26] 关雪峰,曾宇媚.时空大数据背景下并行数据处理分析挖掘的进展及趋势[J].地理科学进展,2018,37(10):1314-1327.

[27] Ma H L, Zeng J Y, Zhang X, et al. Surface soil moisture from combined active and passive microwave observations: Integrating ASCAT and SMAP observations based on machine learning approaches [J]. Remote Sensing of Environment. 2024,114197.

[28] 李莹莹,赵正勇,杨旗,等.基于GF-1遥感数据预测区域森林土壤有机质含量[J].土壤,2022,54(1):191-197.

[29] Ma Q, Luo C, Meng X et al. High Spatiotemporal Remote Sensing Images Reveal Spatial Heterogeneity Details of Soil Organic Matter [J]. Sustainability. 2024,16(3),1497-1499.

[30] 温艳兰,陈友鹏,王克强,等.基于机器视觉的病虫害检测综述[J].中国粮油学报,2022,37(10):271-279.

[31] Chouhan S S, Singh U P, Jain S. Applications of computer vision in plant pathology: a survey [J]. Archives of computational methods in engineering, 2020,27(2):611-632.

[32] 蒋龙泉,鲁帅,冯瑞,等.基于多特征融合和SVM分类器的植物病虫害检测方法[J].计算机应用与软件,2014,31(12):186-190.

[33] 王春山.基于多模态数据与知识融合的开放环境蔬菜病害识别方法研究[D].河北农业大学,2023.

[34] 何俊,张彩庆,李小珍,等.面向深度学习的多模态融合技术研究综述[J].计算机工程,2020,46(5):1-11.

[35] 刘建伟,丁熙浩,罗雄麟.多模态深度学习综述[J].计算机应用研究,2020,37(6):1601-1614.

[36] 张凝,杨贵军,赵春江,等.作物病虫害高光谱遥感进展与展望[J].遥感学报,2021,25(1):403-422.

[37] 郭旭超.作物病虫害知识图谱构建与知识问答关键方法研究[D].中国农业大学,2022.

[38] Ji S, Pan S, Cambria E, Marttinen P, Yu P S. A Survey on Knowledge Graphs: Representation, Acquisition, and Applications [J]. IEEE transactions on neural networks and learning systems, 2021,

33(2):494-514.
[39] Rodriguez-Garciaman J, Sanchez F, Valencia R. Knowledge-based system for crop pests and diseases recognition [J]. Electronics, 2021, 10(8):905-926.
[40] Wu J, Nie Y, Jiang L, et al. Research of Knowledge Graph Technology and its Applications in Agricultural Information Consultation Field//[C]. 2020 IEEE 39th International Performance Computing and Communications Conference (IPCCC). Austin, TX, USA: IEEE, 2020:1-4.

第 4 章
现代物流的大数据应用

大数据技术的应用在现代物流中引发了一场深刻的变革。伴随着全球化的加速、电子商务的崛起,以及消费者对物流时效性和个性化需求的提升,传统的物流模式已难以满足当今的高效、敏捷要求。面对庞大的货物流量、复杂的供应链环节以及不断变化的市场需求,物流企业迫切需要新的技术手段来优化资源配置、提升运营效率、降低运营成本。

大数据技术在现代物流中提供了强有力的支持。通过对物流全链条的数据收集和分析,企业能实时监控各环节的运行状态,及时发现问题。例如,通过运输数据的实时采集,企业可以动态调整路线和车辆调度,避免拥堵、提高运输效率,并在配送环节提前预测需求峰值,合理分配人力和设备,防止延误。在库存管理中,大数据帮助企业精准制定库存计划,避免积压和短缺。通过机器学习算法对历史和实时数据的分析,大数据能动态调整库存水平,不仅降低库存成本,还提升了周转率,使企业更灵活应对市场变化。此外,大数据在成本控制中也发挥了关键作用。通过分析运输数据,企业可以优化路线、降低油耗和人力成本。同时,在仓储、分拣等环节,通过动态定价模型实现灵活的运费调整,达到降本增效的目的。在提升客户体验方面,大数据使企业能更好地理解客户需求,为个性化服务提供支持。借助客户购买记录和反馈数据的分析,企业能提供精准的推荐和实时包裹追踪服务,提升服务透明度和客户满意度。然而,数据标准不统一导致的"信息孤岛"、数据安全和隐私保护等问题,成为大数据在物流行业应用中必须应对的挑战。推进统一的数据标准和安全机制,将是物流行业数字化转型的关键。

在未来,随着物联网、人工智能等技术的进一步成熟,大数据在物流领域的应用将更加广泛和深入。同时,人工智能与大数据的结合也将使物流行业的智能化程度进一步提升,物流企业将能够基于海量数据,实现更精准的需求预测、更高效的资源配置和更优质的客户服务。

4.1 概述

物流业作为支撑国民经济的重要行业,在过去十年中经历了巨大的变革和发展:

(1) 2014 年至 2016 年:物流业在 GDP 中的占比相对稳定,但有轻微的下降趋势。例如,2014 年物流业总收入为 7.1 万亿元,占 GDP 的 16.6%。到 2016 年,这一比例略有下降,显示出物流效率的提升和成本控制的效果。

（2）2017年至2019年:随着电商的兴起和全球化贸易的增加,物流需求激增,物流业在GDP中的占比开始逐渐上升。2018年,中国物流业总收入达到12.0万亿元,约占GDP的14.8%。

（3）2020年至2023年:受全球疫情的影响,物流业的重要性更加凸显。尤其是在2020年,物流不仅支撑了医疗物资的运输,还保障了日常生活必需品的供应。到2023年,物流业总收入增长到13.2万亿元,占GDP的比例达到了14.4%,显示出物流业在经济中的重要地位。

总体来说,物流业的发展不仅体现在收入规模的扩大上,还反映在其对GDP贡献比重的增加上。

同时,随着大数据、物联网、人工智能等技术的日益成熟,物流行业实现了信息的全链条连接与高效整合。通过对物流数据的深入分析,企业能够实时掌握供应链各个环节的运作状态,优化运输路径、提高仓储管理效率,同时大大提升了用户体验。此外,大数据的应用还助力物流企业进行精细化管理和运营模式的创新,实现了从传统物流向智能物流的转型。

在效果上,大数据与现代物流的结合能够实现降本增效,推动物流行业从劳动密集型向技术密集型转变。这种变革不仅助力中国成为全球物流大国,也为全球经济复苏提供了新的动力。

4.1.1 现代物流的前世今生

物流的原义是"实物分配"或"货物配送",最早作为供应链活动中的一部分出现,指的是为了满足客户需求,进行商品、服务和信息的从产地到消费地的高效、低成本流动和储存管理。物流的基本运作包括运输、保管、配送等环节,旨在实现原材料、成品和相关信息的转移。

物流的概念起源于美国。19世纪中叶至20世纪初:铁路普及、运河港口建设促进货物运输与海上贸易,物流理论与实践随之兴起。20世纪初至20世纪50年代,美国物流理论形成,未直接命名。物流管理受重视,第二次世界大战的军事物流经验助力商业物流发展,后勤体系展现了强大的全球物资供应能力,奠定了现代物流的发展基础。第二次世界大战之后,随着全球化的发展,计算机与信息技术发展,物流行业引入条形码、EDI、GPS等技术,提升信息管理和货物追踪效率。物流逐渐成为企业战略管理的核心,注重系统化、整体化的管理。传统的"物理分配"(PD)理论逐渐被更为复杂和综合的物流概念所取代,强调以客户满意度为目标的优化管理。

在中国,早期物流依赖人力、畜力,秦汉时标准化政策和道路建设改善基础设施,汉朝发展驿站系统,丝绸之路促进物流文化交流。宋元物流专业化、规模化,明清时郑和下西洋拓展远洋能力,漕运保国家物资供给。20世纪80年代至今,全球化推动跨国公司构建全球供应链,物流服务商需适应变化,提供端到端供应链方案。集装箱化、多式联运降低运输成本,提高灵活性。21世纪初,互联网、物联网、大数据、AI等技术融合,物流行业数字化转型。随着自动化仓库、无人配送车等新技术的应用,物流行业进入智能化阶段。中国物流业发展迅速,自20世纪70年代末引入"物流"概念,现已成物流规模最大、增长最快的国家之一。

传统物流与现代物流是两个不同时代的产物,反映了物流行业随着社会、经济、科技发展所经历的变革。传统物流一般是指商品在空间与时间上的位移以解决商品生产与消费的地点差异与时间差异,即把商品从生产领域转移到消费领域送交消费者手中。现代物流在传统物流的基础上引入高科技手段运用计算机进行信息联网并对物流信息进行科学管理从而使物流速度加快、准确率提高、库存减少、成本降低以此延伸和放大传统物流的功能。现代物流是根据客户的需要以最经济的费用将物质资料从供应地向需求地转移的过程。它主要包括运输、储存、装卸搬运、配送、包装加工、信息管理等活动。现代物流是将运输仓储、库存、装卸搬运以及包装等物流活动综合起来的一种新型的集成式管理。[1]二者从经济特征、技术特点、服务特征等方面均有所不同,详见表 4-1。

表 4-1 传统物流与现代物流理念比较

	传统物流	现代物流
经济特征	产品经济	有竞争的市场经济
技术特点	重点提高物流作业术与装备效率	信息系统与系统优化
服务特征	被动消费	可选择的产品服务
运作管理目标	提高物流各环节作业效率	系统成本最优
系统特点	包装、运输、储存功能环节串联集成	物流系统综合集成
关注内容	作业效率	关注成本

4.1.2 现代物流与大数据结合的现状

物流是一个"四流合一"的综合体,通过整合物流、信息流、资金流和关务流四个核心流,实现了物流企业各个环节的同步化与高效管理。这一整合不仅优化了资源配置,还极大提高了整体运营效率。尤其是现代技术的飞速发展,包括信息技术、人工智能、大数据和物联网等,推动了全球经济与社会的深刻变革。信息流在物流管理中的作用更加凸显,特别是在控制成本、提升效率方面,信息化技术起到了至关重要的作用。随着互联网的普及和大数据的广泛应用,物流行业的信息化进程不断加快,从而提升了企业在全球化市场中的竞争力。

在 PC 时代及移动时代,物流与大数据的结合方式有所不同:

PC 时代(20 世纪 80—90 年代):物流开始引入信息化管理。企业利用计算机技术进行基础的仓库管理、订单处理和运输调度,依赖于局域网和基础的数据库系统。这一时期的物流管理集中于数据的录入、处理和存储,提升了库存管理和运输效率。

移动时代(2000 年至今):随着移动互联网和智能手机的普及,物流行业进入了数字化转型阶段。移动设备、GPS 定位技术、大数据分析等技术使物流企业能够实时追踪货物,提升了供应链透明度和响应速度。客户可以通过移动应用实时查看包裹状态,物流服务更加灵活和高效。电商的兴起加速了快递行业的爆发性增长,尤其是"最后一公里"的配送优化。

每个时代的技术进步都使物流业变得更加高效、灵活和智能化,服务范围和质量得以显著提升。以快递物流为例,中国快递物流行业在过去十多年中经历了巨大的发展,在十年前已成为全球包裹量最大的国家,以圆通等快递企业的上市为标志,推动了整个行业的转型与升级。在上市前,物流行业的主流模式主要是基于外包和较为分散的运营体系。物流公司通常依赖于第三方服务提供商,尤其是在运输、仓储和配送方面。

(1) 外包模式为主:多数物流企业缺乏自有的运输和仓储设施,选择将运输和配送外包给第三方物流公司;这种模式虽然可以降低初期投资成本,但对物流企业的控制力和服务质量带来一定挑战;

(2) 区域性和分散化管理:物流公司一般通过区域性合作伙伴进行分散管理,运营网络缺乏统一性和标准化,导致服务水平不稳定;

(3) 信息化程度低:由于技术限制,许多物流企业在信息流的管理上较为滞后,无法做到实时监控、跟踪和高效调度,运营效率较低;

(4) 人工管理为主:上市前的物流公司大多依靠人工进行操作和管理,自动化和智能化程度较低;

(5) 资金限制:由于资本限制,物流企业的基础设施建设和技术投入有限,导致难以扩大规模或进行大规模的技术升级。

2016年10月,圆通速递作为国内首批快递企业登陆A股市场,成为"快递第一股"。自此之后,多个头部快递公司相继上市,包括中通、顺丰等,上市企业详见表4-2。

表4-2 中国物流企业上市时间表

序号	物流企业	上市时间
1	圆通速递	2016年10月20日
2	中通快递	2016年10月27日
3	韵达快递	2016年12月23日
4	申通快递	2016年12月30日
5	顺丰速运	2017年2月24日
6	德邦物流	2018年1月16日

这一系列的上市活动不仅标志着快递行业的资本化进程加速,同时推动了企业从依赖外包逐渐过渡到自建团队,提高了对物流各环节的控制力。主要体现在以下几方面。

(1) 资本投入:通过资本市场的支持,企业获得更多资金用于基础设施建设、网络布局和技术升级;

(2) 自主化运营:上市公司开始减少对外包模式的依赖,逐步建立自有的运输网络和仓储体系,从而提高了物流效率和服务质量;

(3) 技术升级:企业通过投资自动化仓储、智能化配送系统、大数据和人工智能等技术,显著提高了配送效率并降低了运营成本;

(4) 业务规模扩大:随着资本的注入,企业能够加快全国甚至全球网络的布局,进一步扩展市场份额;

(5) 政府补贴:近年来,为加快物流上市企业数字化转型升级,国家积极鼓励物流上市企业技术创新,并出台一系列补贴政策扶持物流上市企业的技术创新活动。[2]

这些变化使得中国快递行业整体进入一个新的发展阶段,逐渐迈向高效、智能和全球化。

2024年8月28日,作为快递行业的龙头,圆通速递发布了2024年半年报,在开发支出一栏显示数据资源支出为372.54万元。这一财报的发布,意味中国物流企业从此将数据流作为资产之一,是现代物流同大数据的应用的一个里程碑事件,详见图4-1。

项目	附注	期末余额	期初余额
油气资产			
使用权资产	七、25	279,667,056.07	279,032,782.16
无形资产	七、26	5,321,931,121.52	4,986,370,015.04
其中:数据资源			
开发支出	八、2	50,605,800.81	40,236,242.90
其中:数据资源		3,725,365.08	
商誉	七、27	344,920,155.53	342,724,609.44
长期待摊费用	七、28	532,228,764.42	567,321,632.73
递延所得税资产	七、29	245,101,420.45	235,959,351.53
其他非流动资产	七、30	1,301,015,664.31	1,709,907,475.48
非流动资产合计		29,751,499,076.72	28,737,996,102.69
资产总计		43,691,745,732.38	43,367,039,940.92

图4-1 圆通速递2024年半年报

2024年8月29日,顺丰速运发布24年半年度财报,其中开发支出为90 055 000元。顺丰在大数据技术应用上表现出色,提升了物流各环节的效率和服务质量。例如,通过智能路线规划,顺丰基于实时交通和天气数据优化配送路径,缩短送货时间并降低成本。运用大数据进行智能仓储管理,优化库存预测和调配。大数据还助力顺丰灵活调度运力资源,避免浪费。同时,顺丰通过客户反馈分析不断优化服务,提高满意度。这些技术的综合应用帮助顺丰保持了国内物流行业的技术领先地位。

4.1.3 现代物流与大数据结合的问题及挑战

现代物流与大数据的结合带来了显著的进步,但也面临诸多问题和挑战。

数据孤岛与信息不对称:尽管大数据技术能显著提升物流效率,许多物流企业内部和外部的数据共享机制不够完善,导致信息孤岛。这种情况不仅降低了物流企业的运营效率,还影响了供应链的协同工作;

数据安全与隐私问题:在大数据应用中,物流企业需要处理大量敏感的用户数据和业务信息。如何有效保护这些数据不受黑客攻击、信息泄露,以及确保符合全球数据隐私法规,都是物流企业面临的重大挑战;

技术应用的高成本:现代物流的大数据应用涉及物联网、人工智能、云计算等技术的整合,但这些技术的引入和维护成本较高,特别是对中小型物流企业而言,是一项不小的资金压力;

行业标准化不足:物流行业的数字化进程较快,但目前行业内缺乏统一的数据标准,尤其在跨国物流业务中,信息系统的互联互通和数据格式的标准化不足,影响了全球供应链的协作效率;

人才短缺：大数据的分析与应用需要高素质的技术人才，而目前物流行业的从业者大多缺乏大数据分析与技术应用的专业能力，行业内对数据科学家和技术人才的需求远未得到满足。

这些挑战亟需物流企业和政府部门的共同努力，通过推动技术创新、完善政策法规、加强信息安全保障等措施，才能真正实现现代物流与大数据的深度融合，进一步提升行业的整体竞争力。

4.2 现代物流大数据的采集

随着电商的兴起、消费需求的升级和技术进步的推动，中国快递行业的快速发展。早期的快递市场规模较小，主要服务于传统邮政体系。自 2000 年起，伴随电商平台如淘宝和京东的兴起，快递业务量迅速增长，民营快递企业如顺丰、圆通、中通等逐渐崛起。随着移动互联网的普及和网购的便捷化，消费者对快递的依赖性不断增强，物流需求激增。

近年来，大数据、人工智能、自动化仓储等技术的应用，显著提升了物流效率和服务质量。同时，快递网络实现了全国覆盖，甚至拓展至农村和偏远地区。国家政策的支持也为行业提供了良好的发展环境。

如今，中国已连续十年成为全球最大的快递市场，快递件量年年攀升，同时，物流行业的数据量激增。在中国，2023 年快递业务量已经超过 1 000 亿件，按每天 2.7 亿件快递估算，一件快递从寄件到收件通常会产生几 MB 的数据，包括面单、路径跟踪、仓储与分拣信息、运输调度、签收信息等。如果快递涉及更多的复杂环节（如国际物流、跨仓转运等），产生的数据量会更多。平均每件快递产生约 5 MB 的数据，意味着全国每天的物流数据量大约为 13.5 PB，全年则可能达到 5 000 PB(5 EB)。此外，物流行业还包括仓储监控、运输调度、智能派送等方面的数据，进一步增加了数据规模。物流车辆的 GPS 数据、仓库温湿度监控、运输工具状态等都为这个行业的海量数据贡献了一部分。

综合来看，物流行业每年产生的数据规模达到数 EB 级别，随着物联网、自动化设备和智能仓储等技术的发展，这一规模还会继续增长。物流大数据不仅带来了存储和处理挑战，同时也为行业带来了优化流程、提升效率的机遇，未来将推动物流向更智能化方向发展。

4.2.1 现代物流大数据的主要形态

在现代物流行业中，数据的多样性和复杂性给企业带来了巨大的机遇和挑战。物流系统生成和使用的数据不仅局限于传统的文本形式，还涉及语音、图像、视频等多种形态。这些数据的异构性反映了物流过程中多方面的操作需求以及信息流动的多样化。因此，理解和分析物流数据的多模态特征对于提升物流管理效率、提高客户服务质量、实现智能物流具有重要意义。本文将从文本、语音、图像和视频等几种典型数据形态出发，分析物流数据的异构性和复杂性。

(1) 文本形态的数据：文本数据是物流行业最传统和常见的数据形态，涵盖了物流运作的各个环节。这类数据结构化程度高，易于存储和处理，主要用于以下方面：

快递件收寄信息：快递件的收件人、寄件人信息包括姓名、地址、电话等基本信息，通常通过快递单或电子订单录入。这些数据的处理与存储是物流企业管理客户信息、分拣货物及派送的重要基础。

中间流转信息：物流企业的核心业务之一是货物的流转过程，从仓库出货、装车、运输、中转站处理再到配送网点，文本数据记录了这些关键节点的时间戳、经手人员及物流状态。这些信息通常以电子化的方式自动生成，并为物流企业提供决策支持。

客户交互信息：客户与物流企业的互动过程也产生大量文本数据，例如客服沟通记录、订单查询信息、退货或投诉等。这些文本数据可以帮助企业分析客户的需求、满意度和潜在问题，从而提升服务质量。

文本数据的分析和应用不仅仅限于存储和检索，它也是物流大数据分析的核心。在文本数据的基础上，物流企业能够通过自然语言处理（NLP）技术对客户反馈进行情感分析，理解客户诉求，进而优化服务流程。此外，物流网络优化、库存管理预测等智能化决策也依赖于大量的文本数据分析。

（2）语音形态的数据：语音数据在物流行业中的应用同样具有重要意义。尤其是随着智能语音技术的发展，语音交互在物流行业中的角色越来越重要。主要包括以下几方面：

电话录音：物流企业的客服中心通常会保存客户的来电录音。通过分析这些语音数据，可以发现客户关心的热点问题、物流服务中的常见障碍及客服人员的服务质量。通过语音识别技术，这些录音可以被转化为文本数据，并进一步进行数据挖掘和分析。

语音客服与智能机器人交互：随着语音识别和自然语言处理技术的提升，许多物流企业已经开始使用智能语音机器人来处理客户咨询、查询订单状态、解决简单问题。这类交互产生的语音数据是重要的用户行为数据来源，帮助企业进一步优化服务流程、提升客户满意度。

驾驶员与物流后台的语音交互：在运输过程中，司机与调度中心之间的语音通讯记录同样是宝贵的数据资产。通过语音记录，可以监控司机的工作状态、交通路况等信息，从而确保运输的安全性和高效性。

语音数据的处理相对复杂，需要依赖于语音识别技术将其转化为文本格式。对于物流企业来说，语音数据的收集和分析能够带来更丰富的客户行为和运营流程信息，进而实现服务的智能化和个性化。

（3）图像与视频形态的数据：物流行业中的图像和视频数据日益成为关键数据形态。与文本和语音数据相比，图像和视频数据为物流企业提供了更直观、可视化的信息，尤其在自动化监控、包裹跟踪和智能分拣等领域具有广泛的应用。主要包括以下几方面：

快递面单图像：快递面单是物流信息流动的核心载体，面单上的条形码、二维码等编码信息通过图像识别技术进行快速读取，实现物流信息的电子化管理。随着智能物流设备的普及，图像识别技术能够自动扫描并处理大量面单图像，从而提高物流分拣效率。

分拣中心的监控视频：现代物流中心的自动化程度越来越高，分拣和仓储环节的实时监控是物流安全和效率的重要保障。监控视频数据记录了货物的分拣、搬运和装车过程，通过分析视频数据，企业可以监控物流流程中的潜在问题，如物品丢失、设备故障等。

配送过程中的视频记录：配送员在送货过程中的一些可视化记录同样为物流企业提供了丰富的数据。比如，通过佩戴摄像头记录配送过程，可以作为送达货物的证据，避免因签收争议带来的纠纷。同时，通过分析这些视频数据，物流企业还可以优化配送路径和操作流程。

货物外观图像：在跨境电商、奢侈品物流等领域，货物的外观图像对保证货物质量和安全具有重要作用。通过记录货物的外观图片，可以实时跟踪货物的状态，避免损坏和盗窃问题。图像处理和计算机视觉技术的进步使得这些数据得以高效管理和分析。

图像和视频数据的存储与处理相对复杂，往往需要结合云计算、边缘计算和人工智能技术来进行实时分析。然而，这类数据在提高物流运营效率和货物安全性方面具有不可替代的作用。

现代物流行业的快速发展离不开大数据技术的支撑，而物流数据的多模态、异构性则给物流企业带来了新的机遇与挑战。通过对文本、语音、图像和视频等不同形态数据的整合与分析，物流企业可以实现智能化的物流管理，提高运营效率和客户体验。未来，随着人工智能、大数据和物联网技术的进一步发展，物流数据的异构性将不再是难题，而是推动物流行业创新发展的重要动力。

4.2.2 现代物流大数据的采集方式

无论是何种形态的物流数据，现代物流的大数据信息采集都经历了从传统手工记录到高度自动化的智能化演变。早期的物流信息采集主要依赖于人工操作和纸质记录，数据传递缓慢且易出错。随着信息技术的发展，条形码、RFID（射频识别）等技术逐步被应用于物流环节，实现了对货物信息的快速采集和追踪。物联网技术的兴起，使物流运输工具、仓储设备等实现了互联，进一步增强了数据采集的自动化与精准性。

如今，物流企业通过各种传感器、摄像头、GPS等设备，能够实时采集货物的位置信息、状态信息及运输环境数据。这些数据通过云计算平台进行分析，为物流管理提供强有力的支持。同时，随着5G和人工智能技术的进步，信息采集的效率和范围将进一步扩大，推动物流行业向智能化、精准化方向发展。

2009年11月11日，中国的首个"双十一"期间，快递物流的主要信息采集方式仍依赖于手工输入和传统面单。当时存在的几个主要问题：

（1）人工输入效率低：订单信息通常需要通过人工输入和手写，导致效率较低，容易出错，尤其是在面对大量订单时，快递公司处理能力受限。

（2）信息化程度低：电子面单和自动化系统尚未普及，大部分快递公司依赖人工处理，信息采集滞后，数据更新速度慢，导致物流过程中的信息跟踪和查询不够及时。

（3）信息易出错：手写面单增加了输入错误的概率，特别是在物流高峰期，错误的信息会延误配送，甚至导致货物丢失。

（4）缺乏实时监控：当时快递物流的信息采集和反馈系统不完善，客户难以实时跟踪快件位置，造成了较大的客户投诉和服务压力。

这些问题在早期的"双十一"促销活动中暴露无遗，促使快递行业逐步向电子面单、信息化管理系统以及更高效的智能物流解决方案转型。

1）快递面单中的信息采集

快递面单包含了大量的发货人、收货人以及产品信息，如姓名、地址、联系方式、购买的商品详情等。如图4-2所示，这些信息对于物流过程中的跟踪、查询和配送至关重要。

通过对这些信息的深入挖掘，物流企业可以更精准了解客户的需求和习惯，从而优化配送路线、提高运输效率。

物流的发展根据地域的不同,也有所区别。首先,我们关注国际物流,从国际物流的视角,来看物流面单的演变过程。

(1)传统纸质面单:DHL。在早期,国际快递行业如 DHL 使用的主要是纸质面单。客户在寄件时需手工填写相关信息,包括发件人和收件人的姓名、地址、货物描述等。如图 4-3 所示,在传统纸质面单时代,DHL 面临多个问题。首先,信息错误率较高,手工填写的面单易出现拼写错误和信息遗漏,导致包裹投递不准确,增加客户投诉和运营成本。其次,处理效率低,纸质面单涉及多个繁琐步骤,延长了包裹的处理时间,并增加了人工成本。此外,传统面单难以实时更新,导致包裹状态变化时需要手动记录,响应速度降低。环境影响也是一个重要问题,纸质面单的大量使用造成了纸张浪费,加大了环保压力。数据分析能力不足使得 DHL 在市场需求预测和运输优化方面受到限制,

图 4-2 面单中包含的信息

影响整体业务决策。同时,客户体验较差,客户无法轻松追踪包裹状态,造成信息不对称,影响满意度。最后,存储大量纸质面单会占用较多物理空间,增加仓储成本和管理复杂性。这些问题促使 DHL 逐步转向电子面单和智能化系统,以提升服务质量和运营效率。

图 4-3 DHL 纸质面单

(2)条形码技术:FedEx。随着条形码技术的发展,FedEx 在其快递服务中开始采用条

形码面单。这一转变使得面单的信息可以通过扫描设备快速录入,从而提高了处理速度,降低了错误率。客户能够更方便地追踪包裹的运输状态。但也面临一些问题。首先,条形码的扫描依赖于设备的精准度和环境的适宜性,若条形码受到污损、模糊或遮挡,可能导致扫描失败,从而影响包裹的追踪和交付效率。此外,条形码的容量有限,无法存储过多信息,若需要附加信息,则需借助多个条形码,这增加了复杂性并可能引发混淆。其次,条形码的兼容性问题也值得关注。不同设备或系统之间的条形码格式可能不统一,导致信息无法顺畅传递,从而影响跨境运输和不同物流公司之间的协作。再者,条形码技术对光线和角度敏感,在一些特殊环境下可能出现扫描困难,进而影响处理速度。最后,尽管条形码技术提高了信息读取的速度,但其数据实时更新能力不足。无法实时反映包裹状态的变化,可能导致信息滞后,影响客户的追踪体验。这些问题促使 FedEx 不断探索和采用更先进的技术,如二维码和 RFID,以提升面单的智能化和信息传递的效率。

(3) RFID 技术:UPS。UPS 在其国际物流中引入了 RFID(射频识别)技术,使得面单能够包含更多的信息。通过 RFID 标签,货物在运输过程中的实时追踪变得更加高效。UPS 能够随时更新货物状态,提升了客户的满意度和物流透明度。

当然,中国快递面单的演变也经历了几个关键阶段:

传统面单时代:早期的快递面单主要是多联复写纸。通过手写记录发件人和收件人信息。这种方式虽然保证了信息的一致性,但存在填写繁琐、成本高和个人信息泄露的风险。

电子面单的兴起:随着电子商务的发展,传统手写面单逐渐被电子面单取代。顺丰作为国内领先的快递物流公司,在 2012 年率先试用电子面单,这一创新推动了整个快递行业的信息化和智能化进程。随后,2014 年菜鸟网络推出公共电子面单平台后,使用率迅速提升。电子面单的优势包括出单速度快、成本低、准确率高,极大提升了快递处理效率。

隐私面单的推广:随着个人信息安全问题的日益突出,隐私面单应运而生。顺丰在 2017 年率先推出了隐私面单,这项创新通过隐藏部分用户信息(例如手机号码的中间位数),如图 4-4 所示。有效保护了用户的个人隐私。这一举措应对了快递行业日益关注的个人信息安全问题,随后,其他物流企业也逐步推广了类似的隐私面单技术。

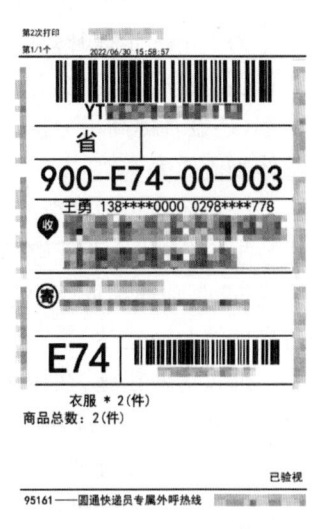

图 4-4 隐私面单

我们针对同城物流及快递物流进行分析,同城物流以美团举例,面单的发展历程反映了其在外卖和物流服务中不断创新与进步的过程。在美团外卖初期,订单处理主要依赖纸质面单。骑手在接单后,通过打印机打印出包含订单信息的纸质面单,手动粘贴在外卖包装上。这一方式虽然简单,但由于人工操作,易出现错误和延误。随着技术的进步,美团开始在面单上使用条形码和二维码。这使得骑手在配送时,可以通过扫描面单上的条形码或二维码快速获取订单信息,减少了人工录入的错误,提高了工作效率。同时,消费者也能通过扫描二维码实时追踪外卖状态。随着移动互联网的发展,美团推出了电子面单。用户在下单时,相关信息会自动生成电子面单,骑手通过手机 App 进行接单、配送,减少了纸质面单的使用,提升了整体配送效率。同时,电子面单也支持实时信息更新,用户能够随时获取订单状态。随着大数据和人工智能技术的引入，美团实现智能化面单管理。通过数据分析，系统可以根据历史订单、天气状况、交通状况等因素，智能安排配送路径和时间，优化配送效率。同时，面单信息的智能化处理也有助于提高客户体验和满意度。近年来，美团在面单发展中不断探索与其他企业的跨界合作，例如与快递公司合作，推广共享面单，实现资源的高效利用。同时，美团也在其平台上整合多种服务，提升用户的整体体验。

通过这些发展阶段，美团的面单系统不断适应市场变化与技术进步，提升了配送效率和用户体验，使其在竞争激烈的外卖市场中保持领先地位。

2015年3月28日，时任国家邮政局副局长刘君在上海主持召开部分快递企业信息化建设工作座谈会，听取申通、圆通、中通、韵达等快递企业电子面单应用等情况汇报，调研快递企业信息化建设现状及需求。刘君指出，加快行业信息化发展，建设智慧快递，是推动行业提质增效转型升级的重要支撑。要充分认识电子面单在成本、效率、环保等方面的优越性，深刻理解电子面单对于实现快递管理信息化、生产自动化、配送智能化、过程可视化等方面的重要作用，牢牢把握信息化发展方向，加快先进技术的推广应用。要将电子面单推广应用和码号资源管理、快递实名制等相关工作统筹安排，协同推进。

快递物流领域中，在上海市政府的牵头下，圆通速递为了提升物流效率，决定对其快递面单数据进行优化。通过引入先进的数据采集技术，确保在收件和分拣过程中能够快速准确地获取包裹信息。通过使用高效的扫描设备和智能识别系统，快递员在收件时只需扫描寄件人和收件人的信息，系统便会自动记录并生成电子面单。这一过程不仅大大缩短了手工填写面单的时间，还减少了因手写不清导致的错误。此外，圆通也对快递面单的格式进行了重新设计，新的面单采用更清晰的布局和更大的字体，使关键信息一目了然。面单上还增加了条形码和二维码，方便各个物流环节快速扫描和识别。通过此方式，包裹在转运和分拨中心的停留时间大大缩短，提高了整体的处理速度。

为了进一步提升效率，圆通开发了一套智能分拣系统。系统能够根据面单上的信息自动识别包裹的目的地，并将其分配到相应的传送带上。这一过程不仅减少了人工分拣的错误率，还显著提高了分拣速度，使得包裹在分拨中心的停留时间缩短了近一半，大大提升了整体物流效率。

公司还通过数据分析和机器学习技术，对快递面单数据进行深度挖掘和优化，通过对历史数据的分析，企业能够预测某些地区的包裹流量高峰，并提前做好资源调配。在电商促销活动期间，圆通根据历史数据预测某些热门目的地的包裹量，并提前增加人力和运力，确保包裹能够及时送达。

通过这些措施，在快递面单数据优化方面取得了显著成效。包裹处理速度提高了30%，错误率降低了50%，客户满意度也有了显著提升。

这一案例充分展示了快递面单数据优化在提升物流效率方面的重要作用，也为其他物流企业提供了一个可借鉴的范例。

2）物流服务流程中的数据采集

在物流服务流程中，数据采集是确保货物运输安全、准确、高效的关键环节。通过全面、及时地获取发货人、收货人、货物信息以及运输需求，采用更先进的数据采集技术可以规划运输路线、安排车辆调度，并提供精准的物流跟踪服务。数据采集不仅有助于提升服务质量，还能帮助我们预防潜在风险，确保每一单货物都能安全、准时到达目的地。

物流领域里的数据采集历程反映了从手工到自动化再到智能化的逐步发展。早期物流依赖人工数据记录，如使用纸质表格记录货物进出库信息和运输情况。这种方式不仅效率低下，易出错，还难以实现实时数据共享与分析，阻碍了物流系统的整体效率。条形码技术的出现标志着数据采集进入自动化时代。通过为货物粘贴条形码或二维码，使用扫描设备读取信息，数据采集变得更为快速且准确。但由于条码信息量有限，容易磨损，且仍需一定的人力操作，仍存在诸多不足。现代物流阶段，RFID技术使物流数据采集实现远距离、非接触式的智能化识别，进一步提升了自动化程度和作业透明度。同时，物联网技术通过传感器、GPS等实时采集货物状态、位置及环境信息，为物流决策提供全方位的准确数据支持。

这种智能化发展推动了物流效率和服务质量的提升，包括以下几个方面。

（1）实时监控与追踪：数据采集技术可以实时监控物流过程中的各个环节，包括货物运输、仓储管理和配送等。通过安装在运输工具和仓库中的传感器，可以实时收集货物的位置、状态、环境等信息。这有助于物流公司实时追踪货物，确保货物安全准时送达目的地；

（2）优化运输路线：通过数据采集技术，物流公司可以收集大量关于道路、天气、交通状况等信息。结合物流优化算法，可为运输车辆规划最佳路线，降低运输时间和成本。此外，还可以根据实时交通状况调整路线，避免拥堵路段，提高运输效率；

（3）仓库管理优化：在仓库管理中，数据采集技术可以帮助实现货物的自动化识别和分类。通过射频识别（RFID）、条形码等技术，可以快速准确地识别货物信息，提高货物入库、出库的效率。此外，还可以通过对货物库存数据的实时监控，实现库存的自动调整和优化，降低库存成本；

（4）风险管理：数据采集技术可以帮助物流公司识别和评估潜在的风险。例如，通过对运输过程中的环境数据（如温度、湿度等）进行监控，可以预测潜在的货物损坏风险。此外，还可以通过对司机行为数据的分析，评估司机的驾驶水平和安全风险。

在物流作业中，信息技术的应用显著提升了行业效率并降低了人工成本。通过物联网技术，如RFID、EDI、GPS等，实现了物品的智能化管理，并使得物流作业能够实时追踪货物位置。大数据技术通过分析物流数据，预测运输需求，进而优化服务。人工智能技术则在辅助决策和替代人工客服方面发挥了重要作用，显著提高了物流效率和企业的竞争力。

下面我们针对物流领域中的快递物流进行分析，通过分析两种不同运营模式的企业，了解在物流五福中数据优化对物流效率提升的重要性。

针对直营模式的快递物流企业，以顺丰速运为例：

顺丰的服务流程，主要包括收发、运输中转、派件三大环节：客户通过热线或网上下订单，客服中心将订单信息录入系统，调度中心根据系统的订单信息分配收件员收取快件，并送至集散点。集散点完成快件规定的程序（如贴标签、射频扫描、重量复查、分类、生成文档、办理正式手续）后，将快件配送至集散中心。集散中心根据快件的目的地进行分拣后配送至集散点，或运输至下一集散中心，由集散中心再配送至集散点。到达集散点后，进行分拣，并由派件员进行派送。其流程如图4-5所示：

针对加盟模式的快递物流企业，以圆通速递为例：

圆通服务流程的主要环节包括快件揽收、快件中转、干线运输、快件派送，其中，快件中转环节主要由公司自营枢纽转运中心体系承担，快件揽收和派送环节主要由加盟商网络承

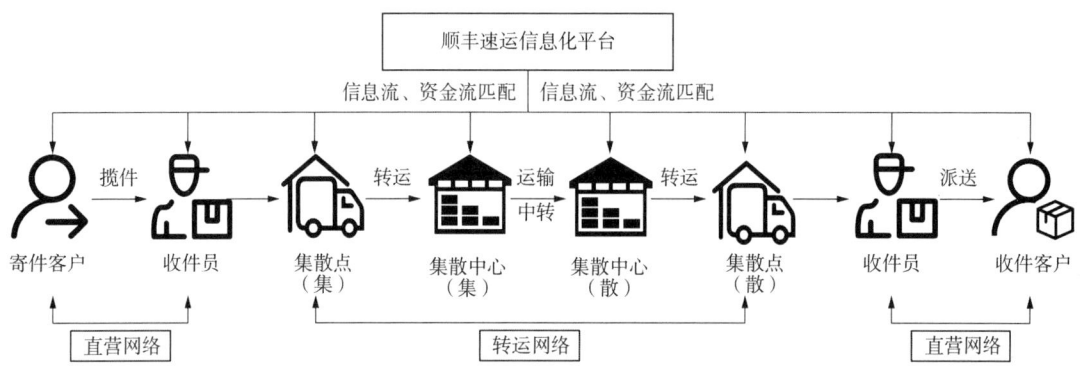

图 4-5 顺丰速运服务流程

担。公司通过自主研发的信息化平台进行路由管控、操作节点监控、转运中心及加盟商管理、资金结算等,实现快件生命周期的全程信息化控制与跟踪,以及全网络信息化管理,如图 4-6 所示。

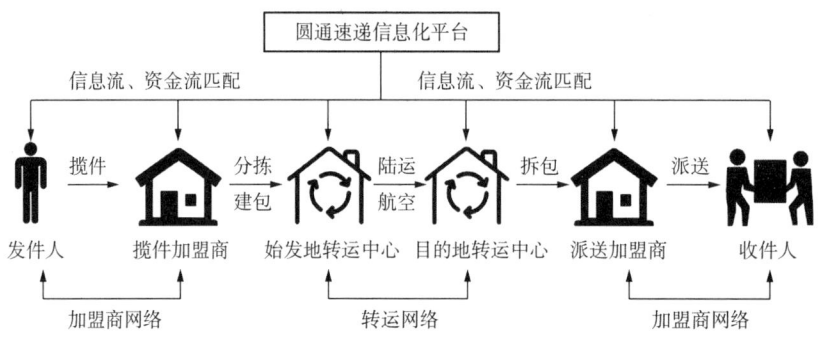

图 4-6 圆通速递服务流程

国际物流与国内物流在大数据信息采集方面存在明显差异。首先,数据来源的复杂性不同。国际物流涉及跨国运输,需要采集来自不同国家的海关、港口、航空公司等多方信息,数据种类多样,包括货物、关税、通关、天气等。相比之下,国内物流的数据采集范围较为集中,主要围绕国内运输、仓储和配送环节。

其次,技术应用的广泛程度不同。国际物流公司广泛应用全球追踪技术,如卫星定位、RFID、物联网传感器等,确保跨境货物的实时追踪。而国内物流行业虽然也采用这些技术,但应用场景更多集中于国内市场。

最后,法律法规限制也存在差异。国际物流需遵守各国的数据隐私和安全法律,数据采集和传输受限较多;而国内物流在统一的法律体系下,数据采集和传输较为便捷。

总体而言,国际物流面临更复杂的多方数据采集挑战,而国内物流更注重本地高效的数据运用。国内物流同国际物流相比,虽然起步较晚,但中国物流行业近年来发展迅速,尤其是随着电商的飞速发展(如阿里巴巴、京东的推动),物流技术取得了跨越式进步。各物流企业纷纷加大对大数据、人工智能、物联网、无人机配送等技术的资金投入,缩短了与国际领先物流企业的差距。

4.3 现代物流与大数据的应用

2017年9月22日上午,国家邮政局召开全国邮政管理系统电视电话会,邀请中国工程院院士、中国互联网协会理事长邬贺铨就"大数据应用"做专题讲座。国家邮政局党组书记、局长马军胜主持讲座并讲话。马军胜结合讲座内容,对行业大数据工作提出三点要求,一是要高度重视行业大数据体系的构建,坚持和巩固已有的信息化应用,加强和扩大新技术投入。二是要加快提高行业大数据管控水平,将行业管理从依靠经验转向依托大数据支撑,提升发展质效,降低运行成本,推动行业实现从大到强的新跨越。三是要全面提升行业大数据价值,加强与行业上下游、各部门、各地区合作,共同做好邮政、快递大数据挖掘应用工作,为经济社会的发展提供重要参考和强劲动力。

国际物流和国内物流在大数据应用方面有着共同的目标,即提升效率、降低成本、优化客户体验,但由于市场环境的不同,其应用特点也各有侧重。国际物流更加注重全球化背景下的实时监控和动态管理,而国内物流则侧重于智能化转型和个性化服务。两者都面临数据孤岛、隐私保护和技术成本等挑战,但通过不断创新和技术应用,能够更好地满足市场需求,实现可持续发展。

4.3.1 国际物流及大数据的五大应用

(1) 大数据在运力资源调度上的应用:实时监控和分析运力池大数据,预测预警货物流量和流向,优化运输组织,精准调度配送场站、车辆和人员。大数据整合分析运力数据,助力物流企业精准管理和优化配置资源,提升运输效率,降低运营成本。如 UPS 的 Orion 系统和 FedEx 的 Surround 系统,依赖于复杂算法和实时数据分析,优化配送路线,减少燃油消耗并提升运营效率。

(2) 大数据在包裹实时跟踪上的应用:UPS 和 FedEx 均使用可扫描条形码或"智慧"标签,实时跟踪包裹和货运状态,帮助客户和企业更精确地管理供应链中的各个环节。马士基通过供应链可视化工具为客户提供端到端的供应链透明度。DHL 速递的快运卡车经过特殊改装成为智能卡车(Smart Truck),卡车同时配备了摩托罗拉的 XR48ORFIO 读写器。每次货物装卸时,车载计算机会自动将货物上的 RFID 传感器的信息上传至数据中心。数据中心服务器在接收信息后,在包裹全环节能够实时更新数据,并根据当前情况动态优化配送顺序和路线。

此外,在运输过程中,远程信息处理系统可以结合实时交通状况和 GPS 数据对配送路径进行更新,确保更加精准的取货和送货。此外,为了提升客户体验,系统还具备灵活响应新订单的能力,能为客户提供更准确的取货时间预估,如图 4-7 所示。

(3) 大数据在仓储管理中的应用:监控客户行为和库存,合理安排库存容量,实现低库存。智能云仓管理,实时分析数据,优化仓储、中转、配送,降低成本。大数据助力仓储智能化,预测需求,避免积压或缺货。提升作业效率,优化仓库布局、拣选路径,结合物联网技术,提高自动化和智能化。仓储管理确保物资安全、有序、高效,降低成本、提高效率、优化库存[2]。大数据实现智能化、数字化管理,提升空间利用率、货物分类布局、流程效率。应用场景包括智能仓储管理、数据分析决策、库存水平设定、物流追踪与风险管理、仓库布局优化。

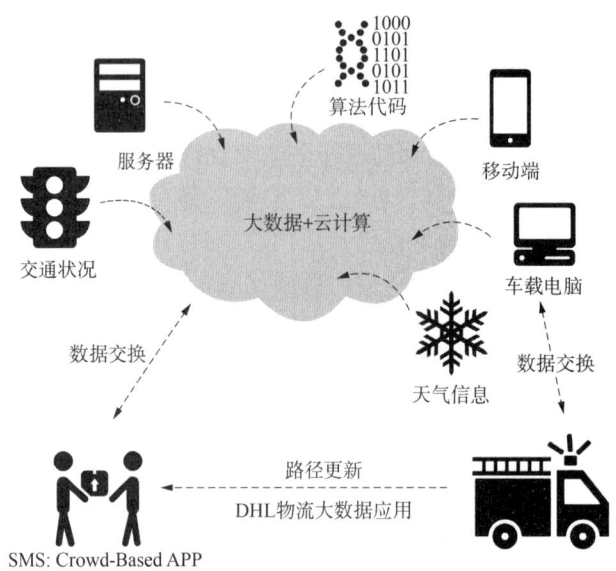

图 4-7 DHL 在包裹实时跟踪上的大数据应用

大数据提供高效、精准物流解决方案,增强企业竞争力,但需重视数据安全。技术进步将扩大大数据在仓储管理中的应用。大数据有助于提升仓储效率、减少成本、优化操作,包括库存优化与预测、仓库布局优化、容量规划、货物追踪与管理、操作优化,这些企业如马士基和亚马逊,通过数字化实现在线货物追踪、智能库存管理、自动化仓储和无人机配送,减少了人工错误,提高了效率。

(4) 大数据在成本控制上的应用:采用大数据技术,对运输、仓储、配送、流通加工等物流环节的成本进行了深入剖析。在此基础上,与行业内的平均物流成本进行了全面对比,旨在精准识别并确定能够降低成本的潜在优化点,以提升整体运营效率与成本控制能力。马士基在物流流程中也实现了全面的数字化,包括货物追踪、在线询价、LiveChat 在线咨询和掌上订舱等功能。这些数字化流程减少了纸质文件的提交,提高了数据的实时性和准确性,避免了因人工操作带来的错误,降低了管理费用。

(5) 大数据在客户体验上的应用:通过大数据和物联网技术的结合,提升了客户的物流体验与服务质量,无论是亚马逊的智能仓储与个性化库存管理,还是 FedEx 的可持续发展工具,都是利用大数据分析不同地区消费者对商品的购买能力和消费需求,优化库存管理。当预测到某个地区的商品可能会不足时,系统会提前调拨商品,减少库存积压,提高了物流服务的精准度和客户满意度。马士基还通过供应链可视化解决方案,为客户提供端到端的供应链数据可视化信息,包括进出口订舱汇总、货物到港时间、费率变化等。这些信息通过交互式实时地图显示,帮助客户更好地跟踪和管理供应链中的各个环节。

4.3.2 国内物流及大数据的十种应用场景

尽管国际的物流企业在技术创新方面领先一步,但中国国内的物流企业针对物流及大数据的应用领域研究的更加深入。

在中国,大数据在物流行业的应用覆盖所有环节。从用户开始浏览网页时,系统利用个性化推荐和库存预测技术,帮助用户选择商品。在客户下单后,智能仓储系统合理安排库存管理。订单生成后,系统自动生成面单,并根据面单信息优化线路和运力调度。货物发出后,实时监管和数据追踪技术确保货物安全,同时实施全程监控。智能派送系统则精准、安全地将货物送达客户手中。若货物出现问题,企业通过大数据分析为客户提供高效的解决方案,提升客户体验。在企业管理方面,物流公司通过供应链金融平台,及时监控资金流动,确保资金的正常运作。

1) 大数据在个性化推荐与库存预测中的应用

基于用户的购买行为和历史数据,大数据算法预测商品需求,提前调拨商品,减少库存积压,确保供应链高效运转。例如,菜鸟物流的个性化推荐包括:

精准促销推荐:根据用户过去的购买历史和消费习惯,系统能够推荐相关的促销活动和优惠券,以激发用户的消费欲望,并为用户提供更符合其需求的优惠;

配送偏好设置:系统能够记录用户的配送偏好,包括常用的收货地址、偏好的配送时间段等,在用户下单时自动进行预设置,提升下单和配送的便利性;

定制化购物体验:除了个性化商品推荐,系统还能根据用户的购物偏好定制出更符合其口味的网页或 APP 界面展示,提供专属的购物体验;

售后服务优化:通过追踪用户的购物反馈和投诉记录,系统可以个性化定制售后服务,提供快速响应和问题解决方案,提升用户的满意度。

不仅限于根据用户的历史购买记录和行为数据推荐适合搭配的商品,还涵盖了其他多方面的个性化服务。

2) 大数据在智能仓储管理中的应用

使用物联网、RFID 和大数据分析对库存进行实时管理和优化,自动化仓储系统提高了出入库的速度,减少了库存积压,提高了仓储效率。例如,在仓储管理方面,圆通速递借助自动化仓储系统,实现了货物的快速入库、出库和库存管理,显著提升了仓储效率。圆通速递还不断升级其仓储管理系统,融入物联网技术,通过 RFID 标签和传感器等设备实时监控库存状态,确保货物信息的准确无误。这一举措不仅减少了人为错误,还使得库存数据更加透明化,便于企业及时调整库存策略,避免库存积压或短缺的情况发生。此外,中通云仓自主研发了订单管理系统 OMS、仓储管理系统 WMS、运输管理系统 TMS、财务结算管理系统 BMS、客户服务平台 CSP、运营管控平台 OMP、大数据分析平台 BI、城配业务管理系统 FDMS 等 30 多个信息系统,覆盖物流作业全流程,全面赋能公司生产经营。这些信息系统可与各电商直播平台、快递、快运等客户企业对接,也可以根据客户需求定制开发软件系统。中通云仓科技的 WMS 系统与客户企业的 OMS 系统无缝连接,客户在接收到订单后先进行审核,审核通过后,数据即可同步到中通云仓科技的 WMS 系统,通过大数据算法就近向各地云仓进行订单分配。仓库接收订单后,立即进行订单波次处理,向仓库各环节下达作业指令,保证仓库高效运作。订单可能先拣后分,或边拣边分;作业人员手持 PDA 终端,根据系统提示进行"傻瓜式"拣货、打包等作业,使仓储效率更高。[3]

3) 大数据在物流面单中的应用

在物流配送行业,特别是在快递面单处理过程中,大数据技术的应用日益凸显其关键作用。该技术不仅显著提升了物流效率,而且通过对面单数据的深入分析,进一步优化了整个物流流程。大数据技术的特点包括其庞大的数据体量、数据类型的多样性、低价值密度以及处理速度的迅速性。这些特点使得大数据技术能够适应快节奏的物流发展需求,实现资源节约并减轻工作压力。物流公司通过运用大数据技术,如数据存储、物联网和智能分析等手段,能够实时获取和分析信息数据,动态调整物流配送方案,从而提高配送的合理性和准确性。

快递面单的生命旅程,快递面单中的信息价值挖掘。快递面单号是由快递公司或物流公司在发货时,为了标识和追踪每一个具体的包裹而生成的。快递面单号用于标识和追踪快递包裹的唯一编码。每家快递公司都有其独特的面单号规则,以确保包裹在物流过程中的准确性和高效性,它是贴在包裹表面的一张标签上的重要信息之一,与快递单号紧密相关但有所区别。

值得注意的是,快递面单号和订单号是两个不同的概念。订单号主要用于标识和追踪订单的生命周期,包括下单、支付、发货、退货等环节。而快递面单号则主要用于物流过程中的操作,如扫描、揽收、配送等。总的来说,快递面单号的形成是物流公司为了确保包裹能够准确、高效地进行追踪和查询而采用的一种标识方法。每个包裹的快递面单号都是唯一的,并且与订单号等其他标识代码有所区别。

快递单号作为包裹的唯一标识代码,是由数字和字母组成的,用于在物流过程中追踪和查询包裹的状态。在生成快递面单号时,不同的快递公司或物流公司可能会采用不同的方法。一些常见的生成方法包括基于公司标识(如圆通快递以 YT 开头、中通快递通常以 ZT 开头)、日期和顺序生成、基于地区编码和顺序生成以及基于验证码和顺序生成等。面单号码的位数的规则是快递公司根据业务需求和系统设计而确定的。不同快递公司的面单号码位数可能有所不同,但通常都在一定范围内。位数过多可能导致处理效率低下,位数过少则可能无法满足编码需求。

在开头与结尾字符的规则上,一些快递公司的面单号会采用特定的开头或结尾字符,以便于快速识别和处理。这些字符可能具有特定的含义,如表示特殊类型的包裹或特定的服务方式。如 YTD 开头,表示的是圆通快递的到付面单。

快递面单号的唯一性是确保物流过程准确性的基础。每个面单号都应唯一对应一个快递包裹,避免混淆或误操作。同时,面单号的安全性也非常重要,需要防止被恶意篡改或伪造。快递公司通常采用加密技术或特殊算法来保护面单号的安全。快递面单号的规则设计应便于客户和快递公司内部进行查询和追踪。客户可以通过输入面单号在快递公司官网或 app 上查询包裹的实时状态和历史记录。快递公司内部则可以通过面单号快速定位和处理相关包裹,提高运营效率。

随着业务的发展和大数据技术的进步,快递公司可能会对面单号规则进行更新和调整。这些更新可能涉及增加位数、改变字母数字组合方式或引入新的开头结尾字符等,新增的规则融合大数据技术,便于对快递单号进行回收与再利用,确保快递单号池中的单号能持续使用。规则的更新与调整旨在更好地满足客户需求、提高处理效率和保障安全性。

快递面单数据优化物流效率的实例就是三段码(大头笔)的应用。实际快递公司的三段码并不是通过计算得出的,而是快递公司通过对邮编的升级,给每个邮政编码增加 3 位数字,形成一个完整的快递三段码。这三位数字由快递公司根据自身管理需要规划、设置,用于实现异地客户信息处理和转运。具体而言,三段码的第一段可能表示城市,第二段表示网点,第三段表示业务员。这种编码方式有助于快速识别和分类快递单,提高物流效率,确保快递单的唯一性和准确性,避免重复或错误配送的情况发生。

此外，针对大数据在物流快递面单中的应用方面，圆通速递向国家知识产权局申请了相关专利，名为一种快递隐私信息加密的方法及系统。基于地理区域分布特点，用适合的网格限定每一地理区域，对用来限定地理区域的网格进行编码，利用网格代码对快递隐私信息进行加密。相较于现有技术，本发明能够很好地对快递信息中的收件人和寄件人的地址信息进行隐私保护。[11]

通过大数据和数据分析技术，对大量快递三段码数据的收集和分析，物流公司可以了解货物的流动规律、运输特点以及客户需求等信息。这有助于优化运输路径、提高配送效率，并可以为个性化推荐和营销提供依据。

算法优化技术：为了提高三段码识别的准确性和效率，物流公司会采用先进的算法进行优化。例如，面对不规则地址和错误信息，可以采用"CNN＋多级分类"算法，通过随机负采样等方法提高预测的准确率。这些技术的综合应用使得快递三段码在物流过程中发挥了重要作用，不仅提高了物流效率，还为物流公司带来了商业价值。同时，随着技术的不断进步，快递三段码的应用也将不断完善和优化。

面单上的信息还可以用于市场分析和预测。例如，通过对大量快递面单中的商品信息进行统计和分析，企业可以了解某一地区或某一时间段的消费趋势和热点商品，从而制定更有针对性的营销策略。此外，还可以利用这些信息进行客户画像的构建，以便为不同客户群体提供个性化的服务。

快递面单中的信息也有助于风险预警和防范。例如，通过分析面单中的地址和联系方式，可以识别出潜在的诈骗风险或虚假交易，从而及时采取措施保护企业和客户的利益。在挖掘快递面单信息价值的过程中，需要注意保护客户隐私和数据安全。所有涉及个人信息的处理都应遵循相关法律法规，确保数据的合法性和安全性。同时，企业还应建立完善的数据管理制度，防止数据泄露和滥用。快递面单中的信息价值挖掘是一个充满挑战和机遇的领域。通过合理利用这些信息，不仅可以提升物流行业的效率和服务质量，还可以为企业创造更多的商业价值。

4) 大数据在路径优化与调度中的应用

实时监控和分析运力池大数据，预测预警货物流量和流向，优化运输组织，精准调度配送场站、车辆和人员。大数据整合分析运力数据，助力物流企业精准管理和优化配置资源，提升运输效率，降低运营成本。动态调度运力资源，确保货物高效送达。监控驾驶员行为和车辆状态，预警安全风险。大数据提升服务质量，个性化、差异化服务满足客户需求。推动物流行业智能化、信息化发展，应用前景广阔。大数据和AI技术用于物流路径优化，通过分析车辆位置、订单量和交通信息，实时调度最佳路线，减少运输时间和燃料消耗，提高运输效率。例如，美团配送通过自主研发的智能调度系统，利用大数据实时分析订单信息，实现了配送任务的自动优化分配。该系统能够根据时间节点将订单指派给最合适的骑手，有效提升骑手的配送效率，缩短客户等待时间。针对配送调度所涉及的多个关键参数，美团构建了大数据分析与优化平台，进行精确建模。这些参数包括出餐时间、预计送达时间、骑手位置等。通过运用多阶马尔可夫模型和改进的 GBDT 算法，美团能够准确预测这些配送特征指标，保障了高效的调度决策和优化配送流程。

5) 数据在数字化平台中的应用

打造数字化供应链管理平台，实现供应链的全流程可视化与智能化，帮助企业更好地管理物流和库存,提升供应链的透明度和灵活性。例如,圆通全面推进数字化转型,强化技术创新驱动,推进大数据、云计算、人工智能等新兴科技在业务运营中广泛运用,并引入互联网思维打造先进信息化工具,加速业务运营管控工具迭代更新,重构数字化管理工具使用方式,全面推进数字化向智能化转型升级。

物流大数据系统采用分层架构设计,通常包括三个主要层次:数据获取层、数据计算存储层和数据消费层。以圆通的数据架构为例:

数据获取层:负责采集企业内外部数据。内部数据包括系统自动生成的物流流程数据,如条形码、二维码、RFID、图片、语音等;外部数据主要是半结构化和非结构化的数据,如舆情信息和竞争对手的价格信息。获取的数据会进行清洗和转换,确保后续使用的准确性;

数据计算存储层:对获取的数据进行存储和处理,使用海量数据存储技术、云计算和安全权限控制。处理的数据包括实时数据和历史归档数据,这一层保证了物流过程中的大数据计算和存储效率。

数据消费层:利用报表工具和可视化技术展示和分析数据,支持客服语音、运力调度、路由规划等多种业务应用,服务于企业内部人员、系统平台和外部用户。

整个物流大数据架构还包括数据采集、数据处理、数据应用三大功能。数据采集来源广泛,包括业务系统、移动终端和电商平台。数据处理则依赖分布式存储和计算,支持大规模实时处理。数据应用通过大数据分析技术,帮助企业进行客户画像、机器学习、实时监控等,最终为业务决策提供支持,详见图4-8。

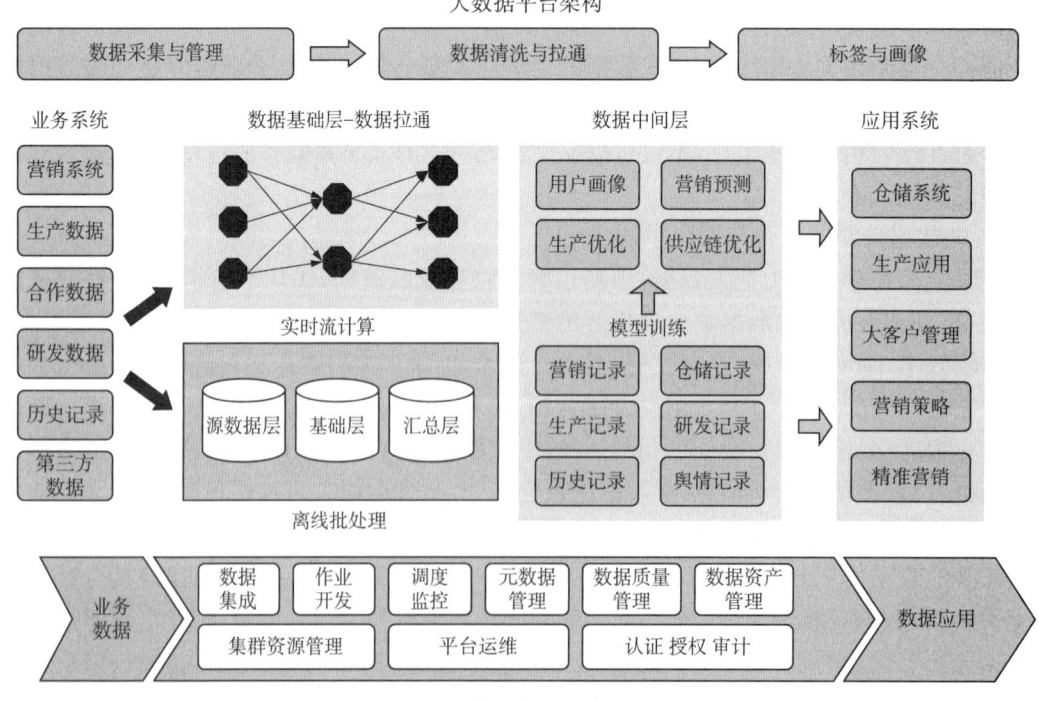

图4-8 大数据平台功能架构

6) 大数据在实时监控与数据追踪中的应用

物联网技术与大数据结合,实现货物从出发到抵达全流程的实时监控和追踪,提高物流安全性,并提升客户体验。例如,美团配送创新性地研发了业内领先的实时配送分布式仿真平台。该平台能够准确模拟配送过程,并在关键 KPI 指标(平均配送时长、准时率、单均行驶距离)上与实际配送指标的偏差很小,达到了物流仿真领域的先进水平。在实时监控中,美团配送可以查看未完成单的超时单占比、单量和占比状态,以及超时严重的骑手信息。通过调度控制台,美团配送可以判断"订单超时是否处于正常范围""是否需要人工改派",并进行相应的调度优化。[6]

7) 大数据在安全管理体系中的应用(顺丰、德邦、亚马逊)

物流行业中大数据在安全管理体系中的应用为企业提供了全新的手段来提升安全性与效率。在现代物流行业,随着数据量的急剧增加以及对实时追踪和优化管理的需求,安全性成为了管理的核心问题之一。大数据的广泛应用不仅帮助企业实现了对海量数据的有效管理,还能够实时监控物流操作中的各个环节,从仓储、运输到配送,实现全过程的透明化和可追溯性。德邦物流搭建安全管理体系包括司机行为监控及风险地图预警,其中:司机行为监控是引入了 AI 视觉识别技术,对司机的疲劳驾驶、分心驾驶等行为进行实时监控和预警。通过大数据分析,他们能够及时发现并纠正司机的违规行为,降低交通事故的风险。风险地图预警是与 G7 易流合作,共同构建了基于大数据和 AI 技术的安全管理体系,他们利用 400 多万条货车的真实轨迹数据,挖掘出 50 多万条高危路段,并及时向司机发出预警。这有助于司机提前规避风险,确保行车安全。[5]

8) 大数据在智能派送系统中的应用

智能派送系统基于订单数据、地址聚合和路径规划,实现配送员与订单的精准匹配,优化末端配送,提高包裹的送达效率。例如:圆通结合动态数字地图技术研发应用的"智能派件"系统可以通过地址聚合、快件智能分堆、揽派路径优化等方式帮助业务员高效完成揽派任务,持续提升服务履约能力,截至今年 6 月末,圆通签收延误率同比下降近 23%,虚假签收率同比下降超 30%。

9) 大数据在数据驱动的客户解决方案中的应用

利用大数据分析客户行为和服务需求,提供个性化服务方案,提高客户满意度并减少物流投诉的发生。例如,顺丰针对客户设置专项解决方案,主要分为两类,一类是行业解决方案,另一类是通用解决方案。行业解决方案是针对某一具体的行业的具体业务场景和运输场景提供解决方案。顺丰现已在医药、银行、通信、电子商务、酒水、服装、家居、家电、服务、快消、零售、生鲜等行业为客户提供了行业解决方案。通用解决方案指的是广泛适用于各类用户的解决方案,顺丰在企业服务、物流自动化、端到端综合物流、平台退换货、智慧园区、供应链金融、区块链等方面为客户提供了解决方案。

顺丰的解决方案也广泛调动了顺丰的各项业务活动,综合应用了顺丰的多项技术,提升顺丰整体提供服务的能力。以智慧园区通用解决方案为例,顺丰通过搭建智慧园区数字平台,借助大智移云等技术,在人、物、产业、服务等方面形成联接,在物流园区提供高效、安全、智能的全业务场景数字化管理,在产业园区打造"服、管、控、营"一体化智慧产业园,在综保园区实现无感数据收集、作业监管和园区智能化管理,提升管理效率。[4]

10) 大数据在物流金融服务中的应用

大数据分析客户交易、金额、诚信等,评估实力与风险,支持融资贷款等服务。在物流金融中,大数据助力精准评估、风险预警、供应链金融及产品创新,提升服务贴合度与效率。例如,圆通金融部门评估供应链上企业信用状况的能力,进而为圆通的加盟分公司提供更为便捷的融资服务,促进了供应链金融的稳定发展。通过运用大数据分析技术,圆通能够实时监控资金流动情况,及时发现并解决资金占用、回流不畅等问题,从而提高资金使用效率。例如,中国外运退出"金链"供应链金融平台。德邦针对金融业务进行拓展:利用大数据风控技术,对贷款申请进行快速审批和放款,降低了金融风险并提升了业务效率。[5]中铁物资盘古云链平台依托中铁物资集团现有销售网络、集采能力和资金优势,整合全国各地建筑行业上游材料生产商,构建集中采购、网络货运、供应链金融、供应链协同等建筑产业链服务能力,为中国铁建及其他国企施工单位服务,为项目物资供应提供保障,降低建筑企业采购成本、应收账款,提升管理质量。[7]

4.4 现代物流与大数据的展望

现代物流与大数据的融合应用展现了广阔的发展前景,推动了整个行业的智能化、精细化和高效化。随着电子商务、跨境贸易及消费需求的不断增长,物流行业的复杂度不断提升,而大数据技术的广泛应用为解决这些挑战提供了重要支撑。

首先,大数据助力物流需求精准预测与智能调度。通过大数据分析,物流企业可以实时分析历史订单、市场需求和用户行为,精准预测物流需求,合理分配资源。例如,智能仓储系统可以利用大数据预测商品库存需求,提前备货,从而提高库存周转率,减少存储成本。同时,在订单生成后,基于大数据的智能调度系统能够分析不同地区的运输情况、道路状况和天气数据,规划最优配送路线,提升物流效率并降低运输成本。像顺丰、京东等国内物流巨头,已经通过大数据实现了配送车辆的动态调度和运力优化。

其次,大数据推动物流全流程的透明化和可视化。在运输过程中,物流大数据平台可实时追踪货物位置,并通过数据分析和物联网技术确保货物安全。客户可以通过物流平台查询包裹的实时状态,而企业也能通过这些数据监控货物流转情况,识别潜在风险,提升客户体验。通过结合GPS、RFID和大数据分析,物流企业能够实现对运输车辆和货物的全方位监控,减少货物丢失和延误的风险。DHL等国际物流企业已经利用这一技术,提升了跨境物流的透明度和可追溯性。

再次,大数据支持个性化服务与客户体验提升。物流行业不仅仅是简单的货物运输,还包括了用户体验的个性化优化。通过收集和分析用户的订单历史、购买偏好等数据,物流企业可以为不同客户提供差异化的服务。例如,用户的历史购物习惯和地理位置数据能够帮助平台提供定制化的送货时间和配送方式。菜鸟网络等物流平台已经依托大数据,为用户提供了更为个性化和灵活的配送服务选项。

最后,大数据将推动物流管理的自动化和智能化。未来,随着人工智能、云计算和物联网技术的发展,物流企业将能够利用大数据实现更高水平的自动化管理。无人仓储、无人机配送等新兴技术的发展,依赖于大数据分析的支持,以实现更高效的运作方式。例如,在仓库管理中,自动化设备通过分析订单数据和库存数据,可以自主完成拣货、包装和发货操作,极大地提升了仓储效率。

总体而言,现代物流行业通过大数据技术的应用,不仅在提升运作效率、优化资源分配方面展现出巨大的潜力,还为客户提供了更加智能化、个性化的服务体验。未来,随着大数据技术的进一步发展,物流行业将朝着更加智能化、透明化和高效化的方向迈进,极大地改变全球供应链和物流的运作模式。

参◇考◇文◇献

[1] 许林.浅析传统物流向现代物流的转变[J].经济研究导刊,2014,(15):35+57.
[2] 刘丹,黄珺涵,郑宇婷.我国物流上市企业技术创新效率影响机制——基于政府补贴和股权集中度的门槛视角[J].科技管理研究,2023,43(24):117-127.
[3] 江宏.中通云仓科技加快数智化转型[J].物流技术与应用,2023,28(5):83-86.
[4] 毕睿智.大数据应用下快递企业盈利模式研究[D].绍兴文理学院,2023.
[5] 王会.技术+运营双轮驱动,G7易流与德邦共筑物流安全防线[J/OL].湖北日报网.(2024-06-06)[2024-10-09].
[6] 中国物流与采购联合会,中国物流学会.上海三快科技有限公司:美团外卖智能调度平台应用案例[J/OL].中国物流与采购网.(2018-12-17)[2024-10-09].
[7] 佟彤.中铁物资"盘古智达智慧物流平台"入选"2023—2024年度中国城市物流典型案例"[N/OL].中铁物资集团有限公司.(2024-05-11)[2024-10-09].
[8] An J, Maritime logistics and digital transformation with big data: review and research trend [J]. Maritime Business Review, 2024,9(3):229-242.
[9] 易芬,胥春石,曹亮.快递客服如何降本增效[J].快递,2021,10(1):70-71.
[10] 易芬.人工智能客服在快递物流行业的实施与应用初探[J].物流技术与应用,2021,26(262):124-128.
[11] 谭书华,钟丽.一种快递隐私信息加密的方法及系统[P].上海:CN201810319693.9,2018-08-28.

第 5 章
城市交通大数据

随着城市交通信息化基础设施的迅速建设,城市交通系统积累了大量数据资源,这些资源在数据种类和规模上均已达到城市交通大数据的标准。交通大数据在分析和掌握城市交通出行需求特征、建立和支持交通管理技术和方法,以及提供交通服务与应用方面,起到了重要的促进作用。

掌握交通出行需求是解决交通问题的基础工作。运用大数据技术,对交通出行链进行精细化描述,从个体出行需求量、对象、组成、方式、时空停留特征等各个方面获取完整的动态交通出行需求,分析和推断城市总体的交通需求趋势特点,为指导诸如错峰、限行、收费、补贴等有针对性的政策和措施的制定,优化基础设施规划设计,引导和调控交通需求,确保交通系统的畅通并促进其可持续发展起到重要支撑作用。本章将以如何通过大数据技术分析和获取城市交通出行需求,刻画个体移动出行链画像为例,介绍大数据技术在交通领域里的应用方法。

5.1 城市交通出行链画像

5.1.1 个体出行行为及活动类型推断

各类移动终端和手机应用中的定位服务的兴起,为地理数据的收集提供了更多渠道。然而,原始的手机数据中不包含对分析人类活动特性和城市规划非常重要的活动信息。因此,需要构建一类从大量手机数据中提取居民活动类型的方法框架。在对手机信令数据进行有效清洗后,可以利用聚类方法对手机数据进行轨迹提取[1]。基于位置服务的社交媒体数据提供了详细的位置兴趣点(point of interest, POI),可结合这些数据推断用户的活动类型。通过对九种日常活动类型的时空特征进行分析,较为准确地掌握城市居民的出行规律。

1) 基于手机数据的轨迹及活动目的推断

在数据有效清洗的基础上,利用聚类提取停留点和经过点获得轨迹数据,并根据时间信息,将停留地点按活动目的划分为居家,工作和其他活动地点。手机数据来源于上海1 000万匿名用户2014年1月中12天的手机脱敏数据,其中记录了设备通话,短信,上网和基站切换等操作时的位置信息。由于数据存在一定的误差,数据中包含有一天内有较少的位置记录的设备。这些设备往往在时间采样上也非常稀疏,如果纳入分析,往往会增加有很少旅行的居民的占比。为了量化时间采样的稀疏性,将一天划分为 n 个等长的时间间隔,并定义采样频率级 S_n 为时间间隔数,其中设备的位置至少显示一次。图 5-1 即为原始手机数据的时间采样频率水平图。为了后续分析结果的准确性,首先对原始手机数据进行清洗,过滤掉 $S_{48} < 12$ 的日记录。

由于手机信令数据是基于基站定位的,基站之间的呼叫平衡可能会导致居民定位的错误偏移,有效地分析居民活动类型需要滤除这些位置跳跃。忽略时间顺序,设定在一定距离内偏移的位置数据指向同一个活动地点,采用聚类算法合并在空间上接近但时间间隔可能很长的点,合并后形成直径不超过阈值(设为 300 m)的聚类,并用这些点的中心点来标记该活动地点。

从清洗后的数据中提取停留点(用户进行活动和生活的地点)和经过点(用户转换活动经过的地点)。通过添加持续时间的标准,提取在直径阈值范围内停留时间超过时间阈值的地点为停留点(设为在直径 500 m 范围内停留超过 10 min 的地点),其余地点标记为经过点,经过点没有任何长时间停留。将停留点设为行程的起始地和到达地,行程在停留点之间进行。

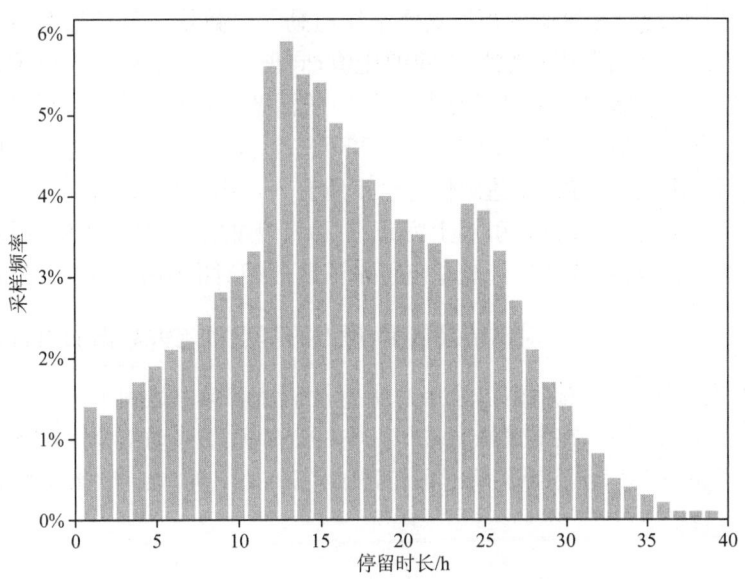

图 5-1 手机数据的 S_{48} 采样频率水平

人类的流动模式具有一定的规律性,通常会按某种频率返回之前到达过的地点。由于这种可预测性,通过手机轨迹数据可以推断居民的日常活动地点(如工作或居家)。因此,在分析完停留点和经过点之后,进一步依据活动目的对活动地点进行分类,分别标记为居家、工作和其他活动地点。依据居民日常生活习惯,将用户在周末以及工作日 22:00 到 6:00 访问最频繁的停留点标记为居家地点,因为这个时间段是居民在家的可能性最大的时间段。同样地,将工作日 8:00 到 18:00 访问最频繁的停留地点设为工作地点。如果被标记的工作地点距居家地点小于 0.5 km,那么标记这个停留点为其他地点,因为在现实生活中,并不是每一个用户都有明确的工作地点。最后,将其余未标记的停留点标记为其他活动地点。图 5-2(a) 和图 5-2(b) 分别展示了居民居家地点和工作地点的密度分布图,颜色越深,密度越大。

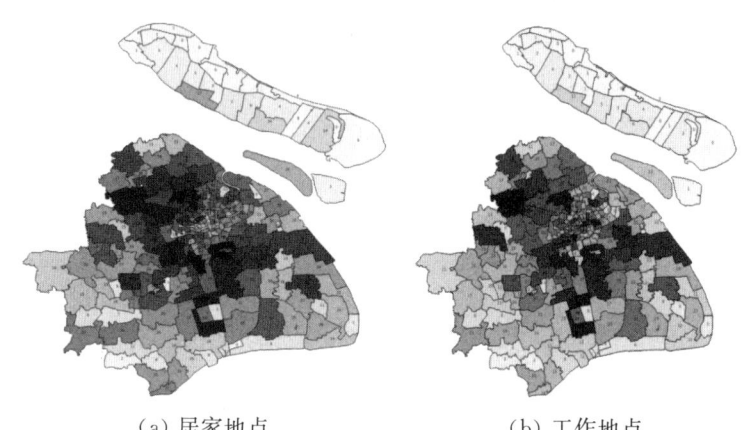

(a) 居家地点　　　　　　　(b) 工作地点

图 5‑2　活动地点密度分布图

为了将活跃的手机用户出行行为扩展至上海市全部人口,采用了扩样指数的方法,该方案针对通勤用户和非通勤用户在每个街道区域内均计算出一个扩样指数 F_{comm} 和 $F_{non\text{-}comm}$。其中 F_{comm} 采用人口统计年鉴中的街道真实常住通勤人口数量与移动信令数据集中被判定为居住在该街道的活跃通勤用户数量之间的比值;同理,$F_{non\text{-}comm}$ 采用人口统计年鉴中的街道真实常住非通勤人口数量与移动信令数据集中的活跃非通勤手机用户数量之间的比值。由此,每个街道都能找到两个扩样指数 F_{comm} 和 $F_{non\text{-}comm}$,并可以利用这两个指数讲街道内手机用户的出行需求进行扩展,以达到估计全市所有人口出行行为的目的。

在对手机用户进行扩样之后,引用上海市在 2014 年的第五次交通调查数据进行对比,以此来验证方案的有效性。同时,计算总出行量估计的相对准确率,用以下公式计算,$Acc = 1 - \frac{|Flow_{CDRs} - Flow_{Survey}|}{Flow_{Survey}}$。对比结果显示,提出的基于轨迹大数据的出行需求估计方案与 2015 年第五次交通调查数据相比,全天总出行量估计准确率达到了 90.7%。不同时段的估计准确率如表 5‑1 所示,在早高峰时段(7:00—9:59)基于移动信令大数据的出行需求推断准确率达到了 96.69%,而在晚高峰时段(17:00—19:59)也达到了 94.49%。该对比结果证实了方案的有效性。

表 5‑1　出行量对比及估计准确率

	早高峰时段 (7:00—9:59)	晚高峰时段 (17:00—19:59)	全天
2015 交通调查数据	152.65 万条	113.82 万条	467 万条
移动信令数据	157.64 万条	120.09 万条	510 万条
相对准确率	96.69%	94.49%	90.7%

2) 融合位置服务数据的活动类型推断

推断活动类型的基本思想就是将停留点信息和 POI 信息结合起来,通常会将距离最近的 POI 作为居民的行程到达地[2]。而考虑到基站数据定位的精确性比较低(精确度通常在

200～300 m),定位地点往往不是居民确切地点,显然无法将距离最近的 POI 当作活动类型。因此,结合居民活动时间特征和 POI 信息,提出一个同时考虑时间和空间约束的贝叶斯活动推断模型。

采用的 POI 来源于微博的公开 POI 数据,其中有超过 30 000 条 POI 信息,分为九类,分别为购物,教育相关,休闲娱乐,餐饮活动,日常需求,交通,工作,居家以及其他活动类型。简单起见,假设 POI 信息不会随着时间发生变化。

已知居民的活动位置,自然用户会在活动位置附近选择 POI 进行活动的目标就是在给定活动时间和地点的条件下计算用户访问各类 POI 的概率。用最大步行距离 δ 来表示居民的活动区域,在活动区域外的 POI 的访问概率为 0,在活动区域范围内的 POI 称作候选 POI。图 5-3 展示了最大步行距离 δ 为 0.3 km 到 2.5 km 的具有候选 POI 的基站占比,这是一个单调递增函数,当最大步行距离为 1 km 的时候,曲线逐渐趋于稳定,因此,设置最大步行距离 $\delta=1$ km。 只有一个候选 POI 的基站,不在这个占比的考虑中,因为这种情况往往是因为 POI 数据集的质量问题导致的。

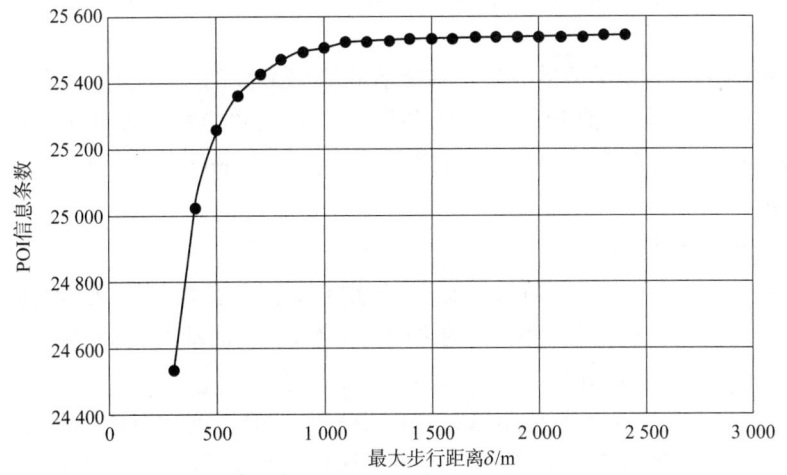

图 5-3 不同最大活动半径的具有候选 POI 的基站占比

考虑到基站数据定位的不准确性,将活动的地点约束进行简化,表示为活动的候选 POI 的各类 POI 数量的占比分布。给定一个候选 POI 列表,每类 POI 占比为 c,则每类 POI (O_i) 的访问概率为 $p(O_i|c,t)$。根据贝叶斯原理,居民的 POI 访问概率函数为:

$$p(O_i \mid c,t) = \frac{p(t \mid O_i, c) p(O_i \mid c) p(c)}{p(c,t)} \quad (5-1)$$

假定居民活动的时间和地点之间是独立的,那么 $p(t|O_i,c) = p(t|O_i)$, $p(O_i|c)$ 表示在已知活动区域内 POI 的数量概率分布情况下,用户选择某类 POI 的概率。$p(t|O_i)$ 则表示当居民确定访问某类 POI 时的 t 的概率分布。由于居民活动类型具有很强的时间规律性,比如 10:00 时,居民吃饭的概率会比工作的概率低很多。由于这种时间规律性具有普遍性,利用志愿者签到的 POI 信息,提取出居民活动的时间概率分布,如图 5-4 所示。

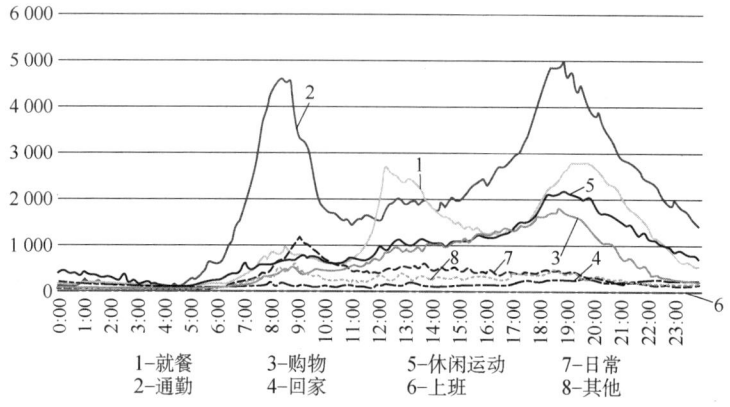

1—就餐　3—购物　5—休闲运动　7—日常
2—通勤　4—回家　6—上班　　8—其他

图 5-4　居民活动的时间概率分布

因此,居民的 POI 访问概率函数可以简化为

$$p(O_i \mid c, t) = \frac{p(t \mid O_i) p(O_i \mid c)}{p(c)} \quad (5-2)$$

传统上,推断用户活动类型的方法是选择访问概率最高的 POI 类别,但是实际上,假设每个人都愿意访问概率最高的 POI 类别是非常武断,在同样的基站活动范围里,尽管购物的 POI 概率最高,还是会有居民选择去吃饭,因此,采用按概率随机选择 POI 类别的方式来推断居民的活动类型。

3) 行程目的和活动分析

在对居民的活动类型进行推断的基础上,分别对居民在活动地点之间的行程和活动类型进行了分析。分析包括行程长度和目的之间的关系,居民活动的流动分布,活动停留时间分布以及居民每日时间使用分布。

行程长度分布是反映个人与城市系统之间相互作用的强度和范围的重要统计测度,图 5-5 展示了行程长度和行程目的之间的关系。居民日常出行通常不超过 20 km,在超过

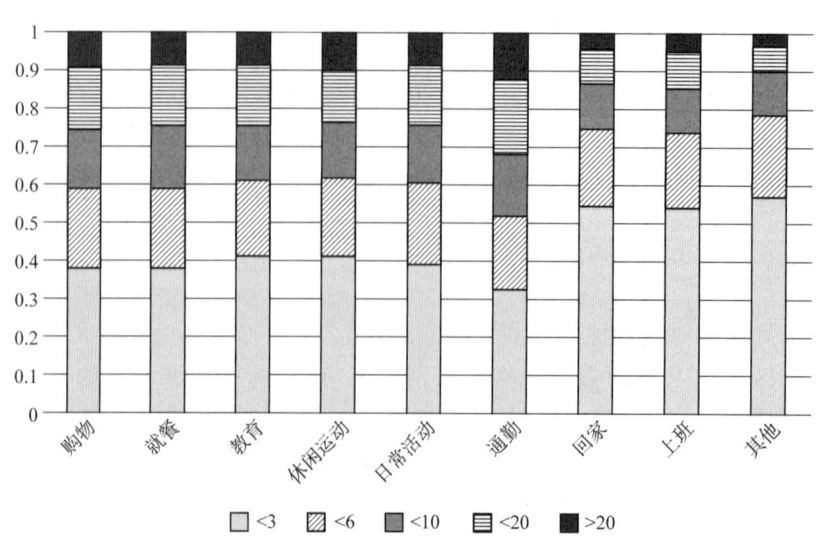

图 5-5　行程距离与目的关系图

20 km 的行程中,交通的占比最高,这也体现了现实生活中,各类车站往往距离居民日常生活区域较远。而工作和居家活动的短距离出行占比较大,说明居民在选购房屋的时候,日常通勤距离可能是决定因素之一。而出行目的是休闲娱乐以及餐饮的时候,居民更愿意出行更远的距离,这可能是因为娱乐休闲场所距离居民区的距离较远,或者是因为人们愿意为了娱乐项目,花费更多的时间在路途中。

通过出发地到目的地的总行程(OD)来统计分析居民流动的空间规律性。OD 矩阵展示了各个区域之间的居民流动量,它的估算给后续交通需求的研究提供了基础。如图 5-6 所示,数据显示上海居民的每日平均流动主要集中在市中心几个活动活跃的区,(7 点和 12 点)的空间流动性差距较大。

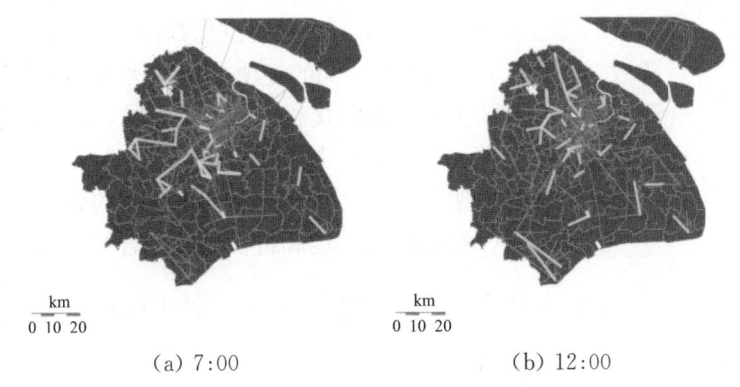

(a) 7:00　　　　　　　　(b) 12:00

图 5-6　基于 OD 矩阵的空间流动图

如图 5-7 所示,居民活动开始时间与停留时间结合图可表示居民活动的时间规律。例如,从图 5-7(b)中可知,居民进行餐饮活动的平均持续时间为 1 个小时,两个高峰分别在 12:00 和 18:00 后,正好是居民进行午饭和晚饭的时间。

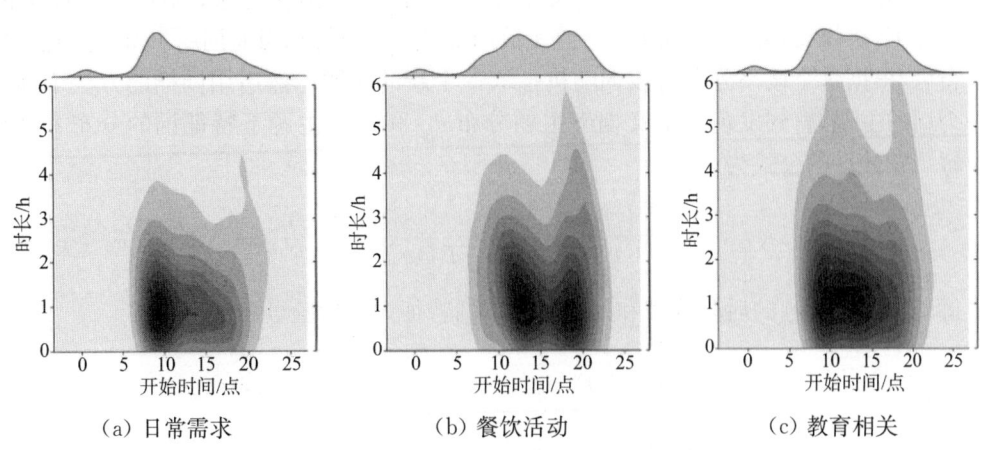

(a) 日常需求　　　　　(b) 餐饮活动　　　　　(c) 教育相关

图 5-7　居民活动开始时间与停留时间结合图

通过对居民活动类型的推断,可以进一步对居民日常活动规律进行分析。由于有工作的居民和没有工作的居民在时间使用上有非常大的差异,将有固定工作活动地点的居民标记为通勤者,将没有固定工作活动地点的居民标记为非通勤者。

4）基于居民时间使用的居民分类

利用文档主题生成模型（LDA）[3]和 Gibbs 参数估计算法，对居民活动序列进行聚类，总共聚类出六类居民。通过分析他们之间的相似性和差异性进一步推断居民行为规律特征，捕捉居民活动的差异性，为丰富城市活动模型提供了新工具。

LDA 模型是对离散的数据集建模的概率增长模型，是三层的贝叶斯模型，由"文档-主题-词"构成，每层均有相应的随机变量或参数控制。LDA 模型假设所有的文档存在 K 个隐含主题，要生成一篇文档，首先生成该文档的一个主题分布，然后再生成词的集合；要生成一个词，需要根据文档的主题分布随机选择一个主题，然后根据主题中词的分布随机选择一个词，重复这个过程直至生成文档。

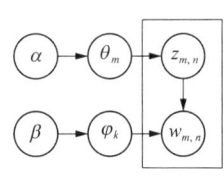

图 5-8 LDA 概率图模型

图 5-8 为 LDA 模型的图示过程，其中 $k \in [1, K]$，$m \in [1, M]$，$n \in [1, N_m]$，K 为主题数，M 为文档总数，N_m 是第 m 篇文档的单词总数。β 是每个主题下特征词的多项分布的狄利克雷先验参数，α 是每篇文档下主题的多项分布的狄利克雷先验参数，$z_{m,n}$ 是第 m 篇论文中第 n 个词的主题，$w_{m,n}$ 是 m 篇文档中第 n 个词，θ_m 和 φ_k 分别表示第 m 篇文档下的主题分布和第 k 个主题下特征词的分布。

根据 LDA 的图模型，主题和特征词的联合概率为

$$P(\theta, z, w \mid \alpha, \beta) = P(\theta \mid \alpha) \prod_{m}^{K} \prod_{n=1}^{N} P(z_m \mid \theta) P(w_{m,n} \mid z_m, \beta) \quad (5-3)$$

整合 θ 和 z，得到文档的边缘分布：

$$P(w \mid \alpha, \beta) = \int P(\theta \mid \alpha) \left\{ \prod_{n=1}^{N} \sum_{z_n} P(z_n \mid \theta_d) P(w_n \mid z_n, \beta) \right\} \mathrm{d}\theta \quad (5-4)$$

Gibbs 参数估计算法的思想是每次选取概率向量的一个维度，给定其他维度的变量值抽样确定当前维度的值，不断迭代，直到收敛输出待估参数。初始时随机给文本中的单词分配主题 z，统计每个主题 z 下出现特征词的数量及文档 m 下出现主题 z 中特征词的数量，每一轮计算 $P(z_i \mid z_{-i}, d, w)$，即排除当前词的主题分配，当得到当前词属于所有主题 z 的概率分布后，根据这个概率分布为该词随机抽取一个新的主题。然后用同样的方法不断更新下一个词的主题，直到发现每个文档下主题分布 θ_m 和每个主题下特征词的分布 φ_k 收敛。其中每一轮计算的公式为

$$P(z_i \mid z_{-i}, d, w) = \frac{P(w, z)}{P(w, z_{-i})} = \frac{P(w \mid z)}{P(w_{-i} \mid z_{-i}) P(w_i)} \cdot \frac{P(z)}{P(z_{-i})} \quad (5-5)$$

每个文档上主题的后验分布和每个主题下的特征词的后验分布如下：

$$P(\theta_m \mid z_m, \alpha) = \frac{1}{Z_{\theta_m}} \prod_{n=1}^{N_m} P(z_{m,n} \mid \theta_m) \cdot P(\theta_m \mid \alpha) = \mathrm{Dir}(\theta_m \mid n_m + \alpha) \quad (5-6)$$

$$P(\varphi_k \mid z, w, \beta) = \mathrm{Dir}(\varphi_k \mid n_k + \beta) \quad (5-7)$$

使用狄利克雷的期望公式，可以得到两个多项式参数的估计值：

$$\hat{\varphi}_{k,t} = \frac{n_k^{(t)} + \beta_t}{\sum_{t=1}^{V} n_k^{(t)} + \beta_t} \quad (5-8)$$

$$\hat{\varphi}_{m,k} = \frac{n_m^{(k)} + \alpha_k}{\sum_{k=1}^{K} n_m^{(k)} + \alpha_k} \tag{5-9}$$

首先提取居民的等时间间隔活动序列,为了防止晚上过多的居家活动对聚类结果的干扰,选取居民 6:00 到 22:00 作为活动序列。再利用文档主题生成模型进行聚类,其中居民的时间使用序列相当于文档,居民每个时间间隔的活动类型相当于文档中的单词,类别则相当于主题。

聚类之后再对每类居民的活动列表进行统计,统计结果如图 5-9 所示。其中第一类在居家活动最多的基础上,各类活动都比较均衡且活跃,属于活跃居民,第二类则是娱乐主导居民,第三类居民购物占比最多,为购物主导,第四类则是工作主导,第五类在居家活动占比多的同时,教育相关和日常需求活动占比都很多,第五类居民中学生占比可能会比较多,而第六类,则是纯居家主导。

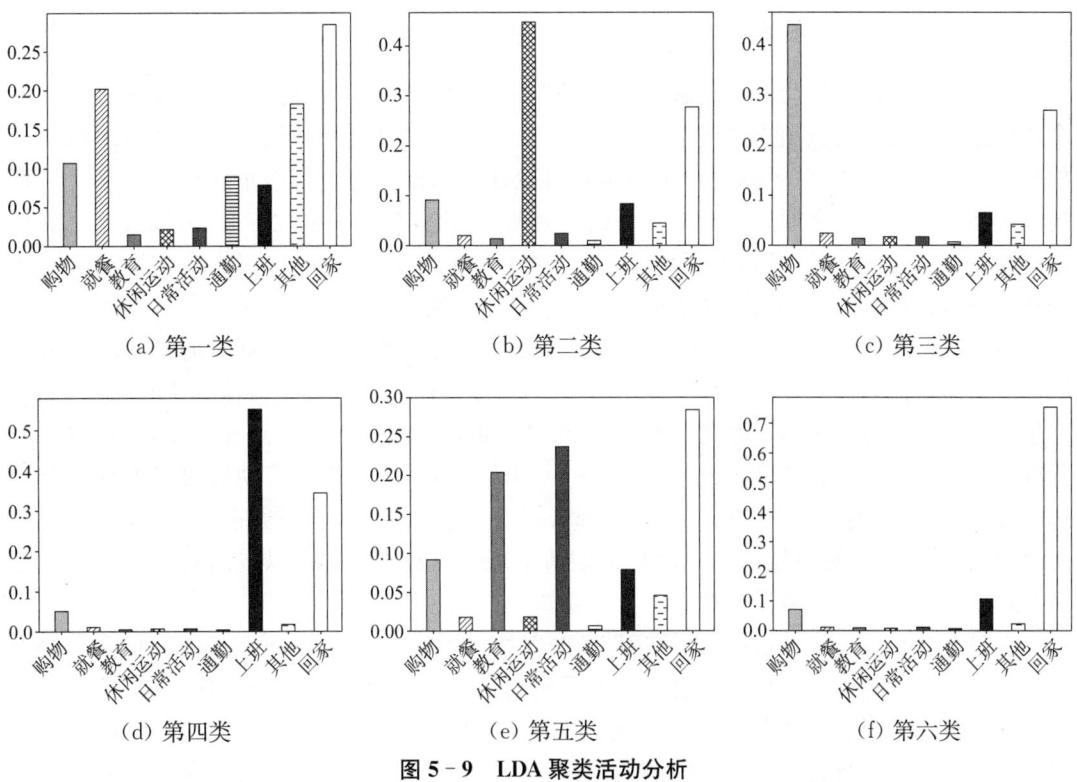

图 5-9 LDA 聚类活动分析

聚类之后,我们继续分析了每类居民日常行为的相似性。如图 5-10 所示,各类居民每日平均活动距离的对比之下,工作主导居民和学生主导居民日常活动的距离范围较小,而娱乐主导居民和活跃居民日常活动的距离范围较大,这也验证了常识中的居民日常行为规律。图 5-11 为平均每天访问地点对比图,其中工作主导居民和居家主导居民平均每日访问地点都较少,而活跃居民每日访问地点数则较多,各类居民的访问地点分布同样符合规律分布。

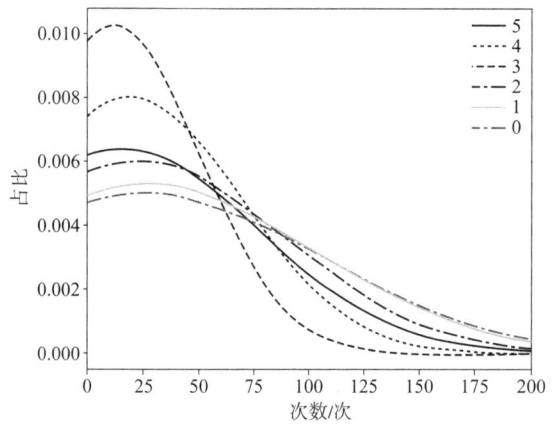
图 5-10 各类居民每日行程距离对比

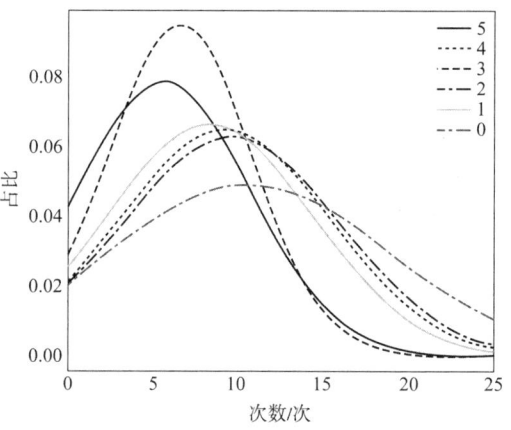
图 5-11 各类每天平均访问地点对比

5.1.2 个体出行行为预测

准确地预测用户出行对于理解人类流动模式有很大帮助,最直接的意义在于可以揭示个体的出行模式并反映出人类流动的内在规律。由于人类出行的可预测性,某些组织和机构可以利用这些信息,在了解用户总体出行可变性的基础上用于网络重新优化安排。早晚高峰拥堵对于人们日常通勤出行是一个比较突出的问题,在地铁系统方面,可以根据早晚高峰流量实时调整优化地铁运行流程。特别是对于潜在的紧急情况,可以提前告知危险区域的访客,并及时采取相关措施,减少可能的损失。可以通过对群体层面的出行建模客观的描绘出城市日常交通的空间结构,了解用户出行行为后通过更为合理的优化调整提高城市居民的生活质量。通过更多的关注个体出行行为,可以定向的提高一些群体的出行质量,比如学生,老年人,残障人士等。除此之外,了解个体与群体的出行行为特点和关系,也可以一定程度上预防和遏制某些传染病的传播,保障人们的生活质量。人类流动性对人类社会有深远的影响,对于人类流动性的研究有利于部署智能交通系统,缓解交通拥堵和交通资源配置不合理的问题,提高智慧城市给人们日常生活带来的效益。由此可以看出对人类流动性的研究对于社会发展和环境保护都是十分必要的。

在最近几年,由于手机等个人便携设备的普及,很多学者致力于研究人类的移动和预测模型。Gonzalez 等通过分析十万名用户的手机通话详细记录,发现个体的移动轨迹在时间和空间上有一个很高的分布规律,并且趋向于一个可被复制的空间模式。这些发现改变了研究者对人类移动行为具有随机性的普遍认识。他们通过研究发现,人们在城市内经常往返几个固定的地点,偶尔到陌生地点进行其他活动,其出行行为遵循某种固定的分布。通过分析大量移动电话的时空数据。Candia 等研究了群体层面的平均行为和个体层面的行为模式,这对理解人类动态的扩散现象有很大帮助。为了避免通过繁琐且昂贵的旅行调查去建立一个复杂的城市交通模型。Jiang 等提出了一个在时间和空间上高分辨率的 TimeGeo 城市移动模型。在获得城市结构和旅行距离后,从通信设备产生的个人轨迹可以被用来建立一个城市移动性模型。由于近几年深度学习方法发展迅速,有许多学者也采用深度学习的方法探究人类出行行为。Song 等搜集了用户的全球定位系统(GPS)记录和交通运输网络数据,建立了基于长短时记忆网络架构的智能系统,可以在城市内预测用户的出行模式,但是此模型并没有研究稀疏轨迹用户的出行行为。网络嵌入可以有效表示网络特征。Shima 等建立了一种基于 LSTM 的动态网络嵌入系统来进行链路预测,但是其训练模型的历史步长是静态的。Yin 等提出了一种基于输入输出的隐马尔可夫模型,该模型从 CDRs 数据去推断出行者的行动模式,以模块化和可解释的活动旅行需求模型形式向从业者提供端到端的解决方案。

随着信息技术的发展,大量异构的交通数据可以被轻松获取,比如公交车、出租车和地铁交通卡等记录。不同于 CDRs 数据,交通卡数据直接从交通事件中产生,并且清楚的指明了出发和到达地点。交通数据代表了一系列的出行行为,很适合用来描述用户的出行习惯,因此可以将个体移动性表示为下一时刻的出行预测。Yong 等分析北京地铁出行数据分布后发现用户出行时间的分布符合一定规律,从最大熵原理的角度进一步分析得到用户进入地铁的时间间隔服从指数截断的幂律分布。Zhao 等研究了伦敦的地铁交通系统,基于交通卡数据提出了一个旅行链表示的个人出行预测方法。其基于贝叶斯模型根据先前的出行预测下一次出行的概率分布。Hasan 等提出了一个使用地铁卡数据预测用户访问位置的移动性模型,他们只考虑了城市地点的流行度作为参数,而没有考虑不同个体在选择出行时的异质性。

在以往对人类移动行为的研究中,很多学者倾向于使用覆盖面广的移动电话通信数据或 GPS 数据。但是从移动终端设备获取到的信息存在冗余信息过多的问题,小范围位置变动的更新记录会加大模型的计算量。用户通过发短信和通电话产生的数据大多都是非交通行为产生的,并不能直接视为出行习惯。随着数据技术的发展,越来越多的学者开始使用信息准确且噪声小的公共交通智能卡数据。在轨道交通系统完备的城市中,大部分通勤者选择在上下班高峰期搭乘地铁进行通勤,所以 SCD 可以很好地反映城市居民出行的时空特征。在使用 SCD 分析用户出行行为时,由于大多数地铁站点建设在城市地标建筑、商业中心和大型小区附近,还可以结合站点的地理特征提高模型的预测准确率。

由于 SCD 相比于 GPS 数据的优点,使用上海市地铁出行数据研究人类移动行为,分别建立了个体出行预测模型和地铁站点流量预测模型。主要研究内容分为以下几个部分:

(1) 为了全面地了解用户出行习惯,首先从群体层面对地铁刷卡数据进行统计分析。对原始数据进行预处理后,根据用户出行记录判断用户类别属性和站点属性,并且分标签统计用户的出行行为和出行距离来分析不同类别用户出行差异。

(2) 在进一步研究个体出行行为时,考虑到用户出行行为通常受其当前状态的影响,使用马尔可夫模型对用户出行状态转移进行了建模。对每个个体都分时隙建立了马尔可夫出行模型,高分辨率的个体模型体现了不同用户出行行为的差异性,预测准确率也超过了传统模型。

(3) 在地铁站点流量预测阶段,首先应用个体马尔科夫出行模型对站点流量进行了预测。考虑到地铁流量数据属于时序序列,具有时间相关性,之后建立了长短时记忆网络捕捉其时间相关性。通过构建长中短时历史客流数据,模型达到了较高的准确率。

1) 数据预处理与用户属性判定

上海地铁一般是指服务于中国上海市及上海大都市圈的城市轨道交通系统,上海市轨道交通系统比较成熟,并且还在不断地完善当中。截至 2018 年 12 月开通 16 条线路共 415 座站点,日均客运量约为 1083 万人次,年客运量约为 39.5 亿人次,运营里程 705 km,居世界第一。所研究的数据集来自 2017 年 5 月至 8 月上海市轨道交通系统刷卡数据，数据集经过过滤后保留了十万名用户一千七百余万条的刷卡信息。交通卡数据仅在出站刷卡时上传到服务器的数据库中，同时进行了脱敏以保护用户隐私。地铁交通刷卡数据包括用户交通卡 ID、出站刷卡日期、出站刷卡时间、进站站点和出站站点等信息。地铁刷卡数据的具体字段说明如表 5-2 所示。数据采集的时间跨度大，信息丰富，空缺值和异常值极少，有利于分析用户出行行为习惯，对地铁运营者动态调配地铁资源有重要意义。

表 5-2 地铁刷卡数据字段说明

字段名称	数据类型	字段说明
userID	Integer	用户交通卡 ID，示例：1503783296
transDate	String	刷卡日期，示例："20170822"
transTime	String	刷卡时间，示例："104610"
inStation	String	进站站点 ID，示例："832"
outStation	String	出站站点 ID，示例："1335"

对于一般的城市工作者，他们的通勤出行在工作日占比较大，在周末占比较小。用户在周末可能更多地往返于商场或者其他休闲娱乐场所使得其行程轨迹比较杂乱，所以在数据预处理阶段去掉了周末的地铁刷卡数据以便于下一步的分析。由于大部分用户在工作日中每天上下班两次地铁出行的频率较高，所以在 4 个月的工作日中用户出行 170 次占比较大，如图 5-12 展示。图 5-13 进一步统计了每名用户平均的出行次数和用户每天平均出行次数，结果显示 2 次出行占比最大。这两次出行很可能是通勤者往返于住宅和公司的出行，这符合通勤用户的每日出行习惯。

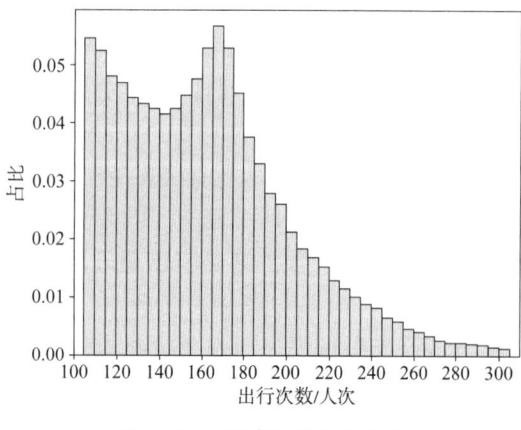

图 5-12 用户出行次数占比

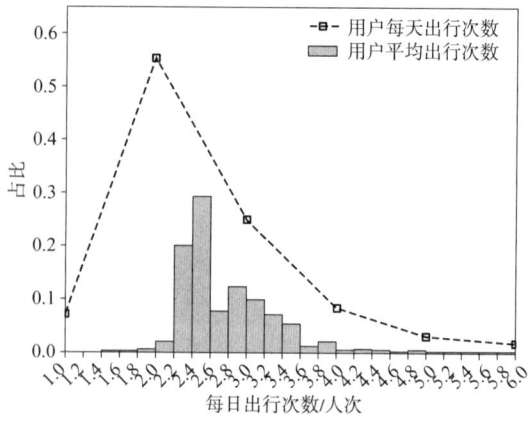

图 5-13 用户平均出行次数

考虑到通勤用户和非通勤用户每日出行存在较大差异，需要根据地铁出行记录分别研究通勤用户和非通勤用户。根据不同用户的出行规律制定了区分通勤用户与非通勤用户的判决规则。本规则首先分析用户出行数据推断用户的住宅站点和公司站点，取出每名用户上午 10 点前记录的出发站点和下午 5 点后记录的到达站点作为候选住宅站点。若某候选住宅站点的出行频率大于阈值,则定义此站点为该用户的住宅站点[4]。取前述记录中另一站点作为候选公司站点,根据阈值判断是否确定为该用户的公司站点。若没有超过阈值频率的站点,则判定为没有此站点。若用户存在明确的住宅站点和公司站点,定义为通勤用户,若仅存在住宅站点不存在公司站点,则定义为非通勤用户。除了通勤者和非通勤者之外,还存在少量出行习惯不固定的用户,此类用户由于无法确定住宅站点,定义为无住宅站点用户。分析判断全部用户的地铁刷卡记录后,此次采集的数据中通勤用户占 80% 左右,非通勤用户和无住宅站点用户分别占到 15% 和 5%。

将用户合理判断为通勤用户、非通勤用户和无住宅用户后,按照不同属性统计其出行次数和时间分布如图 5-14 所示。三种用户都呈现出明显的早晚高峰出行,早上的高峰时间集中在 7 点到 9 点,晚高峰则集中在下午 4 点到 8 点之间。通勤用户的出行占了绝大部分,其在早上 8 点达到了出行峰值,约为 250 万人次。

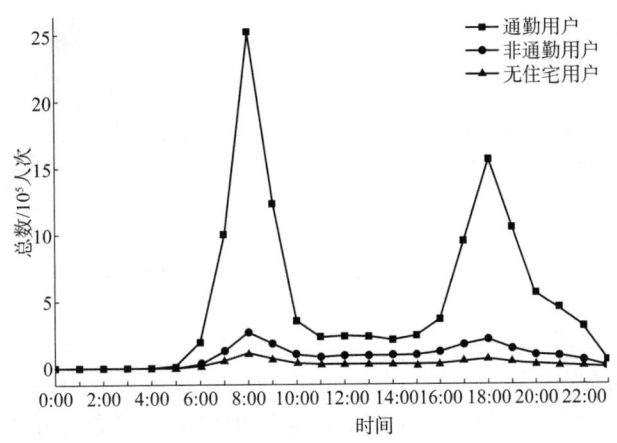

图 5-14 各类用户出行总次数时间分布

2) 用户出行标签与统计分布

在数据预处理之后,所有用户 4 个月内的出行次数和出行天数分布情况如图 5-15 所示。图 5-15(a)展示的是所有用户的出行次数分布,出行次数整体呈下降趋势,但是在 100 次和 170 次左右有两处高峰。图 5-15(b)展示的是所有用户的出行天数分布,用户出行天数向中间聚集,并且在 55 天和 85 天有两处高峰。图 5-15(c)和图 5-15(d)展示的是去掉周末数据后的分布情况,170 次出行和 85 天出行更加突出,出现此结果的原因可能是 4 个月内工作日约为 85 天,大多数通勤用户在工作日进行两次通勤出行。

整体了解用户的出行次数和出行天数后,结合用户的住宅站点和公司站点,可以进一步分析用户的每条出行行为属性。对于用户出行记录中出现频率不高的站点,定义为其他站点。针对通勤用户和非通勤用户存在的日常出行差异,定义了"住宅和公司间出行"、"基于住宅的出行"、"非基于住宅的出行"等几种主要的出行类型,其出行时间分布如图 5-16 和图 5-17 所示。图 5-16(a)展示的是通勤用户住宅和公司间出行的情况,通勤用户此类出行主要集中在上午 8 点到 9 点和下午 6 点到 7 点之间,此时间段为通常的上下班高峰期。对

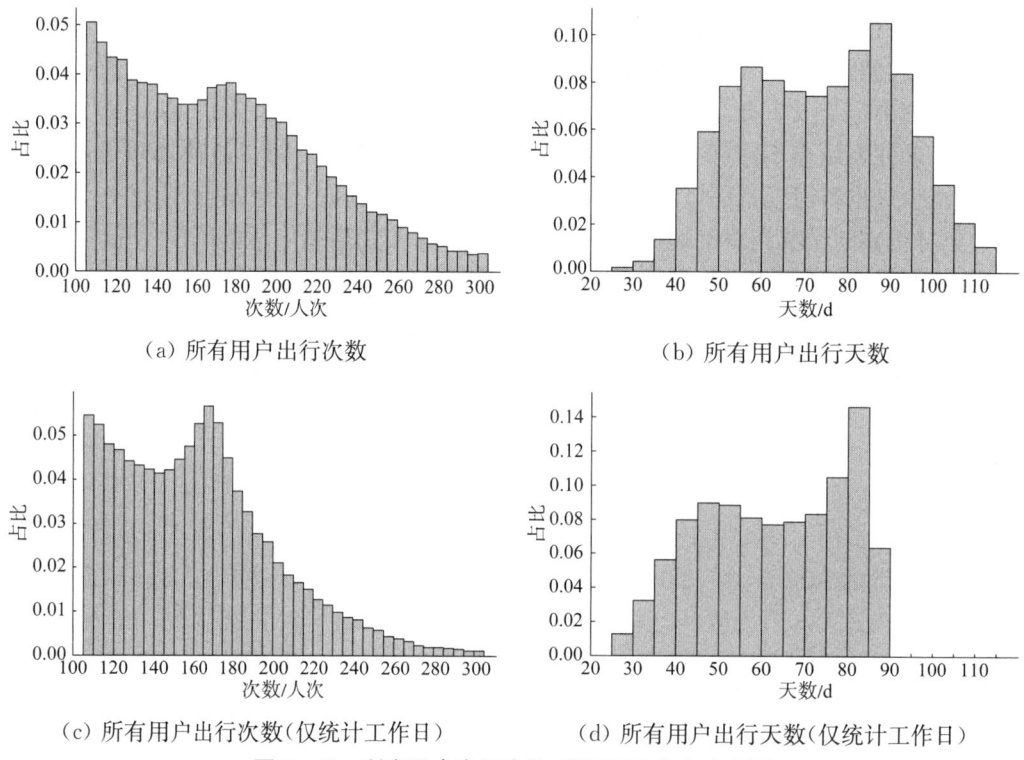

图 5-15 所有用户出行次数、出行天数分布直方图

于基于住宅的出行,通勤用户的统计结果展示在图 5-16(b)中,非通勤用户展示在图 5-17(a)中。比较通勤用户和非通勤用户的出行时间分布,可以发现非通勤用户基于住宅的出行时间在下午比通勤用户略高,在晚上比通勤用户低。多数通勤用户下午处在工作状态,所以下午出行较少,晚上下班后出行有所增加。对于不基于住宅的出行,通勤用户的统计结果展示在图 5-16(c)中,非通勤用户展示在图 5-17(b)中。非通勤用户在早晚高峰期相比于通勤用户的出行分布差异不大,但在下午的出行明显要多于通勤用户。造成出行差异的原因可能是非通勤用户在下午更倾向于往返于商超或社交中心等其他站点。图 5-16(d)和图 5-17(c)分别展示了通勤用户和非通勤用户的所有出行时间分布情况,两类用户都呈现出明显的早晚出行高峰,但非通勤用户在下午的出行时间要多于通勤用户。

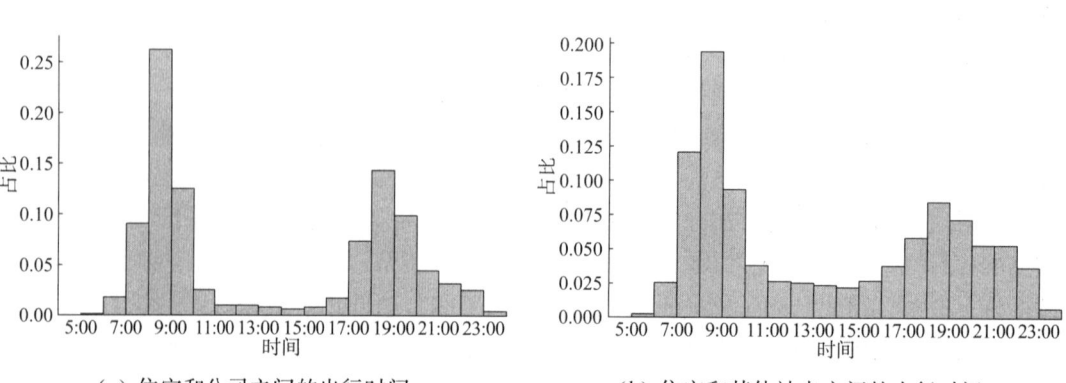

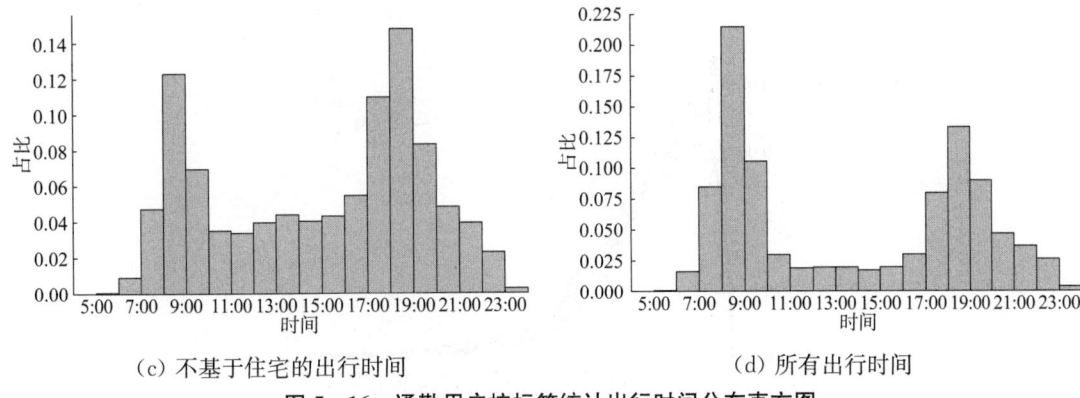

(c) 不基于住宅的出行时间　　　　　　(d) 所有出行时间

图 5-16　通勤用户按标签统计出行时间分布直方图

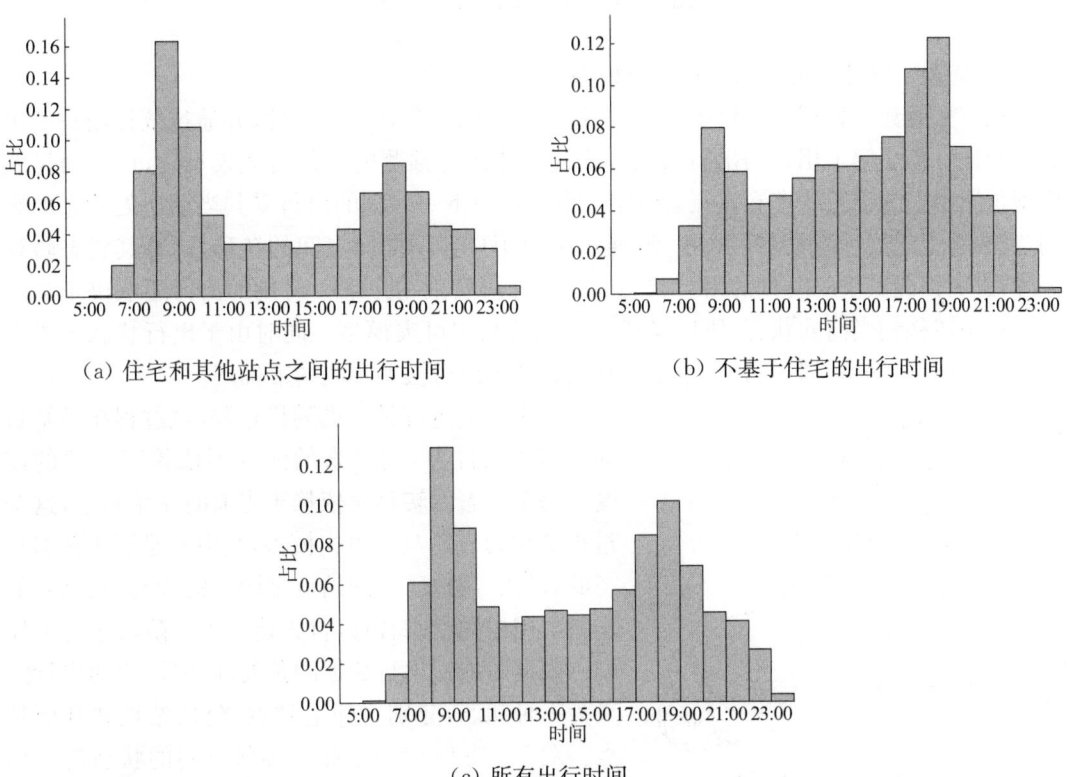

(a) 住宅和其他站点之间的出行时间　　　　(b) 不基于住宅的出行时间

(c) 所有出行时间

图 5-17　非通勤用户按标签统计出行时间分布直方图

3）用户出行距离分析

分析不同属性用户不同类型出行分布差异后，可以进一步分析出行距离在不同属性用户间的分布。每次地铁出行的位移可以根据起止站点的经纬度坐标计算得到，不同属性用户出行距离分布图如图 5-18 所示。从图中可以看出，非通勤用户和无住宅用户相比于通勤用户更偏向于 1~3 km 的短途出行。由于通勤用户的通勤行为为居多，其出行多分布在 6~25 km 的中长途距离间，这个距离可能是一般的通勤距离。从图 5-18 整体来看，中短途出行在用户中占大多数，其中分别在 2~3 km 和 6~7 km 间达到高峰，之后呈下降趋势。在工作日不同属性用户的出行位移比较拟合卡方分布，这与前文所提到的伽马分布有所不同。

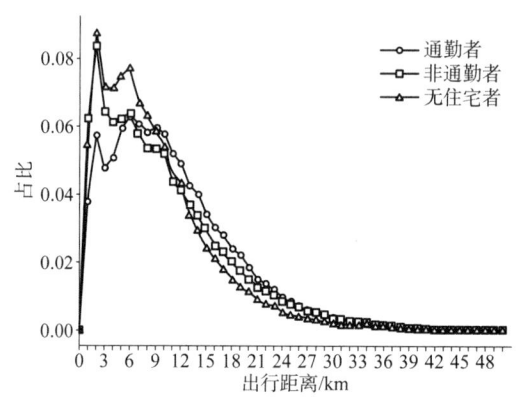

图 5-18 出行位移分布直方图

4）基于一阶马尔可夫的出行预测模型

在前文的数据处理与分析中,定义了每名用户的状态站点和属性,并通过统计用户的出行分布进一步了解了用户的出行习惯。构建个体出行预测的马尔可夫模型[5],可以通过此模型预测用户的出行状态和站点客流量。由于用户下一时刻的出行受其当前所处状态的影响,需要首先建立一阶马尔可夫模型,通过标记用户在不同站点间的转移,计算其状态转移矩阵,进而预测其下一时刻的出行状态。之后分析发现用户下一时刻的出行还取决于其从何种状态转移到当前的状态,所以又建立了二阶马尔可夫模型。同时由于出行状态还受出发时间的影响,提高了时间分辨率进而有效提高了出行模型预测的准确率。

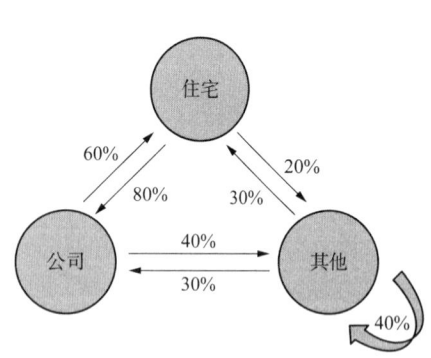

图 5-19 状态转移概率示意图

马尔可夫过程是一类随机过程,该过程在已知目前状态的条件下,它未来的演变不依赖于过往的演变。每个状态的转移只依赖于当前的 n 个状态,这个过程被称为 n 阶马尔可夫模型,其中 n 是影响转移状态的数目。用户所处的站点是用户的状态,站点间的出行是用户的状态转移,首先建立了一阶马尔可夫模型。根据对地铁出行数据的预处理,将用户的出行定义为三种状态,分别为住宅站点、公司站点和其他站点。图 5-19 所示的是此三种状态间的状态转移示意图。状态转移概率图中箭头表示从一个状态转移到另一个状态,箭头所标注的概率表示用户发生此状态转移的概率。例如住宅转移到公司的概率为 80%,转移到其他站点的概率为 20%。其他站点还有转移到另外的其他站点的情况,住宅和公司则没有转移到自身状态的情况。每种状态向其他状态转移的概率和为 1。

从图 5-13、图 5-16 及图 5-17 对用户出行次数的时间分布图来看,不同属性用户每天在高峰期和非高峰期出行时间呈现较大差异。由于不同属性用户的出行习惯不同,所以不同属性用户应分别计算状态转移概率。同时由于同一类用户不同时间段出行也有不同的出行习惯,可以划分时间段来建模用户出行行为。将每天的出行时间划分为上午、下午、傍晚和晚上四个时间段,其中上午是每天 11 点前,定义为 M 时间段;下午是每天 11 点至下午

4点,定义为 A 时间段;傍晚是每天下午 4 点至晚上 8 点,定义为 E 时间段;晚上是每天晚上 8 点后,定义为 N 时间段。合理划分时间段后,计算每个时间段的状态转移矩阵 A(M)、A(A)、A(E)和 A(N)。

由于用户的每次出行都含有时间段、始发站点和到达站点三个元素,所以将用户的出行定义为三元组(P, S_1, S_2),其中 $P \in \{M, A, E, N\}$ 为此次出行的时间段,分别代表上午(M)、下午(A)、傍晚(E)和晚上(N),$S_1 \in \{1, 2, 3\}$ 代表始发站点,$S_2 \in \{1, 2, 3\}$ 代表到达站点,状态 1 表示住宅站点,2 表示公司站点,3 表示其他站点。出行元组在每个时间段有七种转移状态,分别为住宅至公司、住宅至其他、公司至住宅、公司至其他、其他至住宅、其他至公司和其他至其他。所有的出行元组的集合为 U,该集合为{(M, 1, 2), (M, 1, 3), (M, 2, 1), (M, 2, 3), (M, 3, 1), (M, 3, 2), (M, 3, 3), (A, 1, 2), (A, 1, 3), (A, 2, 1), (A, 2, 3), (A, 3, 1), (A, 3, 2), (A, 3, 3), (E, 1, 2), (E, 1, 3), (E, 2, 1), (E, 2, 3), (E, 3, 1), (E, 3, 2), (E, 3, 3), (N, 1, 2), (N, 1, 3), (N, 2, 1), (N, 2, 3), (N, 3, 1), (N, 3, 2), (N, 3, 3)}。以(M, 3, 2)为例,表示某用户在上午时间段从其他站点到公司站点的出行。

将用户出行数据合理划分时间段和定义出行元组后,使用出行元组数据建立一阶马尔可夫出行预测模型。在模型训练和测试阶段,采用交叉验证方法可以有效重复利用现有的数据,并得到模型平均预测准确率。采用四折交叉验证,首先将四个月的用户出行数据划分为四组,每月数据为一组。然后每次取三个月的出行数据作为训练集训练模型,其余一个月出行数据作为测试集验证模型。最后采用四折交叉验证计算一阶马尔可夫模型的平均预测准确率。由于不同属性用户间出行习惯有较大区别,同一属性不同个体间出行习惯也有差异,为每个用户训练其个体出行预测模型,每个模型都含有四个时间段的状态转移矩阵。模型训练后的状态转移概率矩阵如表 5-3 所示,其中行名表示用户的出发站点,列名表示用户的到达站点,矩阵中每个元素代表从出发站点转移到到达站点的概率,每一行的转移概率之和都为 1。此状态转移概率矩阵表示的是某通勤用户在上午时间段的转移概率,矩阵维度为 3×3,其中没有住宅至住宅和公司至公司两种转移状态,其转移概率恒为 0。模型训练后可以得到每名用户在四个时间段的状态转移矩阵 A(M)、A(A)、A(E)、A(N)。

表 5-3 某通勤用户 M 时间段的转移概率矩阵

出发站点	转移概率		
	住宅	公司	其他
住宅	0	0.917	0.083
公司	0	0	1
其他	0	0.667	0.333

其到达站点为所需要预测的目的地。使用三个月的历史出行数据训练一阶马尔可夫出行预测模型后,首先从剩余一个月的出行数据中随机抽取两条连续记录,这两条数据分别作为已知的 n 时隙记录和需要预测的下一时隙记录。然后根据三个月历史数据中 $n+1$ 时隙的出行记录数计算其出行概率,概率大于出行阈值判断为用户在 $n+1$ 时隙有出行。概率小

于阈值则认为 $n+1$ 时隙停留在 n 时隙的到达站点没有出行。若判断用户在下一时隙会出行，根据下一时隙所处的时间段选取状态转移概率矩阵 A，并将当前时隙的到达站点作为下一时隙的出发站点。选取状态转移概率矩阵中此出发站点转移概率最大的状态，此状态的站点即为该用户下一时隙的到达站点。最后根据预测的到达站点是否为 $n+1$ 时隙的真实记录判断模型是否预测成功。对比模型采用经典的时间序列预测模型差分整合移动平均自回归[ARIMA(p,d,q)]。该模型将自回归模型、移动平均模型和差分法结合，其中参数 p 为自回归项数，d 为对数据进行差分的阶数，q 为移动平均项数。根据地铁刷卡数据集特点和模型参数取值分析后，选取 $p=4$，$d=0$，$q=1$ 为 ARIMA 模型参数。ARIMA 模型也采用 4 折交叉验证方法，表 5-4 展示了两种预测方法对于全部出行记录的预测准确率。提出的一阶个体马尔可夫出行预测模型预测准确率优于传统 ARIMA 模型，平均准确率为 72.73%。

表 5-4 模型测试准确率

测试集	测试准确率/%	
	ARIMAModel	MarkovModel
5 月	34.26	67.63
6 月	36.93	72.29
7 月	37.92	73.4
8 月	37.7	77.61
平均	36.7	72.73

5）基于二阶马尔可夫模型的出行预测模型

在前文，转移矩阵的状态构成由一条记录的始发状态和到达状态决定，这称之为一阶转移矩阵。一名用户下一时刻的出行，不仅取决于此时刻他所处的位置，还取决于此时刻他从何处到达此位置。例如此时刻的出行为从住宅站点到公司站点，或从其他站点到公司站点，对于下一时刻的出行起不同的影响作用。为了提高预测的准确率，建立了二阶马尔可夫模型。

另一方面，准确的时刻点对于下一时刻的出行也有一定的影响，以半小时为一个时刻建立出行转移矩阵比以时间段建立转移矩阵的准确率要高。出行数据从 5 点到 24 点，所以将一天分为了 38 个时隙。由于半小时内用户可能没有出行，所以增加了 3 种静止状态：stay-at-home、stay-at-work、stay-at-other，另外 7 种转移状态为 home-to-work、home-to-other、work-to-home、work-to-other、other-to-home、other-to-work、other-to-other。当建立某用户转移矩阵时，总是假设其初始状态为 stay-at-home。如果某用户在某时刻有多次出行，以最后一条出行为准，并且认为每个用户的出行都是瞬间完成的。决定此时刻状态和下一时刻状态的流程图如图 5-20 所示。每个时隙的状态定义为 S，时隙 t 的状态转移定义为 $S(o_t,d_t)$，若用户在时隙 t 没有出行则定义为 $S(o_t)$ 或 $S(d_t)$。通常来讲，用户在某时刻的状态转移矩阵比较稀疏。和通勤者相比，非通勤者因为没有公司站点所以只有五个状态。因为假设无住宅用户没有住宅和公司站点，所以只有 other-to-other 和 stay-at-other 两个状态。在早上，如果一个用户当前时刻的状态是 stay-at-home，那他下一时刻的状态很可能是 home-to-work。相对地，一个用户某时刻的状态为 stay-at-work，那他下一时刻的状态可能仍为 stay-at-work 或者 work-to-home。

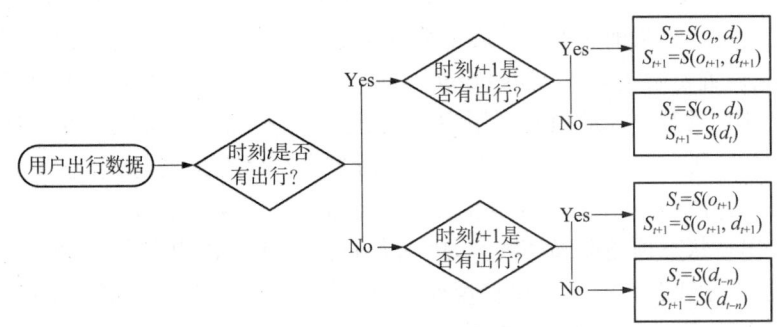

图 5-20　某时刻状态判断流程图

对每一类用户来说，其他站点可能是他们感兴趣的地点，比如商场或者社交场所，所以构建其他站点的转移矩阵也很重要。有 5 种包含其他站点的出行状态，分别为 home-to-other、work-to-other、other-to-home、other-to-work 和 other-to-other。对于前四种情况，只含有一个其他站点，某用户的其他站点状态转移矩阵如图 5-21(a)所示。横坐标展示的站点 ID 为该用户历史记录中出现过的其他站点。最后一种情况的状态转移矩阵如图 5-21(b)所示，横坐标的站点 ID 元组为该用户所经过的 other-to-other 站点组合。

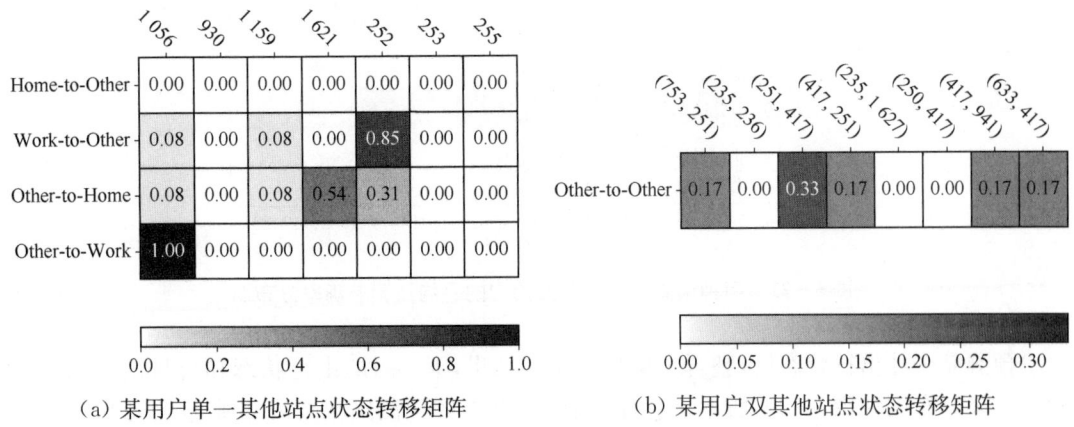

(a) 某用户单一其他站点状态转移矩阵　　　(b) 某用户双其他站点状态转移矩阵

图 5-21　某用户其他站点状态转移矩阵

当建立二阶马尔可夫模型时，首先遍历每名用户的出行记录。对于每个时隙 t，根据图 5-22 判断当前状态 S_t 和下一时刻状态 S_{t+1}。然后将出行状态统计到当前时刻转移矩阵中，并计算转移概率。之后统计此用户含有其他站点的出行，分别建立其早中晚的其他站点状态转移矩阵。当预测每名用户的出行状态时，设置其初始状态为 stay-at-home，根据时隙 t 和当前时隙的状态转移矩阵预测下一时隙的出行状态。预测完该用户全天的出行状态后，根据出行的状态补充其出行站点 ID，若出行中含有其他站点，则根据其他站点状态转移矩阵预测其可能的出行站点。预测完此用户在测试月份每一天的出行记录后，计算预测准确率并开始预测下一名用户。

在验证模型阶段,使用 10 万名用户三个月内数据训练模型,其余一个月数据测试模型。假设用户在早上 5 点后才发生出行,并且其每天首次状态为 stay-at-home。该模型采用了两种验证方式:下一时隙出行状态预测和每日出行状态预测。下一时隙出行状态预测是一种单步预测,每次预测时,当前时隙的状态都从真实记录中取得。每日出行状态预测是一种多步滚动预测,只设置初始状态 stay-at-home,每次预测时将上次预测结果作为当前时刻的状态进行预测。两种预测方式都预测了用户在测试月份每天的出行状态,每小时的预测平均准确率如图 5-22 所示。其中红色虚线为下一时隙出行状态预测,蓝色虚线为每日出行状态预测,每种方法分别对三类用户全天的出行状态做出了预测。整体来看,下一时隙出行状态预测比每日出行状态预测准确率要高,因为每日出行状态预测存在累积误差。对于下一时隙预测来说,由于通勤者的出行比较规律,所以其预测结果要好于非通勤者和无住宅者。但是对于每日出行状态预测,无住宅用户晚上的预测准确率持续上升,超过通勤者和非通勤者,达到了下一时期出行状态预测的准确率。这是由于无住宅用户只有其他站点,而且晚上出行较少,其出行状态更可能被准确地预测为 stay-at-other。两种预测方法都在早晚高峰时出现极小值,说明出行状态预测难度大于静止状态。

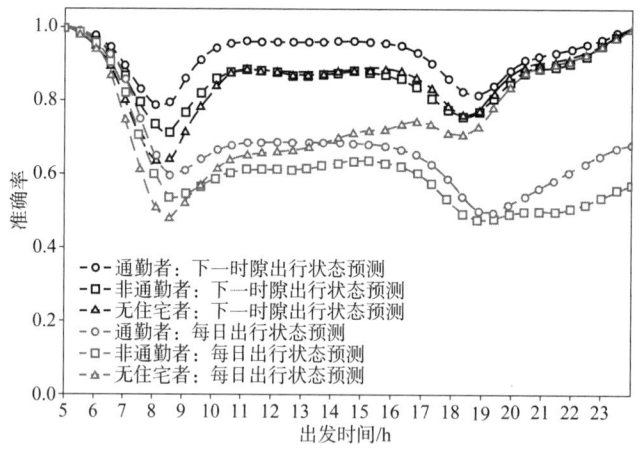

图 5-22 两种预测模式下各类用户的平均预测准确率分布图

预测完个体出行状态后,整合了用户的预测结果,下一时隙出行状态和每日出行状态的预测结果分布图如图 5-23 所示。整体来看,通勤者的预测结果要好于非通勤者和无住宅者。为了进一步验证模型的准确性,设置了几组对比模型,包括支持向量分类器(SVC),随机森林(RDF),梯度提升机(GBM)。SVC 是一种使所有样本点距离超平面的偏差最大的分类算法。RDF 通过集成多棵决策树,并将分类投票结果次数最多的类别指定为最终输出。RDF 通过随机选取数据和特征,在没有提升计算量的情况下提高了模型准确率,同时有效地避免了过拟合问题。GBM 和 RDF 类似,也是通过集合弱分类器来提升模型效果。GBM 采用损失函数的负梯度作为当前决策树的残差值,之后建立基学习器在梯度方向上减少残差,再将此学习器乘以学习速率和原模型线性组合成新模型,通过反复迭代得到损失函数期望最小的模型。输入对比模型的特征是时隙和当前的时隙用户的状态,输出为下一时隙的状态。为了更好地验证模型的准确性,所有的模型都采用四折交叉验证。当训练模型时,四个月的数据分为四部分,每次使用三部分数据训练模型,剩余一部分数据测试模型。每月和平均的预测准确率如表5-5所示,结果显示该模型要优于其他对比模型。

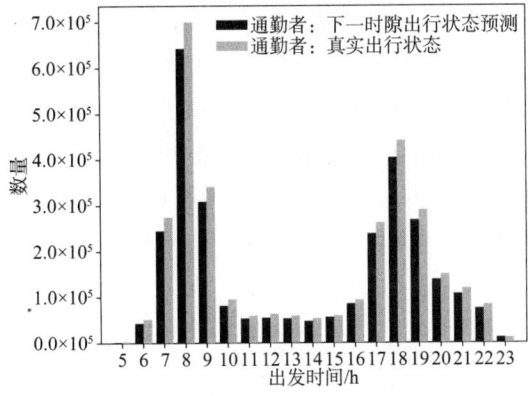

(a) 通勤用户下一时隙出行状态预测结果

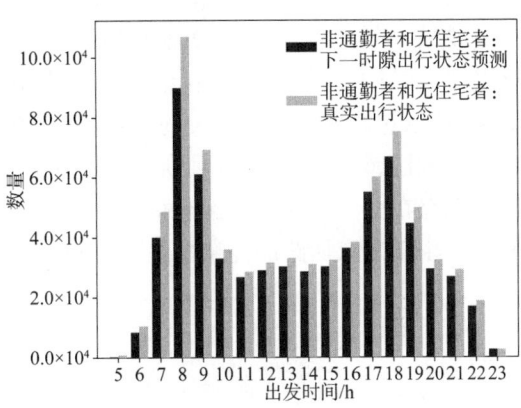

(b) 非通勤用户和无住宅用户下一时隙出行状态预测结果

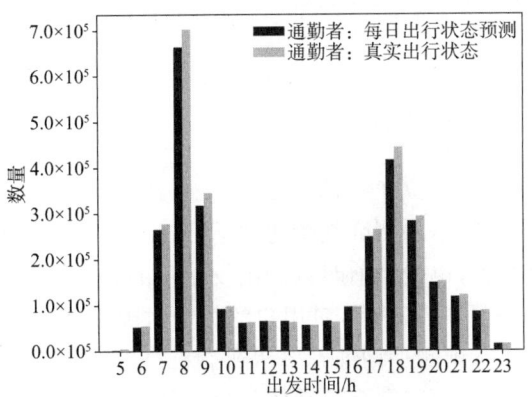

(c) 通勤用户每日出行状态预测结果

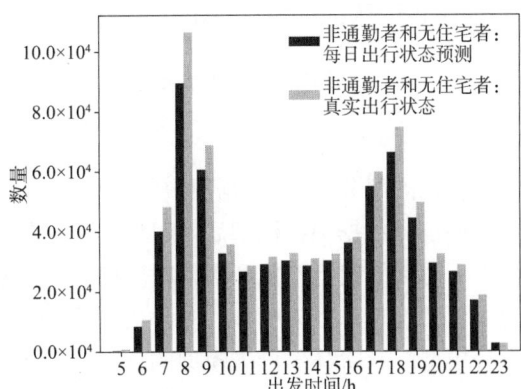

(d) 非通勤用户和无住宅用户每日出行状态预测结果

图 5-23 不同用户两种预测方式结果

表 5-5 不同模型出行状态预测准确率

模型	测试准确率/%				
	五月	六月	七月	八月	平均
SVC	68.34	72.6	74.39	73.57	72.23
GBM	69.71	73.59	75.32	74.8	73.35
RDF	71.9	75.52	76.98	76.26	75.17
所提出的 Markov Model	85.12	86.01	86.28	85.88	85.82

对于城市交通系统，合理的资源配置是缓解交通拥堵的有效方式。已经有很多措施来应对地铁站激增的人流量，比如对人群进行分流、增加进出站闸机和缩短发车间隔等。所提出的马尔可夫模型也可以预测某些重要站点的流量。当在预测系统中出现人流量激增的情况，地铁部门可以提前采取相应措施缓解交通拥堵。用该模型预测上海地铁 6 个比较繁忙的地铁站，部分预测的进出站流量如图 5-24 所示。人民广场站和陆家嘴站是典型的商业区，它们在早上有很大的出站流量，在晚上也有很大的进站流量。莘庄站和泗泾站以居住区为主，所以它们在早上有很大的进站流量，在晚上有很大的出站流量。不同于商业中心，漕河泾开发区属于工业区，并且商业中心比较少，所以在晚上出站比较少。不同于上述站点，南京西路在白天作为商务区有很多出站流量，晚上同时也是一个娱乐休闲区进出站流量都较大。由于南京西路的复杂性，所以预测效果也稍差些。

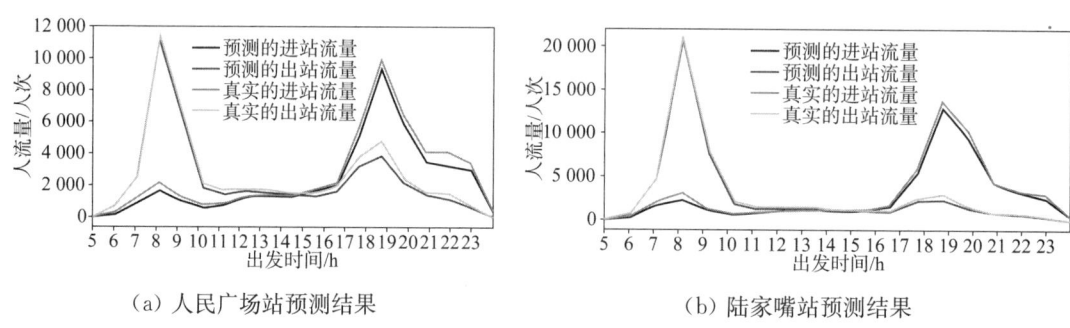

图 5-24 重要站点流量预测结果

在预测部分，首先根据用户的出行状态分时间段建立了一阶马尔可夫模型，通过用户 3 个月的出行数据训练模型后，模型的下一时刻出行状态预测准确率达到了 72.73%。由于用户下一时刻的出行不仅和当前时刻的到达站点有关，也受当前时刻的出发站点的影响，所以建立了二阶马尔可夫模型。同时为了提高模型的预测准确率，对用户的每个时隙都建立了出行模型。二阶马尔可夫模型的下一时刻出行状态预测平均准确率达到了 85.82%，优于传统模型。通过建立个体地铁出行的马尔可夫模型，在预测完全部个体的出行状态后，对几个重要站点的流量情况进行了统计，结果显示该模型在个体层面进行预测后，也可以较为准确地预测群体层面的出行状态和地铁站点的流量情况。

5.2 基于深度学习的城市路网行程时间预测

5.2.1 基于深度图像到时间的模型

行程时间预测问题不仅是个人移动出行规划中的关键问题，而且是城市规划中的重要问题。先前的行程时间预测模型首先针对路段或者部分路径进行建模，然后对其行程时间进行叠加计算出整个路径的行程时间。近年来，借助于深度学习技术的发展，端到端的学习模型已经被用来解决行程时间预测问题。通常，这些深度学习模型基于某些交通特征的表达，比如路网时空结构，交通状态等。认为局部区域的交通状态和其周边用地类型和建筑环境有很大关联，而且这种关联是动态时变的，从而增大了建模难度。例如，地铁站、主干道、交叉路口、商业区、居民区均表现出不同的交通状态模式,而地铁站附近在早晚高峰期对地面交通影响最为严重。因此,提出了一种端到端的多任务深度学习框架,称之为深度图像到时间(DI2T),该模型主要学习建成环境与交通状态之间的内在关联,具体地,利用地理形态布局图像作为模型的主要输入数据。在两大城市(上海和波尔图)的出租车 GPS 数据集上进行了实验,证实了该深度学习模型比目前先进的模型表现更好。

在城市路网上的行程时间预测对个人出行计划,交通和城市规划来说是至关重要的。及时对路网行程时间进行预测可以帮助出行者提前有效地安排行程,计划电动汽车的充电,评估出行受到空气污染的影响,并帮助运输公司提高送货车辆的服务质量。从交通规划的角度来看,路网行程时间预测可以帮助量化单个驾驶员对总体交通拥堵的贡献。行程时间也是评估居民在城市规划中对资源的可及性的最重要指标之一。但是,由于交通运输系统的复杂性以及个人出行需求和出行行为的不可预测性,特别是在城市地区,对出行时间进行预测仍然具有挑战性。

这项工作着重于利用大量轨迹数据对城市环境中的路网行程时间进行预测。所开发的模型不仅希望解决路径已知情况下的预测,还希望解决仅提供起点和终点位置的路径未知情况下的预测。对于以上问题,最新的解决方法主要集中在如下两个方面:基于链路的方法和基于路径的方法。前者首先对每个经过的路段分别建模,然后再对各个路段进行累加。这些方法的主要缺点是会产生误差累积,并且没有考虑在交叉路口和交通信号处的行进延迟。此外,这些方法不能直接用于路径未知的行程时间预测。基于路径的方法旨在直接预测整个路径的行程时间。这两种方法都需要在训练模型之前对路径进行预处理,即通过地图匹配将路径映射到道路网络及网格化,这对于大量的轨迹数据来说在计算上是费时的;关于网格化方法,一个网格中变化的交通状态很难被捕获到,因为同一网格中可能有多条道路,并且不同路段和方向的交通状态差异很大。

受到交通拥堵与城市土地利用和组织之间关系的启发,希望从其形态布局中捕获局部区域的拥堵程度。图 5-25 展示了在谷歌地图中不同交通状态下的市区的布局形态。布局图提供了大量关于建筑环境的信息,包括交通基础设施(道路的级别由颜色或宽度区分),绿地空间,建筑物的密度,商业区域等。这些不同的环境意味着交通拥堵与布局之间的关系很容易被忽视。因此,合理的布局图像表示可能是交通状态的重要表现。如果司机通过交通设施(例如地铁站)或商业设施密集的繁忙区域,则出行延迟会很严重。

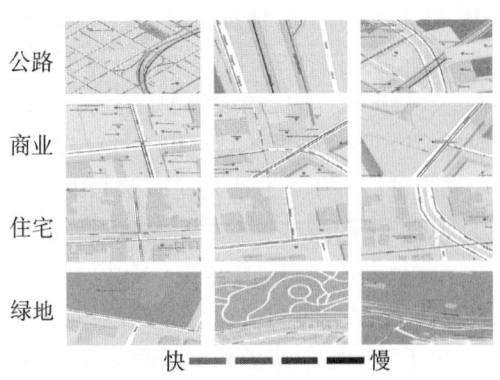

图 5-25 谷歌地图提供的城市环境中交通状态下不同形态布局图

在了解到建筑环境与交通拥堵之间的关系后,对"能否从城市布局图像中获知出行延误?"这一问题产生兴趣。为此提出了一个端到端的多任务深度学习模型,称为"深度图像到时间(DeepI2T)"模型,该模型用遍历网格序列的布局图像表示对城市路网行程时间进行预测。具体内容概述如下。

(1) 通过整合轨迹数据和形态布局图像来进行路网行程时间预测的端到端的多任务深

度学习方法,利用在道路轨迹中引入精细比例的布局图像。

(2) DeepI2T 模型从网格图像中学习整个路径和子路径的出行延迟,而无需使用道路网络,因此无需地图匹配。

(3) 将布局图像与每个车辆的行驶方向合并为网格。这样可以将一个网格中的各类交通条件有区别地表示出来。

(4) 在测试阶段,DeepI2T 模型可以用于路径已知和路径未知的出行查询。相邻行程解决方案旨在解决路径缺失查询的问题。

(5) 用 DeepI2T 模型处理两个城市中的大量轨迹数据。其模型表现与几个最新的基准方法相比具有竞争力。

根据出行查询在测试阶段提供的信息,这些基于路径(也称为基于轨迹)的方法可分为两类,即路径已知和路径未知。

路径已知查询给出行时间预测模型提供了特定的道路数据。Wang 等在 2014 年在顶尖级数据挖掘国际会议 ACMKDD 上发表论文,提出了基于张量的时空模型估算每个路段的行驶时间,该模型可以处理没有通过任何轨迹的道路。同样,Woodard 等在 2017 年于交通领域顶级国际期刊 TransportationResearchPart C: EmergingTechnologies 上发表论文,提出使用历史轨迹数据对每个单独路段的拥挤程度进行建模。Wang 等在 2018 年在 ACMKDD 国际会议上发表论文,提出了一种基于回归问题的出行时间估计,并提出了具有多种特征(包括空间,时间,交通和个性化特征)的广度和深度循环模型。在这些方法中,为了对单个路段的交通特征进行建模,在第一阶段必须进行地图匹配,并且查询的行程必须提供模型相应的路线(也就是一系列路段)。

由于深度神经网络具有强大的表示能力,因此最近的工作试图直接从轨迹数据中学习出行时间,而无需进行费时的地图匹配。Zhang 等在 2018 年人工智能顶尖级国际会议 IJCAI 上发表论文,他提出将 GPS 位置映射到网格,并设计模型,通过将时空嵌入与一些辅助信息(包括网格中的行驶状态,短期和长期交通状态)相结合来估计出行时间。Wang 等在 2018 年人工智能顶尖级国际会议 AAAI 上发表论文,设计出了一个端到端的框架,以从原始 GPS 序列中学习时空相关性。在测试阶段,查询行程的路径将作为路线中 GPS 位置的序列提供。由于此方法是在原始 GPS 坐标上进行训练的,因此其性能对训练数据的质量以及训练数据和测试数据之间的差异非常敏感。

路径未知查询是指仅向估计模型提供起点和终点位置以及出发时间。它也称为起点-终点(OD)出行时间估算,在城市规划中普遍用于评估车辆的可到达性。与路径已知查询相比,由于不确定的路径和出行距离,路径未知查询面临着巨大的挑战。Li 等在 2018 年 ACM KDD 国际会议上发表论文,提出在地图上建立一个时空图以从轨迹中学习先验知识,并设计了一个多任务框架来学习起点和终点之间的路径信息。这项工作将道路网络建模为无向图,该图忽略了交通状态在不同方向上的差异。尽管没有处理轨迹数据,Wang 等在 2016 年 ACM SIGSPATIAL 国际会议上发表论文提出了仅使用训练集中的起点和终点信息进行路径未知的出行时间估计的方法。其思想是找到相邻路径来查询出行时间,并寻找其历史行程时间规律。当训练集中可用的相邻行程较少时,此方法将无法稳定执行。

1) 基础工作

行驶轨迹:行驶轨迹 P 由一系列带有时间戳的地理位置 $\{Lon, Lat\}$ 组成。每个行程都与车辆 ID 相关联。因此，具有 N 个时间戳的行程轨迹可以表示为 $P=\{F_1,F_2,\cdots,F_N\}$，其中第 i 个时间戳的轨迹可以表示为 $F_i=(t_i,Lon_i,Lat_i)$。路径的出行时间可以表示为 $T_P=t_N-t_1$。路径的行程距离等于相邻两个轨迹点距离的累加和，表示为 $D=\sum_{i=1}^{N-1}Dist((Lon_i,Lat_i)(Lon_{i+1},Lat_{i+1}))$。

地理形态布局图像：首先将研究区域划分为多个相等大小的网格。在每个网格中，使用 2018 年提出的 LeafletAPI 从可公开获得的地图服务 OpenStreetMap 中检索高分辨率地图。在形态布局图像中，可以直观地观察不同的构建环境，即河流，公园，桥梁，高速公路，主要和次要道路。如图 5-26 所示，路径中的每个点都可以映射到网格图像中。这样，可以使用网格图像来表示路径 P，$P'=\{(t_1,g_1),(t_2,g_2),\cdots,(t_N,g_N)\}$，其中 g_i 表示在时间 t_i 遍历的网格图像。注意 g_i 可以重复，因为一个网格中可能存在多个点。

如果两个 GPS 点共享相同的网格，则将它们合并为一个；如果两个连续的 GPS 点不相邻，则填充新网格。⊙表示逐元素相乘，+表示向量级联。

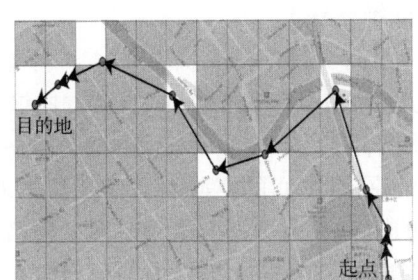

图 5-26　带有网格的轨迹图

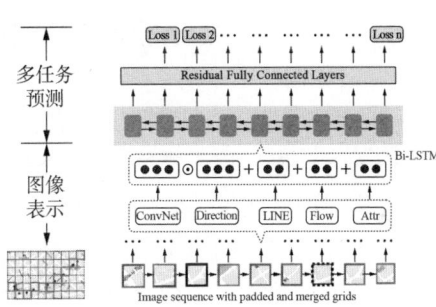

图 5-27　DeepI2T 架构

2）模型描述

如图 5-27 所示，提出的 DeepI2T 模型具有两个组件：图像表示和多任务预测。第一个组件着重于使用深度卷积神经网络从形态学布局图像中提取特征模式，而第二个组件旨在多任务 MAPE 损失的监督下学习网格之间的顺序依赖性。

（1）图像表示。对于每个网格图像，应用深度卷积神经网络来识别通过方向嵌入的图像特征。同时，还考虑来自所有这些网格的拓扑信息和交通流量，以及某些属性信息，包括开始时间，司机的 ID 等。具体来说，该模型包括五个模块：ConvNet、Direction、LINE、Flow 和 Attribute。

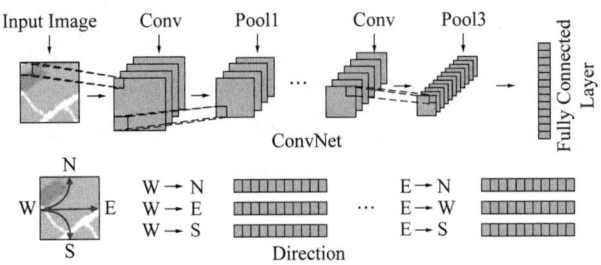

图 5-28　ConvNet 体系结构和方向嵌入

ConvNet：Krizhevsky 在 2012 年在 Advances in Neural Information Processing Systems 上发表论文,提出的深度卷积神经网络展现出强大的捕获图像模式的能力,例如道路,交叉路口,商业区等。为了实现对以上特征的提取,设计了一个 7 层的 ConvNet 网络(如图 5-28 所示),其中包含 3 个卷积层,3 个池化层和一个全连接层,来获取最终结果。具体来说,采用了如下二维卷积：

$$y_{i^{l+1}, j^{l+1}, d^{l+1}} = \sum_{i=0}^{H} \sum_{j=0}^{W} \sum_{d^l=0}^{D^l} f_{i, j, d^l, d^{l+1}} * x_{i^{l+1}+i, j^{l+1}+j, d^l} + b_{i^{l+1}, j^{l+1}, d^{l+1}} \qquad (5-10)$$

式中,$f_{i, j, d^l, d^{l+1}}$ 是来自核向量 f 的元素,其大小为 (H, W, D^l, D^{l+1}),H 代表图像高度,W 为图像宽度,输入通道数为 D^l,输出通道数为 D^{l+1}。$x_{i^{l+1}+i, j^{l+1}+j, d^l}$ 表示 x^l 中的元素,是 l 层上的输入数据,其大小为 (H^l, W^l, D^l)。输出 $y_{i^{l+1}, j^{l+1}, d}$ 是 y^{l+1} 中的元素,其大小为 $(H^{l+1}, W^{l+1}, D^{l+1})$。同时 $y_{i^{l+1}, j^{l+1}, d^{l+1}}$ 中包含偏置项 $b_{i^{l+1}, j^{l+1}, d^{l+1}}$。通过如上卷积后,将结果通过 Relu 函数实现非线性映射,其中 ReLu$(x) = \max(0, x)$,并通过最大池化层实现下采样,最后通过一层全连接层,全连接层的输出为 200 维。

Direction：如图 5-28 所示,为每个网格定义 12 个方向,并使用查找表 R^{12*200} 将每个方向映射为 200 维,并且在模型训练中进行更新。为了调整 CNN 图像嵌入,在方向嵌入和 ConvNet 嵌入之间进行逐元素乘法,最终形成 200 维图像表示。

LINE：构建网格网络并应用网络嵌入来捕获相邻网格之间的空间相关性。具体来说,每个网格被当作网络中的一个节点,相邻关系当作边连接,每条边上的权重是两个网格之间的曼哈顿距离的倒数。为了简化网络,只考虑每个节点相邻近的 5 级之内的邻居。在的网络结构中实际上包含了如上所述的空间局部性,由 LINE 表示。此外,使用 100 维向量表示此结构,并在模型训练期间保持更新。

Attributes：考虑了三个属性信息以提高网格图像的表示形式：行程的开始时间,车辆 ID 和天气。具体来说,设计了三个嵌入查找表来表示每个属性：①以 1 分钟为最小单位,每周 7 天,则可以将时间属性嵌入为 $R^{10080*30}$；②不同的驾驶员可能有不同的驾驶习惯,将驾驶员 ID 编码为 $R^{25000*10}$；③天气条件对于出行时间的估算也很关键,将各种天气编码为 R^{400*10}。

最后,将以上三个属性信息连接后可以获得一个 50 维的属性向量。再结合 200 维的图像表示,100 维的 LINE 表示和 50 维的交通流量表示,可以将每个网格转化成 400 维的向量。

(2) 多任务预测。参考 Wang 和 Zhang 等在 2018 年所做的工作,使用 Hochreiter 和 Schmidhuber 等在 1997 年在 NeuralComputation 上发表论文提出的 Bi-LSTM 来建模序列依存关系,并采用残差连接层进行非线性映射。至于预测层,设计了一个不同的多任务结构,其中每个任务都是预测从原始网格到当前网格的出行时间,以利用子路径的信息。

多任务损失函数考虑到行程中包含 L 个网格,$\{g_1, g_2, \cdots, g_L\}$,不仅需要考虑从 g_1 到 g_L 的整个路径的平均绝对百分比误差(MAPE),而且还考虑每个子路径的 MAPE,因此,损失函数定义如下：

$$\mathcal{L} = \frac{1}{L-1} \sum_{l=2}^{L} \left(w_l \cdot \frac{|\hat{T}_l - T_l|}{T_l} \right) \qquad (5-11)$$

式中，$T_l = t_l - t_1$ 表示从网格 g_1 到网格 g_l 的总时间，$\hat{T}_l$ 代表预测值；w_l 表示网络权重，$w_l = 2l/(L^2 + L - 2)$，其中 $1 < l \leqslant L$，并且 $\sum_{t=2}^{L} w_l = 1$。通过该损失函数，模型可以更加强调较长的子路径，以确保模型更注重预测整个路径的出行时间。

5.2.2 行程时间预测及模型性能评估

1) 预测方法

路径已知预测考虑到路径已知情况下的行程时间查询问题，将其路径映射到具有行驶方向的网格序列中。然后，将网格序列和相关的属性信息输入到已经训练好的 DeepI2T 模型中，则会输出对整个行程时间的预测。

路径未知预测设计了一种邻近策略来解决路径未知查询问题。给出一个带有出发时间、出发地和目的地位置的信息查询，首先在历史行程中找到起点和目的地网格相同的行程，即相邻行程。然后，预测相邻行程的出行时间与待查询的出行的出发日期和时间相同。最后，通过对相邻行程的出行时间和 l_1 距离进行加权求和，来预测待查询行程的出行时间。公式如下：

$$\hat{T}_{test} = \frac{1}{N_e} \sum_{i=1}^{N_e} \frac{L_{test}}{L_i} \hat{T}_i \qquad (5-12)$$

式中，N_e 表示在训练集或在所查询行程的相邻网格中，具有与待查询出行相同的出发地和目的地网格的相邻旅行次数；L_{test} 和 L_i 分别表示测试集和相邻行程数据的 l_1 距离；$\hat{T}_{test}$ 和 $\hat{T}_i$ 分别表示测试集和相邻行程数据的预测行驶时间。

(1) 数据描述。在实验中，采用了来自不同国家和地区的两个城市的大规模数据集来验证所提出的 DeepI2T 模型[6]。图 5-29 显示了所研究区域和原始 GPS 数据的分布。

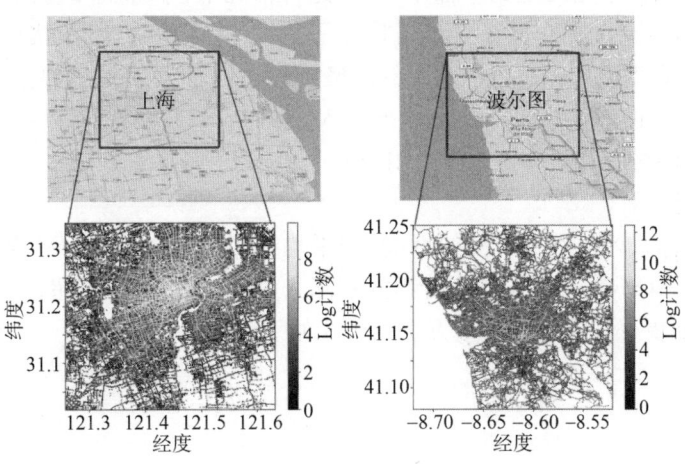

图 5-29 研究上海(一周)(左)和波尔图一年(右)的 GPS 轨迹分布

上海市数据集：上海数据包含 2014 年 4 月 1 日至 6 月 15 日的出租车的 GPS 轨迹，数据采样间隔为 20 s 至 100 s。仅考虑出租车运送乘客时的出行情况。并且选择 4 月 1 日至 5 月 31 日的数据进行模型训练，其余数据进行测试。

波尔图市数据：该数据集包含 2013 年 7 月 1 日至 2014 年 6 月 30 日在葡萄牙波尔图市运行的 442 辆出租车出行数据，且可公开获得。在原始数据中，跟踪点的测量时间间隔固定为 15 s。在前 9 个月中选择数据进行模型训练，其余选择进行测试。

（2）方法比较。

Linear Regression（LR）：给定起点和终点的地理位置，使用线性回归模型训练 l_1 距离与旅行时间之间的关系。

Neighbor Average（AVG）：对于训练数据集中的每次行程，将根据行程时间以及起点和终点之间的 l_1 距离来计算平均速度。在测试阶段，仅通过平均邻居的历史速度（即相同起点和目的地网格之间的行程）来估算行驶速度。

Temporally Weighted Neighbors（TEMP）：Wang 等在 2016 年在 ACM 上发表论文提出了一种简单的基线方法，通过缩放相邻旅行的平均速度来预测行程时间。缩放因子是通过城市中所有出行的平均速度的时间变化来计算的，即 Wang 在 2016 年提出的相对时间速度参考。与 AVG 方法相比，TEMP 检查了历史出行的平均速度与其出发时间的差异。

Gradient Boosting Machine（GBM）：Zhang 和 Haghani 在 2015 年在 Transportation Research Part C：EmergingTechnologies 上发表论文，他们将梯度提升决策树模型用于出行时间预测中。行程的几个属性被输入到 GBM 模型中，包括出发时间，一周中天数，出发地和目的地的地理坐标以及 l_1 距离等。Ke 等人在 2017 年在 Advancesin Neural Information Processing Systems 上发表论文，将该模型使用在 LightGBM 中，该模型包含了 500 棵树和 1 000 个节点。

DeepTTE：这是 Wang 等在 2018 年在 AAAI 上发表论文提出的一种先进的进行出行时间预测的端到端的深度学习方法，用于学习轨迹中原始 GPS 点的时空相关性。使用作者共享的代码来测试的两个数据集。然而，发现 DeepTTE 在输入均匀采样的 GPS 轨迹时会趋于过拟合（Porto 数据集是固定的采样率）。在这种情况下，DeepTTE 只是通过计算一条轨迹中的点数来学习出行时间，且在测试集上表现较差。为了解决这个问题，与 DeepI2T 模型一样，为 DeepTTE 提供了经过行程遍历的网格质心，用于训练和测试数据。

GridLSTM：通过移除 ConvNet 和方向嵌入，是 DeepI2T 模型的一种退化网络结构。它通过一条轨迹中网格的时空关系来学习出行时间。

2）模型性能评估

利用三种指标来评估参考模型的性能，即平均绝对误差（MAE），平均绝对百分比误差（MAPE）和满意率（SR）。SR 定义为行程的一部分，其预测错误率不超过 10%，并且更高的 SR 表示模型性能更好。这三种度量方法的公式如下。

$$\text{MAE}(T,\hat{T}) = \frac{1}{N}\sum_{i=1}^{N}|T_i - \hat{T}_i| \tag{5-13}$$

$$\text{MAPE}(T,\hat{T}) = \frac{1}{N}\sum_{i=1}^{N}\frac{|T_i - \hat{T}_i|}{T_i} \times 100\% \tag{5-14}$$

$$\text{SR}(T,\hat{T}) = \frac{1}{N}\sum_{i=1}^{N}\left(\frac{|T_i - \hat{T}_i|}{T_i} \leqslant 10\%\right) \times 100\% \tag{5-15}$$

式中，T_i 和 $\hat{T}_i$ 分别表示在 N 次测试中第 i 次行程的实际时间值与预测时间值。

表 5-6 在上海市和波尔图市数据集上各方法的对比

方法	上海			波尔图		
	MAE/s	MAPE/%	SR/%	MAE/s	MAPE/%	SR/%
LR	186.5	27.64	23.87	287.9	49.02	17.20
AVG	158.9	22.30	29.35	235.86	30.43	24.65
GBM	144.3	22.55	30.45	238.17	37.83	22.97
TEMP	**141.0**	21.93	**31.24**	231.10	29.84	25.67
DeepTTE	147.61	19.02	31.13	167.94	20.44	32.34
GridLSTM	117.12	16.98	37.00	139.55	18.10	38.45
DeepI2T(*path-blind*)	143.61	**20.47**	30.62	**186.65**	**25.28**	**30.08**
DeepI2T(*path-aware*)	**105.43**	**15.20**	**42.23**	**128.26**	**17.08**	**38.97**

其中路径已知情况下的方法以灰色阴影突出显示。

表 5-6 给出了参考方法的预测误差。第一组方法(LR，AVG，GBM 和 TEMP)设计用于路径未知情况下的查询，第二组方法(DeepTTE 和 GridLSTM)设计用于路径已知情况下的查询。每组每个指标突出显示最佳性能。如表所示，就 MAPE 而言，DeepI2T 模型在这两个组中均表现最佳。与 GridLSTM 相比，图像表示的引入使上海和波尔图市的路径已知查询的 MAPE 分别提高了 10% 和 7%。关于路径未知查询，DeepI2T 模型在上海市数据集上与 TEMP 相比差距不大，但在波尔图市数据集上具有更好的表现。

表 5-7 总结了每个模型在早上(7:00—9:00)和晚上(16:00—18:00)在上海的高峰时段的 MAPE 和 SR。与其他两个深度学习基准进行比较，在两个高峰期间，就路径已知情况下的查询而言，DeepI2T 模型在 MAPE 和 SR 方面均具有最佳性能。特别是在傍晚高峰期，DeepI2T 模型的 SR 达到 41.37%，而 DeepTTE 和 GridLSTM 的 SR 分别只能达到 29.08% 和 34.62%。这表明在交通拥堵期间，DeepI2T 可以为大部分行程查询提供可接受的时间预测。除凌晨峰值的 SR 比 TEMP 弱之外，路径未知预测在高峰时段也能达到与基线方法类似的效果。

表 5-7 上海市数据的高峰时段性能比较

方法	$MAPE_{peak}$/%		SR_{peak}/%	
	AM	PM	AM	PM
LR	27.89	26.17	22.61	24.15
AVG	23.72	21.77	26.39	28.30
GBM	23.74	24.13	29.38	28.62
TEMP	23.03	23.45	**30.23**	29.44
DeepTTE	21.58	20.15	26.72	29.08

续表

方法	MAPE$_{peak}$/%		SR$_{peak}$/%	
	AM	PM	AM	PM
GridLSTM	18.95	17.95	33.40	34.62
DeepI2T (*path-blind*)	**22.55**	**20.40**	27.29	29.52
DeepI2T (*path-aware*)	**16.89**	**15.75**	37.28	41.37

可以比较 DeepTTE、GridLSTM 和 DeepI2T 在上海市数据集上的性能。由于交通拥堵,所有模型在高峰时段的性能都相对较弱。即便如此,DeepI2T 在一天内仍比其他模型产生更好的预测效果。图 5-30 展示了根据查询行程的实际行程时间比较这些模型的性能的情况。比较发现 DeepTTE 在较长行程中表现较差,而 DeepI2T 在行程时间不同的行程中具有稳定的性能。总体而言,MAPE 随训练时间而稳定地衰减。训练误差和验证误差变化曲线很接近反映了 DeepI2T 模型有效地防止了模型训练期间的过拟合。

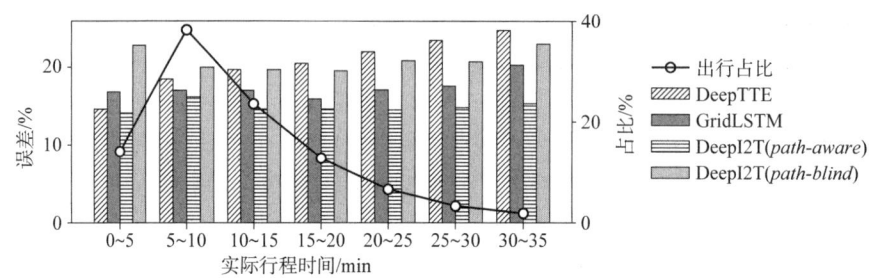

图 5-30 不同行程时间的预测误差

图 5-30 中,y 轴显示了测试行程的分布。值得注意的是,就 MAPE 而言,DeepTTE 模型在的数据集上的表现明显弱于 Wang 等人在 2018 年所做实验的结果。认为有如下几个方面的原因:①DeepTTE 学习了相邻位置及其时间间隔的相关性。当数据的采样率恒定时,该模型表现就会较差。为了解决这个问题,使用网格质心的方法对 GPS 点重新采样。但是,两个质心之间的时间间隔可能会引入一些误差。②DeepTTE 对测试行程中的距离差距很敏感,这决定了测试集和训练集数据之间的相似性,Wang 等在 2018 年发表的文章中未给出如何选择最佳距离差距的建议;③Wang 等在 2018 年所做实验中数据的出行长度是数据长度的两倍。通常,对于短途行程,即使 MAE 相似,MAPE 也会比长途行程更高。Zhang 等在 2018 年提出的 DeepTravel 模型也是目前效果较好的模型,但由于源代码未公开,因此没有与它进行比较。注意到在 DeepTravel 模型中,Porto 数据集的出行时间标准差比的小得多(348 s 与 593 s),这表明该模型还需要进一步改进和完善。

这项研究揭示了城市布局图像中为特定任务(出行时间估算)学习出行延迟的潜力。DeepI2T 模型在上海市和波尔图市的数据集上的路径已知和路径未知场景中均显示出非常好的性能。这项工作也为今后使用公共地理形态图像解决移动出行问题提供了新的视角。

参◇考◇文◇献

[1] 高德地图研究院.《基于位置大数据的城市交通出行分析报告》[R].高德开放平台,2019.
[2] González M, et al. Understanding Human Mobility from Phone Location Data [J]. Science, 2008, 324(5929), 769-772.
[3] 张浩然,王炜.基于手机信令数据的居民出行行为特征分析[J].交通运输工程学报,2020,20(3),45-55.
[4] 陈晓燕,刘志刚.基于 LDA 的主题模型在交通出行行为分析中的应用[J].计算机应用研究,2018,35(8),2412-2418.
[5] 东南大学交通学院课题组.城市交通大数据分析技术规范[M].北京:中国标准出版社,2021.
[6] Song Y, et al. Deep Learning for Spatio-Temporal Sequence Prediction: A Survey. IEEE Transactions on Intelligent Transportation Systems, 2010, 21(10), 4360-4379.

第6章
金融大数据应用

6.1 引言

金融大数据指的是在金融行业中,通过多种渠道和工具收集、存储、处理和分析的海量数据。这些数据涵盖了客户交易记录、市场交易数据、社交媒体信息、经济指标、信用评级等,既包括结构化数据(如交易记录、财务报表),也包括非结构化数据(如新闻报道、社交媒体评论)和半结构化数据(如 XML、JSON 格式的数据)。经过深入分析,这些数据能够为金融机构提供洞察,支持决策制定、风险管理和营销策略等多个方面的工作。

随着信息技术的飞速发展和全球数字化转型的加速,金融行业正进入一个数据驱动的新阶段。传统金融机构通常依赖有限的数据资源和经验做出决策,而现在,海量数据和先进的数据分析技术使得金融机构能够更快、更全面地获得市场洞察。这种转变不仅依托于数据获取和存储技术的进步,还包括数据处理和分析能力的提升,如人工智能、机器学习和云计算等技术的广泛应用。数字化转型进一步推动了金融大数据的发展。金融行业历来是一个信息密集型行业,但过去对数据的利用程度和价值挖掘相对有限。随着互联网技术的发展,尤其是移动互联网和物联网的普及,数据来源变得更加多样,数据量也呈现出指数级增长。在此背景下,金融机构逐渐意识到,单靠传统数据已无法满足复杂市场环境下的需求,必须通过更广泛的数据获取和更深入的数据挖掘来增强竞争力。

金融大数据在现代金融体系中的重要性不容忽视。首先,金融大数据为风险管理提供了强有力的支持。在市场环境日益复杂、风险因素多样化的背景下,传统的风险管理手段面临前所未有的挑战。通过分析历史数据和实时数据,金融机构能够更精准地识别潜在风险,并及时调整风险管理策略,降低风险敞口。此外,金融大数据还支持实时监控和预警系统的建立,帮助金融机构在风险发生前采取有效的应对措施。其次,金融大数据在客户关系管理和精准营销中发挥着关键作用。通过对客户行为数据的深入分析,金融机构可以更好地理解客户需求,提供个性化的金融产品和服务。金融大数据帮助机构细分市场、定位目标客户,并基于客户的实际需求和行为特征制定精准的营销策略,从而提升客户满意度和忠诚度。此外,金融大数据还能帮助机构预测客户生命周期价值,优化资源配置,进一步提高市场份额。第三,金融大数据在交易策略和投资决策中扮演重要角色。通过对市场数据的实时分析,金融机构能够识别市场趋势、预测价格变化,并制定更加科学的交易策略。大数据分析技术，如量化投资和高频交易，已成为金融市场中不可或缺的工具。这些技术通过对海量市场数据的快速处理和分析，帮助机构抓住交易机会，降低交易成本，提高收益率。

金融行业的数字化转型不仅是技术发展的必然结果，也是应对市场竞争、满足客户需求的必然选择。在这一转型过程中，金融大数据成为了推动业务创新和管理升级的核心驱动力。通过数字化转型，金融机构能够将传统的业务流程自动化、智能化，提高运营效率，降低成本，并通过数据驱动的决策模型优化业务流程，提升市场响应速度。数字化转型还推动了金融产品和服务的创新。传统金融产品的设计通常基于有限的客户信息和市场分析，而金融大数据的应用使得金融机构能够从更全面的角度设计产品。通过大数据分析，机构能够更好地理解市场需求，开发出更贴近客户需求的金融产品。同时，数字化转型也带来了新的业务模式，如数字银行、智能投顾和线上保险等，这些新模式的背后，都依赖于金融大数据的支持。金融大数据在数字化转型中的作用还体现在监管科技和金融科技的发展上。随着金融市场的复杂性增加，监管要求日益严格，金融机构需要借助大数据技术来提高合规管理的效率和准确性。通过对大量交易数据的实时监控和分析，金融机构能够更好地遵守法规，防范金融犯罪。而在金融科技领域，大数据为创新提供了丰富的土壤，推动了支付清算、贷款审批、风险评估等领域的技术进步[1]。

金融大数据不仅是现代金融业的核心资源，也是金融机构实现数字化转型的重要推动力。随着数据技术的不断进步和应用场景的扩展，金融大数据将进一步增强金融机构的竞争力，推动金融行业的创新与发展。未来，金融大数据的作用将不仅限于提高业务效率和客户满意度，还将在促进金融稳定和推动金融普惠等方面发挥更为重要的作用。

6.2 金融数据资源与大数据分析技术

6.2.1 金融数据资源

在信息科技与经济社会的不断交互、相互促进的过程中，金融数据也在持续更新和积累。移动互联网和大数据技术的发展，推动全球金融相关数据以几何级数增加，数据储量规模更是从 GB（吉字节）、TB（太字节）级别发展到了 PB（拍字节）、EB（艾字节）量级。金融领域相关数据来源广泛，数据类型涵盖了结构化数据和非结构化数据。结构化数据通常指以预定义规则和形式组织的数据，可用二维表格形式进行呈现，如交易记录、财务报表、账户信息等；非结构化数据通常指图片、文本、HTML、音频、视频等难以建模为二维结构表的数据，如财经新闻、社交媒体言论、市场分析报告、客户反馈语音、金融会议录像等[2]。下面分别介绍金融领域结构化数据资源和非结构化数据资源。

1) 结构化数据资源

在传统的结构化数据方面，金融领域已经积累了海量的数据，也构建了为数众多的专业数据库。现对国际和国内主要结构化数据资源分别进行简介。

（1）国际金融数据资源。国际金融相关数据资源包括世界贸易数据、世界能源数据、世界宏观经济数据、世界经济发展数据和洲际区域经济发展数据等。世界贸易数据来源于世界贸易数据库，涵盖货物贸易、服务贸易等方面的数据信息，包括贸易额、贸易量、贸易条件、贸易商品结构、贸易地理方向、对外贸易依存度等重要指标,可用以深入分析各国贸易状况,帮助决策者快速、准确地研判全球贸易趋势。世界能源数据源于世界能源数据库,集成了石油、天然气、煤炭等能源的生产、消费、库存、价格、贸易等方面信息。此数据可用于分析全球能源生产与消费的变化趋势,能源市场的价格波动,能源消耗对碳排放和环境的影响,可帮助世界各国对全球能源发展趋势做出科学预测,制定合理的能源政策和供应规划。世界宏观经济数据来源于世界宏观经济数据库,主要统计国民收入、经济整体投资和消费等方面的数据,内容涵盖经济增长、经济周期波动、通货膨胀、国家财政、国际贸易等方面。此数据体现了全球经济的运行方式与规律,是从总量上分析经济问题的基础数据。世界经济发展数据来源于世界经济发展数据库,提供全球300多个国家和地区的国民经济、人口发展、国际往来、环境以及企业总体状况的基本数据。此综合数据库统计了各国经济社会发展情况,可帮助决策者了解各经济体总体发展情况,明确本国的国际地位。洲际区域经济发展数据一般是指不同大洲的经济发展情况和数据。如来源于世界银行的非洲经济发展数据,提供了非洲53个国家经济、教育、环境、财政、贸易、卫生、基础设施、劳动与社会保障等方面的统计数据,是用于对比分析非洲各国经济和社会发展状况的主题数据库。又如来源于经济合作与发展组织的欧亚经济发展数据,提供了成员国的生产、消费、需求、价格、财政和对外贸易等领域的数据,可用于分析组织成员国的经济发展状况、国家之间的贸易活动情况。

(2) 中国金融数据资源。中国金融数据资源包括中国区域经济数据、中国商品贸易数据、中国财政税收数据、中国工业数据、中国商品与能源数据以及中国宏观经济数据。

中国区域经济数据来源于各级政府统计年报或相关的抽样调查资料,涵盖全国10个经济区域、31个省级行政单位、330多个地级行政单位和2 000多个县级行政单位历年主要的社会经济统计指标。此数据全面反映了中国区域经济与社会发展状况,可用于分析研究各区域的经济发展水平、经济增长动态及稳定性等各方面问题。中国商品贸易数据源自中国海关,涵盖超过8 000种商品的历史进出口数量、贸易额等数据,总计近1.5亿条商品数据,日均新增数据4万余条。此数据可帮助生产经营单位了解市场信息,可帮助科研机构与高校研究市场相关理论,亦可帮助经济和市场管理部门制定合理的宏观调控政策。中国财政税收数据源自财政部各司局、各地财政厅(局)、国家税务总局、海关总署等,提供全国各省市县和世界主要国家的财经统计信息。此数据可用于分析我国财政税收状况、经济景气程度、税收结构的合理性和税收政策的实施效果。中国工业数据由国家统计局工业统计司发布,系统收录了全国各省、自治区、直辖市的工业经济和生产活动的统计数据。此数据反映了中国工业经济的行业结构和地区布局、工业品价格的变动情况和市场供求关系,可供社会各界了解和研究我国工业经济状况。中国商品与能源数据由国家统计局能源统计司发布,统计了在国内或国际市场上作为商品流通的能源信息,如煤炭、石油、天然气、焦炭、核燃料、电等。此数据可用于研究全国各地区主要耗能行业和企业的能源使用情况,统计监测资源循环利用状况,分析碳排放的来源和排放路径。中国宏观经济数据由国家统计局发布,是对中国国民生产总值、通货膨胀与紧缩、投资、消费、金融、财政等指标的统计,有年度、季度、月度三种时间切片维度。此数据可用于研究整个国家的经济状况与运行规律,了解人民生活水平,从总量上分析我国经济和金融问题。

2) 非结构化数据资源

金融领域的非结构化数据来源十分广泛,下面主要从新闻媒体、新媒体、企业行业三个方面进行介绍。

新闻媒体方面,主要数据资源来自综合类新闻媒体、财经类新闻媒体等,以文字、音频和视频形式快速传递信息。综合类新闻媒体在国外有纽约时报、美国有线电视新闻网、福克斯新闻、华尔街日报、卫报、英国广播公司、雅虎新闻、谷歌新闻等,在国内有新华社、人民日报、中国中央电视台、光明日报、环球时报、新浪网、网易新闻等,这些新闻媒体快速报道国际和国内各个方面的时事,从政治、经济、社会等多个层面影响金融市场。财经类新闻媒体在国外有华尔街日报、彭博社、福布斯、哈佛商业评论、金融时报、财富等,在国内有第一财经、证券时报、经济参考报、每日经济新闻等,这些新闻媒体致力于报道重要的经济事件、行业动态、市场和公司相关评论,发布经济政策和财经数据的解读,提供对经济现状和市场趋势的深刻洞察。

新媒体方面,随着网络和多媒体技术的发展,大量自媒体人开始涌现,相关数据资源主要包括独立分析师、财经记者和主编、投资者、行业专家分享的金融相关信息。自媒体信息发布范围较广,在各大平台都可见到,如微博、微信公众号、雪球、Facebook、Instagram 等社交媒体平台,以及抖音、Bilibili、YouTube 等视频平台。自媒体信息呈现方式多种多样,包括文字、图片、音频、视频等。由于发布者分享的内容通常具有独到的视角,可用于进行针对性较强的市场和行业现状分析,凝练出更加个性化的投资建议,满足不同用户的特定需求。不过,由于缺乏审核和校验,且发布者的财经素养也参差不齐,自媒体发布的金融信息需仔细甄别,慎重使用。

企业行业方面,主要数据资源包括企业公开信息和第三方发布信息。企业公开信息包括公司发布的新闻稿、年报、股东大会决议、临时披露报告等等,主要以表格、文字加图片的半结构化形式展现企业的财务状况、经营业务、投资者关系、战略计划等内容。第三方信息指咨询公司(如麦肯锡、波士顿咨询、普华永道等)、投资银行和证券公司(如高盛、摩根大通、摩根士丹利、美林证券、中信证券、国泰君安等)发布的行业洞察、企业评级、行业分析报告等,这些非结构化的文档介绍了行业中的主要公司和竞争者,行业供应链的结构和关键环节,以及整个市场的变化和趋势,有助于投资者、分析师和其他利益相关者全面了解公司的业绩、市场定位和未来前景,做出更明智的决策。

6.2.2 金融业大数据分析技术

1) 银行业大数据分析技术

银行是经营货币和信用业务的金融机构,其通过发行信用货币、管理货币流通、调剂资金供求,办理货币存贷与结算,充当信用中介。我国已形成了以中央银行、银行业监管机构、政策性银行、商业银行和其他金融机构为主体的银行体系。多数国有商业银行和股份制银行都有非常完整的信息系统,基本完成了数据集成和沉淀,形成了以客户为中心的综合业务系统、功能丰富的电子银行和强大的科技队伍[3]。

在数据爆发式增长的今天,银行每天生成、获取的数据主要可以分成4类。首先是传统的交易系统每天产生数万亿笔客户交易,形成了 PB 级的结构化数据;其次是在业务处理过程中采集的大量用于集中作业、集中授权、集中监控的影像、视频等非结构化数据;再次是银行网站、手机银行 App 的点击和浏览信息(单家银行月度使用次数即可达数十亿次),其中隐含了大量客户需求或产品改进信息;最后是各类媒体、社交网络中发布的相关信息,既有客户需求信息和客户投诉信息,也有与客户相关的新闻和舆情信息。

在大数据时代,客户比以往有更多的话语权,也有更多的选择,需要银行提供更加多元化的产品和定制化的服务[4]。这就需要银行结合大数据技术,有效利用已有的数据资源,发现其中隐含的客户需求,制定相应的策略和措施,为海量客户提供满足其风险偏好的金融产品或服务[5]。如:结合群智能进化算法分析银行的利息收入、手续费收入、投资收益等数据,构建多元化的盈利模式和针对性的运营管理方式;结合混合集成算法,分析不同类型贷款的构成、利率和违约率等,评估信贷风险分布和收益率;结合物联网技术实时监控交易活动,并结合时间序列模型分析海量的信用卡交易行为,从中识别出异常模式和潜在的欺诈行为;结合聊天机器人和虚拟助理等技术,用大语言模型为客户提供 24/7 的业务响应服务,提升用户体验。这些分析可帮助银行管理层、投资者和监管机构更好地理解银行的经营状况、风险暴露以及未来发展趋势[6]。

2) 保险业大数据分析技术

保险业是指将通过契约形式集中起来的资金,按合同约定,用以为被保险人提供在特定风险发生时的财务补偿或给付的行业。保险,是市场经济条件下风险管理的基本手段,是金融体系和社会保障体系的重要的支柱。保险业的组织形式依其经营主体的不同,可分为国家经营保险组织、公司经营保险组织、保险合作组织和个人经营保险形式。近年来,我国保险业发展迅猛,据《2024 中国保险发展报告》,我国 2023 年总保费收入首次突破 5 万亿,保费增速达到 9.14%。

保险业经营的基础是"从大量随机事件中找出必然规律",这与大数据特征高度吻合。当前,我国主要的大型保险公司已积累了大量的保险数据,纷纷建设支持 PB 级数据量的实时服务平台。保险数据除却保单、理赔单、电话营销录音等保险业务中留存的数据,还包括其他的关联数据,如医疗保险会涉及病史、医生诊断、手术记录等数据,车险会涉及车辆行驶、投保者驾驶违章记录、车辆事故等数据。而且,保险业中存在较多以影像形式保留的非结构化数据。

保险业具有数据来源多、数据种类混杂和数据质量差的特点,需要采用大数据技术,从信息稀疏的结构化数据和非结构化数据中提取知识,以更好理解市场和客户的需求,设计出合理的保险产品,提升风险管控能力[7]。如:融合保险业务数据和用户网络行为数据,结合图神经网络算法分析不同用户搜索和点击行为的相关性,进而理解用户对于保险产品的偏好和共性需求,推出有针对性的保险产品;基于电话销售渠道中存储的语音数据,结合自动化语音识别技术和自然语言处理技术,分析销售人员在通话过程中的用语规范程度和专业度,识别用户的情绪、需求和反馈,以发现常见沟通问题,优化话术,提升客户满意度;基于市场调研和客户相关数据,结合聚类分析和关联规则挖掘方法,形成丰富、立体化的用户画像,实现市场细分和客户行为预测,支撑保险营销、产品定价、欺诈识别、理赔预警等业务的开展[8]。

3) 证券期货业大数据分析技术

证券是指各类记载并代表一定权利的法律凭证,用以证明持有人有权依其所持凭证记载的内容而取得应有的权益。证券市场是股票、债券、基金等有价证券发行和交易的场所。期货则是指由期货交易所统一制订的,规定在将来特定时间和地点交割一定数量和质量实物商品或金融商品的标准化合约。广义的期货概念还包括了交易所交易的期权。中国大陆有三家证券交易所,分别是上海证券交易所、深圳证券交易所和北京证券交易所,有六家期货交易所,分别是郑州商品交易所、大连商品交易所、上海期货交易所、中国金融期货交易所、上海国际能源交易中心和广州期货交易所。这些交易所构成了成熟且多样化的交易平台体系。据报道,中国的证券市场2023年实现营业收入4059.02亿元,同比增长2.77%。

证券期货行业的信息化起点较高,且在全行业实现了交易撮合、价格生成发布的自动化和集中化,整体数据的规范化程度较高。证券期货行业相关数据既包括证券行情数据、期货行情数据、宏观与行业经济数据等结构化数据,也包括来自新闻门户网站、社交媒体平台、专业发布机构的研报数据、分析师观点、财经新闻数据、政策文件等以文本为主的非结构化数据,涵盖股票、基金、债券、股指期货、商品期货、权证、黄金、外汇、指数、理财产品等方面产品的信息[9]。

由于证券期货经营对数据的实时性、准确性和安全性的要求较高,而行业数据又具有高频、量大、变化快等特征,因此数据分析和处理方法面临巨大的挑战。以股票市场为例,其包括Level-1基础行情数据,Level-2高级行情数据,以及由此衍生出的K线图类数据、切线类数据、动量指标数据、相对强弱指标数据、随机指数数据等,每日产生海量高频的结构化数据。这些数据还需和每日的舆情、新闻等非结构化数据进行整合,以更好理解市场趋势和用户行为。

因此,证券期货业需要使用适用于高维、稀疏数据的大数据技术,如特征工程、列式存储数据库、分布式计算框架等技术,以科学评估公司的股票定价是否合理、分析股票收益率与各种因子(如市值、市盈率等)之间的关系。而且,由于证券期货市场持续生成高频数据流,常需要采用流处理框架进行实时处理和分析,以快速从网络舆情中寻找股票情绪等"数据财富",实时识别股票市场中的异常事件或异常交易情况,进而发现股票市场中的网络结构和交易传导路径,及时评估股票或投资组合的波动性以优化投资组合。结合多种数据源和不同的大数据技术,投资者可以获得较为全面的市场视角,从而做出明智的投资决策,开展有效的风险管理和控制。

4) 互联网金融大数据分析技术

互联网金融结合了互联网行业和金融行业的要素,采用互联网和移动通信技术实现多种金融服务。互联网金融包含的内容非常广泛,主要包括支付服务、渠道创新服务、投融资服务、理财服务等。

互联网金融数据是指互联网企业在不同渠道开展金融服务过程中产生的相关数据。网络化的平台、标准的流程极大地降低了数据收集的成本,而随着业务的爆发式增长,以BAT为代表的互联网公司积累了大量数据,如:在支付服务中积累了转账汇款、机票订购、火车票代购、保险续费、生活缴费、考试缴费等支付服务数据;在投融资服务中积累了贷款方的财务报表、运营状况、个人财产等相关数据,投资方的个人基本信息、投资行为信息等与风险或收益偏好相关的数据。此外,决策者还能从互联网上获取海量的数据资源,对客户的行为进行交叉验证,这些数据既可以是用户的网页浏览数据、在其他电商平台上的交易和评论数据、博客或社交网络上发布的观点信息,也可以是相关新闻的文本、照片和视频数据等。

互联网金融数据主要存在数据源多且整合难度大、数据量大且信息密度低、平台间信息共享难度大、数据安全和隐私保护要求较高等问题,需要能综合运用机器学习、人工智能、隐私计算等多方面的技术,以实现高效的数据处理、分析和挖掘工作。如:根据用户的浏览和搜索行为,结合同类客户的交易行为,推断用户的风险偏好和投资兴趣,然后采用协同过滤推荐算法或组合推荐算法,为不同用户推荐合适的金融产品和服务;基于用户的注册、活跃和流失数据,用深度学习模型分析整个市场的变化和发展趋势,进而设定合理的产品策略和市场定位;结合聚类和异常点检测技术,从海量交易行为中识别出异常交易模式和潜在风险,以检测和预防欺诈行为等。

6.3 金融大数据典型应用

随着大数据技术的普及和成熟,金融大数据的应用已成为行业的热点趋势。在交易欺诈识别、精准营销、黑产防范、消费信贷、信贷风险评估、供应链金融、股市行情预测、股价预测、智能投顾、骗保识别、风险定价等涉及银行、证券、保险、支付清算和互联网金融等多个领域,金融大数据已得到广泛应用,涌现出众多技术创新和业务突破的案例。对大数据的应用与分析能力,正在成为金融机构未来发展的核心竞争力。本节将概述金融大数据的典型应用。

6.3.1 金融市场预测与分析

1) 股市行情预测

大数据技术的迅猛发展为证券企业量化投资提供了前所未有的机遇。通过大数据的广泛应用,量化投资的维度得以大幅拓展,企业能够更加精准地洞察市场走势。随着数据规模的爆发式增长和数据分析处理能力的显著提升,量化投资者可以获取更加广泛和多样化的数据资源,构建更加丰富的量化因子,从而完善投研模型,使其更加适应市场的复杂变化。

证券企业通过大数据对海量的个人投资者样本进行持续性跟踪与监测,利用数据统计与加权汇总技术,对包括账本投资收益率、持仓率、资金流动情况等在内的一系列关键指标进行深入分析。通过对这些数据的精细化处理,企业能够掌握个人投资者交易行为的变化趋势,了解其投资信心的状态及未来发展的方向,预测市场的整体预期与当前的风险偏好,从而更加准确地预测未来的市场行情。

典型案例:中信证券公司的大数据应用

① 案例背景

中信证券公司是国内证券行业的龙头企业,拥有丰富的市场经验和广泛的客户基础。然而,随着市场环境的日益复杂和投资者行为的日趋多样化,公司意识到传统的量化投资手段已不足以应对市场的快速变化。为此,中信证券公司决定全面引入大数据技术,以提高其市场预测能力和量化投资的准确性。

② 应用场景

在引入大数据技术后,中信证券公司组建了一个由数据科学家、金融分析师和量化工程师组成的跨学科团队,专门负责大数据项目的实施。公司首先整合了来自内部和外部的多源数据,包括交易所数据、第三方数据提供商的数据,以及社交媒体、新闻舆情和宏观经济指标等非结构化数据。为了充分挖掘这些数据的潜力,公司开发了一个基于人工智能和机器学习的分析平台。

在实际应用中，中信证券公司通过该平台对数百万名个人投资者的交易行为进行了详细的分析。平台不仅跟踪了投资者的持仓变动、交易频率、资金流动等传统金融指标，还结合了投资者在社交媒体上的情绪表达、市场舆论的变化以及经济数据的发布情况。这种多维度的数据整合和分析使得公司能够实时监测市场的微观和宏观动态，并做出更加精准的市场预测。

③ 应用成效

通过大数据平台，中信证券公司在多个关键市场节点上展现出了超凡的市场洞察力。例如，在2023年年中的全球金融市场波动中，中信证券公司提前通过数据分析发现了某些大型机构投资者的资金流动异动，以及社交媒体上关于市场崩盘的谣言逐渐增多的趋势。结合这些信息，公司成功预测了即将到来的市场调整，并在市场下跌前及时调整了自己的投资组合，避免了高达数亿人民币的潜在损失。

不仅如此，中信证券公司还利用大数据分析开发了多个新的投资产品。例如，基于投资者行为的深度分析，公司设计了一款"智能对冲基金"，能够根据市场情绪和宏观经济数据的实时变化，自动调整风险暴露和投资策略。该产品一经推出，便受到了市场的热烈追捧，吸引了大量投资者资金，为公司带来了可观的管理费收入。此外，中信证券公司还通过对大数据分析的结果进行了回顾性研究，总结了在市场预测中有效的量化因子和模型。公司将这些研究成果应用于后续的投资决策中，不断优化和升级量化投资策略，保持了在市场中的领先地位。

中信证券公司的案例充分展示了大数据在量化投资和市场预测中的巨大潜力。通过整合多源数据并应用先进的分析技术，证券公司不仅能够更好地理解市场动态，还能够在瞬息万变的金融市场中做出更精准的投资决策，获得显著的经济收益和竞争优势。

2）股价预测

证券行业以其独特的属性在金融领域中占据着重要地位。与其他行业的产品和服务价值通常通过间接手段来衡量不同，证券行业的客户投资与收益往往直接以货币形式呈现，具有高度的可量化性和客观性。这一特性使得证券行业在金融业务与产品设计、营销和销售方式上与其他行业有着显著的区别，要求更高的专业性和精细化管理。

诺贝尔经济学奖得主罗伯特·席勒设计的投资模型至今仍然在金融行业内被广泛应用。该模型主要基于三个关键变量：投资项目的预期现金流、公司的资本成本估算以及股票市场对投资的反应，即市场情绪。席勒提出，市场具有一定的主观性，投资者的情绪波动会直接影响他们的投资行为，而这种行为最终会对资产价格产生显著影响。然而，在大数据技术出现之前，市场情绪作为一个主观变量，始终难以被量化和直接分析。这导致了预测模型在面对市场情绪变化时存在一定的局限性。

随着大数据技术的迅速发展，市场情绪的量化分析逐渐成为可能。通过收集并分析来自社交网络平台（如微博、朋友圈、专业金融论坛等）的结构化和非结构化数据，金融机构能够更好地感知市场对特定企业或事件的情绪反应。这些数据可以包括投资者的评论、讨论的热点话题、情感分析等，从而提供对市场情绪的定量描述。大数据使得这些复杂且多样化的信息得以整合，并纳入投资模型中，大大提升了股价预测的准确性。

典型案例：桥水基金的大数据情绪分析应用

① 案例背景

桥水基金是全球最大的对冲基金之一,创始人雷·达里奥(Ray Dalio)以其独特的投资哲学和对经济规律的深刻理解而闻名。桥水基金一直以来采用严格的经济模型和数据驱动的投资策略。然而,随着市场的不断变化和技术的发展,桥水基金意识到传统的模型在应对市场情绪波动时存在局限性。为此,桥水基金决定引入大数据技术,将市场情绪纳入其投资决策过程中。

② 应用场景

桥水基金开发了一套基于大数据的市场情绪分析系统。该系统整合了来自全球社交媒体平台、新闻网站和专业金融论坛的海量数据,并通过自然语言处理和情感分析算法对这些数据进行深入分析。例如,桥水基金利用该系统监测市场对全球主要经济体政策变化的情绪反应,如美国联邦储备委员会的货币政策决策。

在一个具体的应用场景中,桥水基金使用该系统分析了苹果公司(Apple Inc.)在发布新产品前后的市场情绪。当苹果公司即将发布新一代 iPhone 时,桥水基金通过系统监测到,尽管苹果在产品发布会之前没有公开太多细节,但社交媒体上的投资者情绪显著偏向乐观。同时,全球供应链的分析报告也显示,苹果的供应商订单量大幅增加,这预示着即将发布的产品可能会有强劲的市场需求。基于这些数据,桥水基金决定在产品发布前增持苹果的股票。事实证明,在新 iPhone 发布后,苹果公司的股价出现了显著上涨,桥水基金通过这次投资获得了丰厚的回报。

③ 应用成效

通过将市场情绪量化分析纳入股价预测模型,桥水基金在多个重要的投资决策中获得了显著的成功。例如,在 2023 年全球经济不确定性增加的情况下,桥水基金利用其情绪分析系统及时识别出市场的恐慌情绪,并根据这些分析结果对其投资组合进行了调整,成功规避了市场的剧烈波动风险。随后,当市场情绪逐步回暖时,桥水基金又果断加仓,最终在市场回升时实现了超额收益。

此外,桥水基金还将这一系统应用于其宏观经济策略中。例如,通过分析全球投资者对不同国家经济政策的情绪反应,桥水基金能够更精确地预测各国市场的短期波动,从而在全球投资组合的配置上占得先机。

桥水基金的案例清晰地展示了大数据技术在股价预测和市场情绪分析中的强大作用。通过量化市场情绪,桥水基金能够在复杂多变的市场环境中做出更加精准的投资决策,不仅提升了投资回报率,还在全球金融市场中保持了竞争优势。

3) 智能投顾

智能投顾,作为近年来证券行业应用大数据技术的一项重要创新,已成为财富管理领域的新兴增长点。智能投顾服务利用先进的数据分析技术和量化模型,为客户提供个性化的投资建议和管理方案。这些服务基于客户的风险偏好、投资目标、交易行为等多维数据,能够提供低门槛、低费率的财富管理服务,满足了不同层次投资者的需求。

智能投顾的工作流程包括客户资料的收集与分析、投资方案的制定与执行,以及后续的投资维护。通过自动化系统,这些步骤都得到了高效的处理。智能投顾不仅能为客户提供定制化的投资方案,还具备低成本、低门槛的优势,使得更多的零售客户能够享受到专业的财富管理服务。随着技术的不断进步,智能投顾有望在广度和深度上推动证券行业进入全新的财富管理阶段,并为政策调整中的收费模式转变奠定基础。

典型案例:华泰证券的智能投顾实践

① 案例背景

华泰证券是中国领先的综合性证券公司之一。为了应对市场上日益增长的投资需求和日趋激烈的竞争,华泰证券决定推出智能投顾服务,旨在为广大零售客户提供高效、个性化的财富管理方案。该公司希望通过智能投顾不仅提升客户满意度,还能在业务上实现差异化竞争。

② 应用场景

华泰证券推出的智能投顾平台名为"华泰智投",该平台通过先进的大数据技术和人工智能算法,为客户提供个性化的投资建议。用户首先通过平台完成风险评估问卷,系统根据客户的风险承受能力、投资目标和投资经验等信息生成个性化的投资策略。平台整合了来自市场的实时数据,包括宏观经济指标、行业趋势、企业财报等,并结合客户的历史交易行为和投资偏好,为每位客户量身定制投资组合。例如,一位年轻的投资者希望在中高风险范围内寻求长期增长的投资机会。华泰智投平台通过数据分析发现,该投资者对科技股和新能源行业有较高的兴趣,并且历史交易记录显示出对长期投资的偏好。系统基于这些信息,推荐了一组合适的科技与新能源股票,并设定了自动调仓和再平衡的策略,以确保投资组合在市场波动中的稳定性和成长性。

③ 应用成效

华泰证券的智能投顾平台在上线后取得了显著的成果。平台的推出使得公司能够有效拓展其客户基础,尤其是年轻和中小型投资者群体,这些客户群体通常对传统财富管理服务的高门槛和高费率感到困惑。智能投顾的低门槛和个性化服务大大提升了客户的满意度和黏性。

具体而言,在平台上线后的半年内,华泰证券的客户资产管理规模增长了约20%,智能投顾服务的客户量也显著增加。用户反馈显示,智能投顾不仅提高了投资决策的效率,还使得投资过程更加透明和可控。此外,公司通过智能投顾服务的管理费模式,逐步实现了从传统的前端佣金收费向后端管理费收费模式的转变。这一转变不仅提升了公司的收益稳定性,还为未来政策放宽提供了良好的实践基础。

华泰证券的智能投顾案例展现了大数据技术在财富管理中的巨大潜力。通过智能化的系统和量化模型,证券公司能够为客户提供个性化、低成本的投资服务,满足了多样化的投资需求。智能投顾的成功应用不仅推动了公司业务的增长,还为行业未来的发展提供了新的方向。随着技术的进一步发展,智能投顾有望在广度和深度上持续推进证券行业的创新与变革。

6.3.2 量化投资高频交易策略

1) 算法交易与自动化交易系统

在现代金融市场中,算法交易与自动化交易系统正逐渐成为核心技术,它们大幅提升了交易效率和精准度。算法交易利用预设的计算机程序自动执行交易策略,能够在毫秒级别内完成大量交易操作,精确捕捉市场中的微小价格波动。这些系统不仅减少了人为干预的错误,还能够处理复杂的交易策略,从而优化交易执行和降低成本。

自动化交易系统通过实时分析市场数据,包括价格变动、交易量、订单簿深度等,能够即时生成交易信号并执行交易。这些系统通常包括高频交易(HFT)算法、市场制造算法、统计套利算法等,它们根据市场条件和交易策略动态调整执行计划。借助大数据技术和人工智能,这些系统能够从海量数据中提取有价值的信息,并不断优化交易决策。

典型案例:德意志银行的算法交易系统

① 案例背景

德意志银行(Deutsche Bank)作为全球领先的金融机构之一,为了提高其交易业务的效率和盈利能力,决定引入先进的算法交易和自动化交易系统。面临市场的快速变化和竞争压力,德意志银行希望通过这一系统提升交易执行速度,优化交易策略,并降低交易成本。

② 应用场景

德意志银行推出了名为 Deutsche Bank Algorithmic Trading Engine 的自动化交易系统。该系统整合了多种算法,包括流动性提供算法、市场制造算法和趋势跟踪算法。系统能够实时分析来自全球市场的数据,并根据市场情况自动生成和执行交易指令。

在一个具体应用中,德意志银行的系统被用来处理一个大型外汇交易订单。系统通过将订单拆分成多个小订单,并在不同的时间和价格点执行,从而减少了对市场的冲击。通过动态调整订单执行策略,系统确保以最佳价格完成交易,并降低了交易成本。系统还能够实时监测市场走势,并根据变化调整交易策略,以最大限度地提高盈利机会。

③ 应用成效

德意志银行的算法交易系统在实际操作中表现优异。系统的引入显著提升了交易执行的速度和准确性,使得公司能够更好地应对市场波动。具体而言,在系统上线后的首年内,德意志银行的交易成本降低了约 20%,交易执行速度提升了约 35%。此外,系统的高效运作使得公司在多次市场波动中成功规避了潜在的风险,并在市场回暖时获得了额外的收益。

德意志银行还利用系统在多个市场进行套利操作,成功捕捉了市场中的价格差异。系统的优化能力不仅提高了交易效率,还为公司带来了额外的盈利,进一步增强了其市场竞争力。

德意志银行的案例清晰地展示了算法交易与自动化交易系统在金融市场中的强大优势。通过引入先进的算法和自动化技术,德意志银行不仅提升了交易效率和盈利能力,还在竞争激烈的市场中获得了显著的优势。这些系统的成功应用为金融机构提供了新的思路,推动了交易业务的创新与发展。

2) 投资组合优化与风险管理

投资组合优化与风险管理在现代投资领域中占据着核心地位,成为了实现资产增值和控制风险的关键工具。投资组合优化旨在通过科学的方法和算法,配置投资资产,以达到最佳的风险收益平衡。利用大数据技术和量化模型,投资者可以根据市场数据、经济指标和资产特性,制定出最优的投资策略和组合,以提高整体投资组合的表现。

风险管理则是指在投资过程中,通过识别、评估和控制风险,以保护投资资本并确保长期收益的稳定。现代风险管理技术包括情景分析、压力测试等,能够全面评估投资组合面临的各种风险因素,并采取相应的对策进行管理和控制。大数据和人工智能的引入,使得风险管理更为精准和高效,通过对海量数据的深度分析,能够实时监测和预测潜在的风险,及时调整投资策略。

典型案例:摩根士丹利的投资组合优化与风险管理实践

① 案例背景

摩根士丹利作为全球知名的金融服务公司,为了提升其资产管理业务的竞争力和效果,决定采用先进的投资组合优化和风险管理技术。面对市场的不确定性和复杂性,公司希望通过优化投资组合配置,提高投资回报,同时有效控制风险。

② 应用场景

摩根士丹利推出了一套名为"MS Portfolio Optimizer"的投资组合优化和风险管理平台。该平台集成了多种数据分析技术,包括大数据分析、机器学习和量化模型。系统能够实时收集和分析市场数据、经济指标、公司财报等信息,并基于这些数据优化投资组合配置。

在一个实际应用案例中,摩根士丹利针对一个大型养老基金的投资组合进行优化。系统通过综合分析历史数据、市场趋势和风险因素,应用现代投资组合理论(如均值-方差优化)来制定最优的资产配置方案。系统还利用 VaR 模型对投资组合的潜在风险进行评估,并通过压力测试模拟极端市场情况,确保投资组合在各种市场条件下的稳健性。

③ 应用成效

摩根士丹利的投资组合优化和风险管理平台在实际操作中取得了显著的成果。通过系统的引入,公司成功提升了投资组合的整体表现,同时有效控制了风险。具体而言,在平台上线后的第一年内,摩根士丹利的投资组合回报率提高了约 12%,同时风险敞口减少了约 15%。平台的风险管理功能帮助公司识别并规避了潜在的市场风险,保护了投资资本。此外,系统的智能优化能力还帮助摩根士丹利在不同市场环境中进行动态调整,进一步提升了投资组合的灵活性和适应性。通过对市场数据的实时分析和预测,公司能够在市场波动中迅速做出调整,实现了更高的投资回报和风险控制效果。

摩根士丹利的案例展示了投资组合优化与风险管理技术在金融市场中的强大作用。通过引入先进的数据分析和量化模型,公司不仅提高了投资组合的表现,还有效控制了风险。这些技术的应用为投资者提供了科学的决策支持,推动了投资业务的创新与发展。随着技术的不断进步,投资组合优化和风险管理有望进一步提升投资效果和风险控制能力。

6.3.3 保险定价与风险管理

1)骗保识别

在保险行业中,赔付管理直接影响企业的利润和运营效率。特别是赔付中的"异常值"——即超大额赔付——往往成为推高赔付成本的主要因素。保险欺诈不仅严重损害保险公司的利益,而且传统的欺诈识别方法通常需要耗费数月甚至数年的时间进行调查。

借助大数据技术,保险企业可以显著提升骗保识别的准确性和及时性。通过构建先进的保险欺诈识别模型,保险公司能够在海量的赔付数据中快速筛选出疑似诈骗的案件。这些模型利用机器学习算法分析历史赔付数据,识别出潜在的欺诈行为模式。例如,系统可以对比正常索赔与异常索赔的特征,发现那些偏离正常赔付模式的案件。

保险企业还可以整合内部数据、第三方数据和社交媒体数据进行早期异常值检测。这些数据可能包括客户的健康状况、财产状况、历史理赔记录等。通过综合分析这些信息,系统能够实时检测出异常行为,并及时采取干预措施,从而减少可能的先期赔付损失。

典型案例:中国平安的骗保识别系统

① 案例背景

中国平安作为中国领先的综合金融服务集团,为了提升其保险业务的运营效率和减少赔付欺诈,决定引入大数据技术来优化骗保识别流程。面对日益复杂的欺诈手法和大量的赔付数据,中国平安希望通过技术手段提高骗保识别的准确性和效率。

② 应用场景

中国平安推出了一套名为"平安智能反欺诈系统"的大数据驱动的骗保识别平台。该系统利用机器学习和数据挖掘技术,对海量的赔付数据进行实时分析。系统从多个维度对赔付信息进行建模和异常检测,包括客户的健康记录、财产信息、历史理赔数据等。在实际应用中,系统能够快速识别出那些异常的赔付申请。例如,某位客户在短时间内频繁提交高额理赔申请,系统会自动标记该案件为可疑,并将其提交给调查团队进行进一步审查。系统还通过分析社交媒体上的公开信息,例如客户的健康状况或生活方式,进一步验证案件的真实性。

③ 应用成效

"平安智能反欺诈系统"的引入显著提高了骗保识别的准确性和效率。在系统上线后的六个月内,中国平安成功识别了数百起潜在的保险欺诈案件,并减少了约25%的不必要赔付。系统的自动化处理能力使得赔付审查的时间从传统的数月缩短到数周甚至数天,大幅提升了工作效率。

此外,通过整合内部数据和社交媒体信息,系统还能够在案件发生的早期阶段进行干预,进一步减少了潜在的赔付损失。系统的成功应用不仅有效保护了公司利益,也提升了客户的信任度和满意度。

中国平安的案例展示了大数据技术在骗保识别中的巨大潜力。通过构建智能化的骗保识别系统,保险公司能够在处理大量赔付数据时迅速识别出潜在的欺诈行为,并采取有效措施进行干预。这不仅提高了保险公司的运营效率,还减少了因欺诈行为造成的经济损失,为保险行业的风险管理和业务发展提供了有力支持。

2) 风险定价

保险行业的风险定价是根据对不同群体风险的评估来确定保费的过程。传统的风险定价模型通常依赖于历史数据和统计方法,对高风险群体收取较高的费用,而对低风险群体则提供较低的费用。然而,随着大数据技术的发展,保险企业在风险定价方面迎来了前所未有的创新机遇。

通过大数据分析,保险公司可以获得更加全面和精准的风险评估信息,从而制定更加个性化的保费定价方案。例如,借助智能监控装置,保险公司能够实时收集驾驶者的行车数据,包括行车频率、行车速度、急刹车和急加速频率等。这些数据可以用来准确评估驾驶行为的风险水平。通过社交媒体分析,保险公司还可以获取驾驶者的行为数据,如网上争吵的频率、性格特征等,进一步了解其风险倾向。此外,医疗系统中的健康数据也可以为风险评估提供重要参考。

基于这些丰富的数据,保险公司能够制定更加灵活的定价策略。例如,对于那些驾驶频率低且驾驶行为谨慎的客户,可以提供30%~40%的保费折扣。这种个性化的定价方案不仅能有效吸引和留住客户,还能大大提升保险产品的市场竞争力。

典型案例:美国国际集团的风险定价实践

① 案例背景

美国国际集团（AIG）作为全球领先的保险和金融服务公司，为了提升其车险业务的竞争力和精确度，决定引入大数据技术来优化风险定价。公司希望通过更加精准的风险评估来制定个性化的保费定价，提高客户满意度和保单续签率。

② 应用场景

AIG 推出了一套名为"SmartDrive Risk Pricing System"的大数据驱动风险定价平台。该系统集成了智能监控装置和数据分析工具，用于收集和分析驾驶者的各类数据。系统能够实时监控驾驶者的行车行为，包括行车频率、行车速度、急刹车和急加速的频率等。同时，系统还分析社交媒体数据和健康记录，以获取更全面的风险信息。

在具体应用中，AIG 对一个驾驶行为良好的客户进行评估。如果该客户的驾驶频率较低，且行车时保持稳定的速度，急刹车和急加速的情况很少发生，系统会自动识别该客户为低风险群体。基于这些数据，AIG 为该客户提供了高达 40% 的保费折扣。系统还通过分析客户的社交媒体行为和健康数据，进一步确认其低风险状态。

③ 应用成效

SmartDrive Risk Pricing System 的引入显著提升了 AIG 的风险定价精度和市场竞争力。系统的应用使得 AIG 能够提供更为个性化的保费定价方案，从而吸引了大量的潜在客户。在系统上线后的第一年内，AIG 的车险业务客户满意度提升了约 20%，保单续签率提高了约 15%。此外，通过精准的风险评估，AIG 还成功降低了赔付成本。在高风险客户的管理方面，系统能够更早地识别和干预，减少了潜在的赔付风险。整体来看，系统的成功应用不仅提高了保险产品的市场竞争力，还为公司带来了显著的经济效益。

AIG 的案例展示了大数据技术在风险定价中的强大潜力。通过引入智能监控和数据分析工具，公司能够实现更加精准的风险评估和个性化的保费定价。这不仅提升了客户的满意度和市场竞争力，还有效降低了赔付成本，为保险行业的风险管理和业务发展提供了有力支持。

6.3.4 监管科技与合规管理

1）反洗钱与欺诈检测

反洗钱和欺诈检测是金融机构中至关重要的合规和风险管理领域。这些措施旨在防止金融系统被用于非法活动，如洗钱、恐怖融资及其他形式的金融欺诈。传统的反洗钱和欺诈检测方法通常依赖于规则驱动的系统和人工审核，但这些方法往往难以应对复杂和动态的欺诈手段。

大数据技术的引入为反洗钱和欺诈检测带来了显著的创新。利用大数据分析，金融机构可以从海量交易数据中实时识别潜在的非法活动。通过智能化的数据挖掘和模式识别技术，系统能够检测出不寻常的交易模式、异常的资金流动及其他可疑行为。例如，系统可以分析客户的交易历史、账户活动、地理位置数据等，识别出那些与正常行为模式明显不同的交易。

大数据技术还能够整合来自多个数据源的信息，如内部交易数据、第三方数据、社交媒体信息等，通过综合分析提供更加全面的反洗钱和欺诈检测方案。通过建立多层次的检测机制，金融机构能够在早期阶段发现和阻止非法活动，从而有效保护金融系统的安全和稳定。

案例分析:汇丰银行的反洗钱与欺诈检测系统

① 案例背景

汇丰银行(HSBC)作为全球领先的金融服务公司,为了应对不断复杂化的洗钱和金融欺诈风险,决定引入先进的大数据技术来提升反洗钱和欺诈检测能力。汇丰银行希望通过更精准的数据分析和模式识别,提升其合规性,减少非法活动的风险。

② 应用场景

汇丰银行推出了一套名为 HSBC Anti-Money Laundering and Fraud Detection Platform 的大数据驱动的反洗钱和欺诈检测系统。该系统整合了智能数据分析和人工智能技术,能够实时监控和分析全球范围内的交易数据。系统通过机器学习算法分析客户的交易行为、账户活动、资金流动等数据,并识别出那些异常的交易模式和潜在的洗钱行为。

在实际应用中,系统能够自动检测出大量的可疑交易。例如,如果一个客户在短时间内进行大额资金转移,并且这些交易涉及多个国家或地区,系统会将这些交易标记为高风险,并自动触发审查程序。系统还能够分析社交媒体上的公开信息,识别潜在的欺诈行为,例如虚假身份或关联的可疑网络。

③ 应用成效

HSBC Anti-Money Laundering and Fraud Detection Platform 的引入显著提升了汇丰银行的反洗钱和欺诈检测能力。在系统上线后的第一年内,汇丰银行成功识别了数千笔可疑交易,并大幅提高了合规性和风险管理水平。系统的自动化检测能力使得客户的可疑交易被迅速识别,减少了传统人工审核的工作量,并提高了检测的准确性。

此外,系统还帮助汇丰银行遵守了国际反洗钱法规和合规要求,减少了因违规行为而产生的潜在法律风险。通过智能化的检测机制,汇丰银行能够在更早的阶段发现和阻止非法活动,从而有效保护了金融系统的稳定性和安全性。

汇丰银行的案例展示了大数据技术在反洗钱和欺诈检测中的巨大潜力。通过引入先进的数据分析和人工智能技术,金融机构能够实现更加精准和高效的非法活动检测。这不仅提升了合规性和风险管理水平,还有效维护了金融系统的稳定和安全,为金融行业的风险控制和业务发展提供了有力支持。

2) 风险管理与合规监控

在金融行业,风险管理和合规监控是确保企业稳健运营和满足监管要求的关键领域。传统的风险管理和合规监控方法依赖于规则驱动的系统和人工审查,但这些方法往往难以应对复杂的市场环境和不断变化的监管要求。

大数据技术的引入为风险管理和合规监控带来了革命性的变化。通过实时收集和分析大量的数据,金融机构能够更全面地识别和评估风险,并及时采取措施应对潜在的风险。大数据分析不仅能够提高风险预测的准确性,还能够实现更高效的合规监控,确保企业在复杂的监管环境中保持合规。

金融机构可以利用大数据技术对各种风险进行深入分析,包括市场风险、信用风险、操作风险等。通过构建动态风险模型和风险预警系统,机构能够实时监控风险状况,并根据市场变化自动调整风险管理策略。同时,合规监控系统可以实时跟踪和分析合规数据,确保企业符合各项监管要求,并及时发现和纠正潜在的合规问题。

典型案例:摩根大通的风险管理与合规监控平台

① 案例背景

摩根大通作为全球领先的金融服务公司，面临着复杂的市场风险和严格的监管要求。为了提升风险管理和合规监控能力，摩根大通决定引入先进的大数据技术，建立一个全面的风险管理与合规监控平台。公司希望通过这一平台提高风险预测准确性和合规监控效率，从而增强整体业务的稳健性和合规性。

② 应用场景

摩根大通推出了一套名为 JPM Risk and Compliance Analytics Platform 的大数据驱动风险管理与合规监控系统。该系统整合了实时数据分析、人工智能和机器学习技术，能够对各种风险进行动态评估和监控。系统通过实时收集和分析市场数据、交易记录、客户行为等信息，构建了全面的风险模型，并设立了实时风险预警机制。

在实际应用中，系统能够自动识别市场风险和信用风险。例如，当系统检测到某类资产的市场价格异常波动时，会触发风险预警，并自动生成风险分析报告。此外，系统还能够实时跟踪合规数据，确保公司符合各项监管要求，并自动识别和报告潜在的合规问题。

③ 应用成效

JPM Risk and Compliance Analytics Platform 的引入显著提升了摩根大通的风险管理和合规监控能力。系统的实时数据分析和风险预警功能使得公司能够在市场风险发生之前及时采取措施，有效减少了潜在的损失。在系统上线后的第一年内，摩根大通成功降低了约20%的风险损失，并提升了合规监控的效率。此外，系统的智能化监控能力还帮助摩根大通提高了合规性，减少了因合规问题产生的法律风险。通过自动化的数据分析和报告生成，系统大幅降低了人工审查的工作量，并提升了检测的准确性和及时性。

摩根大通的案例展示了大数据技术在风险管理和合规监控中的重要作用。通过引入先进的数据分析和人工智能技术，金融机构能够实现更加精准和高效的风险评估和合规监控。这不仅提升了风险管理和合规性的水平，还增强了企业的运营稳健性，为金融行业的风险控制和合规管理提供了有力支持。

3）区块链与供应链金融

区块链是一种去中心化的分布式账本技术，具有安全性高、信息透明、高度自治、数据不可篡改、可追溯的特点，通过创建信任机制推动了世界范围内的价值流动。区块链技术原理主要包括哈希运算、数字签名、P2P网络技术和工作量证明机制。区块链技术可以在无信任的环境下，在整个网络中的任意节点建立起共识机制，而无须担心数据被篡改。此外，区块链中的分布式数据库通过横向扩展，提升了数据的吞吐量和计算效率，适用于当前的大数据环境。

供应链金融业务涉及供应链上下游的多个企业，各个企业之间以及与金融机构间的信息透明程度是其能否成功的核心要素。如果能将核心企业上下游企业的信息流、资金流全部整合在区块链上面，则可以缓解信息不对称、信用无法传递、结算不能自动化按约定完成、商票不能拆分支付等问题。具体来说，区块链以分类账上的货物转移记录为交易，确定货物交易中涉及的各参与方，以及产品的来源、日期、价格、质量和其他相关信息。由于供应链中任何成员都不能获得分类账的所有权，也无法操控数据以谋取私利，再加上交易经过加密处理并具备难以篡改的特性，因此分类账几乎不会遭到损害。此外，使用区块链技术通过业务过程的数字化和自动化，可极大减少人工操作的需求，在减少失误的同时提升供应链整体运转效率。

典型案例：中银金科区块链应用

① 案例背景

中银金融科技有限公司(简称"中银金科")是中国银行于 2019 年在上海成立的一家全资子公司。作为中国银行在金融科技领域的重要布局，中银金科秉持"立足集团内服务，放眼集团外拓展；深耕金融行业，探索跨界合作"的发展战略，致力于打造具备市场竞争力的金融科技平台。面对全球金融科技的迅速发展和行业需求的不断变化，中银金科应运而生，旨在推动金融科技创新，提升集团内外的金融服务效率和质量。

② 应用场景

在建筑工程领域，供应链上下游之间通常存在着信息不对称和信任不足的问题，尤其是在资金支付和流转过程中，企业之间的信任危机可能导致支付延迟、资金滞留等问题。为了应对这一挑战，中银金科建设了资金支付管理区块链平台。该平台利用区块链技术的共识机制，确保供应链各角色之间的数据可以无损流动，有效降低了信息不对称性。通过该平台，各角色之间的交互信息能够实现高效的"追根溯源"，从而使资金支付可以逐级、封闭、穿透式地进行。平台通过这种方式，不仅确保了整个资金支付过程的可控性，还显著提高了资金监管的透明度，推动了建筑工程领域治理体系的现代化。此外，该平台还积极探索数字人民币与供应链金融的融合应用，为未来的金融创新开辟了新的路径。

③ 应用成效

该区块链平台首先在雄安新区进行了试点运行，吸引了中国雄安集团公共服务管理有限公司、中国雄安集团生态建设投资有限公司、中铁建工集团有限公司、中铁四局集团有限公司等十余家大型企业的参与。这些企业将其建筑工程全面纳入平台管理，利用平台的资金监管拨付和供应链金融融资申请等功能，实现了供应链上各环节的高效运作。平台的运行涉及资金达 7 亿人民币，显著提升了资金的使用效率和透明度，有效防范了供应链中的资金风险，优化了企业之间的合作关系。同时，试点的成功运行也为该平台在更广泛的应用场景中推广奠定了坚实的基础，进一步推动了区块链技术在金融和供应链管理领域的深入应用。

6.4 金融大数据应用面临的挑战和发展趋势

随着大数据技术在金融领域的应用逐步深入，金融机构正面临一系列新的挑战和机遇。金融大数据的应用不仅要求数据的高效管理和安全保障，还需要不断突破技术瓶颈，实现业务的创新发展。未来，随着数据共享和融合的趋势增强，人工智能技术的引入以及数据安全的重要性日益突出，金融大数据的发展前景充满潜力和挑战。

6.4.1 金融大数据应用面临的挑战

（1）金融行业的数据资产管理应用水平仍待提高。金融行业的数据资产管理仍存在诸多问题，如数据质量不足、数据获取方式单一、数据系统分散等。一方面，金融数据质量仍需提升，主要表现在数据缺失、数据重复、数据错误以及数据格式不统一等多个方面。另一方面，金融行业的数据来源相对单一，对于外部数据的引入和应用仍需加强。此外，金融行业的数据标准化程度较低,分散在多个数据系统中,现有的数据采集和应用分析能力难以满足当前大规模数据分析的需求,数据应用需求的响应速度仍然不足。

(2) 金融大数据应用技术与业务探索仍需突破。金融机构原有的数据系统架构复杂,涉及多种系统平台和供应商,进行大数据应用的技术改造难度较大。此外,系统改造的同时必须保障业务系统的安全可靠运行。目前,金融行业的大数据分析应用模型仍处于探索阶段,成熟案例和解决方案相对较少。金融机构在应用大数据时,需要投入大量的时间和成本进行调研和试错,这在一定程度上制约了其积极性。此外,目前的大数据分析实践显示,误判率仍较高,机器判断的结果仍需人工核查,资源利用效率和客户体验仍有待提升。

(3) 金融大数据的行业标准与安全规范仍待完善。当前,金融大数据的相关标准仍处于探索阶段,缺乏统一的存储管理标准和互通共享平台,涉及金融行业大数据的安全规范仍存在较多空白。相比其他行业,金融大数据涉及更多的用户个人隐私,对用户数据安全和信息保护的要求更加严格。随着大数据在金融行业细分领域的应用价值逐步凸显,缺乏行业统一的安全标准和规范,仅依靠金融机构自身管控会带来较大的安全风险。

(4) 金融大数据发展的顶层设计和扶持政策还需强化。在发展规划方面,金融大数据的顶层设计仍需进一步强化。一方面,金融机构之间的数据壁垒仍较为明显,数据应用缺乏有效的整合和协同,跨领域和跨企业的数据应用相对较少。另一方面,金融行业数据应用缺乏整体性规划,当前仍存在较多分散性、临时性和应激性的数据应用,数据资产的应用价值没有得到充分发挥,业务支撑作用仍待加强,迫切需要通过行业整体性的产业规划和扶持政策,明确发展重点,加强方向引导。

6.4.2 金融大数据的未来发展趋势

(1) 大数据应用水平正在成为金融企业竞争力的核心要素。金融行业的核心在于风险控制,而风险控制则依赖于数据驱动。金融机构的风控水平直接影响其坏账率、营收和利润。经过长期的数字化转型,金融机构积累了大量的信息系统,从中获取了海量数据。然而,这些数据往往分散在各个系统中,难以进行集中分析。金融机构已经意识到需要有效管理其日益重要的数据资产,并正在积极探索和实践数据资产治理的方法。目前,金融机构加大了在数据治理项目中的投入,结合大数据平台的建设,致力于构建企业内部统一的数据池,实现数据的"穿透式"管理。在大数据时代,数据治理是金融机构亟须深入思考的命题。有效的数据资产管理可以使数据成为金融机构的核心竞争力。在国内,金融机构对大数据的认识已从初步探索阶段进入了广泛认同阶段。据普华永道的研究显示,大多数金融机构表示希望在大数据方面进行投资。金融行业对大数据的需求主要是业务驱动型,迫切希望通过大数据技术提高营销的精准度、风险识别的准确性、经营决策的针对性及产品的吸引力,从而降低企业成本、提升企业利润。随着越来越多的金融机构通过大数据技术获得可观的回报,大数据的普及将进一步加速。

(2) 金融行业数据整合、共享和开放成为趋势。数据的关联性和开放性使其价值倍增。随着各国政府和企业逐渐认识到数据共享带来的社会效益和商业价值,全球已经掀起了一股数据开放的热潮。大数据的发展需要所有组织和个人的共同协作,将个人私有数据、企业自有数据和政府数据进行整合,把私有大数据转化为公共大数据。目前,美欧等发达国家和地区的政府已在数据共享上做出了表率,开放了大量的公共事业数据。中国政府也积极推动数据开放。一方面，国家通过推动政府数据公开，带头推进数据共享。国务院《促进大数据发展行动纲要》提出，中央政府层面的多个信息系统将通过统一平台实现数据共享和交换。另一方面，国家还通过建设各类大数据服务交易平台，为数据使用者提供更加丰富的数据来源。国家发展改革委发布的《国家发展改革委办公厅关于请组织申报大数据领域创新能力建设专项的通知》中明确提到，要建设大数据流通与交易平台，以支持数据共享。

（3）金融数据与其他跨领域数据的融合应用正逐步加强。随着大数据技术的日益成熟，数据采集技术也得到了快速发展，借助图像识别、语音识别和语义理解等技术，金融机构能够收集到海量的高价值外部数据，包括政府公开数据、企业官网数据和社交媒体数据。这些数据使金融机构得以通过客户的动态数据，深入了解客户需求。未来，数据流通市场将更加完善，金融机构将能够轻松获取来自电信、电商、医疗、出行、教育等行业的数据。这不仅将推动金融数据与其他行业数据的深入融合，从而使得金融机构的营销和风控模型更加精准，还将催生跨行业应用的发展，使金融行业能够设计出更多基于具体场景的金融产品，与其他行业进行更深层次的融合。

（4）人工智能正成为金融大数据应用的新方向。随着新兴技术的快速发展，大数据与人工智能技术正日益融合。大数据技术主要侧重于数据的采集、存储、处理和展现，而人工智能则在各个阶段为大数据的应用提供强大支持。在数据采集方面，人工智能的认知技术如图像识别、语音识别和语义理解等，实现了海量非结构化数据的高效收集。在数据的存储和管理方面，人工智能技术能够自动为数据打标签并分类。在数据处理方面，人工智能的深度学习、机器学习和知识图谱技术显著提高了算法模型的数据处理效率和准确度。在数据展现方面，智能可视化技术能够实现数据的实时监控和动态呈现。大数据与人工智能正在多维度深度融合，进一步拓展了金融大数据的应用价值和应用场景。

（5）金融数据安全问题日益受到重视。大数据的广泛应用为数据安全带来了新的挑战。由于数据具有高价值、无限复制和流动性等特性，这些特性对数据安全管理提出了更高的要求。对金融机构而言，网络恶意攻击呈指数增长，数据泄露事件屡见不鲜，这对金融机构的数据安全管理能力提出了严峻考验。大数据技术的应用，使金融机构内海量的高价值数据得以集中管理，并实现高速存取。然而，一旦发生信息泄露，可能会导致几乎全部数据资产的泄露，且数据泄露后可能迅速扩散，甚至引发更严重的数据篡改和智能欺诈问题。对个人而言，金融信息的泄露可能暴露大量个人基本信息和消费信息，大数据技术能够轻易大量收集并进行画像分析，从而使公民更易受到欺诈，造成经济损失。

参◇考◇文◇献

［1］中国人民大学金融科技研究所.金融科技二十讲[M].重庆:西南财经大学出版社,2021.
［2］沈艳,陈赟,黄卓.文本大数据分析在经济学和金融学中的应用:一个文献综述[J].经济学(季刊),2019,4:1153-1186.
［3］赵省淳.大数据技术在金融统计实践中的应用[J].中国管理信息化,2022,25(8):151-153.
［4］朱扬勇.大数据资源[M].上海:上海科学技术出版社,2018.
［5］金芳,齐志豪,梁益琳.大数据、金融集聚与绿色技术创新[J].经济与管理评论,2021,4(97):112-

119.
[6] 吴晓光,王振.金融大数据战略的关键[J].中国金融,2018(7):58-59.
[7] 李君.基于深度学习的大数据金融风险行为预测研究[J].大数据与人工智能,2023,4(3):43-45
[8] 邢会强.大数据时代个人金融信息的保护与利用[J].东方法学,2021,1:47-60.
[9] 华珍黄,财军程.金融行业中大数据技术的应用探索[J].财经与管理·国际学术论坛,2023,2(5):113-115.

第 7 章
旅游大数据应用

旅游大数据作为数字经济时代的重要资源,其定义与内涵随着技术的不断进步而日益丰富和完善。最初,旅游大数据被界定为在旅游"食、住、行、游、购、娱"六要素中产生的海量、多样、快速传播的数据集合。这些数据通过大数据技术进行分析和处理,能够为游客提供更加便捷、高效的决策支持,同时也为旅游产业的优化和升级提供有力支撑。近年来,随着生成式人工智能、大数据技术和云计算技术的飞速发展,旅游大数据的定义得到了进一步的拓展。它不仅涵盖了传统意义上的旅游数据,还包括了与旅游活动密切相关的宏观经济数据、交通数据、社会舆论数据等多维度信息。本章通过深入探讨旅游大数据的定义、特征、应用场景以及采集标注方法等内容,并结合具体案例分析展示了大数据技术在旅游行业中的广泛应用和巨大潜力。

7.1 旅游大数据的定义和应用场景

7.1.1 旅游大数据的定义

旅游大数据从产业业态的角度来讲,是一类涉及"食、住、行、游、购、娱"的特定领域的产业数据资源,可以对其进行深度的挖掘分析和相关性分析,将这类"数据石油"中有价值的信息和知识提炼出来,为整个产业和国民经济发展做出贡献。

"旅游大数据"一词,最早是在 2015 年全国智慧旅游高峰论坛上,由金棕榈企业机构首席咨询师潘皓波在"智慧旅游与旅游大数据"演讲中提到具体的定义。这个定义是结合英国大数据专家舍恩伯格的《大数据时代:生活、工作与思维的大变革》这本畅销书中的观念体系而提出的。"旅游大数据"就是在旅游的"食、住、行、游、购、娱"六要素领域所产生的数量巨大、快速传播、类型多样(有结构和非结构的)、富有价值的数据集合,并且可以通过大数据技术(如云计算、分布式存储、流运算、大数据算法、NoSQL 数据库、SOA 架构体系等)进行数据相关性分析和数据可视化,从而使游客的决策更加有效、便捷,提高满意度。从广义上来讲,旅游大数据是指旅游行业的从业者及消费者所产生的数据,包括景区、酒店、旅行社、导游、游客、旅游企业等所产生的数据,以及影响旅游行业的其他领域所产生的数据,如宏观经济数据、交通数据、社会舆论数据等。

2016年笔者有幸在中国贵阳举办的"数博会"上遇见舍恩伯格教授，也一起交流了相关的旅游大数据产品和应用。之后，在 2017 年上海交通大学出版社组织出版的"十三五"期间旅游核心教材《旅游大数据分析与应用》中继续沿用了这个定义[1]。在 2020 年棕榈电脑系统有限公司申办成功的教育部 1+X 职业技能等级评价项目"旅游大数据分析职业技能等级评价"中也引用了这个定义。近年来，在相关的文章和报告中，对于这个"旅游大数据"定义也较为相近或普遍应用。

随着近年来生成式人工智能技术、大数据技术和云计算技术的日新月异发展，全球各国都在全力发展数字经济，中国政府更是将"数据资源"作为国家战略资源[2]以及新质生产力的核心数据要素。加之，从最早的"旅游大数据"的定义提出至今已近十年，所以，有必要在原有的基础上加以更新和完善，作者再次创新提出"旅游大数据"的新定义。

"旅游大数据"是指在旅游活动的核心要素——"食、住、行、游、购、娱"及其广泛关联领域（包括但不限于景区管理、酒店运营、旅行社服务、游客行为、旅游企业运营、旅游基础设施、宏观经济环境、气象环保条件、网络舆情等）中生成的数量庞大、传播迅捷、类型广泛（涵盖结构化、半结构化及非结构化数据）、富含多维度价值且保持客观真实性的数据资源集合。这些数据通过综合运用人工智能技术、大数据处理技术和云计算平台，进行深度相关性分析（区别于传统因果推理），并结合数据可视化手段，旨在强化旅游行业的宏观决策与监管能力，优化旅游产业投资与运营策略，最终提升旅游消费者的整体满意度与体验质量。

下面进一步从"5V"特征，即 Volume（大量性）、Velocity（高速性）、Variety（多样性）、Value（价值性）和 Veracity（真实性）剖析旅游大数据[3]。

(1) 旅游大数据具有数据量庞大特征，例如在旅游旺季，如国庆节期间，各大旅游景区、酒店、交通工具等产生的数据量巨大，包括游客的购票记录、入住信息、交通流量数据等。这些数据量通常以 TB 甚至 PB 级计算，针对旅游大数据的海量数据特征，就需要应用相关的大数据技术，像分布式存储系统（如 Hadoop HDFS）、云存储解决方案（如阿里云 OSS、亚马逊 S3）等。这些技术能够支持海量数据的存储和访问，满足旅游大数据对存储容量的高要求。

(2) 旅游大数据的快速传播特征，例如在实时旅游推荐系统中，系统需要快速处理和分析用户的搜索查询、点击行为等数据，以便在极短的时间内为用户提供个性化的旅游推荐。要满足旅游大数据对处理速度的高要求就需要选择大数据技术中的流处理框架（如 Apache Kafka、Apache Flink）以及实时分析数据库（如 Amazon Redshift Spectrum、Google BigQuery）等。这些技术能够支持对高速数据流进行实时或近实时的处理和分析，这种对数据的高速处理能力是旅游大数据高速性特征的体现。

(3) 旅游大数据的类型多样性，不仅包含结构化的数据（如游客的姓名、年龄、性别等），还包含大量的非结构化数据（如游客的评论、图片、视频等）和半结构化数据（如 JSON、XML 格式的数据）。这些类型多样性的旅游大数据就需要选择应用相关的人工智能技术和大数据处理技术，例如多模态数据处理技术（如图像识别、自然语言处理 NLP）、NoSQL 数据库（如 MongoDB、Cassandra）等。尤其是自然语言处理（NLP）可以用于分析游客评论，社交媒体反馈等非结构化文本数据，提取情感倾向、满意度指标及特定需求信息，为旅游产品改进和服务优化提供洞见。还有将计算机视觉（CV）技术应用于景区监控、游客行为分析，通过人脸识别、人群密度监测等场景，可以提升安全管理效率。

（4）旅游大数据的多层次的价值。例如通过对旅游大数据的分析，可以发现游客的偏好、行为模式等信息，进而为旅游企业提供市场洞察、产品优化等决策支持。那么，这些蕴含着潜在和多层次的价值数据如何被发现和应用，这就需要应用大数据技术和人工智能技术，如数据挖掘算法（如关联规则挖掘、聚类分析）、机器学习模型（如协同过滤、深度学习）等。这些技术能够从海量数据中提取有价值的信息和模式[4]。

（5）旅游大数据的真实性，这点是至关重要的，在早期的大数据特征"4V"中并没有提及真实性（Veracity）特征，将网络上的虚假数据、甚至是"水军"的评价进行处理，就会误导消费者。所以，我们在讨论旅游大数据中就要规避"伪数据"，即人造的数据，或者说真正的旅游大数据不应该受到人为的因素干扰，无论来自"水军"还是来自其他的影响。例如酒店评价的真实性直接影响到游客的决策。因此，旅游大数据平台需要采用多种的人工智能技术和大数据技术来确保数据的真实性和可信度。例如数据清洗工具（如 Trifacta、DataWrangler）、数据校验算法（如哈希校验、数字签名）等。这些技术能够确保数据的真实性和可信度，才能提高旅游大数据的利用价值。

总而言之，在讨论旅游大数据的"5V"特征时，人工智能技术、大数据技术和云计算平台也与之息息相关。旅游大数据的定义不仅涵盖了数据的广泛来源与特性，还强调了先进技术在数据分析与处理中的关键作用，为旅游行业的智能化转型与可持续发展提供了坚实支撑。

7.1.2 旅游大数据的特征

旅游大数据除了具有大数据典型的"5V"特性，还具备一些独特的旅游行业特性。国内外专家学者还提到旅游行业大数据的特有特性，例如多源异构性、时空属性、多尺度与多粒度性、周期性波动以及主体复杂性等旅游行业特有的特性[5]。这些特性使得旅游大数据在旅游行业的应用中具有独特的优势和价值，为旅游规划、决策、营销和服务提供了强有力的支持。

（1）多源异构性：旅游大数据包含多种来源和不同结构的数据集合，如 UGC（用户生成内容）数据（游客评论、图片、音频、视频等）、设备数据（GPS定位数据、手机信令数据、传感器数据等）、交易数据（搜索引擎数据、网页访问数据、在线预订数据等）以及涉旅部门数据（金融、商贸、交通、文化等部门涉旅数据）。这些数据不仅来源多样，而且性质、类型和特征各异，增加了数据处理的复杂性和挑战性。

（2）时空属性：旅游活动的开展伴随着游客的空间移动，因此旅游大数据具有空间位移的规律性。同时，在时间尺度上，旅游大数据可以追踪一次具体的旅游活动，也可以反映景区或旅游目的地的长期变迁。旅游大数据在时间和空间上都具有显著的动态变化特征，需要进行时空分析以揭示其内在规律。

（3）多尺度与多粒度性：旅游大数据的地理尺度和数据采集粒度具有多样性。地理尺度可以小到景区景点的游道、城市街区，大到城市和区域；数据采集粒度则可以精确到米级，也可以以景区、区县、地区、省等为单位。这种多尺度与多粒度性使得旅游大数据能够满足不同层级和需求的分析要求，为旅游规划和决策提供更加精细化的支持。

（4）周期性波动：旅游大数据受季节、节假日等因素影响，呈现出周期性波动的特征。例如，在元旦、春节、清明节、劳动节、端午节、中秋节、国庆节等节假日期间，旅游数据量会出现明显的高峰。这种周期性波动为旅游行业提供了预测游客流量、优化资源配置的重要依据。

(5) 主体复杂性：旅游业涉及多个主体，包括游客、旅游企业、政府部门等，这些主体的行为和需求构成了旅游大数据的复杂内容。主体复杂性要求旅游大数据分析不仅要关注单一主体的行为特征，还要分析不同主体之间的相互作用和影响，以揭示旅游行业的整体运行规律。

7.1.3 旅游大数据的应用场景分类

旅游大数据主要是通过对旅游行业相关数据进行采集、处理、分析和挖掘，以获取有价值的信息和洞察力的一种数据资源。旅游大数据可以根据不同应用场景分类。

数据分类是一种严谨的数据组织方式，一般按照一个或多个维度自上而下、从整体到明细地穷举，遵循"相互独立，完全穷举"的原则[6]。

(1) 分类一般是面向团队或组织的，注重标准化；而标签可以面向组织，也可以面向个人，注重的是个性化。

(2) 分类具有排他性，分类之间是独立的，不能交叉；而标签允许交叉，标签之间可以相互关联、相互依赖。

(3) 分类体系需要事先规划，在标准化的框架下进行使用；而标签可以是静态的，也可以是动态的，允许随时添加。

(4) 分类注重结构化，具有层级控制，是一个树状结构；而标签的结构是松散、灵活、开放的，整体看是一个网状结构。

旅游大数据可以从以下 4 个方式进行分类：

1) 根据数据来源分类

(1) 内部数据：旅游企业或组织自己所拥有的数据，如预订记录、客户偏好、经营数据等。这些数据主要用于企业内部的运营管理和业务分析。

(2) 外部数据：来自于外部渠道或合作伙伴的数据，比如社交媒体数据、公共数据、舆情数据等。这些数据主要用于市场分析、竞争分析、趋势分析等。

2) 根据产生数据的主体分类

(1) 用户产生的数据：这类数据主要来自于用户在旅游过程中产生的各种行为和记录，包括搜索、预订、评论、分享等。例如在线旅游平台上用户的浏览记录、预订记录、评价记录等。

(2) 供应商产生的数据：这类数据主要来自于旅游供应商和服务提供商的各种行为和记录，包括产品信息、价格、库存等。例如酒店、景点、航空公司、租车公司等提供的各种数据。

(3) 第三方数据：这类数据主要来自于社交媒体、天气预报、地图导航、金融、人口统计学等第三方数据源。例如用户在社交媒体上的发帖、点赞、评论等行为；天气预报数据对于旅游行程的影响等。

3) 根据数据性质分类

(1) 结构化数据：这类数据是指数据按照一定的结构存储，易于处理和分析。旅游行业的结构化数据主要来自于各种系统和软件生成的数据，如订单记录、客户信息、交易记录等。

(2) 半结构化数据：这类数据介于结构化数据和非结构化数据之间，部分有结构，部分无结构。旅游行业的半结构化数据主要来自于用户生成内容(UGC)平台,如评论、点评等。

(3)非结构化数据:这类数据是指没有特定的结构和格式,难以直接用计算机语言进行处理和分析的数据。旅游行业的非结构化数据主要包括用户在社交媒体上发表的评论、图片、视频等内容[7]。

4)根据数据内容分类

(1)旅游客户信息数据:包括旅游者的基本信息、旅游偏好和需求等。具体指消费者行为分析所涉及的用户预订、评价、搜索、浏览等数据,以及基于这些数据进行的用户画像、偏好模型构建等。

(2)旅游产品信息数据:包括旅游线路、旅游团、自由行等产品的相关信息,如价格、行程安排、活动安排等。具体指目的地管理分析所涉及的目的地旅游资源分布、人流量分析、旅游产业链分析等。

(3)交通出行数据:包括各种交通工具的运营情况,例如航班、列车、汽车、轮船等的时刻表、票价、座位预订等信息。具体指供应链管理分析所涉及的酒店供应链、航空公司供应链、旅游交通供应链等。

(4)景点门票数据:包括景区门票价格、开放时间、游客数量、游客满意度等信息。具体指目的地管理分析所涉及的旅游资源分布、人流量分析、旅游产业链分析等[8]。

(5)住宿数据:包括酒店的房间价格、入住率、评价等信息。具体指供应链管理分析所涉及的酒店供应链。

(6)餐饮数据:包括餐厅的位置、菜品种类、价格、评价等信息。具体指目的地管理分析所涉及的餐饮资源分布、人流量分析等。

5)根据数据时效性分类

(1)实时数据:这类数据可以实时获取、分析和处理,并及时向用户提供反馈。例如景区游客数量统计、酒店入住情况、航班动态等。

(2)近期数据:这类数据是指较新的数据,但不需要实时处理,可以进行批量处理和分析。例如近一个月的订单记录、评价记录、客户信息等。

(3)历史数据:这类数据是指较早的数据,用于对过去的趋势、模式等进行分析和预测。例如历史天气数据、历史酒店入住率、历史航班延误情况等。

6)根据数据分析目的分类

(1)消费者行为分析:这类数据主要用于了解旅游消费者的消费行为、旅游偏好和需求等。例如用户预订、评价、搜索、浏览等数据的分析,以及基于这些数据进行的用户画像、偏好模型构建等。

(2)目的地管理分析:这类数据主要用于了解目的地的运营情况、产品开发、景区管理等方面。例如基于旅游大数据分析的目的地旅游资源分布、人流量分析、旅游产业链分析等。

(3)供应链管理分析:这类数据主要用于了解旅游产业中各个环节的供应链关系和效率,例如酒店供应链、航空公司供应链、旅游交通供应链等。

(4)营销策略分析:这类数据主要用于了解旅游市场的竞争情况、营销效果等信息,以优化营销策略。例如基于旅游大数据分析的市场热度、竞争对手分析、定价策略优化等。

总的来说,旅游大数据的各种分类形式很多,包括人口统计数据、交通运输数据、酒店住宿数据、景区游客数据、景点资源数据、网络评论数据以及天气气象数据等。这些数据种类各异，从不同方面反映了旅游市场的情况和消费者需求。通过对这些数据进行深入分析，可以帮助旅游企业和政府部门更好地了解市场现状和未来趋势，优化服务和提高竞争力。但需要注意的是，旅游大数据不仅仅是单个数据的简单叠加，更需要通过更高级别的技术手段，例如人工智能、机器学习等，将大量的数据转化为有价值的信息和知识，以支撑决策和创新。

7.2 旅游大数据的采集、标注和指标

7.2.1 旅游大数据的采集

旅游大数据的关键是数据采集，这也是旅游数字化转型的难点和堵点。传统的旅游信息化，主要是将旅游企业内部的信息进行有效的组织、加工和处理及应用。例如，将客户信息、预订信息以及销售员的管理信息收集并构建 CRM 系统，将企业内部的业务数据和财务数据构建 ERP 信息系统，以此来支持企业内部的业务运营和经营决策[9]。

随着数字化时代的到来，企业的信息化系统的局限性就凸显出来了，主要表现在两个方面：一方面是内外数据脱节，一般企业信息系统的数据和信息还是以企业内部结构化数据为主，而缺乏整个生态的、外部的数据和信息交互；另一方面是内部信息不融通，企业中有各类业务信息系统，如业务的系统 ERP、办公自动化系统 OA、客户关系管理系统 CRM 及财务人事管理系统等。很多的系统之间数据都不是互联互通的，形成了一个个"信息孤岛"或"数据烟囱"。

到了数字经济和大数据时代，旅游企业的经营，旅游行业的监管都需要一个生态系统支撑，就需要提升到旅游数字化转型，如图 7-1 所示。传统意义上的信息系统多数都是独立开发运营的，彼此之间没有实现数据融通和信息共享。例如，在某市文旅局，他们的内部信息化建设是比较领先和完整的，旅游局有 21 个业务子系统进行着旅行社审批、行业监管、财务信息统计、导游管理等业务处理，文化局有 15 个子系统。在文化局和旅游局合并之后，这 36 个系统存在着信息孤岛和数据烟囱的问题，如何实现信息融通和数据共享，并且能够将这 36 个子系统的数据和信息统一归集传输到当地大数据中心，就成了一个迫切需求。

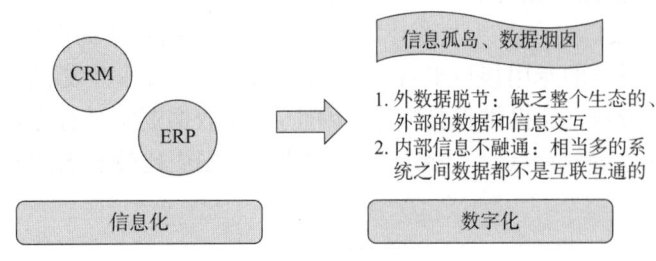

图 7-1 信息化系统的局限性

旅游大数据的数据采集除了集聚旅游企业的第一方数据（自有数据）和第二方数据（外采数据）之外，可以充分利用开发开源渠道获得第三方数据[10]。

开放数据是指所有人均能访问的数据信息。例如，网页数据、特定平台接口、公共数据、

搜索引擎等。这类数据的特点是多而庞杂，很难以人工方式进行处理，需要通过特定的方式实现自动化系统化的收集。一般采用爬虫技术收集此类数据内容。开放数据主要包含以下几类。

（1）政府、公益组织、学术社群等单位建设的开放型平台。这类平台往往由政府、知名院校、研究机构或知名社会团体构建，其提供的数据具有专业性、权威性和高可信度，通常以文章、报告和报表形式呈现，其数据具有半结构型特点。如表 7-1 所示为涉及旅游数据的群体建设开放型平台代表，网址可搜索引擎中查找。

表 7-1　涉及旅游数据的群体建设开放型平台示例

组织	数 据 源
政府	中国国家统计数据
	国家文旅部统计数据
	北京市政务数据资源网
	北京文化和旅游局统计信息
	上海市公共数据开放平台
	浙江省人民政府数据开放
	杭州文化和旅游数据在线
院校	北京大学开放研究数据平台
	清华大学中国经济社会数据研究中心
社会组织	世界银行
	联合国贸易与发展会议
	中国旅游协会行业报告

国家文旅部及各地方文旅局、中国旅游饭店业协会等文旅监管单位和组织的官方网站也通常有数据信息专栏。此外，交通部、商务部、气象局等官方网站有时发布的交通、商务、气象预警等数据也可能是文旅行业需要的涉旅数据。

（2）开发者计划接口平台。开发者计划接口平台是一些企业面向广大研发人员、兴趣爱好者、合作伙伴而设立的专用接口平台，目的是营销产品、协作开发、技术共享等，多是以最终盈利为目的，部分数据还提供收费服务。因此，该类数据资源具有专业性强、实时性高、数据价值极高、资源稳定等特点，是优秀的数据源之一。国内比较有名的开发者计划接口平台如表 7-2 所示。

表 7-2　开发者计划接口平台示例（全领域，包含涉旅相关）

平台	数 据 源
百度	百度数据开放平台
瓴羊（阿里巴巴旗下）	瓴羊（阿里巴巴旗下）数据要素服务资源中心

续表

平台	数据源
高德	高德地图开放平台
腾讯	腾讯开放平台
巨量引擎	巨量引擎开放平台

(3) 开放的旅游营销类平台。随着旅游市场的不断发展,一些旅游相关企业率先意识到旅游市场不再局限于自然资源与文化资源,旅游资源的概念在不断地向社会所有对旅游者产生吸引力的事物发展。现代旅游资源已经开始涵盖社会生活的方方面面,生态资源、民俗资源、餐饮资源、商务资源、健身资源、节庆资源、娱乐资源、购物资源、教育资源、科技资源、时尚资源、医疗资源等都已逐步纳入旅游范畴,可以说旅游这个概念已经融入了民生活动当中。依托分布式技术和互联网的高速发展,旅游营销方式也从传统的产品销售模式真正转向了服务型营销模式,广告推送、兴趣推荐、多平台联合营销、不定期线上活动已经成为主流营销手段,越来越多的旅游消费者将视线转移到了交互式平台上,如短视频营销、社交软件分享、微商分销等都已成为新的资源推广战场。大数据时代的到来造就了繁荣的旅游资源市场,但也使这些资源进一步呈现碎片化、分散化、地域化的趋势。旅游经营者发现来自不同分析报告呈现的结果大相径庭,旅游者发现如何选、怎样选成了最为头疼的事。以此为契机,主流在线旅游服务商的资源、评价和价格标准成了重要参考指标,这些大型综合性平台的营销产品、内容和咨询成了旅游大数据采集的主要数据来源[11]。

如表 7-3 所示为较有名的旅游大型营销类平台。

表 7-3 旅游大型营销类平台示例

平台	数据源
携程旅行	一站式旅行平台
途牛	综合性旅游网站
马蜂窝	旅游社交分享平台
猫途鹰	旅游资源开放平台
同程	旅游资源开放平台
去哪儿旅行	在线旅游搜索平台
飞猪旅行	大型电商加盟平台

(4) 聚合搜索平台(搜索引擎)。随着资源市场的不断扩大和数据信息的飞速增长,人们越来越难以在海量的数据中查询到有效信息了,而搜索引擎的发展和大数据技术的支撑,使得人们越来越依赖这些高速、有效的搜索工具来筛选有效信息。1999 年,谷歌兴起,成为全球最大的互联网搜索引擎。2002 年,百度成为全球最大的中文搜索引擎、最大的中文网站。此后 20 年间,大大小小的搜索引擎不断面世,专业型、民用型、学术型、比价型等各类用

途的搜索引擎也在不断被细分,呈现百花齐放的态势。许多互联网企业、资本正是看中了搜索引擎这一独一无二的优势和巨大的发展潜力,纷纷布局其中,形成独特的数据资源优势。如今,我们可以利用这些各具特色的搜索引擎,查询分布在整个互联网上的海量数据信息。

如表7-4所示为较有名的搜索引擎。

表7-4 搜索引擎示例(全领域,包含涉旅相关)

平台	数据源
百度	全球领先的中文搜索引擎
Google	全球最大的搜索引擎
Bing	全球性搜索引擎
搜狗知乎	知乎搜索垂直频道
搜狗微信	针对微信公众平台而设立的专用搜索引擎
微博搜索	针对微博的搜索引擎
秘塔AI搜索	基于自研大语言模型的AI搜索引擎

(5)其他开源数据。除了上述数据源,还能通过一些爱好者和学习者自制的导航平台、论坛、聊天群等方式收集和整理相关资源。如专注文档搜索引擎的"鸠摩搜索"、中文互联网数据资讯聚合平台"大数据导航"等网站。

7.2.2 旅游大数据的标注

经过前面章节的学习,我们应该了解和理解,大数据既是资源也是技术。大数据作为资源,就像石油一样有用但不实用,有价值但多数是低密度价值,需要经过"炼油厂"这样提炼、加工、提纯、蒸馏等环节,才能生产出"汽油、煤油、柴油、柏油、天然气"等产品,赋能于汽车产业、航空产业、建筑业和家庭消费。同样,大数据的资源也需要经过"提炼、加工、提纯、蒸馏"等环节。具体而言,就是要有数据清洗、加工、治理,最后形成"有价值的数据"才能赋能各行业和企业、消费者。而"有价值的数据"本质就是信息或是知识。"赋能"是一种应用场景,同样的数据资源如何适用于不同的应用场景,就需要对数据资源进行"赋能分类和识别",这就是我们通常所说的"数据标签"。对数据资源打标签的出发点和归属点都是场景应用,形象地说"数据标签"就是不同的"炼油炉"或是"炼油车间"。同样的数据资源经过不同的数据标签分类、加注,进而应用不同数据算法和模型处理,就能加工产生"有价值的数据",或者称为"信息""小数据",最后就能赋能对应的场景应用。

旅游大数据采集完成后,重要的工作就是对相应的数据集进行有效的标注。标注也可叫做标签,原意是标明物品的名称、重量、体积、用途等信息的简要标牌,如商品标签、图书标签、车检标签、文件标签、服装吊牌等。从这个概念衍生出来,网络标签就是指通过人工标注、系统自动生成或用户自发产生,使用相关性很强的关键字对事物或内容进行描述,帮助人们分类内容,以便于检索和分享。例如,我们也可以给"人"这个对象打上男人或女人、老人或青年的标签。可见,标签也有维度或分类,而属性也是一种标签。

标签(网络标签)最早用在博客、文章的内容分类中,方便用户管理和聚合内容。随着大数据的发展,标签体系的作用也越来越大,被互联网企业广泛使用,如通过特征集合并关联打标签的对象,对分析对象生成画像,挖掘对象的价值。例如,各大互联网App(淘宝、今日头条、抖音等)都有一个基于标签体系的推荐引擎模块,通过用户的静态属性和行为属性给用户打标签,形成360°用户画像,然后根据用户的偏好将信息或产品推送给用户[12]。

按数据的时效性来看,标签可分为静态属性标签和动态属性标签。

(1) 静态属性标签:长期甚至永远都不会发生改变。例如,性别、出生日期,这些数据都是既定的事实,几乎不会改变。

(2) 动态属性标签:存在有效期,需要定期地更新,保证标签的有效性。例如,用户的购买力、用户的活跃情况。

从数据提取维度来看,标签数据又可以分为事实标签、模型标签、预测标签3个类型。

(1) 事实标签:既定事实,从原始数据中提取。例如,通过用户设置获取性别,通过实名认证获取生日、星座等信息。

(2) 模型标签:没有对应数据,需要定义规则,建立模型来计算得出标签实例。例如,支付偏好度。

(3) 预测标签:参考已有事实数据,来预测用户的行为或偏好。例如,用户a的历史购物行为与群体A相似,使用协同过滤算法,预测用户a也会喜欢某件物品。

如表7-5所示为旅游类项目数据行业明细标签示意。

表7-5 旅游类项目数据行业明细标签示例

旅游大类	所属行业MTC一级编码	所属行业MTC一级类目	商户类型MCC	商户类型MCC的名称
食	12	餐饮业	5812	就餐场所和餐馆(包括快餐)
			5814	快餐店
			5811	包办伙食,宴会承包商
			5813	饮酒场所——酒吧、夜总会、茶馆、咖啡馆
住	22	住宿服务业	7011	住宿服务
			7012	分时使用的别墅或度假用房
游	23	旅游服务业	4722&5962	旅行社(线上&线下全业务口径)&旅游相关服务直销
			7991&4733&7998	景区售票&旅游与展览&水族馆、海洋馆
娱	28	文化、体育和娱乐行业	7999	未列入其他代码的娱乐服务
			7832	电影院
			7032	运动和娱乐露营地
			7033	活动房车及露营场所
			7911	歌舞厅、KTV

续表

旅游大类	所属行业 MTC 一级编码	所属行业 MTC 一级类目	商户类型 MCC	商户类型 MCC 的名称
			7933	保龄球馆
			7941	商业体育场馆、职业体育俱乐部、运动场和体育推广公司
			7992	公共高尔夫球场
			7997	健身、各种俱乐部、私人高尔夫课程
			7929	未列入其他代码的乐队、文艺表演
			7922	戏剧制片（不含电影）、演出和票务
			7996	游乐园、马戏团、嘉年华、占卜
			7297	洗浴、按摩服务
			7298	美容、SPA
			7998	水族馆、海洋馆

数据来源：银联数据，表格由编者自行整理而得。

表 7-6 所示为旅行社行业标签体系示意。

表 7-6 旅行社行业标签体系示例

一级标签	二级标签	三级标签	标签释义
旅游行业	旅行社业	近 3 个月访问在线预订数	统计近 3 个月访问本旅行社网站/移动端预订 App 次数，与有相同行为的用户群纵向比较后归一化至 0～100 分，分数越高表示该行为在对应用户群中行为越强（访问次数越多）
旅游行业	旅行社业	近 3 个月的最近一次访问预订网站/移动端的日期	统计近 3 个月的最近一次访问本旅行社预订网站/移动端的日期，与有相同行为的用户群纵向比较后归一化至 0～100 分，分数越高表示该行为在对应用户群中行为越强（访问日期越近）
旅游行业	旅行社业	近 3 个月的新安装预订 App 个数	统计近 3 个月新安装本旅行社预订 App 个数，与有相同行为的用户群纵向比较后归一化至 0～100 分，分数越高表示该行为在对应用户群中行为越强（访问次数越多）
旅游行业	旅行社业	近 3 个月去旅行社的最近日期	统计近 3 个月去本旅行社的最近日期，与有相同行为的用户群纵向比较后归一化至 0～100 分，分数越高表示该行为在对应用户群中行为越强（访问日期越近）
旅游行业	旅行社业	近 3 个月去旅行社的次数	统计近 3 个月去本旅行社的次数，与有相同行为的用户群纵向比较后归一化至 0～100 分，分数越高表示该行为在对应用户群中行为越强（访问次数越多）

续表

一级标签	二级标签	三级标签	标签释义
旅游行业	旅行社业	近3个月去旅游的最近日期	统计近3个月去旅游的最近日期，与有相同行为的用户群纵向比较后归一化至0~100分，分数越高表示该行为在对应用户群中行为越强（访问日期越近）
旅游行业	旅行社业	近3个月去旅游的次数	统计近3个月去旅游的次数，与有相同行为的用户群纵向比较后归一化至0~100分，分数越高表示该行为在对应用户群中行为越强（访问次数越多）

数据来源：金棕榈企业机构提供。

7.2.3 旅游大数据的应用场景数据指标

1）按照旅游监管部门职能划分的数据指标

从旅游监管部门的角度，为了掌握本地旅游行业动态，促进旅游产业健康发展。主要针对以下一些维度和指标进行分析与大数据监测。其中的数据来源、更新频率和表达方法主要是提供一些思路和参考，也可以有其他的设计和设定。

（1）旅游团队&导游领队信息监控。旅游团队&导游领队信息监控数据指标如表7-7所示。

表7-7 旅游团队&导游领队信息监控数据指标示例

序号	内容	数据来源	更新频率	表达方式
1	出境旅游团队总量	电子名单表	日	数字
2	出境旅游团队游客数	电子名单表	日	数字
3	出境旅游目的地排行（Top5）	电子名单表	日	柱状排行图
4	国内旅游团队总量	电子名单表	日	数字
5	国内旅游团队游客数	电子名单表	日	数字
6	国内旅游目的地排行（Top5）	电子行程表	日	柱状排行图
7	国内旅游接待团总量	电子行程单	日	数字
8	国内旅游接待团队游客	电子行程单	日	数字
9	国内旅游客源地排行（Top5）	电子行程单	日	柱状排行图
10	入境游客接待团总量	电子行程单	日	数字
11	入境旅游接待团队游客	电子行程单	日	数字
12	入境旅游客源地排行（Top5）	电子行程单	日	柱状排行图
13	今日带团导游数量	电子行程单	日	数字
14	今日带团游客	电子行程单	日	数字

续表

序号	内容	数据来源	更新频率	表达方式
15	导游所属旅行社	电子行程单	日	数字
16	今日导游带团数量	电子行程单	日	数字
17	导游带团轨迹	电子行程单	日	散点地图

数据来源:金棕榈企业机构。

(2)行政监管。行政监管数据指标如表7-8所示。

表7-8 行政监管数据指标示例

序号	内容	数据来源	更新频率	表达方式
1	累计投诉统计(本年度)	投诉系统	日	数字
2	最新游客投诉信息(未处理/正在处理)	投诉系统	日	列表
3	投诉趋势统计(月度)	投诉系统	日	折线图
4	最新行政处罚行为记录	文旅局维护	月	列表
5	最新"双随机"抽查记录	文旅局维护	月	列表

数据来源:金棕榈企业机构。

(3)景区运行监测[15]。景区运行监测数据指标如表7-9所示。

表7-9 景区运行监测数据指标示例

序号	内容	数据来源	更新频率	表达方式
1	今日景区客流量排行(按日累计客流量)	企业上报/闸机对接	实时	柱状排行图
2	各景区瞬时客流数量(地图)	企业上报/闸机对接	实时	散点地图-数字
3	景区瞬时客流/日最大瞬时客流(地图)	自动计算	实时	数字
4	景区视频	景区视频系统	实时	视频
5	今日瞬时流量趋势-瞬时实际数据	企业上报/闸机对接	实时	折线图
6	总体景区人流量监控图	企业上报/闸机对接	实时	散点地图
7	今日瞬时流量趋势-预测数据	建立模型,自动计算	实时	折线图
8	城市天气	第三方	日	数字
9	近期景区最新活动	旅游门户网站	日	数据列表
10	近期景区相关最新资讯	旅游门户网站	日	数据列表

续表

序号	内容	数据来源	更新频率	表达方式
11	星级、地址、瞬时最大承载量、日最大承载量	文旅局维护	月	数字
12	预约信息(今日、明日)	企业上报	日	数字
13	瞬时客流量/日累计客流量	企业上报/闸机对接	实时	数字
14	评论量趋势、好评量	OTA	月	饼图

数据来源：金棕榈企业机构。

(4) 旅游舆情监测。旅游舆情监测数据指标如表7-10所示。

表7-10 旅游舆情监测数据指标示例

序号	内容	数据来源	更新频率	表达方式
1	景区评价-好评率(近1个月)	OTA	日	仪表盘
2	酒店评价-好评率(近1个月)	OTA	日	仪表盘
3	企业诚信评测黑名单	文旅局维护	月	数据列表
4	网络评价景区关键词云(近1个月)	OTA	日	词云
5	网络评价酒店关键词云(近1个月)	OTA	日	词云
6	不同星级酒店评分分布,如1~2分占比,2~3分占比等(近1个月)	OTA	日	饼图
7	各景区评分分布,如1~2分占比,2~3分占比等(近1个月)	OTA	日	饼图

(5) 宏观数据分析。宏观数据分析数据指标如表7-11所示。

表7-11 宏观数据分析数据指标示例

序号	内容	数据来源	更新频率	表达方式
1	分季度旅行社外联接待入境旅游情况	统计系统	季度	折线图
2	分季度旅行社组织接待国内旅游情况	统计系统	季度	折线图
3	各星级间夜量分布(近期)同首页-酒店入住情况分析	OTA	日	饼图
4	热门酒店Top5(近期)同首页-酒店入住情况分析	OTA	日	柱状排行图
5	酒店评价满意度(近期)同首页-酒店入住情况分析	OTA	日	仪表盘
6	星级饭店营业收入情况(季度)	文旅局维护	季度	折线图

续表

序号	内容	数据来源	更新频率	表达方式
7	星级饭店经营情况平均指标(季度)	文旅局维护	季度	数据列表
8	景区经营数据-各景区客流量变化	企业上报/闸机对接	日	折线图
9	游客接待量趋势图(近12个月对比)	OTA	实时	折线图
10	预测未来1个月游客接待量	建立模型,自动计算	实时	折线图

数据来源:金棕榈企业机构。

2) 按照旅游主体划分的数据指标

从旅游主体的角度来看,旅游大数据分析主要是通过景区景点、酒店宾馆、旅游交通、旅行社、导游领队、游客、旅游合同、旅游团队与线路、旅游餐厅、旅游消费、商圈/商店、旅游保险等来分析数据指标[13]。以下主要罗列一些较为典型的旅游数据指标。

(1) 景区景点。景区景点旅游数据指标如表7-12所示。

表7-12 景区景点旅游数据指标示例

名称	定义/解释说明
客流饱和度	与入园舒适度的关系
最大承载量	在一定时间条件下,在保障景区内每个景点旅游者人身安全和旅游资源环境安全的前提下,景区能够容纳的最大旅游者数量
心理承载量	在一定时间条件下,旅游者在进行旅游活动时无不良心理感受的前提下,景区能够容纳的最大旅游者数量
社会承载量	在一定时间条件下,景区周边公共设施能够同时满足旅游者和当地居民需要,旅游活动对旅游地人文环境的冲击在可接受范围内的前提下,景区能够容纳的最大旅游者数量
空间承载量	在一定时间条件下,旅游资源依存的游憩用地、游览空间等有效物理环境空间能够容纳的最大旅游者数量
设施承载量	在一定时间条件下,景区内各项旅游服务设施在正常工作状态下,能够服务的最大旅游者数量
生态承载量	在一定时间条件下,景区在生态环境不会恶化的前提下能够容纳的最大旅游者数量
瞬时客流	在某一时间点,景区实际容纳的旅游者数量
瞬时承载量	最大瞬时承载量:在某一时间点,在保障景区内每个景点旅游者人身安全和旅游资源环境安全的前提下,景区能够容纳的最大旅游者数量。 (1) 景区瞬时承载量一般是指瞬时空间承载量,瞬时空间承载量 C_1 由以下公式确定: $$C_1 = \sum (X_i / Y_i)$$ 式中,X_i 为第 i 景点的有效可游览面积;Y_i 为第 i 景点的旅游者单位游览面积,即基本空间承载标准。

续表

名称	定义/解释说明
	(2) 当景区设施承载量是景区承载量瓶颈时，或景区以设施服务为主要功能时，其瞬时承载量取决于瞬时设施承载量，瞬时设施承载量 D_1 由以下公式确定： $$D_1 = \sum D_j$$ 式中，D_j——第 j 个设施单次运行最大载客量，可以用座位数来衡量。
日承载量	在景区的日开放时间内，在保障景区内每个景点旅游者人身安全和旅游资源环境安全的前提下，景区能够容纳的最大旅游者数量。 (1) 景区日承载量一般是指日空间承载量，日空间承载量 C_2 由以下公式确定： $$C_2 = \sum (X_i/Y_i) \cdot \text{Int}(T/t) = C_1 \cdot Z$$ 式中，T 为景区每天的有效开放时间；t 为每位旅游者在景区的平均游览时间；Z 为整个景区的日平均周转率，即 $\text{Int}(T/t)$ 为 T/t 的整数部分值。 (2) 当景区设施承载量是景区承载量瓶颈时，或景区以设施服务为主要功能时，其日承载量取决于日设施承载量，日设施承载量 D_2 由以下公式确定： $$D_2 = \frac{1}{a} \sum D_j \cdot M_j$$ 式中，D_j 为第 j 个设施单次运行最大载客量；M_j 为第 j 个设施日最大运行次数；a 为根据景区调研和实际运营情况得出的人均使用设施的个数；通过系数 a 去掉单一旅游者使用多个设施而被重复计算的次数。 (3) 当旅游者在景区有效开放时间内相对匀速进出，且旅游者平均游览时间是一个相对稳定的值时，日最大承载量由以下公式确定： $$C = \frac{r}{t} \cdot (t_2 - t_0) = \frac{r}{t_1 - t_0} \cdot (t_2 - t_0)$$ 式中，r 为景区高峰时刻旅游者人数；t 为每位旅游者在景区的平均游览时间；t_0 为景区开门时刻，即景区开始售票时刻；t_1 为景区高峰时刻；t_2 为景区停止售票时刻。
景区预约人数	是在实际进入景区之前已经通过线下或者线上方式登记在某个时间段准备入园的人数

数据来源：根据国家文旅局、金棕榈企业机构数据整理而得。

(2) 酒店管理。酒店管理数据指标如表 7-13 所示。

表 7-13 酒店管理数据指标示例

名称	定义/解释说明
住宿人数(人天数)	旅游者在饭店(旅馆)住宿的人数(人天数)，不包括常住一年以上的人数(人天数)
当日入住人数	仅指当日登记入住的人数
当日在店人数	当日在店住宿的实际人数(当日登记入住人数＋已在店续住人数)
本日客房出租间夜数	实际出租的全部房间数，既包括出租给当日登记入住旅客的房间数，也包括出租给续住旅客的房间数

续表

名称	定义/解释说明
客房出租率(%)/酒店入住率(%)	一定时间内实际客房出租间夜数占内客房核定间夜数的百分比(核定客房数以常规可供出租客房房号数确定)。它是反映饭店经营状况的一项重要指标,通常维修中的房间不包括在内。 客房出租率(%)=客房出租间夜数(间夜)/客房核定间夜数(间夜)×100
住宿设施接待人数(人天数)	报告期内旅游者在旅游住宿设施住宿的人数(人天数)。不论旅游者住宿夜数多少,每接待一位旅游者住宿,只统计一次;一个旅游者在某住宿设施住宿几夜,相应计算几个人天数
客房、公寓实际平均价格/平均房价	一定时间内,住宿设施实际出租客房、公寓的平均价格,是饭店经营活动分析中仅次于客房出租率的第二个重要指标。 客房实际平均价格(元/间夜)=客房收入(元)/客房实际出租间夜数 公寓实际平均价格(元/套天)=公寓收入(元)/公寓实际出租套天数
客房收入	住宿设施出租客房的收入。为准确反映实际平均房价,必须保持与实际出租房间数的对应性。实际出租房间数包括长包房、办公用房的,租金收入则应统计在内
住宿人数(人天数)	旅游者在饭店(旅馆)住宿的人数(人天数),不包括常住一年以上的人数(人天数)

数据来源:根据国家文旅局、金棕榈企业机构数据整理而得。

(3)旅游交通。旅游交通数据指标如表7-14所示。

表7-14 旅游交通数据指标示例

名称	定义/解释说明
车流量	由单位时间内通过某路段的车辆为标准,在一定的时间内,某条公路点上所通过的车辆数。其中,车辆类型主要涉及自驾游小轿车、旅游大巴等旅游相关车辆,不含货车等无关车辆。 车流量 = 通过车辆数 / 时间
客运站最大容客量	客运站的最大容纳人数
铁路车站旅客最高聚集人数	全年最高月日均同时最大(即瞬时高峰)在候车厅(室)候车的旅客(含送客)人数,但通勤、通学旅客一般不计在内
邮轮容量	也称为载客量,载客数量 = 能容纳游客的人数(不包括船员、服务人员)
客舱数量	也称为舱房数,用于衡量邮轮接待能力
邮轮空间比率	邮轮上人均拥有的自由伸展空间,是衡量舒适度的重要指标之一,体现宽敞程度的主要指标。 空间比率 = 注册总吨位 / 载客数量
航空客座率	飞机上的乘客/最大装载量

数据来源:根据国家文旅局、金棕榈企业机构数据整理而得。

(4)旅行社管理。旅行社管理数据指标如表7-15所示。

表 7-15　旅行社管理数据指标示例

名称	定义/解释说明
外联(组团)人数	报告期内旅行社外联(组团)的入境游客人数或国内游客人数。反映旅行社对外招徕的能力。入境、国内过夜游客和一日游游客。不包括非本社外联、仅由本社接受委托办理签证的入境游客
外联(组团)人天数	报告期内旅行社外联(组团)的每个旅游者在中国(大陆)实际停留的夜数之和。仅委托提供单项旅游服务的游客不计算人天，外联(组团)每一日游游客按 1 人天统计
旅行社接待人数	报告期内游客在本地旅游，并由旅行社派本地陪同接待的旅游者人数或游客去外地旅游，并由旅行社派本地全陪(不委托外地旅行社)接待的游客人数。既包括其他旅行社委托接待的游客，也包括本社外联(组团)并接待的游客
旅行社接待人天数	报告期内旅行社接待的入境旅游者在本市或国内旅游者在旅游目的地实际停留的夜数之和。仅委托提供单项旅游服务的游客不计算人天，接待每一日游游客按 1 人天统计
旅行社组织出境游客人天数	报告期内旅行社组织出境游客在中国(大陆)境外实际停留的夜数之和
接待入境、国内游客人数	包括本旅行社外联(组团)本社接待和其他旅行社外联(组团)本社接待的人数
外联(组团)、接待人天数	旅行社外联、接待的入境游客在中国(大陆)(本市)实际停留的人夜数和旅行社组团、接待的国内游客在旅游目的地实际停留的人夜数
旅游业务利润	旅行社从事旅游业务所产生的主营业务利润。 旅游业务利润＝旅游业务营业收入－旅游业务营业成本－旅游业务营业税金及附加
出境游客人天数	按出境游客在中国(大陆)境外实际停留的总夜数统计。例如，1 个人在外停留 10 夜，10 个人的人天数即为 100
旅游报价(销售价)	组团社根据旅游团的各种要求，按有关收费标准核算后向客户报出的价格。通常包括综合服务、城市间交通、酒店住宿、风味餐、特殊项目等费用

数据来源：根据国家文旅局、金棕榈企业机构数据整理而得。

(5) 旅游团队与线路。旅游团队与线路数据指标如表 7-16 所示。

表 7-16　旅游团队与线路数据指标示例

名称	定义/解释说明
团队人数	一个旅游团队实际报名最终出行的人数
行程天数	一个旅游团队实际出行的天数
在旅游目的地的人数	一定时间段内在某个旅游目的地的游客人数
去旅游目的地的人数	一定时间段内前往某个旅游目的地的游客人数
景区预约人数	景区在实际进入景区之前已经通过线下或线上方式登记在某个时间段准备入园的人数

数据来源：根据国家文旅局、金棕榈企业机构数据整理而得。

（6）旅游餐厅。旅游餐厅数据指标如表7-17所示。

表7-17 旅游餐厅数据指标示例

名称	定义/解释说明
餐食标准（餐标）	旅游期间团队就餐的标准，一般为单人报价
协议价格	旅行社与餐厅之间达成协议的团队餐饮价格
团队优惠价	餐厅制定的针对旅游团队的优惠价格，区别于散客报价

数据来源：根据国家文旅局、金棕榈企业机构数据整理而得。

（7）旅游消费、商圈/商店。旅游消费、商圈/商店数据指标如表7-18所示。

表7-18 旅游消费、商圈/商店数据指标示例

名称	定义/解释说明
旅游价格	旅游者为满足旅游活动的需求而购买单位旅游产品所支付的货币量，它是旅游产品价值、旅游市场的供求关系和货币币值三者的综合反映结果
旅游产品的价格	由旅游者的实际花费、服务费用和利润三部分组成，包括旅游者在旅游过程中各环节的享用费或使用费，如吃、住、行、游、玩的实际花费；旅行社收取的服务费用；旅游企业的利润

数据来源：根据国家文旅局、金棕榈企业机构数据整理而得。

如表7-19所示为酒店客群消费数据纬度定义示意。

表7-19 酒店客群消费数据纬度定义示意示例

类别	酒店客群消费分析（外省人）		酒店客群消费分析（本地人）	
数据维度编号	Nd50	Nd51	Nd52	Nd53
数据维度	外省人在某市过夜游客每人每天消费金额	外省人在某市过夜游客每人每天消费品类占比	本市人在某市过夜游客人均消费金额	本市人在某市过夜游客人均消费品类占比
数据维度细则	合计人均	吃住行游购娱及其他各自占比	合计人均	吃住行游购娱及其他各自占比
数据定义	外省持卡人在某市的过夜人均消费	外省持卡人在某市的过夜每人每天消费中各类的占比	某市持卡人在某市的过夜人均消费	某市持卡人在某市的过夜人均消费中各类的占比
时间频次	节日/次	节日/次	节日/次	节日/次
数据传输时间	T+3日16:30前提供中段汇总分析；T+6日16:30前提供实报周汇总分析		T+3日16:30前提供中段汇总分析；T+6日16:30前提供实报周汇总分析	
时间区间	节假日（春节、清明、五一、端午、中秋、十一、元旦）			

数据来源：根据中国移动、金棕榈企业机构数据整理而得。

(8) 旅游保险。旅游保险数据指标如表 7–20 所示。

表 7–20 旅游保险数据指标示例

名称	定义/解释说明
保费	单张旅游保单收取的费用
保额	单张旅游保单理赔的金额
投保时间	旅游保单实际投保的时间
生效时间	旅游保单实际生效的日期,一般为出团日期或者旅游产品实际业务发生时间
清位开始时间	根据每个旅游产品所产生的订单设置的未付定金情况下最长留位时间所算出的订单自动取消时间

数据来源:根据金棕榈企业机构数据整理而得。

3) 按照旅游角色和对象划分的数据指标

从旅游相关角色和对象来看旅游大数据分析,表 7–21 主要罗列一些较为常见的旅游数据范围。

表 7–21 旅游数据范围示例(从旅游相关角色和对象)

业务概念	定义/解释说明
文旅基础资源数据	描述旅游目的地、旅游景区(点)、住宿场所、餐饮场所、购物场所、旅行社、旅游从业人员、文化体育旅游活动、节庆会展活动、高尔夫旅游、游轮游艇旅游、旅游商品、旅游交通、图书馆、博物馆、文化馆、非遗场所、公共服务等文化和涉旅要素基本信息的数据。主要包含景区(度假区)、住宿业、旅行社业、特色餐饮、农家乐、购物点、公共服务设施、A 级景区村、旅游风情小镇、文化娱乐场所等数据
文旅行业监管数据	通过各种渠道反映景区、旅行社、住宿业、重点文旅场馆及旅游舆论环境中涉及的事件和事件体数据,确保文旅行业监管目标得以实现。主要内容包含全域客流监测数据、重点场馆运行监测数据、景区运行监测数据、旅行社运行监测数据、住宿业运行监测数据、文旅消费数据、文旅舆情数据及文旅咨询投诉数据
游客	任何为休闲、娱乐、观光、度假、探亲访友、就医疗养、购物、参加会议或从事经济、文化、体育、宗教活动,离开常住国(或常住地)到其他国家(或地方),其连续停留时间不超过 12 个月,并且在其他国家(或其他地方)的主要目的不是通过所从事的活动在当地获取报酬的人。游客不包括因工作或学习在两地有规律往返的人,游客按出游地分入境游客和国内游客。按出游时间分旅游者(过夜)和一日游游客(不过夜)
入境游客	报告期内来中国(大陆)观光、度假、探亲访友、就医疗养、购物、参加会议或从事经济、文化、体育、宗教活动的外国人、港澳台同胞等游客。统计时,游客按每入境一次统计 1 人次。入境游客包括入境旅游者和入境一日游游客
口岸入境游客	报告期内仅从上海口岸入境来中国(大陆)观光、度假、探亲访友、就医疗养、购物、参加会议或从事经济、文化、体育、宗教活动的外国人、港澳台同胞等游客。统计时,游客按每入境一次统计 1 人次。口岸入境游客包括其入境旅游者和入境一日游游客

续表

业务概念	定义/解释说明
国内游客	报告期内在中国(大陆)境内观光游览、度假、探亲访友、就医疗养、购物、参加会议或从事经济、文化、体育、宗教活动的中国(大陆)居民,其出游的目的不是通过所从事的活动在当地谋取报酬。统计时,国内游客按每出游一次统计1人次。国内游客应包括在我国境内常住一年以上的外国人、港澳台同胞。但不包括到各地巡视工作的部以上领导、驻外地办事机构的临时工作人员、调遣的武装人员、到外地学习的学生、到基层锻炼的干部、到境内其他地区定居的人员和无固定居住地的无业游民。国内游客包括国内过夜游客和国内一日游游客[14]
出境游客	因公或因私出境前往其他国家、中国香港特别行政区、澳门特别行政区和中国台湾地区观光、度假、探亲访友、就医疗养、购物、参加会议或从事经济、文化、体育、宗教活动的中国(大陆)公民。统计时,出境游客按每出境一次统计1人次
动态信息	主要包括:热点新闻、重大活动、旅游新业态、旅游市场动态、旅游新线路、产品促销等

数据来源:根据国家文旅局数据整理而得。

7.3 旅游大数据的应用案例分析

7.3.1 国际海岛舟山智慧旅游应急案例分析*

1) 现状与难点

舟山市,作为镶嵌在中国东部沿海线上的璀璨明珠,以其独特的海岛风光和丰富的文化资源,每年吸引着千万国内外游客前来体验。然而,在重大节假日期间,游客流量的激增给当地的旅游管理和交通系统带来了前所未有的挑战。为了应对这一挑战,舟山市人民政府制定并实施了《舟山市重大节假日旅游应急指挥预案》(以下简称《预案》),旨在全面统筹协调假日旅游工作,加强安全监管,维护市场秩序,保持社会稳定,并保障旅游者的生命财产安全。

(1) 现状:在重大节假日期间,舟山市不仅要应对游客流量的激增,还要面对交通拥堵和安全隐患等问题。这些问题对旅游管理和应急响应提出了更高的要求,需要更高效的管理和更精准的应急措施。

(2) 难点:《预案》中设定了多个风险等级和相应的指标阈值,但实际操作中存在诸多难点。数据分散在不同的监管单位,数据源和采集问题导致信息孤岛现象严重。即便数据得以采集,后续的人工统计、整理与计算过程也显得耗时耗力,缺乏时效性,很难及时反馈到相关应急处置单位。这些问题严重影响了对游客流量和交通状况的实时监控能力,制约了快速响应突发事件的能力,也影响了游客的安全和旅游体验的提升(表7-22)。

---

* 该案例原始素材由舟山市文化和广电旅游体育局、金棕榈企业机构提供。

表 7-22　响应等级及发布条件

响应等级	发布条件（部分）
三级响应（预警信息）	甬舟高速进出口，汽车流量达 1 500～2 000 辆/h；截止正午 12 时，进普陀山景区的游客量达 25 000～30 000 人；朱家尖蜈蚣峙及附近区域停车量达 65%～80%
二级响应（限流信息）	甬舟高速进出口，汽车流量高于 2 000 辆/h；截止正午 12 时，进普陀山景区的游客量高于 30 000 人；朱家尖蜈蚣峙区域及附近停车量高于 80%
一级响应（紧急信息）	海上出现 10 级以上大风，或因雾、霾天气能见度小于 500 m，或冰雪、台风等灾害天气，或舟山跨海大桥、交通主干道、海上运输线等发生重大事故导致交通严重拥堵

数据来源：舟山市文化和广电旅游体育局。

2）待解决的问题

（1）数据问题。

① 数据归集与问题提炼：《预案》的成功实施依赖于多源数据的有效归集，包括游客流量、交通流量、泊车数量和风险等级等关键数据。然而，数据的归集过程中存在数据散落、采集困难的问题。此外，将《预案》中的响应指标转化为具体的数据项和元数据，形成"预判风险等级参考项"，是实现数据驱动决策的前提。

② 数据分析与挖掘：收集到的数据需要通过大数据技术进行清洗、整合和挖掘，以提取有价值的信息。利用机器学习和数据挖掘技术建立风险评估模型，对旅游安全风险进行预测和评估，是提高《预案》实施效果的关键。

（2）业务问题。

① 实时监控和分析：结合《预案》的风险标准，需要实现对旅游安全风险的实时监控和分析，及时发布预警信息。这不仅要求即时影响的快速反应，还要求能够预见并处理延迟影响，如入口处的问题可能对普陀山景区造成的间接影响。

② 快速响应和处理：在面对旅游突发事件时，需要能够迅速采取行动，保障游客的安全。这要求《预案》的执行不仅要有前瞻性，还要有实际操作的灵活性和有效性。

3）解决具体路径

舟山市文广旅体局围绕"整体智治"的理念，依据《浙江省文旅大数据采集标准》以及浙江省文化和旅游厅数字化转型业务指导框架，构建了一体化的数字文广旅体综合平台，该平台以构建业务协同、数据共享为基本方法，集成了"智慧管理""智慧服务""智慧产业""监控监测"和"数据资源"等应用管理模块。这一平台的启用，不仅实现了对全市交通客流监测、景区运行管理、假日旅游应急、突发应急指挥等多项数字化管理功能，而且通过数据可视化工具，直观展示了全市旅游交通流量、旅游景区客流情况等动态数据信息，为管理部门提供了现代化、智能化的监管手段（图 7-2）。

该平台为"舟山市重大节假日旅游应急指挥"设置大数据预警与决策专题，将收集到的数据需要通过大数据技术进行清洗、整合和挖掘，以提取有价值的信息，将《预案》中的响应指标转化为具体的数据项和元数据，形成"预判风险等级参考项"。

（1）数据归集与问题提炼。《预案》的成功实施依赖于多源数据的有效归集，包括游客

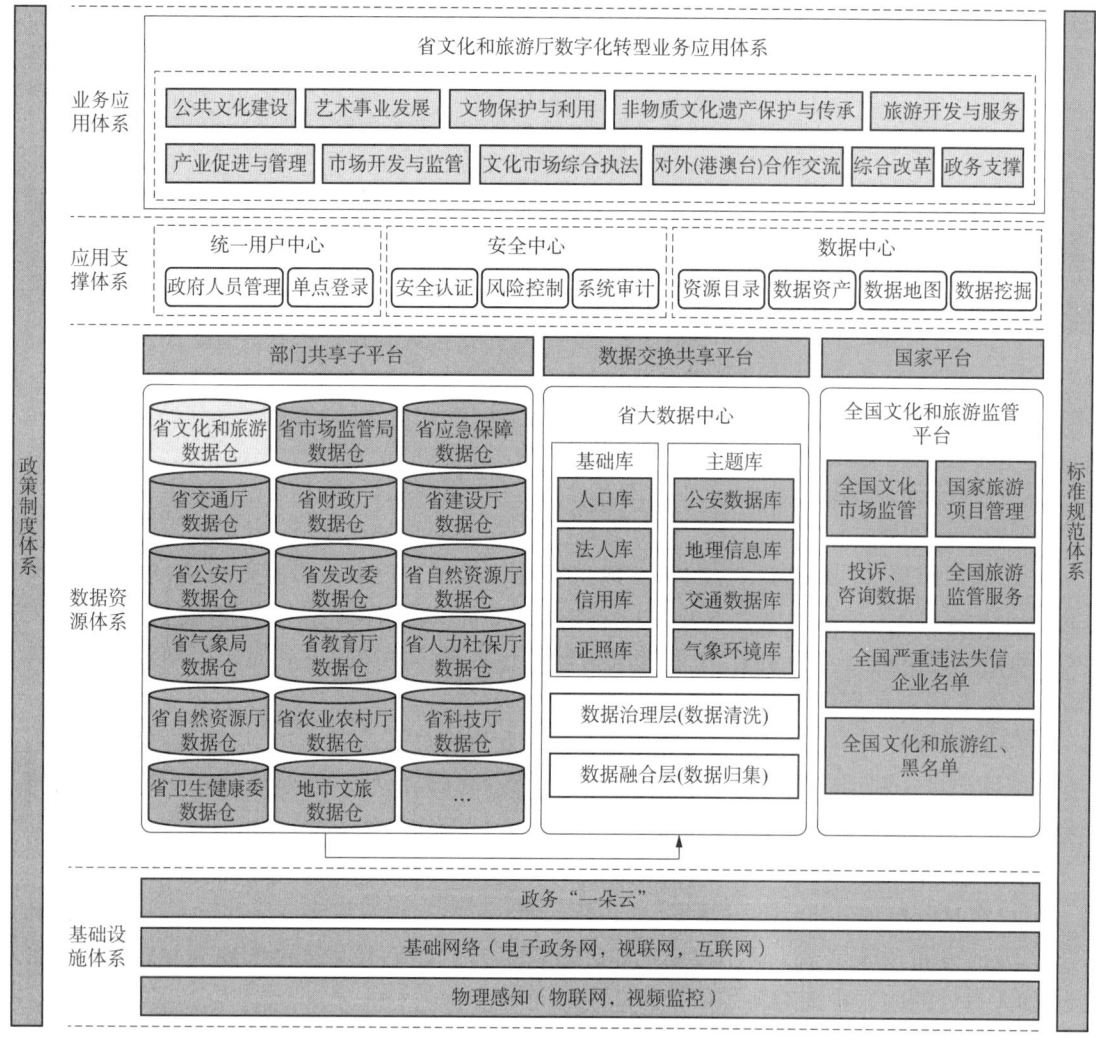

图 7-2 文化和旅游业务框架图[17]

流量、交通流量、泊车数量和风险等级等关键数据。然而,数据的归集过程中存在数据散落、采集困难的问题。

(2) 数据清洗与转化。在运用大数据手段辅助实施《预案》的过程中,数据的质量直接影响到决策的准确性和响应的及时性。因此,对收集到的数据进行清洗与转化是至关重要的一步。数据清洗包括去除重复记录、纠正错误和不一致的数据,以及填补缺失值等,确保数据的准确性和完整性。转化则涉及将原始数据转换成适合分析的格式,包括数据类型转换、标准化和归一化等。

(3) 数据字段与清单拆分。为了更有效地管理和分析数据,需要对数据字段进行详细的梳理和分类。创建详尽的数据清单,明确每个字段的含义、数据类型和重要性(表 7-23)。此外,针对不同数据来源和接口,拆分具体的数据接口清单,确保数据的可访问性和可整合性。这一步骤有助于在数据整合过程中减少错误和提高效率。

表7-23 浙江省文旅大数据采集标准示例

采集内容	采集频率	采集数据名称	采集数据类型	是否必要(是-必要,否不必要)	备注
游客流量	15 min	景区	字符型	是	名称或者编码
		时间	时间戳	是	日期-小时-分钟
		人流量	数值型	是	
停车场实时车位	15 min	停车场	字符型	是	名称、编号
		地址	字符型	是	地市-区县-乡镇-居委会/村,名称或者编码
		景区	字符型	是	名称、编码
		采集时间	时间戳	是	
		总车位	数值型	是	
		剩余车位	数值型	是	
景区闸机客流	15 min	经过时间	日期型	是	开始时间、结束时间
		闸机名称	字符型	是	名称或者编码
		闸机IP地址	字符型	是	
		闸机类型	字符型	是	
		进出口标识	字符型	是	进口/出口
		景区名称	字符型	是	名称或者编码
		进出人数	数值型	是	

数据来源:浙江省文化和旅游厅《浙江省文旅大数据采集标准》(2019年)。

(4) 数据分析与对标。数据分析是将清洗和转化后的数据与《预案》中的风险指标阈值进行关联对标的环节。通过统计分析、趋势预测、模式识别等方法,评估当前数据与风险阈值之间的关系。这不仅涉及对单一指标的分析,还包括对多个指标之间相互关系的分析,以识别潜在的风险组合和触发条件。

(5) 风险评估模型构建。在数据分析的基础上,构建风险评估模型,将定性的风险指标转化为定量的评分或等级。这一模型能够动态地评估实时数据与风险阈值之间的匹配程度,并预测可能的风险发展路径。模型的构建需要考虑历史数据、季节性因素、特殊事件等多种变量,以提高预测的准确性和可靠性(表7-24)。

表7-24 舟山响应数据指标及采集来源

响应等级	数据指标	阈值	数据采集来源
三级响应（预警信息）	甬舟高速进出口,汽车流量	达1500～2000辆/h	舟山跨海大桥管理局
	截止正午12时,进普陀山景区的游客量	达25 000～30 000人	市港航局
	朱家尖蜈蚣峙及附近区域停车量	达65%～80%	市公安局

续表

响应等级	数据指标	阈值	数据采集来源
二级响应 （限流信息）	甬舟高速进出口,汽车流量	高于2 000辆/h	舟山跨海大桥管理局
	截止正午12时,进普陀山景区的游客量	高于30 000人	市港航局
	朱家尖蜈蚣峙区域及附近停车量	高于80%	市公安局
一级响应 （紧急信息）	海上大风	海上出现10级以上大风	市气象局
	雾、霾天气	能见度小于500 m	
	灾害天气	冰雪、台风等	
	交通严重拥堵	舟山跨海大桥、交通主干道、海上运输线等发生重大事故	

(6) 数据驱动的决策支持。通过实时监控数据与风险评估模型的输出,决策者可以快速识别风险点,评估风险等级,并根据《预案》采取相应的预警或应急措施。这不仅提高了响应速度,也增强了决策的科学性和系统性。

在保证数据安全和合规性的同时[17],通过大数据可视化技术,平台将实时数据流与风险评估结果融合于动态的地图界面中。这种多维度的展示方法不仅捕捉了数据的空间分布特征,还体现了其随时间的演变趋势。旅游监管决策者可以直观地观察到关键指标在不同地理位置和时间段的波动情况,从而全面理解当前形势的复杂性。

利用地理信息系统(GIS)和时间序列分析,平台构建了一个交互式的可视化平台,该平台能够将抽象的数据转化为直观的图形和图表。决策者可以通过这个平台,实时监控关键区域的游客流量、交通状况和安全风险等级,以及它们随时间的变化模式。此外,通过可视化工具支持多尺度的视角切换,从宏观的城市级视图到微观的特定景区或交通节点的详细视图,为决策者提供了灵活的分析角度。通过颜色编码、图形大小和动态变化等视觉元素,风险等级和关键指标的变化被清晰地标示出来,使得潜在的问题区域和趋势可以迅速被识别和评估。这种综合空间和时间维度的数据可视化方法,极大地增强了舟山旅游监管决策者对复杂数据集的理解和分析能力,从而在重大节假日旅游安全应急等紧急情况下能够做出更加迅速和精准的决策[17]。

舟山文广体局通过智慧旅游大数据监测地图可视化,将实时数据流与风险评估结果融合在一个地图界面中,实现功能包括以下七种。

① 实时数据展示：地图上显示了不同交通节点的实时车流量数据,如"舟岱跨海大桥""东西快速路""朱家尖大桥"等,以及"普陀山"和"蜈蚣峙码头停车场"的实时人流数据。

② 风险评估：地图通过不同颜色的高亮分层,展示不同区域的风险等级,如"一级预警""二级预警"和"三级预警",使风险状态一目了然,帮助管理部门决策者快速识别潜在的问题区域并及时采取相应措施。

③ 时间序列分析：平台能够展示关键指标随时间的变化趋势,使决策者能够观察到游客流量、交通状况和安全风险等级的动态变化。

④ 多尺度视角：决策者可以通过平台在不同尺度之间切换视角,从宏观的城市级视图

到微观的特定景区或交通节点的详细视图,以获得更全面的分析。

⑤ 交互式操作:平台支持交互式操作,允许用户点击地图上的不同区域以获取更详细的信息,如具体车流量、人流量和风险等级等。

⑥ 决策支持:通过这种综合空间和时间维度的数据可视化方法,平台增强了舟山旅游监管决策者对复杂数据集的理解和分析能力,帮助他们在重大节假日旅游安全应急等紧急情况下做出更加迅速和精准的决策。

⑦ 实时监控与预警系统:建立实时监控体系,一旦监测到关键指标达到预警阈值,系统自动发出预警并启动相应的应急响应措施,根据具体的突发事件内容,将超过阈值的应急数据通过后台系统、短信等形式自动预警预报给 17 个相关应急处置单位,以辅助其决策相应的应急处置措施(见表 7-25)。

4) 案例实施效果

通过利用大数据技术辅助实施《预案》,舟山市在重大节假日期间成功实现了对旅游流量和交通状况的实时监控,有效预防和缓解了交通拥堵;能够提前发现并处理潜在的安全风险,提高了旅游安全管理的效率和效果。整个舟山市的旅游应急指挥效率显著提高,游客的安全感和满意度得到显著提升。

数字文广旅体平台直观展示了全市旅游交通流量、旅游景区客流情况、旅游饭店和游客集散等假日动态数据信息,以及全市 3A 级以上旅游景区、重点文博场馆等的视频监控画面,为管理部门在假日期间实时掌握假日文旅市场、宏观监管文旅行业信息、实时指挥交通客流提供了现代化、智能化的手段,发挥了重要作用。数字文广旅体平台的启用打破了全市与县区、部门与部门之间的信息孤岛状态,是提升旅游行业的治理能力、转变行业监管手段的务实之举,同时也为下一步实现文旅体行业监管服务的扁平化、实时化、智能化、常态化打下了坚实基础。

7.3.2 基于未来游客量预测的住宿智能辅助定价场景*

1) 现状与难点

淳安县,位于中国浙江省杭州市,拥有著名的千岛湖景区,是国内外游客热衷的旅游目的地之一。近年来,随着数字经济的发展,淳安县在旅游业的数字化转型中也迈出了重要步伐。然而,旅游业的高质量发展仍面临一些挑战。首先,旅游企业在产品定价、营销服务等方面缺乏数据支撑,导致客房定价不符合市场预期,产品供应与游客需求不匹配。其次,由于缺乏对未来游客量的准确预测,酒店和民宿难以精准设置房价,影响了收益管理。

近年来,随着大数据、人工智能和物联网技术的迅猛发展,国家相继出台政策,鼓励数据要素市场化配置。2024 年年初,国家数据局等 17 部门联合发布《"数据要素×"三年行动计划(2024—2026 年)》鼓励拓展数据要素应用场景。淳安县与上海脉策数据科技有限公司结合旅游特色产业发展需求,以省级公共数据授权运营首批试点为契机,围绕未来游客量预测实现涉旅企业精准决策目标,通过归集旅游相关公共数据,构建"未来游客精准预测"场景,

---

* 该案例根据官方微信公众号"杭州文广旅游发布"的文章《全国首个县域未来游客量预测平台上线》、"数据千岛湖"的文章《推动数据"资源"变"资产"——淳安县举办数据价值化与数据资产入表培训会》、未来数商大会的文章《"数据要素×"典型案例 No.2|基于未来游客量预测的住宿智能辅助定价场景》汇编整理。

表 7-25 不同响应级别相关单位的应急处置措施

	相关单位职责	三级响应（预警信息）	二级响应（限流信息）	一级响应（紧急信息）
1	市旅游委（市假日办）	收集分析各项信息数据，研究判断未来客流量增长和天气变化趋势；及时联系交警支队等单位和有关部门，通过滚动电子显示屏、官方微博、旅游网站等途径发布客流量预警信息	收集分析各项信息数据，研究判断未来客流量变化趋势；及时联系交警支队等单位和有关部门，通过滚动电子显示屏、官方微博、旅游网站等途径发布限流预警示信息；通知全市各旅行社有组织地做好旅游团队或延迟进岛，告知游客调整前往普陀山参观游览的时间，及时发布相关信息	协调成员单位根据各自职责开展工作，确保指令畅通，引导游客疏散；立即汇总进出普陀山的游客量、嵊泗峙区域停车场泊车量、旅游交通、气象等信息；及时分析并报告指挥部；立即启动假日旅游紧急信息发布机制，及时联系交警部门和有关企业，通过滚动电子显示屏、官方微博、旅游网站等再前往普陀山或嵊泗峙船舶停航信息，劝告游客不要再前往普陀山做好旅游团队分流疏导工作，暂停前往普陀山；及时发布紧急信息
2	市委宣传部	联系安排浙江交通之声、舟山交通之声、舟山人民广播电台、舟山网等新闻媒体，及时报道发布普陀山等重点景区限流警示信息通告社会，确保信息畅通和强化舆论疏导	联系安排浙江交通之声、舟山交通之声、舟山人民广播电台、舟山网等新闻媒体，及时将普陀山等重点景区、道路交通拥堵情况和限流警示信息通告社会，确保信息畅通和强化舆论疏导	通告各类新闻媒体，及时发布船舶停航、飞机停航、大桥关闭等紧急信息；强化社会舆情疏导工作，对于负面信息及时做好解释工作；及时向市假日办报送有关信息和社会舆情
3	市公安局	在高速双桥进出口至朱家尖之间的主要路段、危险路口站点管理、疏导；通过视频对沿路交通情况进行巡视；实时对全线信号灯进行干预调控；抽调第二梯队加大应急力量对嵊泗峙区域及港区停车场安管理；及时向市假日办报送有关信息和数据	在高速架岑港出口临时分流部分汽车走北向疏港公路——临螺线—G329 国道至普陀城北；启用海洋科技馆及周边路段沿线的机动停车位；增派交警力量维持秩序，实时全程对车流情况进行密切关注；通过视频对沿路交通情况进行干预调控；抽调第三梯队加大应急力量对嵊泗峙区域的停车指挥和治安管理；及时向市假日办报送有关信息和数据	在高速架岑港出口临时分流部分汽车走北向疏港公路——临螺线—G329 国道至普陀城北；启用海洋科技馆及周边路段沿线的机动停车位；增派交警力量维持秩序，实时全程对车流情况进行密切关注；通过视频对沿路交通情况进行干预调控；抽调第三梯队加大应急力量对嵊泗峙区域的停车指挥和治安管理；及时向市假日办报送有关信息和数据
4	市交通运输委	值班人员到岗到位，加大现场指挥协调；加强港区安全管理，提高综合服务水平；合理安排候船空间，保持空气流通新鲜；按时向市假日办报送有关信息和数据	值班人员到岗到位，加大现场指挥协调；提前统筹安排接驳车辆和上下车场地，加强港区安全管理，提高综合服务水平；合理安排候船空间，保持空气流通新鲜；按时向市假日办报送有关信息和数据	值班人员全部到岗到位，加大现场指挥协调；做好停航后信息通报工作，加强游客集中区域的安全保障，提供人性化服务；开放所有候船空间，保持空气流通新鲜；协调各企业做好随时恢复运营的准备工作，及时向市假日办报送有关信息和数据

续表

	相关单位职责	三级响应（预警信息）	二级响应（限流信息）	一级响应（紧急信息）
5	市卫生局		做好紧急医疗救援工作准备；及时接报处置，调派救护车辆、药品和救护器材到位，确保所需的医护人员；及时向市假日办报送有关信息和数据	负责开展急救"绿色通道"，做好伤病员的医疗救治工作；优先安排码头、停车场等旅游集散地的救护车辆医护人员；发生人员踩踏、伤亡等突发事件时，参与社会应急联动救助，开展现场救护；及时组织协调转诊收治；及时向市假日办报送有关信息和数据
6	普陀山管委会	做好景区旅游市场秩序管理和服务保障工作，及时疏散进山门大厅及停车场区域的集聚人员；统筹协调短驳码头泊位使用；按时向市假日办报送有关信息和数据	立即启动相关应急预案，对游客集聚拥堵现象实施疏导管理，提供必要的保障；统筹协调短驳码头泊位使用；及时向市假日办报送有关信息和数据	立马启动相关疏导预案，做好游客拥堵工作，开展留滞游客心理安抚工作；提供必要的食品、饮料等人性化服务；现场保证足够的救护器械、医生及护士；配备必要的救护车辆；统筹协调短驳码头泊位使用；及时向市假日办报送有关信息和数据
7	市港航局	科学、合理安排泊位，适时会商普陀山管委会使用短驳码头，准备开辟船舶第二通道；提前协调安排船舶运力；合理安排候船空间，保持空气流通新鲜；安排工作人员到岗到位，及时处置应急事项；联合打击、取缔非法船只载客运营；及时向市假日办报送有关信息和数据	科学、合理安排泊位，会同普陀山管委会使用短驳码头，开辟客船第二通道；提前协调安排船舶运力；开放所有候船空间，保持空气流通新鲜；工作人员到岗到位，及时处置应急事项；联合打击、取缔非法船只载客运营；及时向市假日办报送有关信息和数据	科学、合理安排泊位，会同普陀山管委会使用短驳码头，开辟客船第二通道，保持空气流通新鲜；工作人员到岗到位，通过广播系统安抚现场游客情绪，及时处理应急事项，联合打击、取缔非法船只载客运营；及时向市假日办报送有关信息和数据
8	舟山跨海大桥管理局	监控大桥路面安全情况，保持车辆畅通；按时向市假日办报送有关信息和数据	监控大桥路面安全情况，保持车辆畅通，勤人员对高峰流量和突发事件进行及时处理；及时向市假日办报送有关信息和数据	严密监控大桥路面安全；及时发布大桥临时关闭、开通等重要信息；及时向市假日办报送有关信息和数据
9	市民航局			严密监控候机大厅及机外安全；及时发布停航、开航等重要信息；按有关规定做好服务保障工作；及时向市假日办报送有关信息和数据
10	市物价局	做好旅游市场价格管理工作，对主要景区和涉旅商业活动较多的区域进行执法检查，严厉打击哄抬物价、欺客宰客等违规行为；受理和处理消费者举报投诉	做好旅游市场价格管理工作，对主要景区和涉旅商业活动较多的区域进行执法检查，严厉打击哄抬物价、欺客宰客等违规行为；受理和处理消费者举报投诉，维护市场物价稳定	做好旅游市场价格管理工作，适当增派力量，对受气候影响而游客集聚区域较多的区域进行执法检查，严厉打击哄抬物价、欺客宰客等违规行为；受理和处理消费者举报投诉；及时向市假日办报送有关信息和数据

续表

	相关单位职责	三级响应（预警信息）	二级响应（限流信息）	一级响应（紧急信息）
11	舟山海事局	监管水上运输船舶安全运行情况，联合打击、取缔非法船只载客运营	监管水上运输船舶安全运行情况，联合打击、取缔非法船只载客运营；及时向市假日办通报有关情况	加强水上运输安全监管，增强现场执法力量，联合打击、取缔非法船只载客运航，遇到恶劣天气，提出海上客运船只停航复航建议，及时向市假日办通报有关信息
12	市工商局	做好旅游市场经营行为的监督管理工作，对主要景区和涉旅商业活动较多的区域进行执法检查；查处不正当竞争、假冒伪劣等违法违章行为；维护好市场秩序	做好旅游市场经营行为的监督管理工作；适当增派力量，对主要景区和涉旅商业活动较多的区域进行执法检查，查处不正当竞争、假冒伪劣等违法违章行为；受理和处理消费者举报投诉	做好旅游市场经营行为的监督管理工作；适当增派力量，对受气候影响而游客集聚景区域进行执法检查，取缔无照经营、查处不正当竞争、假冒伪劣等违法违章行为；受理和处理消费者举报投诉
13	市气象局	及时向市假日办报送有关气象信息和旅游活动受影响程度	及时向市假日办报送动态气象信息和旅游活动受影响程度	加强对普陀山区域的气象条件检测，强化天气变化研究，及时向市假日办和相关单位通报有关气象变化情况
14	定海区政府		负责定海区范围内旅游秩序和安全管理工作；做好高速进出口、主要交通道路沿线、三江码头区域以及旅游景区（点）的现场秩序维护工作。	及时启动相关应急预案
15	普陀区政府		负责普陀区范围内旅游秩序和安全管理工作；增强现场监管力量，管理好流动摊贩、做好东港、朱家尖港的道路交通和旅游市场秩序维护工作。	
16	岱山县政府		负责岱山县范围内旅游秩序和安全管理工作；做好高亭港旅游集散中心及旅游景区（点）的现场秩序维护工作。	
17	嵊泗县政府		负责嵊泗县范围内旅游秩序和安全管理工作；做好沈家湾等旅游集散中心及旅游景区（点）的现场秩序维护工作。	

并上架浙江省数据交易平台,成为全国首个县域未来游客量预测平台(图7-3)。

2) 待解决的问题

针对旅游企业经营缺乏数据支撑,客房定价不符合市场预期、产品供需不对称等突出问题,解决企业经营过程中的涉公重大信息缺失问题,解决政府城市运行过程中信息未精准匹配的问题,弥合数据使用鸿沟。主要聚焦两方面的问题:

(1) 聚焦游客量精准预测。随着酒店业受消费降级等外部环境因素影响,价格波动较大,酒店业主对未来游客量走势需求强烈。

(2) 聚焦酒店业稳定增收。酒店房价不仅受游客量影响,也受同一区域同类型酒店竞品价格的影响。目前,酒店主业普遍采用同类型酒店微信群方式共享房价,存在时效性不强、数据质量不高等问题。

图7-3 "未来游客量精准预测场景"数据产品登记证书

3) 具体解决路径

该场景的技术架构依托于公共数据授权运营的整体架构,依次是数据要素、数据治理、数据质量、数据价值、数据权属、数据主体和应用场景。其技术生产过程依次为:业务需求理解、指标体系设计、数据清单梳理、数据获取、数据治理、算法模型加工、组件开发、产品上架、产品流通。具体包含数据清洗和预处理、模型选择、模型训练、模型验证、参数调优、模型部署、自动预测、模型验证等环节。为提高模型精度和预测结果,使用历史数据进行模型的回测,并收集用户反馈数据用于模型修正和改进策略,同时使用数据质量评估手段来确保数据的准确性。

淳安县的具体解决路径包括以下三个方面:

(1) 数据整合与分析:淳安县依托公共数据授权运营架构,有效弥合数据使用鸿沟。基于杭州市旅游经济实验室数据开放平台——杭州文化和旅游数据在线,整合交通、住宿、高铁、高速、天气、节庆活动等政府侧公共数据归集,叠加社媒、OTA及本地生活平台、酒店客房管理系统(PMS)服务商等企业侧数据,获取未来7天来淳旅客多维度数据。

(2) 数据模型建立:利用时间序列分析、回归分析等方法建立数学模型,实现对未来客流量的预测。该模型可动态监测客流量变化趋势,为及时调整酒店价格、旅游资源和服务的配置提供参考。

① 客流预测模型。输入数据为运营商信令数据、酒店过夜数据、OTA(在线旅行社)预订数据、历史客流数据、时间信息(季节、周中/周末、节假日)和天气数据等,输出未来3天、7天区域的客流预测值。

② 酒店价格预测。建立了同类型酒店竞品模型,酒店主业可以通过平台至少选择五家同类型酒店进行竞品分析,解决单家酒店数据泄露风险问题的同时,进一步提升客房定价的精准性和科学性。在客房供给小于需求时,可提高客房价格,实现增收;在游客量下降时,酒店调低房价,提高客房入住率,达到总体收益稳定。输入数据为OTA酒店基础房型价格、酒店上周基础房型实际价格、酒店财务预算价格、酒店历史同期价格、消费者行为数据和房间

供应数据等,输出基础房型预测价格建议。

(3) 动态监测与调整:通过平台动态监测客流量变化趋势,及时调整酒店价格、旅游资源和服务的配置,以提升游客满意度,促进旅游业的发展。

基于以上数据模型,形成智慧旅游定价产品,服务酒店、民宿和旅行社,建立监测和预测模型,通过一体化软件实现可视化图表、搜索查询、多格式下载、短信预警等功能。

4) 案例实施效果

淳安县辅助文旅企业进行流量监测和预测,经过运行后,基于企业反馈内部数据,进行价格监测和预测,以最终达到公共数据辅助企业经营决策的效果。通过未来游客量预测的住宿智能辅助定价平台的建设,不仅解决了旅游企业在产品定价、营销服务等方面的数据支撑问题,还通过精准预测游客量,有效提升了游客满意度和旅游业的整体竞争力。像2024年春节期间出现正月初一游客少、初二开始游客火爆的情况,就可以通过平台进行精准预测。

这一案例的成功实施,为其他地区的旅游数字化改革提供了宝贵的经验和启示。

(1) 赋能酒店与民宿:平台赋能县域酒店、民宿精准设置房价,提升收益管理。通过精准预测游客量,有效调配旅游资源,提升游客满意度,促进旅游业的发展。

(2) 提升游客满意度:通过精准预测游客量,有效调配旅游资源,提升游客满意度,促进旅游业的发展。

(3) 政策与管理办法的实施:淳安县结合省级公共数据授权运营试点,实施相关政策和管理办法,加快公共数据有序开发利用。

参◇考◇文◇献

[1] 潘皓波,陈亮.旅游大数据的分析与应用(第二版)[M].上海:上海交通大学出版社,2021.8.
[2] 马化腾,孟昭莉,闫德利,等.数字经济:中国创新增长新动能[M].北京:中信出版社,2017.
[3] 杨尊琦.大数据导论[M].北京:机械工业出版社,2022年.
[4] 黎巎.旅游大数据研究[M].北京:中国经济出版社,2018.
[5] 张凌云,黎雯,刘敏.智慧旅游的基本概念与理论体系[J].旅游学刊,2012,27(5):66-72.
[6] DAMA International. DAMA 数据管理知识体系指南(Ml.2版)[M].DAMA 中国分会翻译组,译.北京:机械工业出版社,2020.
[7] 麦克斯·布拉默.数据挖掘原理[M].王净,译.北京:清华大学出版社,2019.
[8] 李云鹏.基于旅游信息服务视角的智慧旅游[N].中国旅游报,2013-01-09.
[9] 陈丽萍,李岑.数据采集系统的发展与研究[J].电脑知识与技术,2015,11(17):4-5.
[10] 陈为,张嵩,鲁爱东.数据可视化的基本原理与方法[M].北京:科学出版社,2013.
[11] 何光威.大数据可视化[M].北京:电子工业出版社,2018.
[12] 张延松.数据分析与数据可视化实战[M].北京:电子工业出版社,2020.
[13] 杨宏浩.数字技术赋能旅游业高质量发展[J].中国旅游评论,2020,3(1):1-10.
[14] 杨路明,谢伊苹,吴彦艳,等.现代旅游电子商务[M].北京:电子工业出版社,2013.
[15] 文化和旅游部信息中心.红色旅游景区大数据分析报告[M].北京:中国旅游出版社,2021.
[16] 林仁状.文旅大数据资源架构建设研究——以浙江省文化和旅游厅大数据资源建设为例[J].图书馆

研究与工作,2019(12),27-31.
[17] 王国栋,侯小红.旅游市场调研与数据分析方法[M].上海:上海交通大学出版社,2019.
[18] 刘少艾,卢长宝.价值共创:景区游客管理理念转向及创新路径[J].人文地理,2016,(4):17-29.
[19] 丁红发,孟秋晴,王祥,等.面向大数据生命周期的政府数据开放的数据安全与隐私保护对策分析[J].情报杂志,2019,38(7):151-159.

第 8 章
数字医疗创新

随着信息技术的飞速发展,数字化正深刻影响并重塑医疗行业,带来了前所未有的创新与变革。本章"数字医疗创新"将深入探讨这一领域的核心概念和前沿实践,详细剖析数字技术如何赋能医疗,并展望其未来的发展趋势。本章分为五个小节,分别从不同角度探讨数字医疗创新的各个方面,包括数字赋能医疗的基本观点、与数据科学理论的关系、实际创新案例和新兴应用、创新的资本化路径,以及数字医疗创新所面临的挑战和未来展望。通过这五个小节的系统阐述,本章将全面展示数字医疗创新的全景,从理论到实践,从技术到资本,从挑战到未来,帮助读者深入理解数字医疗创新的多维度内涵与前景。

8.1 数字赋能医疗

数字赋能医疗以数据驱动的人工智能之"智"提升医疗之"治"。在这一背景下,数字赋能医疗可以从两个主要层面进行探讨:一是提升医疗价值的传统观点,二是实现价值医疗的前沿观点[1]。本章将深入探讨数字赋能医疗的核心概念和关键要素,尤其是大数据在这一领域的应用,并分析这两个观点之间的差异与联系。

本节将从数字赋能医疗如何重新定义医疗服务的模式与内涵切入,为本章的讨论奠定坚实的基础。数字技术在医疗领域的应用不仅代表着技术手段的升级,更是对整个医疗体系价值的全面重塑。

8.1.1 数字赋能医疗的一般观点:医疗价值

提升医疗价值是数字赋能医疗最易于被人接受的一般观点,展示了在数字医疗创新的广阔潜力。易于被接受的原因是,我们正在见证这一过程,即:通过大数据及其算法的应用,改进了当前医疗服务的各个环节,提高了现有诊疗的精准度和效率。例如,通过实时分析和处理患者数据,医疗机构能够更准确地预测疾病演化趋势,并据此优化治疗方案。在糖尿病管理方面,数据驱动的人工智能可以分析患者的血糖水平、饮食习惯和活动数据,从而提供个性化的饮食建议和用药方案,既能帮助患者更有效地控制血糖水平,又能显著提升治疗效果。同时,这种基于数据的决策支持有持续监测和预警作用,能优化医疗资源的使用,使医疗服务更加高效。

具体来说，医疗价值体现在数字技术提升诊疗效果、数字医疗工具拓展应用场景、医疗流程的自动化，以及医疗资源的效率提升等若干方面。

1) 数字技术提升诊疗效果

数字技术在提升诊疗效果方面发挥了至关重要的作用，是医疗价值提升的核心。无论是急性疾病还是慢性疾病，数字技术的引入都以前所未有的方式提高了医疗服务的精准度和效率。

例如，过敏症状如打喷嚏、流鼻涕和皮疹等在管理过程中得到了数字技术的显著支持。通过智能过敏监测设备和应用程序，患者可以实时记录和分析过敏反应。这些设备配备环境传感器，可以检测空气中的过敏原浓度，并通过手机应用提供即时反馈。Tang 等开发了一款名为"过敏筛查"的手机应用，该应用基于大量过敏数据进行连续分析，整合异构数据并进行多重过滤。应用旨在帮助患者评估是否需要立即就医，并提供快速自检功能，识别严重过敏反应的体征，并确定最近的医疗服务提供者或急诊室的等待时间。这种个性化的预诊断不仅能排除潜在的致命过敏原，还能节省患者寻找医生的时间，减少与健康保险网络连接所需的费用。Tang 等在 2019 年还根据一个中医舌诊数据集[2]，对该手机应用进行了优化。Tang 认为，利用舌头的健康状况作为饮食选择的参考，展示了饮食与健康的密切关系；而数字医疗创新还涵盖了饮食类服务，例如关注餐厅菜单、提供食材搭配信息、推荐食谱、扫描条形码获取营养成分，以及食材订购和菜肴快递服务等。

在慢性病管理方面，数字技术同样带来了显著提升。糖尿病患者需要不断监测血糖水平并调整治疗方案。使用连续血糖监测设备，能够实时测量血糖水平并将数据传输到智能手机，研究表明，这能使糖尿病患者更精确地控制血糖水平，从而减少并发症风险。数据驱动的人工智能可以分析血糖数据，为患者提供个性化的管理建议。生成模型也为推断和模拟 II 型糖尿病患者并发症的进展路径提供了新的方案[3]，这些模型基于长期跟踪的健康数据，捕捉并发症的发展模式，结合多种健康指标和临床数据生成个体化的并发症进展路径，从而提高糖尿病护理的质量和效率，实现从被动应对向主动预防的转变。Tang 等还通过将死亡时间作为基准，对慢性阻塞性肺病患者的临床笔记进行分析，提出了一种利用耐受性分析估计疾病发展时间的方法[4]。这一模型通过结合患者的临床记录和健康数据，利用耐受性分析技术建立疾病进展的预测模型，帮助临床医生优化治疗策略，提高疾病管理的有效性。

在急性疾病管理方面，数字技术的进步同样显著。例如，Sepsis Watch[5]是一种基于人工智能的早期预警系统，能够分析患者的生命体征数据，及时识别败血症的早期迹象，显著提高了早期诊断率。此外，Jin 等设计了一种自动化 ICD 编码系统，利用训练好的模型从未充分编码的临床记录中提取败血症信息，并自动生成 ICD 编码[6]。系统能够识别遗漏的编码信息，并进行补充和纠正。通过与专家编码的结果进行对比，评估了系统的准确性和效率（包括精准度、召回率和 F1 分数等指标），确保了系统在实际应用中的可靠性和实用性。

另外，在医学影像数字化方面，国际国内已建立了多个大型数据库以推动医学研究。例如，重症检验警示通知系统能够自动将病人的重症医学影像报告结果通知医护人员，从而加速医护人员之间的沟通并提升患者治疗效率。当放射科医师在病人的医学影像中发现问题并进行标记时，系统会立即通知主治医师，并安排后续检查，大幅度提升了患者追踪和护理的质量。目前，放射线影像领域较为成熟，包括乳房摄影和 X 光片判读等，不仅加速了医师的判读时间,还显著减少了重复检查的工作。

2) 数字医疗工具拓展应用场景

数字医疗工具的应用场景不断拓展,从传统的临床诊断到远程医疗、个性化治疗、疾病管理与健康监测等方面,这些工具正以其强大的功能和灵活性改变着医疗服务的格局。

在远程医疗方面,疫情前,远程医疗应用较为稀少,但自新冠疫情暴发以来,全球大量医院迅速转向远程医疗模式。虽然最初医护人员和患者对系统操作不够熟悉,但逐渐掌握后,远程医疗成为精神科和睡眠医学部门的重要互动工具。例如,Teladoc Health 作为全球领先的远程医疗平台,已完成超过 5000 万次就诊,并提供全天候医疗咨询服务。通过视频会议、电话或在线聊天,该平台有效连接了患者与医生,大幅降低了医院的负担,并在 COVID-19 疫情期间为高风险患者提供了重要保护。有研究表明[7],Teladoc 的远程咨询显著提升了慢性病患者的依从性和满意度,使他们能够在家中获得及时支持。尽管如此,远程医疗仍需不断改进,其医疗服务不仅包括视频咨询,还涉及远程监测、远程诊断及电子健康记录共享等多个方面。

在个性化治疗方面,数字医疗工具通过结合患者的遗传信息、生活习惯和疾病数据,提供量身定制的治疗方案。Tempus 公司通过分析患者的基因组数据和临床数据,提供精准的癌症治疗方案。其数字平台集成了高通量基因组测序和临床数据分析,帮助医生选择最适合患者的治疗方案。类似地,Foundation Medicine 的 FoundationOne CDx 是一种基因组分析工具,能够分析肿瘤样本的基因组信息,以确定最佳的靶向治疗方案。有研究显示[8],FoundationOne CDx 的应用能够提高晚期癌症患者的治疗反应率和生存期。

在疾病管理,特别是慢性病管理方面,数字医疗工具通过持续监测和数据分析帮助患者更好地控制疾病,提高生活质量。Omada Health 提供的数字慢性病管理平台结合了智能设备、在线教育和个人健康教练,帮助糖尿病和肥胖症患者制定健康计划并跟踪进展。Propeller Health 开发的数字化呼吸管理系统则用于慢性阻塞性肺病的管理,通过智能吸入器和移动应用程序实时监测药物使用情况,并提供数据驱动的治疗建议。

健康监测工具通过实时数据采集和分析,帮助用户跟踪健康状况并早期发现潜在问题。例如,Fitbit 通过手环记录用户的步数、心率和睡眠模式等数据,帮助用户了解健康状况并提供改善建议。Withings 开发的智能体重秤不仅测量体重,还测量体脂率、肌肉质量和心率,通过与手机应用同步,实时跟踪体重和身体成分变化,从而帮助用户设定并实现健康目标。

3) 医疗流程的自动化

在现代医疗环境中,数字化赋能的医疗技术正在实现医疗流程的自动化,成为提升医疗服务质量和效率的关键因素。自动化技术通过减少人工操作、提高数据处理速度和准确性,从而优化医疗流程,提升患者护理体验。这包括自动化诊断、病历管理及流程自动化等方面。

自动化诊断系统利用大量医学数据来辅助或替代传统诊断过程,这些系统能识别复杂的模式、检测微小的病变,帮助医生做出更快、更准确的诊断。例如,PathAI 提供的自动化病理诊断工具运用深度学习算法分析组织切片图像,识别癌症及其他疾病的迹象。PathAI 的技术不仅将诊断错误率降低到接近零,还显著提高了诊断速度。一项研究表明[9],PathAI 的系统准确识别了肺癌切片中的微小病变,大幅提升了早期癌症的检测率。

在病历管理方面,Epic Systems(简称 Epic)是一家领先的 EHR 系统提供商,其平台通过自动化工具和智能算法简化了病历管理过程。Epic 的系统能够自动从病历中提取关键信息,并为医生提供实时的患者数据。例如,Epic 的自动化功能可以自动更新患者的药物记录,并提醒医生潜在的药物相互作用,从而降低医疗错误的发生率。同时,Cerner 提供的智能病历管理系统集成了 AI 技术,改进了数据输入和信息检索过程。Cerner 的系统能自动标记和分类患者数据,并提供智能搜索功能,帮助医生快速找到相关医疗信息。例如,Cerner 的系统通过自动化的数据分类和检索,显著提高了医生在临床决策中的效率和准确性。

在流程自动化方面,各种软件和硬件技术被应用于简化和加速医疗服务的各个环节,如预约、检查、治疗和支付流程。这些工具减少了人工操作,提高了工作效率,降低了运营成本。Zocdoc 是一个在线预约平台,允许患者通过网络预约医生,并提供自动化的预约确认和提醒功能。有研究认为[10],Zocdoc 的系统能自动匹配患者需求与医生的空闲时间,从而简化了预约过程。例如,Zocdoc 的自动化工具能够在患者预约后自动发送确认邮件和提醒短信,减少了患者未到诊的情况,并提高了医疗机构的预约利用率。Robotic Process Automation(RPA)工具在医疗账单处理和保险索赔中发挥了重要作用。RPA 技术能自动处理重复性的行政任务,如账单生成、保险验证和付款处理。例如,某医院通过实施 RPA 工具,将账单处理时间减少了 50%,同时降低了人工错误率,并提高了收款效率。

在自动化病房管理方面,通过集成各种智能设备和技术,提升了病房的运行效率和患者的舒适度。这包括自动化的药物分配系统、智能床位管理和环境控制系统。Omnicell 提供的自动化药物分配系统运用智能药品分配机和数据分析技术,确保了药品的准确分配和管理[11]。Omnicell 的系统能自动识别患者的药品需求,并按需分配药品,减少了药物错误和过量的问题。例如,Omnicell 的系统在一项研究中将药物错误率降低了 30%,同时提高了药品分发的效率。Hill-Rom 的智能床位系统通过传感器和数据分析技术监测病人的床位使用情况,并提供实时环境控制功能。例如,Hill-Rom 的系统能自动调节病床的高度和倾斜角度,以提高患者的舒适度和护理质量,并通过数据分析优化病房布局和资源分配。

4)医疗资源的效率提升

在当今快速发展的医疗环境中,提高效率和节约成本已成为医疗机构面临的关键挑战。例如,波士顿哈佛大学附属布莱根妇女医院的一项内部调查显示,"5% 的患者消耗了医院 50% 的成本"。为了解决这一问题,该医院开发了一套方法,通过分析患者的心理健康状态、社会经济状况、婚姻状况和生活状况等因素,成功识别出高成本患者,并显著降低了这部分患者的住院人次。随着医疗费用不断攀升和资源日益紧张,医疗机构需要有效提升资源利用效率,并减少运营成本。本节将探讨提升医疗资源效率与成本节约的主要策略,包括智能化医疗设备的应用、优化医院运营管理、远程医疗服务的使用以及数据驱动的决策支持系统。

智能输液泵是一种典型的智能化医疗设备,它能够自动调节药物输注速度,并根据患者的实时数据进行调整。使用这种设备可以减少输液错误,提高治疗精确度。例如,某医院在引入智能输液泵系统后,输液错误率显著降低了 40%。该系统的应用不仅提高了治疗安全性,也减少了因错误导致的额外医疗费用。

优化医院的运营管理流程能够显著提高资源利用效率,并降低运营成本。通过引入先进的管理系统和优化业务流程,医院可以更好地调度人员、管理库存和提升服务质量。例如,Lean 管理方法在医院运营中的应用是一种有效的资源优化策略。Lean 管理通过简化流程、消除浪费和提高工作效率,帮助医院降低运营成本。某大型医院通过实施 Lean 管理方法,成功将住院患者的平均等待时间减少了 30%,并将运营成本降低了 15%。这一方法不仅提升了患者满意度,还提高了医院的运营效率,同时减少了药品过期和库存积压的现象。这一系统帮助医院节省了大量管理成本,并提高了资源利用率。

临床决策支持系统不仅能分析患者数据,为医生提供诊断和治疗建议,还能提高临床决策的准确性,同时减少不必要的检查和治疗,从而节省了 30% 的医疗成本。这些系统帮助医院在提供高质量医疗服务的同时,降低运营成本。此外,预测分析工具可以用于医院资源需求预测和调度优化。通过分析历史数据和趋势,预测分析工具能够帮助医院预见未来的资源需求并做出相应调整。例如,某医院通过使用预测分析工具,能够准确预测急诊室的患者流量,并调整人员和资源配置,从而减少了等待时间和成本。

8.1.2 数字赋能医疗的前沿观点:价值医疗

价值医疗(Value-Based Healthcare)是数字赋能医疗领域的前沿观点,最早由哈佛大学商学院教授迈克尔·波特(Michael E. Porter)提出。2006 年,他在《新英格兰医学杂志》上发表了一篇题为"What is the value in health care?"的文章,详细阐述了这一概念。2014 年,波特在一次哈佛商学院和哈佛医学院的联合研讨会上进一步指出,基于价值的支付模式应取代传统的按服务数量收费模式(如按次付费)。在这种新模式下,支付方和提供方的报酬将基于实际改善的健康结果和服务质量,而不是提供的服务数量。

波特还强调了整合医疗服务的重要性。他认为,医疗服务应以患者的整体健康管理为核心,而不是分割成独立的诊疗项目。通过整合不同的医疗服务,提供更连续、全面的护理,能够更好地实现价值医疗的目标。

尽管在波特提出这一概念时,大数据尚处于初步发展阶段,数字医疗的创新并不如今天如此广泛,但如今的数字技术已显著推动这一理念的实现。为了在资源有限的情况下支持价值医疗的实施,数字医疗创新不仅提高了信息透明度,还广泛应用了电子健康记录和其他技术手段。通过优化资源配置、提升治疗效果和改善患者体验,数字赋能医疗以实现患者、医院和社会的多方共赢为目标,并进一步凸显了医疗服务在经济效益和社会效益上的重要性。

1) 电子健康记录是数据驱动医疗决策的首个成功实践

作为数据驱动医疗决策的首个成功实践,电子健康记录(Electronic Health Records,EHR)代表了数字赋能医疗的典型案例。电子健康记录是一种数字化健康信息系统,记录了患者的医疗历史、检查结果、治疗计划以及其他相关健康信息。EHR 系统不仅提供了一个集中化的平台来存储和管理患者数据,还支持数据的实时访问和更新,从而优化了医疗服务的各个方面。其核心功能包括:

(1) 数据整合:将不同来源的健康数据整合到一个统一的系统中,提供全面的患者信息。

(2) 实时访问:医疗服务提供者可以即时访问患者的健康记录,提高决策的及时性和准确性。

(3) 数据分析:通过分析患者数据,帮助医疗团队制定个性化的治疗方案和预防措施。

EHR 系统的引入显著改善了医疗决策的质量和效率。例如,有研究表明,EHR 系统的使用能够减少误诊率,因为医疗人员可以快速查阅患者的既往病史、过敏反应和用药记录,从而避免可能的诊断错误。在心脏病管理中，EHR系统可以集成患者的心电图、血压记录以及家庭病史，提供更全面的诊断信息。

其次，EHR系统改进了治疗方案。该系统使得医疗团队能够基于完整的患者数据制定更加个性化的治疗方案。例如，在糖尿病管理中，EHR系统可以整合患者的血糖水平、饮食习惯和运动记录，帮助医生制定个性化的治疗和干预措施，这种数据驱动的个性化治疗显著提高了患者的治疗效果。

此外，EHR系统提升了医疗服务效率。医疗人员可以通过系统快速查找患者信息，减少了纸质记录的处理时间。例如，某医院在实施EHR系统后，门诊等候时间减少了20%，医疗流程的总体效率提高了15%。这一改进不仅提高了患者的满意度，还优化了医疗资源的使用。

在精准医疗领域，EHR系统的成功应用也为医疗决策提供了有力支持。例如，某大型医院通过使用EHR系统成功实施了精准癌症治疗。系统集成了患者的基因组数据和历史病历，帮助医生制定个性化的治疗方案，结果显示治疗效果显著提高，患者的生存率提高了25%。

EHR系统在疾病预防和慢性病管理方面表现出色。例如，在慢性阻塞性肺疾病的管理中，通过将患者的病史、药物使用情况和肺功能测试结果整合到EHR系统中，医疗团队可以更有效地监控疾病进展并及时调整治疗方案。研究发现，使用EHR系统管理COPD患者的住院率降低了15%。

在紧急医疗响应中，EHR系统的应用也取得了显著成功。例如，某急救部门通过使用EHR系统能够实时获取患者的医疗记录，迅速做出治疗决策。在一次针对心脏骤停的急救实验中，系统的引入帮助急救团队在黄金时间内完成了30%的病例处理，从而提高了急救成功率。

2）以患者为中心的价值医疗模型

以患者为中心的价值医疗模型正在成为全球医疗改革的重要趋势。该模型的核心理念是通过提高医疗服务的质量和效率，同时优化患者的整体体验来提升医疗价值。该模型不仅关注疾病治疗的效果，还强调通过优化医疗服务质量来提高患者的整体健康体验。它以患者需求和偏好为核心，结合有效的成本控制措施，力求在保证医疗质量的同时降低医疗费用。

以患者为中心的价值医疗模型的核心是提升患者的参与度。传统的医疗模式中，患者通常处于被动接受治疗的状态，而现代模型强调患者在决策过程中的主动参与。通过电子健康记录（EHR）、患者门户网站和移动健康应用，患者能够更方便地访问自己的健康信息、了解治疗方案，并参与治疗决策。这种转变不仅增强了患者的自我管理能力，也提高了治疗的依从性和满意度。

个性化医疗是以患者为中心的价值医疗模型的另一个关键方面。利用大数据和人工智能，医疗服务提供者可以分析患者的健康记录、遗传信息和生活习惯，制定个性化的治疗方案。例如，在癌症治疗中，通过基因组分析，医生可以为患者制定最合适的药物和治疗方案，从而提高治疗效果并减少副作用。

价值医疗模型强调通过提高效率来降低医疗成本。例如，慢性病管理中的患者教育和预防措施有助于减少急性发作和住院率，从而降低总体医疗费用。在糖尿病管理中，通过实时监测血糖水平和调整治疗计划,可以有效地减少并发症的发生率,从而节省医疗成本。类似的措施在心脏病、高血压等慢性病管理中也取得了显著的成本节约效果。

以患者为中心的价值医疗模型还强调多学科团队的协作。通过整合不同专业的医疗人员,如医生、护士、药剂师和营养师,可以提供全面的、协作的医疗服务。这种跨学科的合作有助于提高诊断准确性、优化治疗方案,并改善患者的健康结果。例如,在癌症综合治疗中,肿瘤科医生、放射科医生、外科医生和护理团队的紧密合作可以显著提高患者的生存率和生活质量。

尽管随着医疗技术的进步和对患者需求的深入理解,价值医疗模型已经取得了一些显著成效。然而,持续改进和创新仍然是实现其潜力的关键。在未来,这个医疗模式将更加注重以下几个方面:首先是深度个性化治疗。随着基因组学、精准医学和人工智能技术的不断进步,个性化医疗将不仅仅局限于治疗方案的制定,而是深入到疾病的早期预测和预防。例如,通过全基因组测序,医疗团队可以识别出个体对特定疾病的遗传易感性,从而制定个性化的预防策略。

其次是注重患者教育和自我管理。随着健康技术的普及,患者将能够通过移动健康应用和智能穿戴设备监测自己的健康状态。医疗服务提供者需要开发更多的教育工具和干预措施,以帮助患者更好地管理自己的健康。例如,通过虚拟现实(VR)技术进行健康教育和训练,可以提高患者对慢性病管理的理解和依从性。

最后,以患者为中心的价值医疗模型中,数据安全和隐私保护将成为关键问题。随着患者健康数据的数字化和共享,保护患者隐私、确保数据安全将面临更大的挑战。美国在2016年通过的《21世纪治愈法案》及其呼吁的《最终规则》制定了一个路线图,要求医院能够通过通用 API 使患者能够访问其电子健康信息。在《新英格兰医学期刊》等许多顶级期刊上,也有关于"患者主导数据分享"的文章。从外部系统获取更多数据就是一个重要目标。

8.2 数字医疗创新与数据科学理论

数字赋能医疗是大数据领域的重要应用之一。这是因为信息化本质上是数据生产的过程,数据被大量生成并在网络空间中积累,逐渐形成了宝贵的数据资源。数据从信息化的副产品演变成了数字经济的核心要素,而对数据的探索和发展也催生了一门新的科学——数据科学。本节将探讨数字医疗创新中与数据科学理论相关的内容,包括数据科学基础设施、数据生产者与数据主权者,以及数据生产等。

8.2.1 数据科学理论中的基础设施

数据科学基础设施在数字医疗领域的目标可以概括为两个方面。首先是支持跨学科合作:通过整合不同学科的数据和技术,建立一个跨学科的生态系统,以应对复杂的生物医学问题。其次是提升数据处理能力:强大的计算资源和先进的分析平台对于支持复杂的数据分析任务和实时数据处理至关重要。

在数字医疗领域,数据科学基础设施是推动创新的核心支撑。数字医疗的持续发展和变革依赖于大规模数据的采集、管理和分析,而这些过程需要强大的数据科学基础设施来确保数据的有效利用和创新成果的实现。具体来说,数字医疗创新依赖于数据科学基础设施的几个关键方面包括：

数据集成与管理：有效整合和管理来自不同来源的数据。

数据质量与标准化：提高数据的一致性和可靠性。

数据分析与处理能力：支持复杂的分析任务和实时数据处理。

数据安全与隐私保护：确保数据的安全性和隐私保护。

支持数据驱动决策：提供实时数据分析，帮助做出准确的临床决策。

实现这些目标面临的挑战可能相当复杂，因为根本性的问题往往在解决之前并不显现。生物医学数据科学旨在利用各种数据技术推动医疗社会的发展，这要求跨越传统学科的界限，形成一个跨学科的生态系统，以解决共同的问题。因此，需要在行政、组织和教育等多个领域引入新的功能和能力。

1) 支持医疗多模态数据源的分布式、异构数据库

在医疗领域，研究患者数据库(RPDRs)，例如整合生物学和临床数据库(i2b2)，在将分散和高维的患者数据整合方面发挥着至关重要的作用。因此，研究患者数据库是生物医学数据科学的基础设施之一，应转成支持医疗多模态数据源的分布式、异构数据库，并有机演变、融入临床和转化科学中的目标，包括快速药物监测和在护理点提供真实世界证据等方面的应用。这是因为：

(1) 分布式文件系统的复杂性

分布式文件系统是 RPDRs 实现的基础，这种系统通过将数据文件分成多个标准大小的数据块，并将其分布到数百甚至数千个数据节点上，每个节点存储文件的一部分。对用户而言，数据分布是透明的，他们无需知道数据文件被分布到哪些节点上，就可以像访问本地文件一样访问这些数据。

然而，分布式文件系统本质上非常复杂。随着数据块在不同服务器之间的分布，服务器之间的数据联系形成了一个复杂的图结构，随着服务器数量的增加，复杂度呈指数级增长。设计和管理这样的系统需要在可靠性、适用性、时间和空间等多个方面找到一个合理的平衡。

(2) 可靠性与冗余存储

分布式文件系统的一个主要挑战是如何保障数据的可靠性。在传统的客户/服务器模式下，通常采用"双机热备"架构，即两台服务器互为备份，以确保在一台服务器发生故障时，系统仍能正常运行。然而，当一个数据文件需要分布到数百甚至数千台服务器时，即使每台服务器的故障率仅为 1‰ 或更低，系统中几乎总有服务器处于故障状态，这使得故障成为常态。

为解决这一问题，分布式文件系统通常采用冗余存储方法，将每个数据文件存储多个副本以提高系统的容错能力。最常见的做法是将数据文件存储三份，这样即使其中一个节点发生故障，系统仍能保持数据的完整性。然而，随着数据文件规模的增大，冗余存储的需求也增加，进而提高了存储成本和系统复杂性。尽管如此，冗余存储在提高系统可靠性方面发挥了重要作用。

(3) 适用性与数据访问效率

在确保可靠性的同时，分布式文件系统还需要考虑适用性问题，尤其是在大数据环境下的表现。虽然分布式存储和冗余存储解决了大规模数据的可靠存储问题，但也带来了一些新的挑战。首先，分布式文件系统为了支持高吞吐量的数据访问，通常采用顺序数据访问方

式,这在一定程度上牺牲了数据访问的响应速度。因此,这类系统难以满足需要毫秒级低延迟数据访问的需求,对于实时数据处理的应用也有一定限制。

此外,数据更新也是一个难题。由于数据文件分布在众多数据节点上,更新冗余存储的数据文件变得异常复杂。分布式文件系统通常只支持单个写入者,并且写操作以"添加"的方式进行,不支持多用户同时写入或任意位置的数据更新。这使得分布式文件系统更适合数据分析,而不适合频繁更新的在线事务处理和实时数据处理。

未来,随着技术的进步和分布式文件系统的进一步优化,研究患者数据库有望在提高数据处理效率、支持低延迟访问和增强数据更新能力方面取得更大突破。这将进一步推动数字医疗创新,使临床和转化科学能够更有效地利用大规模数据,最终实现更精准、更高效的医疗服务。

2) 医疗大数据的统一存储和联合分析

医疗领域的大数据涵盖了从患者电子健康记录(EHR)、影像数据到基因测序和个人可穿戴设备数据的各种形式,这些数据展现出大数据的典型特征,即基于"5V"概念构建的技术术语:数量(Volume)、速度(Velocity)、种类(Variety)、真实性(Veracity)和价值(Value)。仅仅关注数据量的增长是片面的,以新冠疫情为例,研究的独特之处在于新数据的广度和生成速度,传统方法难以及时处理这些数据并实现有效扩展。

更完整的大数据视角包括三个关键要素,即数据、技术和应用,这些要素共同致力于通过追踪跨境数据来增强医疗专业人员的决策能力。在此背景下,有效存储和分析多源、多模态数据的挑战尤为突出。所谓多模态数据,是指数据的多种形式,包括结构化数据(如实验室测试结果)、非结构化数据(如医生的文本记录)和半结构化数据(如影像文件)。

整合多源、多模态数据是一个复杂且具有挑战性的过程。这些数据来自不同来源,往往遵循各自不同的标准和格式,使得数据集成变得困难。随着数据量的增加,管理和处理大规模数据集需要强大的计算能力和高效的分析工具。

为了应对这些挑战,医疗机构通常依赖数据湖或数据仓库等基础设施,这些平台能够支持数据的集中管理和处理。通过提供统一的数据存储和管理环境,不仅可以整合不同来源的数据,还能确保数据的完整性和可访问性。这种整合能力为临床研究和个性化医疗方案的制定奠定了坚实基础。

医疗大数据的统一存储并不意味着所有数据都存储在一个地方,而是需要统一的存储架构。该架构应具备处理不同来源和格式数据的能力,同时满足数据安全、隐私保护和高效访问的要求。云计算技术在此过程中发挥了关键作用,云存储通过分布式存储技术,将数据分散存储在多个服务器上,从而实现大规模数据的高效管理。

此外,数据标准化是实现统一存储的基础。国际上广泛采用的 HL7 标准和 DICOM 标准为医疗数据的格式、交换和处理提供了规范,帮助实现数据的互操作性。在数据安全方面,必须采用先进的加密技术和访问控制机制,确保患者隐私不被泄露。这里我们先前提出的"数据开放自治模式*"为在保护数据安全的前提下实现数据开放共享提供了有效途径。

---

* 数据自治开放是指数据由数据拥有者在法律框架下自行确权和管理、自行制定开放规则(所谓数据自治),然后将数据开放给使用者,包括上载数据应用软件使用数据或下载数据到使用者的设备中(使用者没有数据治理权)。具体技术有:数据盒技术;数据权益保护、防泄露、防拼图等安全技术;数据使用标准、数据访问行为管控和数据使用审计等技术。

在实现统一存储后,如何在多个医疗机构之间进行联合分析,以最大化大数据的价值,是另一个重要问题。联合分析可以整合不同机构的数据,挖掘出更有价值的信息,如疾病的发病趋势和治疗效果比较。然而,数据隐私仍然是联合分析的核心问题。为此,联邦学习等新技术正在得到应用,这些技术在不共享原始数据的前提下,通过共享模型参数实现分布式数据的联合建模。

另外,数据共享和协作也需要得到各方的支持与配合。政府和医疗机构可以通过制定统一的标准和协议,推动数据的互通和共享。例如,通过建立国家或地区级的健康信息交换平台,各医疗机构可以在遵守法规的前提下,进行数据的安全共享和联合分析。

3) 数字孪生医院

数字孪生医院正成为未来医疗领域的重要发展方向,通过结合现实与虚拟世界,带来了医院管理和临床治疗的革命性变化。数字孪生技术最初应用于工业领域,旨在通过虚拟模型精确复制物理实体,如今这一技术逐渐延伸至医疗领域,形成了"数字孪生医院"的概念。数字孪生医院利用数字化手段创建医院的虚拟镜像,从而实时监控、分析和优化医院运作及患者治疗过程。这种技术不仅提高了医疗效率,还为个性化治疗提供了更有力的支持。

数字孪生医院的核心构成包括以下三部分。

(1) 数字化患者:通过采集患者的健康数据,如电子健康记录(EHR)、影像数据、基因组信息等,创建个性化的数字化患者模型。该模型可用于模拟不同治疗方案对患者的影响,帮助医生制定最优治疗计划。

(2) 虚拟医院环境:数字孪生医院不仅包括患者的数字化模型,还包括医院基础设施的虚拟化,如手术室、病房、诊疗设备等。通过实时监控和数据分析,医院管理者能够优化资源配置,提升医疗服务质量。

(3) 智能决策支持系统:利用人工智能和大数据分析,数字孪生医院能够提供智能化的决策支持系统,帮助医生快速诊断疾病、预测治疗效果,并实时调整治疗方案。

数字孪生医院的应用场景包括以下三种。

(1) 手术模拟与培训:医生可在虚拟环境中进行手术模拟,预演复杂手术过程,从而提高手术成功率。此外,数字孪生医院还可用于医疗教育与培训,借助虚拟现实(VR)技术帮助医学生熟悉临床操作。

(2) 个性化医疗:每位患者的数字化模型都是独一无二的,医生可在虚拟环境中模拟不同的治疗方案,选择最适合患者的治疗方法,从而实现个性化医疗。

(3) 远程医疗与监控:数字孪生医院还支持远程医疗,医生可通过患者的数字化模型随时随地进行诊疗。同时,实时监控技术帮助医生跟踪患者的康复进展,及时调整治疗方案。

尽管数字孪生医院展现了巨大的发展潜力,尤其在提升医疗效率和推动医疗行业向更加精准、个性化的方向发展方面,但其发展也面临挑战。尽管数字孪生技术在手术模拟、药品管理等特定领域有所成效,如"达芬奇"手术机器人,但其高昂成本和不确定的临床效果引发了业界的质疑。目前,数字孪生技术在医疗领域的应用仍处于初级阶段,仍需不断探索和优化。

未来,随着技术的进步和应用的深入,数字孪生医院将逐步从科幻走向现实,为医疗行业带来前所未有的变革。然而,只有通过持续的研究和改进,我们才能充分挖掘数字孪生医院的潜力,真正实现其预期的价值。

8.2.2 数据科学理论中的"人"

在数据科学理论中,"人"的角色至关重要,不仅作为数据的产生者和使用者,还在数据分析和决策过程中扮演核心角色。随着技术的进步,数据科学逐渐超越了纯粹的技术范畴,融合社会科学和人文关怀,转向以"人"为中心的设计和应用。本节考虑数字医疗创新中的三类"人":数据科学家与普通数据劳工、数据工具人,以及数据主权者。

1) 数据科学家与普通数据劳工

在数字医疗领域,数据科学家是数据经济的"船长",这一角色使之在技术革新和数据驱动决策中占据主导地位。然而,随着数据劳工的崛起,医疗领域的创新变得更加依赖跨学科的协作。这种变化并未削弱数据科学家的重要性,而是强调了在新的环境下重新定义自己的价值。

(1) 数据科学家的核心角色:引领数据经济

根据哈佛商业评论的定义,数据科学家的专业能力使其在海量数据分析和复杂模型构建中扮演关键角色。数据科学家不仅掌握了先进的技术技能,还具备深厚的领域知识和数据直觉,这使他们能够识别数据中的潜在价值,为医疗决策提供精准支持。在数字医疗中,数据科学家的工作包括开发机器学习模型、进行大数据分析,以及设计支持个性化医疗的算法。

尽管数据劳工的作用日益重要,但数据科学家依然是推动数字医疗创新的核心力量。他们的跨学科知识使他们能够理解和整合来自不同领域的数据,并通过深度分析为临床实践提供独特的洞见。数据科学家不仅需要具备强大的技术能力,还需能够理解医学背景,确保技术应用符合医疗行业的标准和伦理要求。

(2) 数据劳工的崛起:推动医疗数据管理的基础力量

随着数字医疗的发展,数据劳工的作用越来越不可忽视。他们负责基础的数据管理任务,如数据收集、清洗和整理,为整个数据分析流程奠定基础。尽管这些任务技术含量较低,但它们对于数据质量和分析结果的准确性至关重要。

数据劳工的崛起并不意味着数据科学家角色的弱化,而是强调了数据分析流程中每个环节的重要性。数据劳工通过承担基础数据管理任务,使数据科学家能够专注于更复杂的分析和模型开发。这种分工协作不仅提高了整体效率,还确保了数据科学家可以充分发挥其专业价值。

(3) 在数据劳工中凸显数据科学家的价值:跨学科知识与数据直觉的结合

随着数据劳工在数字医疗中的作用日益突出,如何在这一背景下凸显数据科学家的价值成为一个重要问题。数据科学家需要超越技术本身,依赖其跨学科的知识和数据直觉,以应对复杂的医疗数据挑战。

① 跨学科的要求:数据科学家不仅需要掌握数据科学技术,还需具备医学、伦理和法律等领域的知识。这种跨学科能力使他们能够理解医疗数据的背景和应用场景,从而更有效地指导数据劳工的工作,并确保分析结果符合行业标准。

② 数据直觉的重要性:数据科学家的数据直觉,即在大量数据中识别潜在问题和机会的能力,依然是其核心竞争力之一。这种直觉无法通过简单的技术培训获得,而是通过长期的实践和经验积累形成的。因此,在数据劳工承担更多基础数据工作的情况下,数据科学家

的数据直觉和专业判断仍是数字医疗创新的关键。

在数字医疗领域,数据科学家和数据劳工的角色各自发挥着重要作用。随着数据劳工的崛起,数据科学家需要通过跨学科的知识和数据直觉,继续在医疗创新中扮演领导角色。未来,随着技术的发展和分工的细化,数据科学家与数据劳工的协作将变得更加紧密,为数字医疗的进一步发展提供新的动力。

2) 数据工具人:是工具还是人?

随着信息技术的飞速发展,数据科学已经成为现代社会中不可或缺的领域。数据科学不仅推动了商业决策的科学化和智能化,还在医疗、金融等诸多行业中发挥了重要作用。然而,在数据科学领域中,有一个不断引发争议的话题:数据工具人到底是工具还是人?

数据工具人并不是一个新鲜的概念。在现代数据科学实践中,数据工具人通常指的是由算法和人工智能技术驱动的虚拟助手或自动化工具,可以定义为一种通过算法和自动化技术执行特定数据处理任务的虚拟助手。这些任务通常包括数据清洗、数据处理、数据分析和报告生成等。数据工具人旨在减轻数据科学家和分析师的重复性工作负担,提高工作效率和数据处理的准确性。尽管数据工具人本身并不具备人类的智能和创造力,但它们能够通过预设的规则和算法,自动化地完成复杂的数据操作,从而支持和增强数据科学中的人类活动。这些工具能够帮助数据科学家和分析师完成繁琐的任务,如数据清洗、数据处理、模式识别和预测分析等。Tang 等在探讨改进研究患者数据存储库的文章中,突出了数据工具人在提升数据质量和分析效率方面的作用。例如,OpenRefine 和 Trifacta 等工具被广泛用于数据清洗任务。数据分析工具包括各种统计分析软件和机器学习平台,如 Python 中的 Pandas 和 Scikit-learn,以及商业化的软件如 SAS 和 SPSS。这些工具可以自动执行复杂的数据分析和建模任务,从而减轻数据科学家的负担。自然语言处理工具通过解析和理解人类语言,能够从非结构化数据(如文本、语音)中提取有用的信息,在情感分析、文本分类和信息提取等任务中表现出色。基于人工智能技术的聊天机器人,如 IBM Watson 和 Google Assistant,不仅可以与用户进行自然语言对话,还能够在数据收集和用户支持等方面发挥重要作用。

数据工具人的优点主要体现在提高效率、减少错误和扩展能力方面。数据工具人能够自动化完成大量重复性和机械性的工作,极大地提高了数据处理和分析的效率。例如,使用自动化的数据清洗工具,数据科学家可以将更多时间投入到更高层次的分析和决策中。人类在处理大量数据时难免会出现疏漏和错误,而数据工具人则能够通过预定义的算法和规则,确保数据处理的一致性和准确性,减少人为错误的发生。数据工具人的应用能够扩展数据科学家的能力,使其能够处理更大规模和更复杂的数据集。例如,使用机器学习工具,数据科学家可以轻松地构建和部署复杂的预测模型。

当然,数据工具人在很多方面展示了其优势,但也存在一些局限性。过度依赖自动化工具可能导致数据科学家忽视基础技能的培养,从而在面对非标准化或复杂问题时缺乏应对能力。数据工具人所使用的算法可能会受到训练数据的偏见影响,从而在分析结果中反映出这些偏见。因此,确保算法的公平性和透明性是一个重要的挑战。在使用数据工具人时,可能涉及隐私保护和数据安全等伦理问题。如何在数据工具人应用过程中保护用户隐私,是一个亟需解决的问题。

综上所述,数据工具人虽然不是真人,但通过算法、聊天机器人等形式,能够在数据科学中实现虚拟化和自动化,从而为实际操作中的"人"提供重要支持。数据工具人不仅提高了数据处理和分析的效率,还减少了人为错误的发生。然而,在使用数据工具人的过程中,我们也需要注意其局限性,并采取适当的措施来应对这些挑战。未来,随着人工智能和大数据技术的进一步发展,数据工具人必将在更多领域中发挥重要作用,为社会带来更大的价值。

3)谁是数据主权者?

在现代数字经济中,数据被视为新的石油,是推动全球经济增长和创新的关键资源。然而,随着数据的重要性日益凸显,数据主权变得越来越复杂。同时,新兴的数据处理技术(如人工智能和大数据分析)以及不断变化的数据保护法和网络安全法,进一步加剧了数据主权问题的动态性。那么,谁才是真正的数据主权者?

我们认为,数据主权者可以被定义为具有数据生产能力和保护权的个人或实体。这个定义借鉴了威廉·H. 赫特(William H. Hutt)提出的"消费者主权"这一经济学基本概念,并结合了马克斯·韦伯(Max Weber)关于"权力"的经典定义——即拥有任何资源的能力。数据主权者的"权力"不仅包括对数据的控制,还涵盖了防御和保护数据免受外部威胁的能力。值得注意的是,保护数据的"力量"并不意味着放弃数据共享。相反,数据主权者应当能够方便地在内部或与可信合作伙伴之间共享数据和数据产品。

在数据主权的问题上,主要的利益相关者包括国家政府、跨国企业和个人用户。国家政府通常认为自己是数据主权的重要持有者,特别是在涉及国家安全和公共利益的数据时。许多国家通过立法和政策来控制跨境数据流动,确保数据存储在本国境内。例如,欧盟的《通用数据保护条例》就是为了保护欧盟公民的数据隐私和主权而制定的。然而,国家政府并非天然的数据主权者,真正的数据主权者应具备数据的生产能力和防御能力。

跨国企业在数据主权问题上扮演着双重角色。一方面,它们需要遵守所在国家的法律法规,另一方面,它们也希望最大化数据的商业价值,通常会在全球范围内收集、存储和分析数据。企业如 Google、Facebook 和 Amazon 等,在全球范围内拥有大量用户数据,并因此在数据主权问题上具有重要影响力。这些企业具备数据的生产能力和防御能力,因此在数据主权问题上也具有重要地位。

个人用户在数字时代的数据权利也受到越来越多的关注。个人用户希望对自己的数据拥有更多的控制权和知情权,不希望数据被滥用或未经授权地分享。然而,个人用户如果不是数据的生产者,则不能被划分为数据主权者。尽管个人用户的权利在数据主权中越来越被重视,在缺乏数据生产和保护能力的情况下,他们仅仅是数据的所有者,而非真正的数据主权者。

数据主权者经常面临挑战。跨境数据流动是一个重要问题。随着全球化和互联网的发展,数据的跨境流动变得越来越频繁。如何在保护数据主权的同时,促进跨境数据流动,成为各国政府和国际组织面临的重大挑战。严格的数据本地化要求可能会限制国际贸易和技术创新,而过于宽松的政策则可能会危及国家安全和公民隐私。

数据保护和隐私也是一个关键挑战。如何在数据利用和数据保护之间找到平衡至关重要。过度的数据利用可能会侵犯个人隐私,而过度的数据保护则可能会限制数据的价值实现。例如,GDPR 在保护用户隐私方面取得了显著成效,但也引发了企业的合规成本和业务挑战。

在探讨谁应当是数据主权者的问题时,需要综合考虑国家、企业和个人的利益。跨国企业在全球数据治理中需承担更多责任,它们应遵守所在国家的法律法规,尊重用户的隐私权和数据主权,并积极参与国际数据治理框架的构建。

未来,明确的数据主权者定义将在国际社会共同努力下,帮助建立一个公平、公正和透明的数据治理框架,以确保数据在全球范围内的合法和有序流动。

8.2.3 数据科学理论中的生产

在数据科学的快速发展背景下,数据生产的概念变得越来越重要。数据生产是指通过处理数据,将其转化为有用的信息和见解的过程。即使只是简单地将数据可视化,也可以视为一种生产活动,因为它有助于将复杂的数据呈现为直观易懂的形式,从而更好地传达我们的想法并引起目标受众的共鸣。例如,英国《卫报》曾对无家可归者获得飞机或汽车票离开城镇后的情况进行了探讨,并提供了一些引人注目的数据可视化图表,其中一个分布图显示,无家可归者通常被重新安置到收入中位数较低的地区,这一发现揭示了他们迁移后的生活境遇及其面临的进一步挑战。

传统上,数据生产被视为从数据收集到分析的线性过程。然而,数据生产实际上是一个复杂的动态过程,涵盖了数据的收集、清洗、处理和分析等多个环节。每个步骤都可能影响数据的质量和最终的分析结果。随着数据量的增加和来源的多样化,如何有效进行数据生产,以确保数据准确性和可靠性,成为数据科学中的关键问题。

1) 数字医疗创新的一般过程

数字医疗创新的一般过程与数据生产的基本过程大体一致。数字医疗创新通常包括试错探索、数据进一步挖掘(包括算法优化)、专家评估或临床试验,以及迭代优化等几个主要阶段。

(1) 试错探索

数字医疗创新通常从试错探索阶段开始,而非传统的数据采集步骤。此阶段主要涉及利用各种数据工具和技术进行实验,以揭示数据的潜在应用和价值。研究人员通过不断尝试和调整,逐步识别和定义实际需求。例如,通过使用不同的数据挖掘工具和分析技术对医疗数据进行初步实验,可以发现潜在的健康问题或治疗机会。这一过程强调试错的重要性,通过不断实验和调整,逐步形成对实际需求的深入理解。

(2) 数据进一步挖掘(含算法优化)

在试错探索之后,数据进一步挖掘(包括算法优化)是关键步骤。虽然数据采集不是数据生产过程中的必要环节,但在已有数据的基础上,进一步挖掘显得尤为重要,以提高效率和准确性。此阶段包括:首先,优化数据预处理,即数据的清洗、整合和转换;其次,改进数据挖掘技术,以从处理后的数据中提取更有价值的信息,支持疾病预测、风险评估和个性化治疗等应用。

(3) 专家评估或临床试验

在数据挖掘和分析完成后,技术进入专家评估和临床试验阶段。此阶段包括专家评估和小规模临床试验。专家评估通过专业审查和分析,评估技术的有效性和应用价值;小规模临床试验则在受控环境中测试技术的实际效果和安全性。这些步骤有助于验证技术在实际医疗环境中的表现,确保其能够解决实际问题并带来预期的益处。

(4) 迭代优化

迭代优化是数字医疗创新过程中的核心环节。在专家评估和临床试验之后,技术需要基于用户反馈和实际应用情况进行不断改进。迭代优化包括根据收集的反馈和数据,对技术进行调整和更新。数据驱动的改进是这一阶段的重点,通过分析使用数据和用户反馈,提升技术性能和用户体验。例如,通过数据自治治理模型和其他工具,可以减少手动操作和重复工作,提高数据共享的效率。迭代优化不仅确保了技术的长期有效性,也推动了数据产业的进一步发展。

2) 数字医疗创新的实质:数据经济

数字医疗创新作为现代医疗领域的重要发展方向,已经成为推动全球健康护理变革的关键力量。然而,其背后的核心实质不仅仅是技术的应用,更是数据经济的深刻体现[31,32]。数字医疗创新的每一个环节,都深深植根于数据经济的规律和原理中。因此,理解和遵循数据经济的规律,将为数字医疗创新的繁荣奠定坚实的基础。

数字医疗创新的起点通常从试错探索阶段开始。在这一阶段,研究人员使用各种数据工具和技术进行实验,以发现数据的潜在应用和价值。传统的数据采集步骤并非这一阶段的重点,创新过程更侧重于通过试错探索识别和定义实际需求。这一过程展示了数据经济中的核心概念——通过不断的尝试和调整,探索数据的价值,并找到最有效的应用方式。试错探索中的数据经济规律促使研究人员不断优化工具和方法,从而推动技术的实际应用和需求的精准识别。

在试错探索之后,数据进一步挖掘和算法优化成为数字医疗创新的重要步骤。数据经济中的一个关键规律是数据的质量和处理效率直接影响技术的应用效果。数据预处理和挖掘的优化,确保数据的质量和一致性,为后续的分析和应用打下坚实的基础。数据挖掘技术的优化通过分析数据中的模式和趋势,提取有价值的信息,支持疾病预测、风险评估和个性化治疗等应用。遵循数据经济的规律,通过不断提升数据处理技术和算法,能够极大地推动数字医疗技术的创新和应用。

在数据挖掘和分析完成后,专家评估和临床试验阶段是验证技术效果的重要环节。专家评估和小规模临床试验通过系统化的数据分析,审查技术的有效性和安全性。这一过程体现了数据经济中基于数据反馈进行优化和改进的原则。专家评估和临床试验的数据驱动验证,确保了技术能够在实际医疗环境中解决实际问题,并带来预期的益处。遵循数据经济的规律,在评估和试验阶段充分利用数据反馈,将有助于技术的有效应用和改进。

迭代优化是数字医疗创新过程中不可或缺的环节。在专家评估和临床试验之后,技术需要根据用户反馈和实际应用情况不断进行改进。数据驱动的改进是这一阶段的核心,通过分析使用数据和用户反馈,提升技术性能和用户体验。数据经济中的一个重要原则是持续改进和优化。通过减少手动操作和重复工作,提高数据共享的效率,能够进一步推动技术的发展和应用。遵循这一原则,不断迭代和优化技术,能够有效地促进数字医疗创新的繁荣。

8.3 数字医疗创新的实际案例和新应用

本节将重新聚焦数字医疗创新中的实际案例和新兴应用,以帮助读者深入理解医疗大数据作为生产要素在数字医疗中的应用。这些案例和应用不仅能展示医疗大数据的生产过程、再生产过程,还能为下一阶段资本化作铺垫。

8.3.1 数字医疗创新的典型案例

1）个性化医疗与精准医学

在数字医疗创新的众多领域中,个性化医疗与精准医学无疑是最具革命性的进展之一。个性化医疗旨在根据每位患者的独特特征制定个体化的治疗方案,而精准医学则通过综合分析患者的遗传信息、环境因素和生活方式,提供更为精确的诊断和治疗方案。

在癌症治疗中,基因组学的应用代表了个性化医疗的一个重要方向。癌症的复杂性和个体差异使得传统的"一刀切"治疗方法往往效果不佳。基因组学提供了一个新的视角,通过对肿瘤基因组的全面分析,医生可以了解肿瘤的特定基因突变及其对药物反应的影响,从而制定出针对性的治疗方案。

免疫检查点抑制剂(ICIs)是个性化医疗在癌症治疗中的一个经典应用。ICIs通过解除肿瘤对免疫系统的抑制,激活患者的免疫系统来攻击肿瘤。成功的应用案例包括了PD-1/PD-L1抑制剂在多种癌症中的治疗,如非小细胞肺癌、黑色素瘤和膀胱癌等。这些药物的应用极大地改变了癌症治疗的格局。

以黑色素瘤为例,该癌症传统上依赖手术切除、化疗和放疗,但由于黑色素瘤的异质性和耐药性,这些方法的效果往往有限。免疫检查点抑制剂特别是PD-1/PD-L1抑制剂的引入,为黑色素瘤患者提供了新的治疗选择。

PD-1(程序性死亡蛋白1)和PD-L1(程序性死亡配体1)是免疫检查点蛋白,它们在正常情况下帮助维持免疫系统的平衡,但在癌症中,这些蛋白质通过与T细胞上的PD-1受体结合,抑制免疫反应。PD-1/PD-L1抑制剂通过阻断这种抑制机制,重新激活免疫系统,允许T细胞识别和攻击肿瘤细胞。

在黑色素瘤患者中,PD-1/PD-L1抑制剂如Pembrolizumab(Keytruda)和Nivolumab(Opdivo)的临床试验显示出显著的疗效。这些药物在治疗晚期黑色素瘤患者中表现出了持久的反应,并在部分患者中实现了长期的缓解。与传统疗法相比,ICIs的副作用相对较少,且能提供显著的生存获益。

对于PD-1/PD-L1抑制剂的使用,患者通常需要进行PD-L1表达水平的检测。研究表明,PD-L1表达水平与ICIs治疗的效果密切相关。高PD-L1表达的患者通常对这些药物的反应较好,而低PD-L1表达的患者则可能需要其他治疗方案。这种个体化的筛选机制确保了患者能够接受最适合他们的治疗,提高了治疗的成功率。

尽管PD-1/PD-L1抑制剂在黑色素瘤治疗中取得了显著成效,但也面临一些挑战,包括对不同患者群体的效果不均、耐药性的发展以及长期副作用的管理。未来的研究将需要继续探索如何优化这些药物的使用,包括与其他治疗方式的联用、探索新的免疫检查点靶点以及个体化治疗策略的进一步改进。

2）远程医疗与健康监测

在数字医疗创新的广泛应用中,远程医疗与健康监测特别在失眠管理方面展现了其重要的潜力。失眠作为一种常见的睡眠障碍,影响着全球数以亿计的成年人,其治疗通常依赖于患者与医生之间的面对面咨询和诊断。传统的失眠管理方法常常依赖于睡眠日记和不定期的睡眠监测,这些方式往往不能提供足够的实时数据来有效管理和治疗失眠。远程医疗与健康监测技术的引入,尤其是通过先进的睡眠监测设备和数据分析平台,提供了一种更为精准和高效的解决方案。

以 Sleepio 平台为例,它是一个结合了远程医疗和健康监测的成功应用案例,专注于失眠的管理和治疗。Sleepio 平台利用了一套综合的数字解决方案,包括智能设备、移动应用和在线咨询服务,帮助用户实时跟踪和改善他们的睡眠质量。

平台的核心功能是其智能睡眠监测设备,该设备能够记录用户的睡眠模式,包括睡眠时长、入睡时间、觉醒次数等关键指标。用户在晚上佩戴的设备通过传感器持续跟踪其睡眠状态,并将数据传输到云端服务器。这些数据随后被分析,并通过平台提供的报告呈现给用户和医疗提供者。Sleepio 利用人工智能技术对数据进行深度分析,识别出用户的睡眠问题,并生成个性化的改进建议。

此外,Sleepio 平台还提供了一种在线认知行为疗法(CBT-I)的治疗方案。这是一种被证实对失眠有效的治疗方法,通过一系列科学的步骤帮助用户改变不良的睡眠习惯和认知误区。用户可以通过平台访问专业的治疗资源,包括自助练习、睡眠教育和个性化的治疗计划。这种在线治疗不仅便利了用户获取治疗,也使得治疗过程更具个性化和针对性。

一个典型的成功案例是 Sleepio 在失眠管理中的实际应用效果研究。研究显示,使用 Sleepio 平台的用户在睡眠质量方面有显著改善,其睡眠潜伏期缩短,睡眠效率提高,同时减少了夜间觉醒的频率。这种改进不仅提升了用户的睡眠质量,也改善了他们的日间功能和生活质量。

Sleepio 平台的成功经验展示了远程医疗与健康监测在失眠管理中的巨大潜力。通过数字技术的应用,患者能够在家中持续跟踪自己的睡眠数据,与医疗团队保持实时沟通,并获得个性化的治疗建议。这种模式不仅提高了患者的治疗依从性,也使得医疗服务更加精准和高效。

然而,尽管远程医疗和健康监测在失眠管理中取得了显著进展,仍然存在一些挑战。例如,用户对技术的适应能力和对设备的信任度是平台成功的关键。此外,数据隐私保护也是平台运营中的重要考虑因素,确保患者数据的安全性和隐私性对于赢得用户信任至关重要。

尽管如此,远程医疗和健康监测在失眠管理中的应用无疑为数字医疗的未来发展提供了宝贵的经验。随着技术的不断进步和普及,未来在更多领域中,远程医疗与健康监测将发挥更大的作用,推动医疗服务的变革,并为患者提供更加精准、高效的健康管理方案。数字医疗的不断创新将有望为全球范围内的健康问题提供新的解决思路和解决方案。

3)疾病预测与公共卫生管理

在数字医疗创新的典型案例中,农村"两癌"筛查(乳腺癌和宫颈癌)的应用展现了显著的进步和潜力。这一领域的创新不仅提升了早期筛查的覆盖率,还有效地改善了农村女性的健康状况。以下是一个典型的案例,展示了数字医疗如何在农村地区实现"两癌"筛查的创新应用。

农村地区由于经济发展水平较低和医疗资源不足,乳腺癌和宫颈癌的早期筛查和诊断面临着诸多挑战。这些挑战包括缺乏专业的医疗设施、医疗技术水平较低以及患者对疾病的认知不足。为了解决这些问题,数字医疗技术的应用提供了一种有效的解决方案。

一个成功的案例是中国的"数字筛查系统"项目。该项目在多个农村地区实施,利用数字化技术进行"两癌"筛查,尤其是在经济条件较差的乡村。这一系统包括移动医疗车、远程影像学服务和数据分析平台,旨在提高筛查的覆盖面和诊断的准确性。

(1) 移动医疗车作为项目的核心组成部分,配备了先进的数字化设备,如乳腺超声检查仪和宫颈细胞学检查设备。这些设备能够在移动医疗车上进行高质量的检查,极大地降低了因距离问题导致的就医难度。通过定期巡回到各个乡村,移动医疗车使得偏远地区的女性能够在家门口接受专业的筛查服务。

(2) 远程影像学服务是另一个重要的创新。移动医疗车采集的影像数据会通过互联网传输到中心医院或专家诊断平台进行远程分析。这种模式使得没有专科医生的小型乡村医疗站点也能依托远程服务进行高质量的诊断。通过专家的远程会诊,确保了影像学数据的准确解读,提高了筛查结果的可靠性。

(3) 数据分析平台则在筛查过程中发挥了关键作用。通过大数据技术,平台能够对收集到的筛查数据进行综合分析,识别出高风险人群,并对其进行后续跟踪和干预。数据分析不仅可以帮助医疗人员制定个性化的随访计划,还能够提供流行病学数据支持,帮助政策制定者了解疾病的流行趋势和风险因素,从而制定更有针对性的公共卫生策略。

这一数字化筛查系统的成功应用,不仅显著提高了农村地区"两癌"筛查的覆盖率,还有效降低了乳腺癌和宫颈癌的死亡率。通过移动医疗车的普及,更多的农村女性能够在早期发现疾病,从而及时获得治疗,提高了生存率和生活质量。远程影像学服务和数据分析平台的配合使用,也提高了诊断的准确性和效率,为广大农村女性提供了更为可靠的健康保障。

然而,这一创新项目也面临一些挑战。例如,移动医疗车的运营和维护成本较高,且在一些偏远地区,网络基础设施的薄弱可能影响远程数据传输的稳定性。此外,虽然技术的应用提升了筛查效率,但医疗人员的培训和系统的本地化调整仍然是保证筛查质量的关键因素。

尽管存在这些挑战,数字医疗技术在农村"两癌"筛查中的应用展示了其在公共卫生领域的巨大潜力。通过引入先进的技术手段和创新的服务模式,农村地区的医疗服务水平得到了显著提升。这一模式不仅可以应用于乳腺癌和宫颈癌的筛查,还可以推广到其他疾病的早期检测和公共卫生管理中,为全球范围内类似的健康问题提供宝贵的经验和解决方案。

总的来说,数字医疗技术在农村"两癌"筛查中的应用,不仅突破了传统医疗服务的限制,还为偏远地区的女性提供了更为便捷和高效的健康管理服务。这一创新的成功实施,不仅提高了筛查的普及率和诊断的准确性,也为全球公共卫生领域的数字医疗创新提供了重要的借鉴和参考。未来,随着技术的不断进步和应用范围的扩展,数字医疗有望在更多领域发挥积极作用,进一步推动全球健康水平的提升。

8.3.2 数字医疗创新的新应用:护理转轨

在数字医疗创新的背景下,护理行业正经历一场深刻的变革。这种变革主要体现在从传统的标准化人力护理向基于大数据和人工智能(AI)优化的护理转轨。随着科技的进步和医疗需求的变化,这一转型不仅提升了护理服务的质量和效率,还为护理行业的未来发展开辟了新的可能性。以下将详细探讨护理转轨的关键应用,包括病情预警系统、虚拟现实护理训练、个性化聊天机器人以及数字人课件和知识图谱题库,并对转轨前后的比较和展望进行深入分析。

1) 标准化人力护理的努力

在传统护理模式中,标准化人力护理是提升医疗服务质量的核心手段之一。这一模式依赖于设定统一的护理流程和标准,通过规范化的操作来保证护理服务的一致性和安全性。标准化护理的主要优势在于其规范化和可控性,能够确保每位患者都得到同等水平的护理服务。然而,这种模式也存在一些显著的局限性。

个体差异的忽视是标准化人力护理的一个关键问题。每位患者的健康状况、需求和反应都有所不同,而标准化的护理流程往往无法全面考虑这些个体差异。此外,病情变化的监测不够及时。标准化护理的流程通常是预设的,缺乏对患者病情实时变化的灵活响应,这可能导致病情的恶化和护理效果的降低。

此外,人力资源的高负荷也是标准化护理面临的一大挑战。在患者数量较多或护理需求较复杂的情况下,护理人员往往需要同时处理多项任务,导致工作压力增大,从而影响护理质量。

尽管如此,标准化人力护理在其时代背景下取得了一定的成效,通过建立统一的护理标准和流程,提升了护理工作的规范性和可控性。然而,随着医疗需求的多样化和科技的迅速发展,传统模式的不足逐渐显露出来,需要新的技术和方法来改进和提升护理服务。

2) 基于大数据的人工智能护理优化

随着数字技术的发展,护理行业开始从传统的标准化人力护理转向基于大数据的人工智能(AI)护理优化。这一转型的核心在于利用大数据分析和 AI 算法提升护理服务的精准性、效率和个性化。

(1) 病情预警系统是 AI 护理优化中的一项重要应用。传统的护理系统主要依赖人工监测和判断,这种方法可能忽略早期的病情变化。通过集成大数据分析和 AI 技术,病情预警系统能够实时监测患者的健康数据,并通过算法预测病情的变化。例如,AI 系统可以分析患者的生理参数、历史健康记录以及环境因素,识别潜在的健康风险,并提前向护理人员发出预警。这种方法显著提升了病情监测的准确性和及时性,减少了病情恶化的风险,确保了护理干预的及时性。

(2) 医护离职预测是 AI 在护理优化中的另一项重要应用。护理行业普遍面临高离职率的问题,这不仅影响了护理服务的稳定性,还增加了招聘和培训的成本。通过分析历史数据、员工行为模式和工作环境,AI 系统可以预测护理人员的离职倾向,并提供相应的干预措施。例如,AI 可以识别出那些在工作中表现出较高离职风险的员工,并通过改进工作条件、提供支持或实施激励措施来减少离职率。这一应用帮助护理机构更好地管理人力资源,减少了因离职带来的服务中断和成本浪费。

① 虚拟现实的护理环境

虚拟现实(VR)技术在护理培训中的应用为护理行业带来了革命性的变化。传统的护理培训主要依赖于课堂讲授和实地操作,而 VR 技术通过创建沉浸式的护理环境,为培训提供更加生动和互动的体验。这种技术不仅提升了培训的效果,还能显著降低培训过程中的风险。

避免感染的护理训练是 VR 技术在护理培训中的典型应用。在护理过程中,感染控制是至关重要的。通过虚拟现实技术,护理人员可以在模拟的虚拟环境中进行感染控制培训,学习如何正确使用个人防护设备、处理感染病例,并熟悉各种感染控制的操作流程。虚拟现实培训不仅让护理人员在没有实际风险的情况下进行操作练习,还可以反复模拟各种可能的感染场景,帮助护理人员提高操作技能和应对能力。这种训练方式显著提升了培训的实际效果,并降低了实际操作中的感染风险。

② 个性化的聊天机器人

个性化聊天机器人是数字医疗创新中的另一个重要应用。以阿尔茨海默病为例,这种疾病的患者通常需要长期的护理和支持。个性化聊天机器人利用自然语言处理技术,能够与患者进行日常对话,提供情感支持,并帮助管理疾病症状。

聊天机器人可以根据患者的具体需求和健康状况,提供量身定制的建议和提醒。例如,机器人可以提醒患者按时服药、记录症状变化,并为其提供认知训练和娱乐活动。此外,聊天机器人还能够与患者的家庭成员和护理人员进行沟通,提供有关病情变化和护理进展的信息。这种个性化的互动不仅提升了患者的生活质量,还减轻了护理人员的工作负担,提高了护理服务的效率。

③ 数字人课件和基于知识图谱的题库

数字人课件和基于知识图谱的题库在护士教育和全球化就业中发挥了重要作用。传统的护理教育往往受到语言和地域的限制,而数字人课件通过数字化的学习资源和互动平台,突破了这些障碍。

基于知识图谱的题库能够整合全球范围内的护理知识和技能,为护士提供多样化的学习资源。这些课件和题库不仅可以帮助护士提高专业技能,还能够为跨国护理工作提供必要的培训支持。例如,通过知识图谱,护士可以了解不同国家和地区的护理标准和实践,适应全球化的护理需求。这种资源的数字化和全球化,为护士的职业发展提供了更多机会,同时促进了全球范围内的护理知识共享和交流。

3) 转轨前后的比较与展望

在传统的标准化人力护理模式中,尽管在规范性和一致性方面取得了成效,但也存在个体差异的忽视、病情变化的监测不及时以及人力资源的高负荷等问题。随着数字技术的进步,护理行业正逐步向基于大数据和 AI 优化的方向发展。这一转轨不仅提升了护理服务的质量和效率,还为护理行业的未来发展开辟了新的可能性。

基于大数据和 AI 的护理优化能够更好地应对患者的个体差异,实时监测病情变化,并预测和管理护理人员的离职倾向。这些技术的应用提高了护理服务的精准性和效率,减少了因传统护理模式带来的风险和挑战。

虚拟现实技术的引入,为护理培训提供了更加生动和互动的体验,有效提高了培训效果,并降低了实际操作中的风险。个性化聊天机器人则通过自然语言处理技术,提供了针对性的支持和管理,提升了患者的生活质量,并减轻了护理人员的工作负担。

数字人课件和基于知识图谱的题库的应用突破了语言和地域的限制,为护士教育和全球化就业提供了新的机会。这些数字化资源的普及,不仅推动了护理知识的全球化共享,也为护士的职业发展提供了更多可能性。

展望未来,护理行业的数字化转型将继续深化。随着数字技术的不断进步和应用的深入,护理服务将变得更加智能化、个性化和高效。通过综合运用 AI、大数据、VR 技术和数字化学习资源,护理行业有望在提高服务质量、满足个体需求和促进全球化就业方面取得更大进展。未来的护理服务将不仅关注技术的应用,更加注重患者的全面需求和个体差异,为全球健康事业做出更大的贡献。

8.4 数字医疗的资本化创新

数据经济，听起来很高大上，但简单来说，就是关注数据的价值及其增值。数据的价值可以分为两种：一种是数据的资产价值，另一种是数据的资本价值。数据的资产价值已经被广泛认可，但仅有资产价值并不代表可以直接获利，因为数据的保存需要额外的开销，捕获、移动、准备和存储数据并不是免费的，例如购买硬盘和支付电费。因此，数据的资本价值是一个值得深入研究的方向，用以探索数据的价值增值。数据的价值增值依赖于生产，通过有效的数据处理和利用，可以将数据转化为有用的信息和见解，从而实现其资本价值。健康数据经济也是如此。因此，数字医疗的资本化创新是一个值得深入探讨的议题。

8.4.1 正向：为什么要资本化——数据价值增值

在数字医疗创新领域，资本化的价值不仅是经济策略的关键，更是推动行业创新和服务质量提升的核心所在。依据迈克尔·波特的价值链理论，企业通过一系列增值活动提升产品或服务的市场价值，数据同样可以通过类似方式实现增值。特别是，资本化数据及数据产品不仅涉及其经济潜力的实现，还包括将数据视作一种资本形式的策略。

1）数据生产与价值链的构建

根据波特的价值链理论，企业通过一系列的增值活动来提升其产品或服务的市场价值。在数字医疗领域，数据的增值同样需要通过一系列的生产和管理活动来实现。首先，数据的生产不仅仅是数据的收集和存储，更包括数据的分析、处理和应用。未经过处理的原始数据往往只能提供有限的信息，而通过数据分析和应用，可以挖掘出数据中的深层次价值。数据分析能够揭示患者健康趋势、风险因素和潜在的治疗方案，从而提高医疗服务的精准性和效果。

通过对数据的有效生产和管理，医疗机构和科技公司能够将原始数据转化为具有实际应用价值的信息。这种增值过程包括数据的清洗、整合、分析和应用。通过这些增值活动，数据不仅能够提供有用的见解，还能够支持医疗决策、优化治疗方案和提升患者体验。例如，通过大数据分析可以识别出某种疾病的早期预警信号，从而提前采取干预措施，这不仅提升了医疗服务的质量，也实现了数据的增值。

又如，使用舌诊数据优化过敏症筛查 App。舌诊在中医中被用来评估健康状况，特别是口腔过敏症候。口腔过敏症是由特定蛋白质引发的交叉反应，这些蛋白质可能存在于食物或花粉中。免疫系统有时将这些无害蛋白质误识别为有害物质，导致口腔过敏。常见的症状包括食用某些水果和蔬菜后，嘴唇、舌头或喉咙出现肿胀和发痒。中国古话"人如其食"反映了饮食与健康的密切关系，纪录片《舌尖上的中国》中提到的"医食同源"理念强调了对舌头健康信号的重视。通过舌诊数据，我们可以开发更加精准的过敏症筛查 App。该应用可以通过分析用户的舌头图像，识别可能的健康问题，如过敏反应。现代数字健康应用已经关注于食物消费的各个方面，包括餐厅菜单分析、食谱推荐、营养成分扫描等。这些技术为消费者提供了更好的饮食决策支持。将舌诊数据融入过敏症筛查 App 中，可以进一步提升健康管理效果。应用程序不仅能分析舌头的外观，还可以结合用户的饮食习惯和症状报告，提供个性化的健康建议。此外,这种应用还可以与食材推荐和营养信息系统整合,通过分析舌头健康信号,帮助用户选择适合自己的食物,并避免潜在的过敏原。这将使过敏症的筛查和管理更加精准,有助于改善用户的生活质量。

2) 资本化数据与资源优化

资本化数据能够有效优化资源配置,并推动医疗服务的提升。在传统医疗模式中,数据往往只是被存储在数据库中,未能发挥其真正的价值。然而,通过资本化,数据可以转化为资金流,这些资金可以用于进一步的技术研发和资源配置优化。例如,资本化的数据可以为医疗机构提供必要的资金支持,用于引入先进的医疗设备、提升基础设施或培训专业人才。这种资源的优化配置能够提升医疗服务的质量和效率,从而实现数据价值的增值。例如,尽管可以通过 PubMed 或 MEDLINE 轻松检索原始期刊文章标题,但应用标准文本处理技术(如分词和去除停用词)后得到的数据产品可用于许多后续分析。然而,类似的数据产品在医疗保健领域不进行资本化往往导致不易获得,影响产品的可重复性。

此外,数据资本化还能够促进医疗服务的个性化发展。个性化医疗强调根据每位患者的具体情况提供定制化的治疗方案,通过数据分析能够为患者量身定制最佳的治疗方法。资本化的数据支持了这种个性化服务的研发和应用,使得医疗服务更加精准和有效。例如,通过数据资本化获得的资金可以支持开发智能化的健康管理平台和个性化的治疗工具,提高治疗效果并减少副作用。

综上所述,资本化数据能够有效优化资源配置、推动个性化医疗的发展,并且利用数据和数据产品的非竞争性特征,促进医疗领域的创新与协作。这些因素共同作用,使得数据资本化在现代医疗系统中发挥着越来越重要的作用。

3) 促进产业合作与技术创新

资本化数据能够显著促进产业合作与技术创新。通过将数据资产转化为经济价值,医疗机构和科技公司能够从中获得经济利益,这不仅促进了产业之间的协作和资源整合,还推动了技术进步。例如,数据资本化为医疗机构和科技公司之间的合作提供了资金支持,使得他们能够共同开发新技术和应用。这种合作加速了技术的迭代,同时推动了医疗服务的创新和发展。

技术创新在价值链中占据关键地位。数据资本化使得医疗机构能够获得必要的资金,用于推动技术创新和应用。例如,资本化的数据支持了新型智能诊断系统、预测工具和远程医疗平台的研发。这些技术创新不仅提高了医疗服务的效率和效果,还为医疗行业带来了新的发展机遇。此外,数据资本化推动了产业集群的形成和发展,增强了整个医疗生态系统的协作能力和竞争力。

例如,全球在线食品配送服务市场的快速增长(尤其是餐厅到消费者的配送服务)也体现了数据资本化的价值。服务提供商通过跟踪消费者的饮食偏好和习惯,改进服务、通过有针对性的广告扩大客户群,并优化菜单以适应社区的饮食偏好。这些数据通过移动应用程序(如饿了么、Uber Eats)获取,并用于缩短农场与餐桌之间的距离。在 COVID-19 时代,这种数据驱动的优化尤为关键,因为它能够有效地响应市场需求的变化,提升供应链的效率。

从以上例子可以看出,数据资本化不仅推动了技术创新,还促进了产业之间的合作。通过将数据资产转化为经济价值,数据资本化为医疗机构和科技公司提供了所需的资源,推动了技术进步和产业协作,同时优化了资源配置。这种转化不仅提升了医疗服务的质量和效率,还为整个行业带来了新的机遇和挑战。

4)提高患者服务体验

资本化数据及数据产品能够显著提高患者的服务体验。通过数据的生产和应用,能够开发出更加智能化和便捷的医疗服务平台。例如,数据分析可以实现对患者健康状况的实时监测和预警,从而提供更加及时的医疗干预。这种智能化的服务不仅提升了患者的满意度,还优化了医疗资源的使用,提高了整体医疗服务的质量。按照波特的价值链理论,服务环节是提升产品或服务价值的重要组成部分。通过资本化,可以开发出更为智能和便捷的医疗服务,例如虚拟护理助手和健康管理应用。这些服务不仅提高了患者的体验,还优化了医疗资源的分配和使用,从而实现了数据及数据产品的增值。

8.4.2 逆向:数据资本如何推动数字医疗创新

数据资本的概念日益成为推动数字医疗创新的重要力量。数据资本不仅是现代经济中的一种新兴资本形式,它在推动技术进步和产业变革方面发挥着关键作用。本文从逆向角度探讨数据资本如何推动数字医疗创新,分析其如何影响数字医疗技术的发展、资源配置的优化以及产业合作的促进。

数据资本被定义为一种人类创造的资源,其天然具备资本属性。这一概念强调了数据资本在全球财富分配中的日益重要性,并在不同领域内产生了深远的影响。数字医疗作为一个典型的创新领域,其发展受到了数据资本推动的显著影响。数据资本的运作机制和特性在数字医疗中发挥了核心作用,推动了医疗技术的革新和服务模式的变革。

首先,数据资本推动了数字医疗技术的创新。数据资本的积累和利用提供了丰富的资源用于技术研发。例如,通过对海量医疗数据的分析,研究人员能够开发出更精确的疾病预测模型、智能化的诊断系统以及个性化的治疗方案。这些技术创新不仅提升了医疗服务的效率和效果,还为患者提供了更为精准的健康管理工具。数据资本使得这些技术得以快速迭代和优化,从而加速了数字医疗的创新步伐。

其次,数据资本优化了资源配置。在传统的医疗模式中,数据往往被简单地存储和管理,没有得到充分的利用。然而,数据资本的引入使得医疗资源配置的方式发生了根本变化。通过数据资本化,医疗机构能够将数据转化为经济价值,并用于引入先进的医疗设备、提升基础设施以及培训专业人才。这种资源的优化配置不仅提升了医疗服务的质量和效率,还促进了医疗行业的整体发展。例如,资本化的数据可以支持开发智能健康管理平台,这些平台能够有效整合和利用数据,为患者提供更为全面的健康管理服务。

此外,数据资本促进了数字医疗产业的合作与技术创新。资本化数据的经济价值使得医疗机构和科技公司能够通过数据交易和合作获得利益,这推动了产业之间的合作和资源整合。例如,医疗机构与科技公司之间的合作能够共同开发新技术和应用,加速技术的创新和应用推广。这种合作不仅推动了技术的快速迭代,还促进了医疗服务的创新和发展。数据资本的作用在于,它使得不同领域的机构能够共同利用数据资源,实现技术的突破和应用的扩展。

值得注意的是,数据资本的逆向影响也体现在数据产品的开发和应用上。例如,深度学习模型的训练往往需要大规模的标注数据集,如 ImageNet,这些数据产品通过手工注释和处理创造出来，并公开发布，为后续的研究和应用提供了宝贵的资源。这些数据产品可以被多个数据科学家同时利用，促进了更多的数据产品和服务的生成。这种"非竞争性"特性使得数据资本在技术创新和应用中发挥了重要作用。

总之，数据资本的引入和利用极大地推动了数字医疗领域的技术创新、资源优化和产业合作。通过将数据转化为经济价值，数据资本不仅支持了技术的快速迭代，还促进了医疗服务的个性化和精准化。

8.4.3 有中国特色的数字医疗创新资本化

针对中国数字医疗创新，推动数据资本化不仅能够促进技术创新，还能有效应对当前面临的人才环境挑战。通过政府的政策支持和创新型产业集群的建设，可以在促进数据流动、推动技术进步以及提升整体医疗服务水平方面发挥重要作用。尤其是政府在资金支持和数据共享方面的作用，将对数字医疗创新产生深远的影响。

首先，政府在资金支持方面的政策应着重于促进创新型人才的薪酬待遇，而非固定资产的投入。数字医疗创新需要高技能人才的参与，这些人才通常涉及数据科学、人工智能、医疗信息技术等领域。相比于设备和基础设施的建设，资金应更多地用于吸引和留住这些关键人才，提高他们的薪资水平和福利待遇。这样一方面能够激发人才的创新活力，另一方面也能提高其在行业中的稳定性和积极性，为数字医疗领域的持续发展提供强有力的人才保障。

其次，推动产业集群的发展也是优化数字医疗创新的重要策略。政府可以通过建立数字医疗产业园区，集聚相关企业、研究机构和高技能人才，形成协同创新的生态系统。这种区域性产业集群不仅能够促进资源的有效配置，还能加强企业间的合作与竞争，推动技术的快速迭代和应用推广。例如，设立国家级或区域级的数字医疗创新中心，汇聚资源和力量，支持前沿技术的研究和应用，形成持续创新的价值链。

在数据共享方面，政府或大型国家集团拥有的数据资源是推动数字医疗创新的一个重要资产。政府可以通过开放数据的使用权来促进数据资源的共享和流动。在确保数据隐私和安全的前提下，将数据的使用权授权给科研机构、科技公司和医疗机构，这样可以激励更多的创新型项目的产生。例如，通过创建全国性的医疗数据共享平台，各地医疗机构可以将数据授权给研究机构进行分析和应用，推动智能诊断系统、个性化医疗方案等技术的开发和普及。这种方式不仅能够提升数据的使用价值，还能推动技术创新和产业发展。

此外，政府还可以采用使用贡献奖励机制来激励数字医疗创新项目的实施。对于那些使用数据资源量大、创新成果显著的项目，政府可以给予资金奖励和政策支持。这种奖励机制能够鼓励更多的企业和机构参与数据驱动的创新，提升技术应用的广度和深度。通过激励机制，可以推动更多的数字医疗解决方案进入市场，推动医疗服务的创新和发展。

综合来看，通过支持创新型人才的薪资待遇、推动产业集群的建设、利用国家级数据资源促进数据共享，以及通过奖励机制激励创新项目，是有中国特色的数字医疗创新资本化途径。

8.5 数字医疗创新的挑战与未来展望

在本文的最后一节，我们将深入分析数字医疗创新面临的主要挑战，并展望其未来发展的前景,以期为推动数字医疗的进一步发展,实现价值医疗。

8.5.1 数字医疗创新的挑战

1) 大规模创新和少量成功

在数字医疗领域,尽管技术创新不断涌现,但成功的案例依然稀少。要探究这一现象的根源,可以从内因和外因两个方面进行分析。

(1) 内因:传统思维模式与跨领域人才匮乏

数字医疗创新的内在挑战首先在于许多项目仍然沿袭着传统的信息化思维模式。这种模式通常从需求识别入手,通过分析既定的市场需求制定详细的开发计划,然后按部就班地进行实施。这种线性思维在过去的信息化进程中或许行之有效,但在快速变化的数字医疗领域却显得力不从心。数字医疗涉及复杂的生物医学知识、患者行为模式以及医疗流程等多方面因素,这些因素充满不确定性和复杂性。因此,从需求识别出发的创新路径往往忽略了技术在实际应用中的不可预测性,导致许多项目在面对真实世界的复杂环境时难以为继。

相比之下,研究性试错的创新模式更适合数字医疗的特性。通过持续的实验、反馈和调整,创新团队能够更好地应对技术和应用场景中的不确定性,及时发现并解决问题。然而,传统的信息化思维惯性使得许多数字医疗项目在最初阶段就陷入困境,未能充分利用试错机制来提高项目的适应性和成功率。

此外,数字医疗领域还面临着跨领域、跨行业人才匮乏的问题。数字医疗的创新不仅需要技术开发者,还需要深谙医学、数据科学、法律和伦理等多个领域的专家共同参与。然而,目前能够跨越这些领域的复合型人才相对稀缺,导致创新项目在实施过程中难以获得全面的专业支持。这种人才结构的缺陷进一步限制了创新的深度和广度,使得项目难以突破技术和应用的瓶颈,进而影响了整体的成功率。

(2) 外因:人才环境、市场结构与退出机制的多重挑战

除了内因之外,数字医疗创新还面临着多重外部挑战,尤其是在中国国内市场,这些挑战尤为明显。

首先是资源的分散和市场接受度的问题。数字医疗领域吸引了大量的资本和人才,创新项目如雨后春笋般涌现。然而,过度的资源分散导致了各个项目之间缺乏协调,难以形成合力推动行业整体发展。许多公司为了在竞争中脱颖而出,选择独立开发和运营,这使得市场上充斥着大量相似的技术和产品,彼此之间缺乏协同效应,反而削弱了整体的创新能力。

其次,中国国内的人才环境和应聘模式较为单一,创新型人才的流动性和多样性不足。当前,许多数字医疗领域的创新岗位主要通过传统的招聘模式进行筛选,缺乏对多元化背景人才的吸引力和包容性。与此同时,国内创业者在资金筹集方面也面临挑战。除了传统的风险投资模式之外,其他资金筹集方式较为有限,这使得许多创新项目在初创阶段就面临资金短缺的困境,无法充分发展。这种单一的资金筹集模式既限制了创新企业的生存和发展空间,也影响了市场上创新项目的多样性和可持续性。

另外,市场的接受度低也是一大挑战。尽管许多数字医疗技术在实验室或试点阶段表现出色,但在广泛应用时却常常遇到阻力。医疗从业者对新技术的接受需要时间和适应,尤其是在已经繁忙的工作环境中,学习和应用新技术的意愿往往不高。此外,患者对新兴技术的信任度较低,特别是在隐私和数据安全方面的顾虑更是影响了新技术的推广和应用。

与现有医疗体系的融合困难也极大地限制了数字医疗创新的成功。传统医疗体系经过多年发展，已经形成了相对稳定的运作模式，包括医疗服务的提供、支付方式、病患管理等各个方面。任何新技术的引入都必须与这些既有系统兼容，否则就难以被广泛采用。然而，许多数字医疗创新往往过于专注于技术本身，而忽视了与现有系统的整合问题。这导致了许多项目在大规模推广时遭遇失败，即使在试点阶段表现优异，也难以突破现有体系的壁垒。

　　此外，创新退出机制的不完善也是一个不可忽视的外因。在目前的市场环境中，许多创新项目在遇到困难或瓶颈时，往往只有破产一条路可走。然而，破产不应是唯一的退出机制。数字医疗领域的创新需要更多元化的退出机制，比如通过并购、技术转移、资产重组等方式来处理那些无法继续发展的项目。这不仅可以挽回部分投资损失，还可以将一些潜在有价值的技术资源保留在行业内，为未来的创新提供可能。然而，当前市场对这些退出机制的运作支持不足，使得许多创新项目在失败后陷入困境，无法为其他项目或行业发展提供借鉴和资源。

　　数字医疗创新在内因和外因的双重挑战下，往往难以取得大规模成功。要在这一领域取得突破性进展，必须从内外两个方面共同发力，不仅需要创新者从思维模式上进行转变，还需要外部环境的协调和支持，才能真正推动数字医疗从量变走向质变，实现广泛而持久的成功。

　　2) 跨境数据的断流

　　跨境数据流动的障碍也为数字医疗创新增添了新的难题。随着各国对数据主权、隐私保护和网络安全的关注日益加强，跨境数据流动正面临着前所未有的挑战。这种"数据断流"现象，正在为数字医疗的创新带来深远的影响。

　　(1) 数据主权与隐私保护的冲突

　　跨境数据流动的第一个主要挑战来自于数据主权意识的增强和各国隐私保护法规的差异。各国出于国家安全、保护公民隐私以及维护经济利益的考虑，纷纷制定了严格的数据保护法律，限制敏感数据的跨境流动。例如，欧盟的《通用数据保护条例》和中国的《中华人民共和国数据安全法》都对数据的跨境传输设立了严格的限制，要求敏感数据在传输前需要经过复杂的审查和批准。这些法律虽然在保护数据安全和隐私方面起到了重要作用，但也给全球范围内的数据共享和合作带来了显著的障碍。

　　这些法律框架的复杂性导致跨境数据流动的合规成本急剧增加，阻碍了全球协作和研究的顺利进行。例如，一个全球性的医疗研究项目可能需要从多个国家收集患者数据，但各国法规的差异使得数据的传输和整合变得极为复杂。研究者们不得不投入大量的时间和资源来应对法律合规问题，而这在很大程度上延缓了研究进展，降低了创新的效率。

　　(2) 数据安全与全球协作的障碍

　　数据安全是另一个阻碍跨境数据流动的重要因素。随着网络攻击和数据泄露事件的频发，全球各国对数据安全的关注持续增加，尤其是在涉及敏感医疗数据时，各国更是实施了严格的保护措施。数字医疗数据往往包含患者的病历、基因信息和诊断记录等高度敏感的内容，这些数据一旦泄露，不仅会对个人隐私造成严重侵犯，还可能对公共安全产生威胁。因此，各国政府和机构在允许数据跨境传输时，通常会设置重重障碍，确保数据不会落入不法分子手中。

　　然而，这种严格的数据保护措施也极大地限制了数字医疗领域的跨境合作。医疗数据的跨境共享对于许多国际合作项目至关重要,特别是在应对全球性健康危机时,数据共享的速度和广度决定了应对措施的有效性。例如,在COVID-19疫情期间,全球范围内的协作和数据共享大大加速了疫苗研发、诊断工具的改进和防控策略的制定。然而,随着跨境数据流动的限制日益严格,类似的全球合作将面临更大的困难。

(3) 技术创新与数据流动的瓶颈

跨境数据流动的阻碍直接影响了数字医疗领域的技术创新。许多先进的医疗技术,如人工智能辅助诊断、个性化医疗方案制定等,依赖于大规模、多样化的全球数据集来进行模型训练和验证。然而,当数据流动受限时,研究者们往往难以获取足够的数据来支撑技术开发,这直接导致了技术创新的瓶颈。

跨境数据不仅可以增加数据样本的多样性,还能够帮助识别和理解不同地区的健康问题,为全球健康干预措施提供更加精准的依据。然而,当数据被限制在国境内,技术开发者只能依赖于有限的本地数据,这不仅降低了算法的准确性和通用性,也使得技术在全球范围内的推广和应用变得更加困难。

(4) 市场与创新的全球化困境

跨境数据流动的受限还给市场和创新的全球化带来了困境。在数字医疗领域,许多创新公司依赖于全球市场的支持,通过跨境数据流动实现技术的全球推广和应用。然而,当数据流动受限时,这些公司往往难以进入新的市场,无法有效地开展全球业务。尤其是在发展中国家,这种限制更为明显。尽管这些国家急需先进的医疗技术来提高公共健康水平,但由于数据流动的限制,许多创新技术难以在这些国家得到应用,进而导致全球健康不平等问题的加剧。

同时,跨境数据流动的限制也影响了全球创新资源的有效配置。数字医疗技术的发展需要全球范围内的资源共享和协作,而数据流动的限制使得创新资源无法自由流动,导致技术开发和应用的效率大大降低。例如,在人工智能医疗领域,跨境数据的共享对于算法的优化至关重要,而数据流动的阻碍则使得技术的迭代和更新变得更加困难,最终影响了技术的普及和商业化。

8.5.2 数字医疗创新的未来展望

我们相信,未来数字医疗创新的普及与全球合作将共同推动健康服务的进步和社会公平的实现,为全球健康水平的提升和国际卫生安全的保障提供坚实的基础。

1) 全球合作与协作网络的形成

未来,数字医疗创新的普及有望显著促进全球合作,形成广泛的国际协作网络。随着技术的不断进步,各国医疗机构、科研机构和企业将能够通过数字平台共享数据和研究成果,从而推动全球健康领域的合作。国际间的数据共享能够提升疾病预测的准确性,制定全球范围内的公共卫生策略,并加强对新兴传染病的监测和响应能力。例如,全球范围内的疫情数据共享有助于各国更好地了解疾病传播模式,从而采取有效的预防和控制措施。

此外,数字医疗的国际合作还将促进技术标准化和互操作性的提升。随着不同国家和地区医疗系统的逐步融合,制定统一的技术标准和数据格式将有助于确保不同系统之间的兼容性和数据的无缝流动。这不仅能提升跨国医疗服务的效率,还能减少因技术不兼容导致的医疗错误和信息丢失。全球合作还将优化资源配置,使资源丰富的国家和地区能够援助资源匮乏的地区,解决医疗资源不足的问题。例如,发达国家可以向发展中国家提供技术支持、培训和资金援助,从而帮助提升当地的医疗水平。同时,全球范围内的技术和知识共享能够加速医疗创新的推广,使新兴技术更快地惠及全球患者。

2) 全球健康水平的提升

数字医疗的国际合作将进一步推动全球卫生安全的提升。各国能够通过数字医疗平台共同应对全球健康挑战,如传染病暴发、慢性病管理和环境变化带来的健康风险。国际合作将使各国能够制定共同的应对策略,协调行动,提升全球卫生系统的韧性和响应能力。例如,全球合作能够加强对抗疫情的国际行动,推动疫苗研发和分发,确保所有国家和地区能够公平获得预防和治疗措施。

为实现这一愿景,政策制定者、技术开发者和全球卫生组织需要共同努力,推动数字医疗技术的普及和应用。政府应制定支持全球合作的政策框架,鼓励国际间的数据共享和技术交流。技术公司和医疗机构应加强跨国合作,推动技术标准的制定和互操作性的提升。同时,全球卫生组织应发挥协调作用,促进国际合作,推动全球健康问题的解决。

3) 促进社会健康公平

随着全球合作的推进,数字医疗创新有望进一步推动社会健康公平。首先,数字医疗技术通过降低医疗成本和提升服务效率,使更多患者能够享受到高质量的医疗服务。远程医疗的普及将进一步缩小城乡和区域间的医疗差距,使偏远地区的居民能够获得与城市居民相同的医疗资源和服务。此外,移动健康应用有助于慢性病管理,提高患者的健康素养,降低健康管理的门槛,让更多人参与健康维护。

其次,数字医疗将促进个性化医疗的发展。通过精准的数据分析和个性化的健康管理计划,数字医疗能够为每个患者量身定制最佳的治疗方案。这种个性化的治疗方式不仅提高了治疗效果,也确保每个患者都能获得符合自身需求的医疗服务,从而实现更加公平的医疗服务。

技术的持续进步将进一步推动全球健康公平的实现,确保不同社会群体能够平等地获得和使用数字医疗资源。例如,5G 技术的普及将提升远程医疗的实时性和可靠性,使高质量的医疗服务能够更加迅速地到达患者手中。同时,人工智能技术的不断发展将提升疾病预测和预防的准确性,减少因早期诊断不足导致的健康不平等。

参◇考◇文◇献

[1] Porter M E. What is the value in healthcare? [J]. New England Journal of Medicine, 2010, 363(26): 2477-2481.

[2] Shi D, Tang C, Blackley S V, et al. An annotated dataset of tongue images supporting geriatric disease diagnosis [J]. Data in Brief, 2020, 32:106153.

[3] Wang X, Lin Y, Xiong Y, et al. Using an optimized generative model to infer the progression of complications in type 2 diabetes patients [J]. BMC Medical Informatics and Decision Making, 2022, 22(1):174.

[4] Tang C, Plasek J M, Shi X, et al. Estimating time to progression of chronic obstructive pulmonary disease with tolerance [J]. IEEE Journal of Biomedical and Health Informatics, 2020, 25(1):175-

180.

[5] Sendak M P, Ratliff W, Sarro D, et al. Real-world integration of a sepsis deep learning technology into routine clinical care: An implementation study [J]. JMIR Medical Informatics, 2020, 8(7):e15182.

[6] Jin Y, Xiong Y, Shi D, et al. Learning from undercoded clinical records for automated International Classification of Diseases (ICD) coding [J]. Journal of the American Medical Informatics Association, 2023,30(3):438-446.

[7] Reynolds P, Johnson R, Smith L. Impact of Telemedicine on Chronic Disease Management: Patient Adherence and Satisfaction [J]. Telemedicine and e-Health, 2023,29(4):215-225.

[8] Bender R, McMillan A, Patel K. Impact of Foundation One CDx on Treatment Outcomes in Advanced Cancer Patients: A Comprehensive Analysis [J]. Journal of Precision Oncology, 2021,12(3):45-55.

[9] Long K, He J, Lin Y. Reducing Diagnostic Errors and Enhancing Speed with PathAI: A Study on the Impact of Automated Pathology Tools [J]. Journal of Pathology Informatics, 2021,12(2):123-135.

[10] Pereira M A, Smith J, Brown L T. Automated Appointment Scheduling in Healthcare: The Case of Zocdoc [J]. Journal of Health Informatics and Technology, 2022,15(2):102-110.

第 9 章
基于大数据的城市运行气象风险预警

基于大数据的城市运行气象风险预警是智慧气象服务的核心之一。历史事件数据(网格巡查、热线)作为城市运行和城市精细化治理重要的数据支撑,需要对其进行充分利用,提取数据价值。通过采用自然语言处理、大数据挖掘技术对非结构化的历史事件数据进行分析,可得到历史事件数据中的重要特征,并构建一个气象与事件灾害的知识图谱,开展气象与事件的关联性分析,构建气象与城市运行态势之间的大数据分析预测模型,实现城市运行大数据与气象大数据的深度融合、城市精细化管理气象先知系统与区域运平台深度融合,以及城市运行气象风险预报预警技术与城市精细化治理应用场景深度融合,和气象联动工作机制与城运平台工作机制深度融合,为城市运行管理风险预警、精准治理和智慧气象服务提供关键技术支持和决策支撑。

基于大数据的城市运行气象风险预警,通过气象观测数据和网格巡查、热线投诉事件数据的结合,运用大数据分析挖掘技术,以及基于试点区域的历史事件数据(城市网格巡查、12345 热线),运用自然语言处理、大数据挖掘、知识图谱等技术,可开展面向城市精细化治理应用场景的气象相关事件文本数据结构化分析和知识图谱构建,也可开展面向城市精细化治理应用场景气象影响大数据分析与解释性模型建模工作,并在气象数据与网格巡查、热线投诉等历史事件关联性分析基础上,建立气象与城市运行态势之间的大数据分析预测模型,再同步对接精细化格点预报产品,最终实现事件发生总数、时间及区域预测。

基于大数据的城市运行气象风险预警,主要面向上海市城市运行综合管理中心和各区城市运行综合管理中心,其模型技术可应用于各区城市运行气象风险预警业务服务体系,并融入各区城市运行综合管理平台及综合治理体系。可通过事前基于气象的网格巡查,和热线投诉事件预测,促进城市管理实现从事中事后为重点的精细化处置管理,向以事前预知为重点的精细化预防管理升级。

9.1 概述

9.1.1 上海主要气象灾害

上海位于太平洋西岸,面临东海,地处长江三角洲东端,属亚热带季风气候,受南北冷暖空气的交替和相互作用,经常遭受热带气旋(台风)、温带气旋、东风扰动、梅雨、强对流、寒潮和副热带高压等天气系统的影响。对上海天气影响较大的天气系统是位于北半球西北太平洋上的副热带高压,在夏季西太平洋副高范围几乎可占整个北半球面积的 1/5~1/4,在冬季,其强度和范围都会变小。副热带高压的强度、范围和位置的变化与中国的天气气候有着极其密切的关系,特别是直接影响上海的台风、梅雨等天气系统的变化。上海气象灾害主要有台风、暴雨、大风、雷暴、龙卷风、冰雹、飑线、浓雾霾、寒潮、冰冻、大雪、高温、干旱等,各类气象灾害发生频繁,其中又以台风、暴雨、大风、雷暴最为频繁,各类气象灾害的发生对上海的城市安全运行带来极大风险。

1978—2010 年,影响上海的热带气旋共有 138 个。影响上海的热带气旋路径以转向类最多,占总数的 58.3%,包括近海转向(占总数的 39.6%)和登陆后转向(占总数的 18.7%);其次是偏西行类,占总数的 29.5%。引起上海≥8 级大风的热带气旋共有 103 个,极大风速达 40.0 m/s;引起上海出现暴雨的热带气旋共有 42 个,最大日降水量 278 mm;引起风暴潮潮位在 4.5 m 以上的热带气旋有 10 个。1978—2010 年,上海有灾情记载的热带气旋共有 41 个,平均每年 1.2 个。强烈的热带气旋,不但形成狂风、巨浪,而且往往伴随发生暴雨、风暴潮和海啸,造成严重的灾害。

梅雨是每年 6、7 月,在长江中下游等地区出现持续阴雨的天气系统,梅雨在地面天气图上表现为一条略呈东北西南向的准静止锋带(也称梅雨锋系),南北向摆动于江淮流域及日本西南部一带。在锋带附近及其南北地区常伴随着一条狭长的降水区,南北宽度有百余千米至数百千米,东西长数千千米。1978—2010 年,上海(以徐家汇气象站资料统计)平均入梅日为 6 月 17 日,出梅日为 7 月 10 日;平均梅雨期为 23 天,梅雨期平均降水量为 233.6 mm。

暴雨是降水强度很大的雨,一般指 24 小时降雨量 50 mm 以上的降水,连续性暴雨会造成洪涝。暴雨洪涝是上海主要的气象灾害之一,产生于静止锋、暖区、气旋、台风等天气系统中。暴雨以局部暴雨(即 2~9 个气象站同日有暴雨)居多。1978—2010 年,上海有灾情记载的暴雨共 226 次平均每年 6.8 次,绝大多数出现在 7、8 月。

根据《地面气象观测规范》,瞬时风速(亦称极大风速)>17.2 m/s(或目测估计风力≥8 级)者为"大风"。大风主要包括了热带气旋大风、冷空气南下引起的寒潮大风、强对流引起的飑线大风、雷雨大风以及龙卷风等。1978—2010 年,上海有灾情记载的大风共有 126 次,年均 3.8 次。

雷暴是积雨云强烈发展而形成的一种天气现象,主要特征为雷阵雨、雷雨大风和闪电。当积雨云对大地释放大量电能时,强大的电流会击中人畜和物体而造成损失,称为雷击灾害。雷击灾害主要有两种形式:一是直接雷击。直接击中人畜、建筑物、森林、仓储、油库等,造成人员伤亡,并引发火灾,烧毁森林、房屋和其他设施,亦可导致人员伤亡。二是感应雷击。电磁脉冲以感应方式沿电源线、信号线、天线馈线、电话线和金属管路等窜入室内击坏电子设备。1978—2010 年,根据上海(统计全市雷暴日数,11 个气象站中有 1 站出现即为上海出现)雷暴观测数据统计,上海年平均雷暴日数为 48.7 天,雷暴日数最多 72 天(1987 年),最少 28 天(1978 年)。

9.1.2 城市气象灾害风险

城市气象灾害是气象灾害中按照发生地域或受影响范围而划分出的一类,指发生在城市区域,由于气象要素或其组合的异常,对城市居民的生命与健康,对城市建筑与设施、城市各行各业生产与社会活动以及城市资源与生态环境造成损害的各类事件。有时由于城市系统的脆弱性,并不明显的气象要素异常也可能造成比较严重的经济损失或较大的社会影响,所以只要是由气象因素对城市造成的损害,都应列为城市气象灾害。城市气象灾害风险是指在由城市发生的各类灾害性天气气候事件引发,造成城市人员伤亡、财产损失以及对城市运行、社会和环境产生不利影响的可能性和量级。当不利影响造成大范围破坏并导致社区或社会的正常运行出现严重改变时,这些影响则被视为灾害。极端气候、暴露度和脆弱性均受到各种因素的影响,其中包括人为气候变化、自然气候变率和社会经济发展。虽然无法完全消除各种风险,但灾害风险管理和适应气候变化的重点是降低暴露度和脆弱性,并提高对各种极端天气气候事件潜在不利影响的应变能力,而且适应和减缓能够形成互补,两者相结合能够大大降低极端天气气候事件带来的各种风险。

随着全球气候变化,城市面临的气象灾害风险加剧。极端天气气候事件可能引发多种灾害后果,但城市气象灾害风险不仅取决于极端天气气候事件本身的强度,还取决于城市的暴露度和脆弱性。由于城市气象灾害风险的决定因素复杂,使得城市气象灾害呈现复合多元化和多米诺骨牌效应。城市气象灾害的复合多元化是由于自然生态系统和人工系统在城市内部的密切交织,易发的气象灾害具有自然和人为双重属性。城市除了受台风、连续阴雨、持续高温、雷电、大风等大尺度气候系统带来的气象灾害影响之外,同时也存在局地热对流、狭管风、雾霾、城市热岛等城市局地气候效应影响下的灾害风险。由于城市为人类活动高强度区域,不同敏感人群和行业对相应高影响气象灾害表现出不同程度的脆弱性,当多种气象灾害伴随发生时,往往会同时打击城市系统内部多弱环节,表现为城市复合气象灾害的强致灾性。如上海面临的最大挑战—"风""暴""潮""洪"四碰头的灾害性台风事件,就是城市气象灾害复合多元化的典型案例。城市气象灾害的多米诺骨牌效应主要表现在城市气象灾害的"连锁性"效应和"放大性"效应。城市气象灾害的"连锁性"效应体现在,城市人口的不断增加和人员财富的日趋集中,城市基础设施的承载负担不断加剧,城市气象及其衍生灾害影响的暴露度、脆弱性和敏感性越来越大,其面临的气象灾害风险也越来越高,气象灾害的"连锁性"效应日益凸显。现代化城市正常运转需要依赖生命线工程,如果系统中某点发生瘫痪,灾害会在系统内部和系统之间产生连锁反应。因此,城镇化区域更容易发生次生灾害、衍生灾害,形成灾害链。当一种灾害发生后,时常会衍生出一连串的其他灾害,这种现象称为灾害链。如地震后的房屋倒塌、交通线中断、各种生命线系统损坏、火灾爆发、传染病乃至瘟疫流行就是一个明显的灾害链。城市气象灾害的"连锁性"效应体现在,当城市发展到一定规模之后,由于人类活动密集,以及城市下垫面和地貌的变化,城市局地气候特点和生态环境会发生变化,使城市气象灾害打上人类活动的印迹。以城市暴雨内涝灾害为例,在城市高层建筑集中区,热岛环流有利于城市上空的热对流发展,更容易引发暴雨;同时城市内部路面硬化、水面率较低,加大了地表径流,因此暴雨发生在城市使积涝风险明显增大。

9.1.3 城市气象影响预报预警

城市具有经济发达、人口密集,各类生产要素集聚的特征,政府和市民对气象的关注度越来越高,城市安全运行对气象防灾减灾的依赖度与日俱增,气象灾害的社会敏感性日趋强烈。传统的天气预报已经难以满足政府、行业、市民的要求,预警信号的发布已超越单纯的气象要素标准,需要将其与政府应对极端天气的措施有效融合,与天气事件对生命财产安全、经济生产等的定量化影响相结合,从对天气的预报预警向对天气产生的影响和风险进行预报预警延伸,也就是开展气象影响预报预警服务。

气象影响预报预警是基于用户应用、与用户充分互动的新型气象预报预警服务业务。国际上,英国、美国、法国、澳大利亚等发达国家均不同程度地开展了气象影响预报预警服务,世界气象组织(WMO)也将气象影响预报预警服务列入气象服务发展战略之中。

气象影响预报预警服务是与用户的承载力及决策过程相结合的新型交互式预报服务,可以划分为天气要素预报、影响预报、风险预警和联动响应四个核心业务环节(图9-1)。四个核心业务环节需要气象部门和服务对象必须全程参与、相互配合,在天气要素预报、影响预报环节以气象部门为主,在风险预警和联动响应环节就需要以服务对象为主。

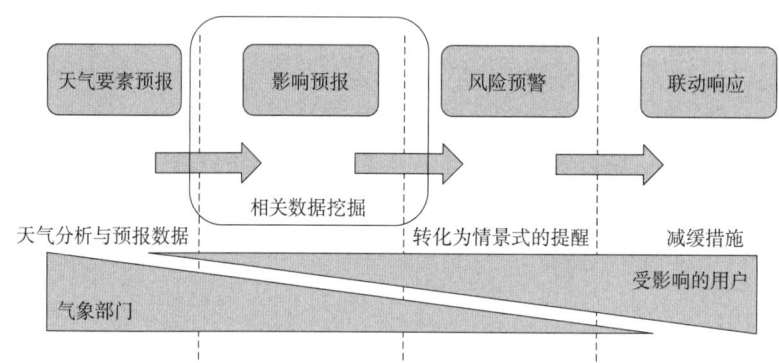

图9-1 气象部门和用户在影响预报和风险预警各核心业务环节发挥作用示意图

相比于传统的气象预报服务,基于影响的气象预报预警要实现四个关键转变。

一是在预报内涵上,从传统的气象"要素预报"向天气对相关行业的"影响预报"转变;

二是在预报思路上,从单一的"确定性"预报向"不确定性"预报转变,便于用户在决策时充分考虑天气影响的风险概率,采取最佳的决策方案;

三是在预警指标上,从基于天气指标阈值的预警向基于风险阈值的预警转变;

四是在服务方式上,从传统的气象预报提供向与用户承载力及决策过程相结合的决策支持服务方式转变。

9.1.4 气象大数据及应用

气象资料是兼具时间和空间数据的地球科学数据,也是我国有文字记载以来历史年代最久远、保存最完整、最系统的地球信息资源之一。长期以来,气象部门已积累了大量的基础气象资料和数据,新的观测资料还在逐年大幅度增加,气象资料存在来源复杂、种类繁多、格式多样、表现形式各异、数据量巨大等特点。按照《气象资料分类与编码》(QX/T 102-2009),气象资料主要包括以下15种。

(1) 地面气象资料:各种观测手段获得的近地面气象观测资料及其综合分析衍生资料,不含单独用卫星、雷达、模式分析、科考等方式获得的地面资料。

(2) 高空气象资料:各种观测手段获得的高空气象观测资料及其综合分析衍生资料,不含单独用卫星、模式分析、科考等方式获得的高空资料。

(3) 海洋气象资料：各种观测手段获得的海洋大气资料及其综合分析衍生资料，不含单独用卫星、模式分析、科考等方式获得的海洋资料。

(4) 气象辐射资料：各种观测手段获得的辐射资料及其综合分析衍生资料，不含单独用卫星、科考等方式获得的辐射资料。

(5) 农业气象和生态气象资料：各种观测手段获得的农作物、牧草、物候、农业气象灾害、植被物理化学特性、土壤物理化学特性资料，不含科考等方式获得的农业气象资料。

(6) 数值预报产品：指通过各种数据预报方法获得的各种分析和预报产品。

(7) 大气成分资料：各类大气成分观测站获取的大气物理、大气化学、大气光学资料。

(8) 历史气候代用资料：反映历史气候条件的各种非器测资料。

(9) 气象灾害资料：各种天气气候灾害的气象实况及其影响资料，不含农业及生态气象灾情。

(10) 雷达气象资料：通过雷达探测获得的气象资料和产品，不含卫星、科考等方式获得的雷达气象资料。

(11) 卫星气象资料：通过卫星探测获得的气象资料和产品。

(12) 科学试验和考察资料：在科学试验和考察中观测获得的或收集加工的各种资料和衍生资料。

(13) 气象服务产品：直接面向决策服务、公众服务的各类产品。

(14) 人影特种观测资料：人影业务数据、人影作业相关数据。

(15) 其他资料：不分属上述类别的气象资料和产品。

2015年，《国务院关于印发促进大数据发展行动纲要的通知》正式发布，在全社会引起广泛影响，通知明确提出构建以人为本、惠及全民的民生服务新体系。围绕服务型政府建设，在公用事业、城乡环境、农村生活、减灾救灾、社会救助、劳动就业、社区服务等领域全面推广大数据应用。这标志着我国已经全面进入大数据时代，大数据影响着我们生活的方方面面。在气象部门开展大数据工作可在气象社会服务领域开拓出空前繁荣的新局面，并推动气象工作的创新发展。

就数据本身而言，气象大数据是指所有与气象工作相关的数据总和；从来源渠道划分，气象大数据可分为"行业大数据"和"互联网大数据"两类。其中："气象行业大数据"由与气象部门各项工作相关、且产生自气象部门内部的所有数据组成，包括：由气象部门建设的、具有国内最高专业水准的气象探测体系所产生的气象专业探测数据，其他部门自行采集、通过数据共享/交换等方式汇聚到气象部门、且经过气象部门严格质量控制的气象要素探测数据，由气象业务部门和业务系统产生的各类气象服务产品数据、派生数据及中间产品数据、职能部门各管理系统（如：财务系统、人力资源系统、项目管理系统等）所产生和管理的数据、各业务和管理系统的状态数据和日志数据等；"气象互联网大数据"由互联网上与气象相关的所有数据所组成，包括：移动终端搭载的气象要素传感设备的探测数据，网友随手拍并上传的天气状态照片，搜索引擎对气象相关敏感词的统计分析数据，其他所有可供气象部门业务和服务应用的互联网数据等。气象业务具有高时效、高频度和全国性布局的特点，为了实现气象实时数据分钟级传输、处理、存储共享及应用，满足预报业务系统、气象服务、气象科研需求，需建设集约共享、弹性动态、高效可靠的气象大数据应用支撑系统，构建气象大数据环境支撑系统及数据环境，实现气象基础设施资源管理、监控、调度和运维等功能，提高信息基础设施总体利用率和效益,推动业务集约化发展。

近年来,随着大数据技术的发展,气象行业也展开了大数据相关的研究。由于气象数据的复杂性和多维性,早期研究多使用基于统计学的方法开展数据挖掘,近年来广泛使用的方法有基于时空的分析方法,以及运用关联规则、神经网络、决策树等。李晓兰等用关联规则挖掘技术分析 2013 年北京南郊自动气象站观测要素;史静等利用聚类模型研究天津市风力资源的分布情况;于丽敏等基于 Apriori 算法,进行了气象大数据的相关性分析。气象大数据研究成果可应用于气象预报预测和灾害预测等方面。国外许多发达国家,气象服务模式相对成熟,有很多气象大数据应用于其他行业的案例,比如德国气象公司开发的"啤酒指数"。国内大数据在气象服务中的应用也有了一定的成果。气象部门多与水务、旅游、交通、环保等部门合作,气象与旅游结合推出花期预报产品、气象与水务结合预测暴雨产生的内涝影响、气象与环保结合预测空气污染指数,此外,气象还与互联网企业合作,挖掘气象数据的外部关联价值。目前也有一些气象影响城市运行相关的研究:2013 年上海台风研究所针对气象条件与影响城市运行的水、电、气等因子的关系,建立城市体征影响气象预报技术;2018 年上海市气象灾害防御技术中心基于气象观测预报预警数据和网格、热线等城市综合治理数据,建立城市运行态势与气象之间的大数据分析模型。

9.1.5 基于气象大数据的城市运行智慧气象服务

一流城市要有一流治理,上海承载着习近平总书记"探索走出一条中国特色超大城市管理新路子"的嘱托,也肩负着推动长三角一体化发展的重任。市委、市政府就加强本市城市管理精细化工作先后印发了实施意见和三年行动计划、举全市之力加快建设城市运行管理和应急处置系统、实体化建设城市运行管理中心,城市精细化管理对智慧气象的需求与日俱增。与此同时,随着气候变暖,极端天气事件增多,气象对城市运行影响越加显著,城市运行精细化管理面临越来越大的问题和挑战,而超大型城市的中心城区往往没有设置气象机构,传统的气象服务模式远远不能满足城市精细化治理的要求。在这样的背景下,上海市气象部门把保障城市管理精细化水平放在非常突出的位置,将智慧气象保障城市精细化管理作为重大战略性任务推进,建立了融入城市精细化管理的气象服务创新机制,通过气象服务模式创新助力解决城市管理中的"痛点"和"难点",推动智慧气象保障全面融入城市精细化管理领域的各项工作中,通过政策先行、指标融入、系统赋能和技术提升四个方面的努力,建立了一整套融入城市精细化管理的气象创新机制,构建了上海智慧气象保障城市精细化管理工作体系。

智慧气象保障城市精细化管理工作,是上海气象部门首创"城市精细化管理+气象"工作理念、融合赋能城市治理的创新举措,在数据融合、技术融合、系统融合、机制融合方面实现"四大融合"的创新。

(1) 数据融合

推进智慧气象保障城市精细化管理工作中,依托市大数据中心平台,与城市运行管理部门数据充分共享,共享了住建、交通等城市运行管理部门数据,全量网格数据、易积水点信息、下立交数据、小区数据、在建工地数据量达到 3 000 万条以上,共享区级网格化管理中心 12345 热线接报事件数据 1 000 万条以上,共享市测绘院的地形高程数据、基础地理信息 200 万条以上,共享了水务部门积水站、雨量站、水位信息、排水数据 10 万条以上,共享了公安部门110接警平台警情数据、高清探头实时视频数据4万条(点位)以上。实现气象大数据与城市运行大数据互融互通，建立"天上"(气象数据)与"地上"(交通、案事件数据)之间对应关系的逻辑结构，建立灾害性天气对城市运行风险预测预警模型。

(2) 技术融合

推进智慧气象保障城市精细化管理工作中，我局与复旦大学上海市数据科学重点实验室、美国普渡大学、同济大学城市风险管理研究院、仪电智慧城市研究院上海市水务规划设计研究院等科研院校开展深入合作，研发覆盖中心城区的暴雨内涝概化模型，开展气象与城市治理大数据分析预测模型技术研发。与市公安局科技处、海康威视合作，研发基于视频图像的能见度、积雪、积水、积冰和降水识别技术，不断提高城市精细化管理气象服务技术水平。

(3) 系统融合

根据市领导对于气象部门要为城市运行管理和应急处置提供"气象插件"的工作要求和美好愿景，我局将城市精细化管理气象先知系统打造为"气象插件"，作为推进智慧气象保障城市精细化管理和带动专业气象服务向智能化、便捷化发展的有效载体，目前已接入各部门专业系统，提供气象数据调阅服务，下一步将提供基于气象数据、气象专题图的"天图"服务，供政府决策、城市运行管理部门等"即插即用"，全面融入城市精细化治理应用场景。

(4) 机制融合

中国气象局、上海市政府将智慧气象保障城市精细化管理试点作为部市合作重点项目推进，为保障该工作的政策文件出台、项目立项、经费投入等提供了有力的政策支持。2021年印发的上海市人民政府《关于本市推进智慧气象保障城市精细化管理的实施意见》，落实气象局与本市城市精细化管理重点领域、重点地域的40多个委、办、局和基层应急管理单元，以及16个区人民政府的具体合作重点和工作措施，形成全市工作合力。与城市运行管理部门建立起气象服务和灾害防御管理工作机制，弥补了中心城区气象机构空缺问题，使得中心城区气象灾害防御有工作机制、有落实主体、有实效反馈。

通过在全市推进智慧气象保障城市精细化管理，建设城市精细化管理气象先知系统，聚焦气象影响预报和大数据气象风险分析两项关键技术突破，形成事先有气象风险预警、事前有预防措施、事中有联动响应、事后有保险理赔和效益评估的全程气象保障，形成融入城市精细化管理全过程、多场景的无感式、智慧化气象保障新模式，促进城市管理实现从事中事后为重点的应急管理，向事前预知预判为重点的精细化预防管理升级，为全国城市气象部门开展城市气象服务提供参考。

9.2 技术路线

1) 历史事件文本的语义识别分析及特征提取

采用中文分词引擎进行历史事件文本数据的分词提取，并基于事件文本内容记录特点，进行停用词处理。基于分词提取结果，分别计算对应的分词权重以及采用文本特征表示学习方法，对气象影响关键词进行特征提取及排序，并基于热线、网格事件的文本信息采用监督分类或无监督方法，区分不同的气象灾害影响类别。

2) 气象灾害风险知识图谱构建

在经过事件文本语义识别分析的基础上,结合初始气象灾害风险知识图谱、气象灾害风险事件关系和专家领域知识(或规则库),对其进行扩展,经人工审核后加入到图谱中,整理气象灾害事件列表,绘制气象灾害风险知识图谱,并提供知识图谱查询能力和构建推断模型。

3) 气象数据与城市运行气象影响数据关联性分析

利用时空匹配技术,将历史气象自动站观测数据与城市运行气象影响数据(历史网格巡查和热线投诉数据)进行融合匹配,基于关联分析、探索性数据分析等方法,提取历史事件中与气象特征高相关性的事件类型,形成关联性分析结果。

4) 气象与城市运行解释性模型构建

基于关联性分析结果,选取与气象要素高关联度的热线投诉或网格巡查事件小类或子类,分别建立典型场景下气象与城市运行态势的解释性模型,实现受天气影响下,热线投诉或网格巡查事件小类或子类发生数量及发生街镇预测。

5) 模型封装及定时业务运行

对所建立的解释性模型进行封装,构建图形化运行界面,并根据实际情况,配合提供与上海市气象局格点化预报产品的对接接口,以数据表及标准化接口形式输出预测结果,便于业务系统调用分析显示。

9.3 数据分析

9.3.1 自动站数据

自动站数据包括气象数据及自动站基础信息。自动站气象数据包含 2020 年 1 月 1 日—2020 年 12 月 31 日每个气象观测站点逐小时的实时气象数据。具体包括温度、露点、气压、雨量、相对湿度、风向、风速、2 分钟风向、两分钟风速、极大风向、极大风速等字段。根据分析需要,选取温度、雨量、风速作为分析字段。

自动站基础信息具体包括自动站名称、自动站新旧编号、自动站地址、自动站经纬度坐标、自动站所属地市与街道、自动站海拔高度、要素数等字段。

图 9-2 展示了气象数据要素气温、露点、降雨量、风速的分布(对角线上 4 张图),以及两两之间的相关性,露点与气温存在很强的正相关性,因此在后续的分析中,仅使用气温数据以避免共线性。

9.3.2 网格数据

上海全市网格数据包括 2020 年 1 月—2020 年 12 月,即 2020 年全年、上海市 16 个行政区的网格事件数据,共约 794 万条。

上海全市网格数据原来共有 26 个字段,根据分析,最终选取 LEVEL_1(大类名称)、LEVEL_2(小类名称)、LEVEL_3(子类名称)、COMMUNITY_NAME(所属街道名称)、COMMUNITY_CODE(所属街道编号)、COORDX(事件发生地点的 X 坐标)、COORDY(事件发生地点的 Y 坐标)、LATITUDE(事件发生地点纬度)、LONGITUDE(事件发生地

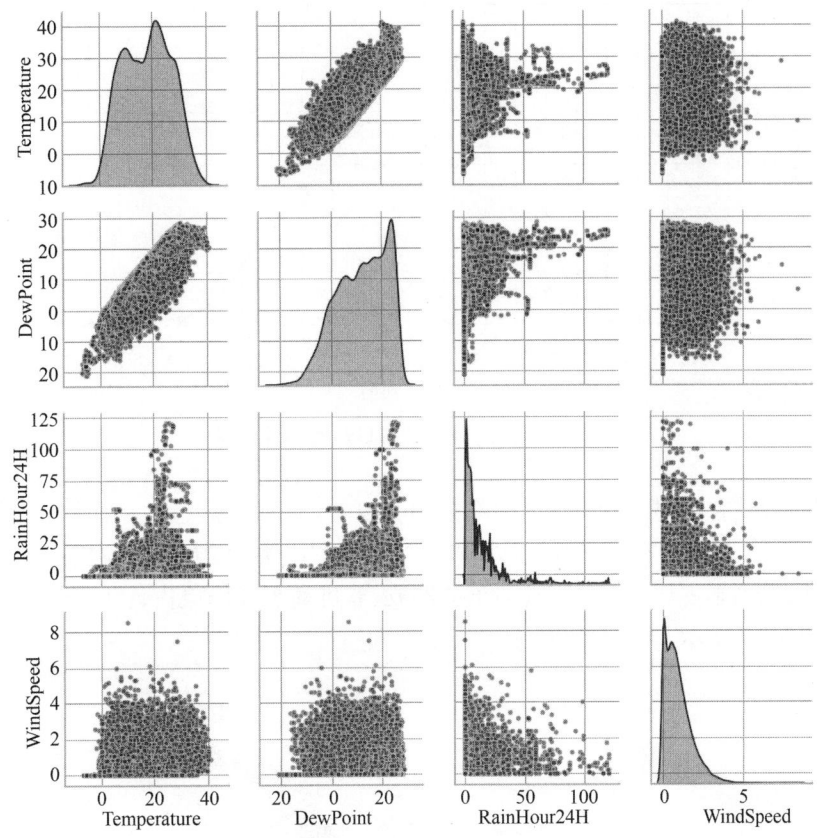

图 9-2 气象要素分布及相关性

点经度)、DESCRIPTION(事件描述)九个字段进行分析。

上海网格事件数随时间分布规律如图 9-3 所示,以一个星期为周期时,从周一到周日,网格的事件数量逐日减少。周末的日均事件数仅有工作日的 50%。以一天为周期时,网格事件主要分布在 7:00—17:00,这个时间段的事件数占总量的 94%,并在 9 点和 14 点形成了两个明显的高峰,如图 9-4 所示。

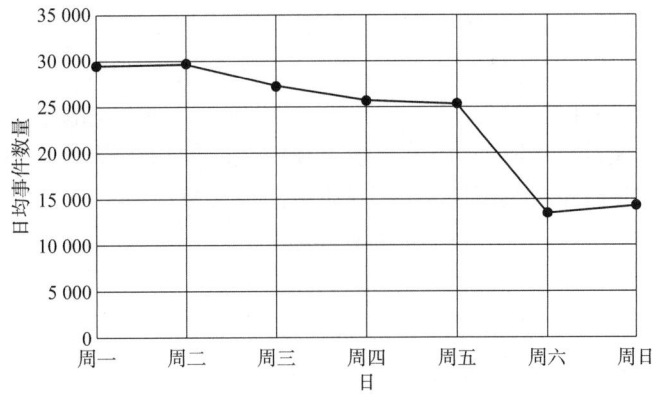

图 9-3 上海网格的每周日均事件数量

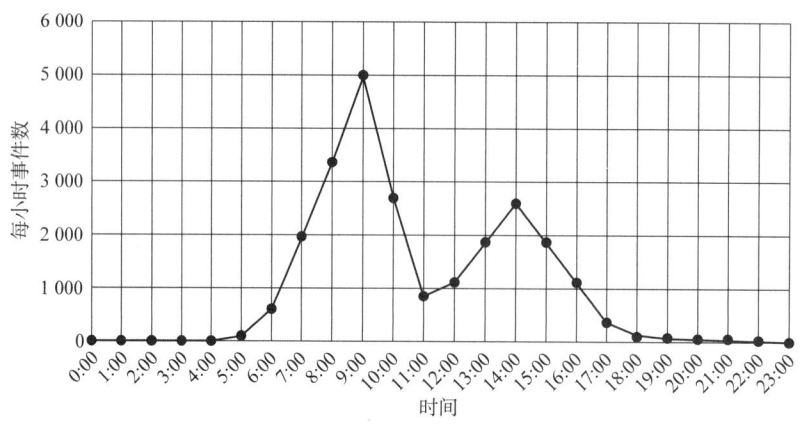

图 9-4 上海网格的每日逐时事件数量

上海网格数据在类型上呈现出"头部集中、长尾分布"的特点。97 个大类,其中市容环卫类占比 69.1%,其他所有类型占比仅 30.9%;584 个小类,其中暴露垃圾占比 38.1%,乱涂写、乱张贴、乱刻画占比 24.2%,机动车乱停放、非机动车乱停放占比 11.8%,是最多的三种类型,如图 9-5 所示。

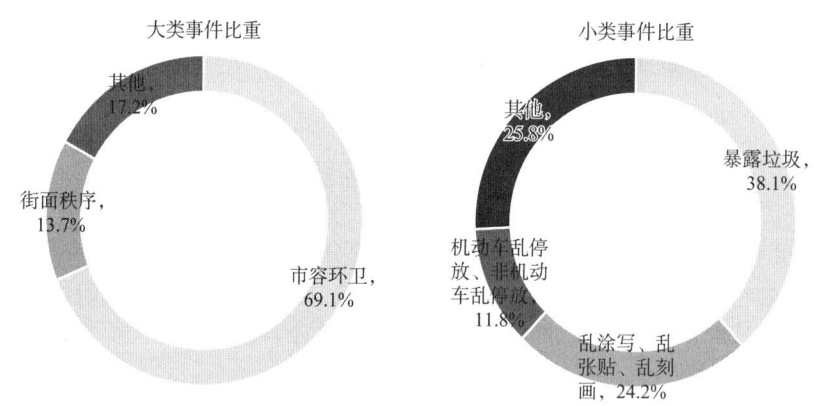

图 9-5 各类事件比重

下面给出了事件"暴露垃圾"的分布规律:

暴露垃圾在每月的发生数量波动不大,图 9-6 展示"暴露垃圾"在每小时的变化情况,每日 8、9、10、15 时该事件发生次数较多。图 9-7 和图 9-8 展示"暴露垃圾"在一周七天逐小时、逐日的变化情况,该事件在每周的出现呈现一定的周期性规律,且周末时该事件发生次数较少。可推测"暴露垃圾"事件出现此规律可能与网格巡查员的上班时间有很大关联,即不依托于气象数据单独以时间为周期呈现一定的规律。同理可应用于其他事件。

9.3.3 热线数据

徐汇区 12345 热线数据时间跨度为 2015 年 1 月—2020 年 12 月,原共有 26 个字段,根据分析,最终选取 LEVEL_1(大类名称)、LEVEL_2(小类名称)、LEVEL_3(子类名称)、COMMUNITY_NAME(所属街道名称)、COMMUNITY_CODE(所属街道编号)、COORDX(事

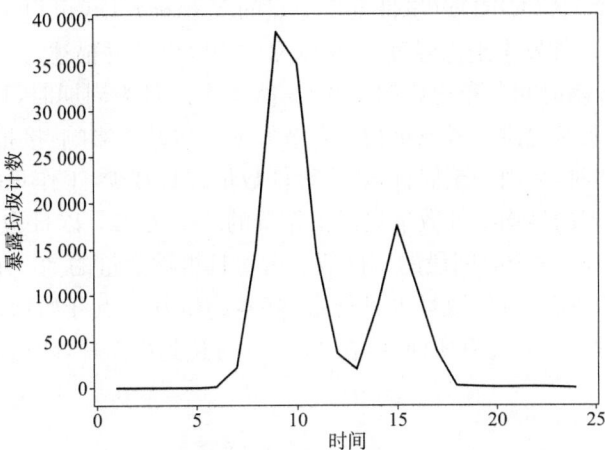

图 9-6 "暴露垃圾"事件日均逐小时变化情况

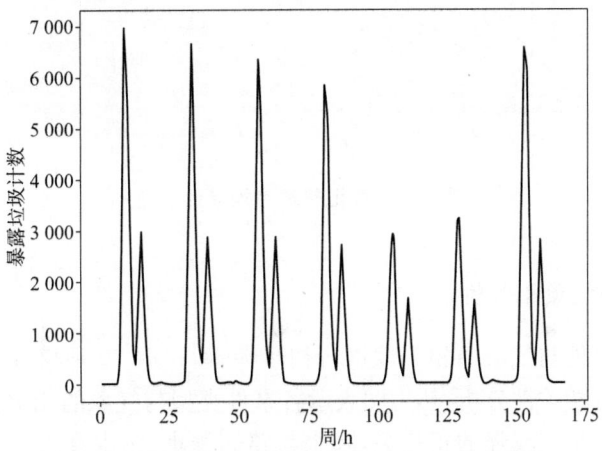

图 9-7 "暴露垃圾"事件每周逐小时变化情况

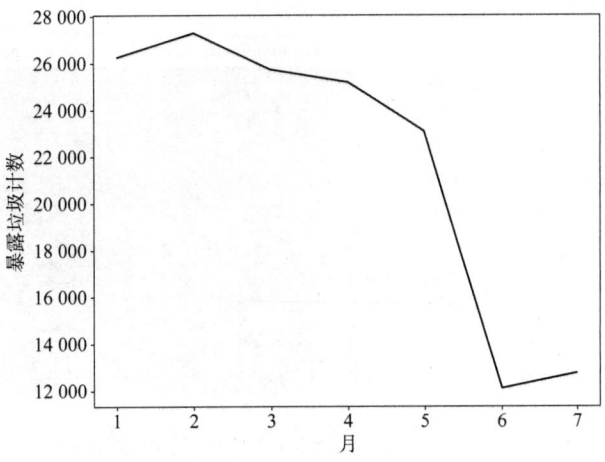

图 9-8 "暴露垃圾"事件每周日均变化情况

件发生地点的 X 坐标)、COORDY(事件发生地点的 Y 坐标)、LATITUDE(事件发生地点纬度)、LONGITUDE(事件发生地点经度)、DESCRIPTION(事件描述)九个字段进行分析。

徐汇热线事件数随时间分布规律如图 9-9 所示。以月为周期时,1、2 月份事件数量明显偏少,其余时段无明显规律。考虑年初受春节假期人口减少影响,接报的热线数量也会相应减少。以周为周期时,从周一至周日,热线事件数量逐日减少,工作日的数量总体平稳,周末较之明显下降,周末的日均事件数量仅占工作日的 70% 左右。以日为周期时,热线事件主要分布在 8:00—19:00,这个时间段的事件数量占每日事件数量的 88% 以上,且有两个高峰区。总体分布规律为:夜里事件数量少且稳定,基本趋于 0,6 点开始增加,在 9—10 点事件数量达到峰值,中午回落,后又有所回升,在 14—15 时达到次高峰,随后呈线性减少的趋势。

图 9-9 徐汇热线月均事件数量

9.3.4 事件类型的气象相关性

对上海市网格事件与气象的相关性进行初步探索,选取 20 种事件与温度、露点、降水、气压等气象要素进行相关性分析,热力图表示各事件类型与气象的相关性,数值越大越正相关。温度与多数事件呈现较强的正相关,降水与路面积水、污水冒溢、粪便冒溢、雨水井盖、道路保洁等事件具有较强的相关性;风速与架空线坠落、乱设、乱晾晒、行道树等事件更相关,如图 9-10 所示。

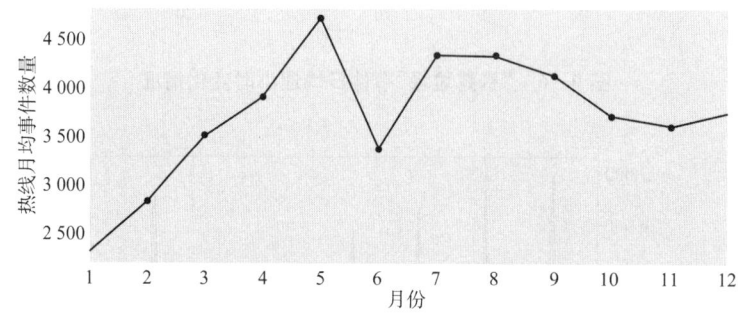

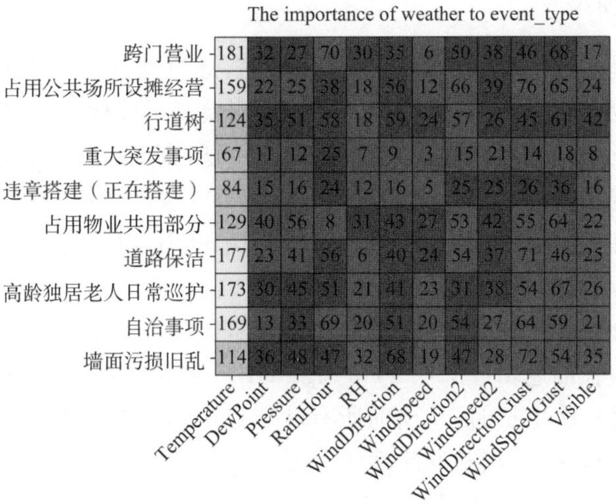

	Temperature	DewPoint	Pressure	RainHour	RH	WindDirection	WindSpeed	WindDirection2	WindSpeed2	WindDirectionGust	WindSpeedGust	Visible
跨门营业	181	32	27	70	30	35	6	50	38	46	68	17
占用公共场所设摊经营	159	22	25	38	18	56	12	66	39	76	65	24
行道树	124	35	51	58	18	59	24	57	26	45	61	42
重大突发事项	67	11	12	25	7	9	3	15	21	14	18	8
违章搭建（正在搭建）	84	15	16	24	12	16	5	25	25	26	36	16
占用物业共用部分	129	40	56	9	8	31	43	27	42	55	64	22
道路保洁	177	23	41	56	6	40	24	54	23	71	46	25
高龄独居老人日常巡护	173	30	45	51	21	41	23	31	38	54	67	26
自治事项	169	13	33	69	20	51	20	54	27	64	59	21
墙面污损旧乱	114	36	48	47	32	68	19	47	28	72	54	35

The importance of weather to event_type

图 9‑10　事件的气象相关性

9.4　技术方法

9.4.1　文本分类方法

Bert 是预训练的语言模型，Bert 模型是将预训练模型和下游任务模型结合在一起的，也就是说在做下游任务时仍然是用 Bert 模型，而且天然支持文本分类任务。并且，Bert 的基础建立在 Transformer 之上，拥有强大的语言表征能力和特征提取能力，因此在对事件描述进行文本分类任务时，使用 Bert 得到事件描述的句子特征表示，并进行下游文本分类任务。同时，在使用 Bert 模型进行文本分类任务中，基于模型的中间产物——词权重，可得到气象影响关键词的排序，对事件描述的词项，即气象影响、承灾体类型等进行归类。

相比网格数据的事件文本描述，热线数据的事件文本描述最显著的特征之一是文本长度较长，应对长文本不是 Bert 的强项，Textcnn 是用来做文本分类的卷积神经网络，结构简单，效果好，因此进行对热线事件进行文本分类时，使用 Textcnn 进行文本分类。

Textcnn 进行文本分类的过程如下：先将文本分词做 embedding 得到词向量，将词向量经过卷积层、池化层、最后将输出外接 softmax 进行分类任务。

9.4.2　可解释性规则提取算法

在挖掘气象与城市运行相关规则时，采用频繁模式挖掘领域的经典算法 FP‑growth 算法对气象和事件进行分析。相比于其他关联规则挖掘算法，FP‑growth 算法的显著特征是高效性能，在实际项目过程中通过 FP‑growth 算法挖掘气象数据与城市运行气象影响数据中的频繁模式，分析出与某些气象情况相关度较高、发生数量较多以及异常天气时增量较明显的事件类型，并根据频繁模式挖掘气象和这些事件数据中存在的潜在规则对规则的可信度进行量化。

9.4.3 LightGBM 模型

梯度提升模型是一个经典的机器学习模型算法,该算法通过将多颗简单的决策树进行集成,从而得到一个灵活且拥有优秀拟合能力的预测模型。该模型中,将每一棵决策树对目标拟合的残差作为下一棵决策树的学习目标,以此往复,直至模型收敛或决策。事件预测模型中所用的具体梯度提升模型实现则基于 LightGBM。这是微软所开源的一个梯度提升模型框架。它具有训练速度快,内存使用效率高,预测精度高,以及支持多种预测场景(支持分类,回归,排序)等优点,在业界被广泛应用。

而 LightGBM 相对于一般的梯度提升算法实现,还拥有两项特殊的优点。首先,相对于以往的决策树按层生长的逻辑(图 9-11),LightGBM 使用了按叶节点生成的生长逻辑(图 9-12)。在决策树每一次生长时,从当前所有叶节点中,找到分裂增益最大(一般也是数据量最大)的一个叶节点,然后分裂,如此循环。所以在保持相同叶节点数量的情况下,这种生长策略会带来更多的信息增益提升。而在对于类别特征的处理上,LightGBM 可以找出类别特征的最优切割方式,即 many-vs-many 的切分方式。这也解决了当条目型特征中类别数量较大时,树模型易于生长不平衡的现象。

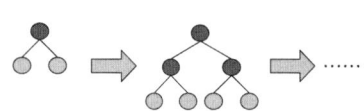

图 9-11 按层生长决策树示意图

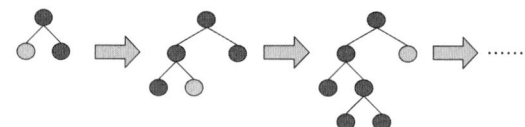

图 9-12 按叶节点生长决策树示意图

而在算法的实现效率上,相对于需要遍历数据且对数据进行排序的其他决策树算法,LightGBM 则采用了直方图算法对数据进行预处理,提高了模型在运行时的内存使用效率,并且由于使用了直方图算法对数据进行离散化操作,导致了树模型在生长时对于异常点的敏感性降低,进一步增加了模型的泛化效果。

我们对以上介绍过的梯度提升模型进行了改动,使用了两步法建模对抗样本中存在的稀疏性问题,并且使用了随机截距模型应对了各街镇样本不平衡的情况。并且使用不同的统计方法对潜在特征进行了挖掘,最终建立了网格事件数量预测模型。

为实现事件发生总数、时间及区域的预测,基于 LightGBM 模型在预测时高准确率、分布式且高效等的优点,决定使用 LightGBM 模型作为基模型,采用集成学习的思想,同时结合时空匹配、关联分析、格点匹配、蒙特卡洛采样和基于有限元的估计等多种技术,完成气象与城市运行态势之间的大数据分析预测模型的建立,以精细化格点预报数据为输入,实现区域(街道)内事件的发生预测,见图 9-13。

面向城市精细化治理典型应用场景的事件大数据分析与解释性模型具体的设计思路如下:

(1) 将气象站和事件位置信息映射到格点中;

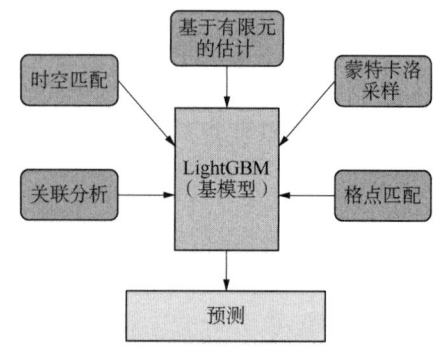

图 9-13 项目采用的基模型及相关技术说明

(2) 以所有时间戳上的所有格点为样本,进行 LightGBM 的训练,输入为气象信息,输出为某个事件的发生次数,一个事件对应一个模型;

(3) 推理过程中,在每个不规则区域(街道)上进行均匀点采样,查看这些点所属的格点,调用该格点上的气象信息去计算此格点内的单位面积平均发生次数;

(4) 每个采样点对应的单位面积平均发生次数就是对应格点上的单位面积发生次数。计算所有采样点的加权平均,就是这个区域内的单位面积发生次数期望,用该期望乘区域面积,即该区域内某事件总体发生期望。

按照上述模型设计思路,绘制模型整体设计流程图,如图 9-14 所示。

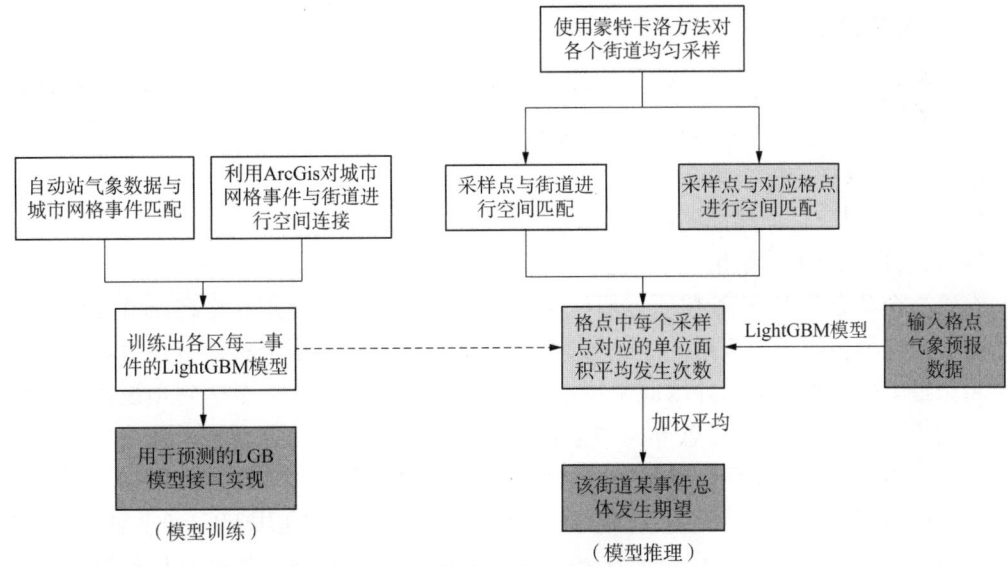

图 9-14 模型整体流程图

9.4.4 LAMEE 模型

鉴于现有数据显示事件发生次数与气象要素关联不显著,但表现出明显的时间序列周期性,因此选择了 LAMEE 时间序列预测模型。LAMEE 模型擅长处理时间序列数据,采用时域和频域的双分支信息,两类信息协同进行预测,模型合理地利用周期性,从而提升预测模型的预测精度,但即便在没有显著周期性的数据上,这种协同预测的方法依然能够有效提升预测精度。根据项目需求对 LAMEE 模型进行定制化调整,以适应预测目标。

LAMEE 是指时频协同 MLP 的模型 LAMEE 采用时域和频域的双分支信息,两类信息协同进行预测。模型合理地利用周期性,从而提升预测模型的预测精度,但即便在没有显著周期性的数据上,这种协同预测的方法依然能够有效提升预测精度。

LAMEE 是一个轻量级模型,简单和高效,使用较少的参数来联合建模时频信息,同时保证性能和降低对服务器的负担,并且降低了过拟合的风险。在与预测效果位列前茅的其他时间序列模型对比的过程中,LAMEE 的预测性能优越,见表 9-1。

表 9-1　LAMEE 与其他时间序列模型效果(误差)对比

	均方误差	平均绝对误差
Autoformer	0.856 5	0.484 6
DLinear	0.992 6	0.467 1
TimesNet	0.523 2	0.287 4
LAMEE	0.563 1	0.267 9

9.4.5　决策树模型

决策树是一种解决分类以及问题的算法,决策树算法采用树形结构,使用层层推理来实现最终的分类。决策树由下面几种元素构成。

根节点:包含样本的全集。

内部节点:对应特征属性测试。

叶节点:代表决策的结果。

在每一个状态节点,决策树通过遍历每一个数据维度(特征)并计算在该特征中所能得到的最大信息增益作为决策树的生长方向,并计算在该方向上哪个具体节点对数据进行分割会带来最大的信息增益。并以此来构造下一层级的内部节点,直至达到预设额决策树最高生长高度,或无法再通过任意方向的生长以及数据分割带来信息增益。最终构成的决策树将是一个由多个二叉条件判断规则组合而成的分类及回归模型。而不同的信息增益函数也决定了决策树生长算法上的差异。常用的算法有基于信息熵的 ID3/C4.5 算法,也有基于基尼系数进行计算的 CART 树。而在基于气象的城市运行管理大数据分析预测模型项目中,我们使用的决策树算法则为 CART 树。

决策树拥有着许多的优点:这是一种易于直观理解模型内部构造的算法,并且它能够直接体现数据的特点,直观解释模型作出预测的逻辑。而且在数据的准备上,决策树是非常稳健的,能够同时处理数值型与条目型特征。然而,在实际的应用中,决策树的劣势也较为突出。当数据维度较多,且样本数量不平衡时,决策树模型在不加约束的情况下会生成一个过于复杂但不稳定的判断结构。并且在数据中拥有一个样本不平衡的条目型特征时,决策树模型非常易于生长出一棵深且不平衡的结构。所以在实际项目中,我们使用了决策树的升级算法,梯度提升模型来减轻以上所提到决策树的劣势。

9.4.6　两步法建模

两步法建模是一个被用于解决数据稀疏性(数据中存在大量零值)对预测模型影响的建模方法。在将网格热线数据分摊到街镇每 12 小时后,数据中超过 70% 的样本事件发生数为零,即没有事件发生。而使用该数据拟合模型会使模型的预测显著性偏低。为了减轻该问题对模型造成的影响,我们将模型分为了事件发生概率模型以及事件发生数量模型。在事件发生概率模型中,我们使用梯度提升模型预测各街镇 12 小时内是否会发生对应的网格热线事件,并且将各街镇 12 小时内是否发生对应事件的概率作为主要输出。而在事件发生数量模型中,我们则使用梯度提升模型预测各街镇一旦发生事件时 12 小时内发生事件的数量。将事件预期发生的概率与事件一旦发生时的预期数量相乘,最终得到了网格热线发生的数量值。

两步法建模在经济学,社会学,以及医学中应用广泛。在经济学中,两步法建模又通常被称为栅栏模型。在经济学中,他被用于在细分定价实践中,供应商通常会设置一些硬性设置(即栅栏)。对符合该标准的顾客予以价格折扣,经济学家称之为价格歧视栅栏模型(Hurdle Model of Price Discrimination)。由于这种栅栏的存在,用户的购买数据通常也会呈现稀疏的现象,即真正消费的人群往往只占所用人群中的很小一部分。这也与网格热线场景模型中所遇到的时间稀疏性相吻合。所以我们在这里使用了两步法建模减轻了数据稀疏的现象。

9.4.7 随机截距模型

在训练事件发生数量模型时,为了对抗特征中出现的街镇样本不平衡问题(事件样本多集中于少部分街镇)而造成模型易于过拟合的问题,我们使用了随机截距模型估计了各个街镇对应事件发生的基准水平,并将估算得出的基准水平作为两步建模中事件数量预测模型的预输入。

随机效应模型是经典的线性模型的一种推广,它将固定的回归系数看作是随机变量,一般都是假设是来自正态分布。如果模型里一部分系数是随机的,另外一些是固定的,一般就叫做混合模型。引入随机效应可以使个体观测之间就有一定的相关性,所以对于拟合非独立观测的数据时为合适的选择。而网格热线数量数据则也是如以上所描述的一样,是一个非独立的观测的数据。而使用混合/随机效应模型时,由于随机效应拟合时的压缩现象,模型拟合时样本较少的个体的估计值会向群体的中间值"靠拢",这个现象也限制住了部分样本较少但发生较为异常的街镇在估计中不易被偶发零星出现的异常值所影响。

9.5 应用成效

9.5.1 气象与城市运行的双向关联规则

为了更好地分析出气象与城市运行的双向关联规则,分别以气象和城市运行为条件,使用 FP-growth 算法进行频繁模式挖掘。以气象数据做条件,挖掘出该气象下发生置信度及支持度最高的事件,即气象与城市运行间的正向规则,以极端天气为例,挖掘出的部分正向规则如表 9-2 所示。

表 9-2 极端天气下气象到事件的规则(正向,截取部分展示)

气 象	事件类型	置信度	支持度
10 小时平均风速小于 1.5 m/s,温度在 35℃～37℃(高温黄色预警),夏季,最高温在 35℃～37℃(高温黄色预警)	乱涂写、乱张贴、乱刻画	1	0.315 61
10 小时平均风速小于 1.5 m/s,温度在 35℃～37℃(高温黄色预警),夏季,6 小时总降水量小于 0.05 mm	乱涂写、乱张贴、乱刻画	1	0.302 17

续表

气　　象	事件类型	置信度	支持度
最大风风速大于等于 10.7 m/s 小于 17.1 m/s	立杆	1	0.619 05
工作日,半夜,瞬时风速大于等于 10.7 m/s 小于 17.1 m/s	立杆	1	0.714 29
24 小时总降水量小于 0.2 mm,工作日,两小时平均风速小于 1.5 m/s,6 小时总降水量小于 0.05 mm,冬季	道路保洁	1	0.310 2
24 小时总降水量小于 0.2 mm,工作日,瞬时风速小于 1.5 m/s,6 小时总降水量小于 0.05 mm,冬季	道路保洁	1	0.313 03

以城市运行数据做条件,挖掘出与该城运事件置信度及支持度最高的气象情况,即气象与城市运行间的反向规则,以极端天气为例,挖掘出的部分反向规则如表 9-3 所示。

表 9-3　极端天气下事件到气象的规则(反向,截取部分展示)

事件类型	气　　象	置信度	支持度
乱涂写、乱张贴、乱刻画	温度在 35℃～37℃(高温黄色预警),最高温在 35℃～37℃(高温黄色预警),夏季,最大风风速大于等于 1.5 m/s 小于 5.4 m/s,6 小时总降水量小于 0.05 mm	0.569 97	0.333 88
乱涂写、乱张贴、乱刻画	10 小时平均风速小于 1.5 m/s,温度在 35℃～37℃(高温黄色预警),6 小时总降水量小于 0.05 mm,最高温在 35℃～37℃(高温黄色预警)	0.543 56	0.318 41
立杆	工作日,半夜,瞬时风速大于等于 10.7 m/s 小于 17.1 m/s	0.75	0.714 29
立杆	最大风风速大于等于 10.7 m/s 小于 17.1 m/s	0.65	0.619 05
道路保洁	工作日,半夜,冬季	0.652 65	0.505 67
道路保洁	24 小时总降水量小于 0.2 mm,工作日,6 小时总降水量小于 0.05 mm,冬季	0.617 92	0.478 75
暴露垃圾	24 小时总降水量小于 0.2 mm,工作日,夏季,6 小时总降水量小于 0.05 mm	0.568 84	0.352 85
暴露垃圾	温度在 35℃～37℃(高温黄色预警),最高温在 35℃～37℃(高温黄色预警),24 小时总降水量小于 0.2 mm,夏季,6 小时总降水量小于 0.05 mm	0.564 16	0.349 95
道路破损	温度在 35℃～37℃(高温黄色预警),最高温在 35℃～37℃(高温黄色预警),24 小时总降水量小于 0.2 mm,夏季,最低温在 35℃～37℃(高温黄色预警),6 小时总降水量小于 0.05 mm	0.581 64	0.418 11

9.5.2　结果评估

为了评估模型算法的可靠性和效率,采用黑盒测试对模型的预测功能测试。

统计在每一个时间点上各个区域（街道）发生的事件的总体次数，将其与模型推理输出进行联合计算，对预测值与真实值的差值绘制直方图和核密度估计图（KDE），以直方图和核密度估计图的合成图来评估模型的预测功能。以高斯核函数为例，KDE对数据里的每一个点，都画作一个高斯分布的波。然后对波进行叠加，于是数据密集的地方，波的高度就越高，数据越稀疏的地方，波就相对矮，数据分布的就一目了然。另外，采用评估指标MAE对结果进行评估。MAE即平均绝对误差，其范围是$[0, +\infty)$，当预测值与真实值完全吻合时等于0，即完美模型；误差越大，该值越大。

选取台风"烟花"和"灿都"时的气象数据作为输入，输出14种事件的预测情况。在使用评价指标分析结果时，此处不具体列出逐小时的事件预测值和实际值，针对每天24小时的数据计算评价指标MAE并进行分析。

相关结果见表9-4，可以看出MAE大部分处在合理范围内，台风天时的预测结果基本符合实际发生情况。

表9-4 测试用例 Prediction_003 的评价指标 MAE

预测项目	台风"烟花"					台风"灿都"				
	7月24日	7月25日	7月26日	7月27日	7月28日	9月12日	9月13日	9月14日	9月15日	9月16日
暴露垃圾	16.976	31.893	25.587	33.089	42.234	23.341	11.988	26.792	15.236	19.944
乱涂写、乱张贴、乱刻画	18.537	28.197	10.769	12.756	31.440	15.224	13.670	10.712	48.512	30.299
非机动车乱停放	6.145	14.903	2.483	1.042	3.598	11.238	11.467	11.021	3.107	3.404
道路保洁	6.190	2.830	3.141	2.220	7.584	2.290	3.322	3.070	5.035	9.993
擅自占用道路堆物、施工	3.296	1.864	4.986	1.312	6.831	5.147	7.912	4.503	5.167	4.251
乱晾晒	8.387	6.672	1.545	0.054	4.030	2.071	1.154	3.288	1.149	3.771
井盖	7.533	5.350	3.268	4.090	2.179	3.414	1.666	6.132	4.202	2.002
乱设或损坏户外设施	1.564	2.443	2.159	3.193	1.933	1.077	5.422	2.094	2.219	1.339
机动车乱停放	1.627	7.435	2.994	2.161	1.081	5.982	1.102	3.478	1.166	2.813
道路破损	0.817	3.548	1.597	3.744	3.832	3.833	3.081	4.908	3.222	3.694
居住区垃圾分类	0.925	1.190	0.892	2.438	1.531	3.650	1.026	1.232	3.795	0.992
占道无证照经营	2.818	1.164	1.607	3.361	1.161	1.423	0.461	2.632	6.003	1.256
立杆	1.137	0.508	1.204	1.878	1.647	2.271	1.242	2.461	2.342	0.742
占用物业共用部分	0.004	2.281	1.767	1.250	0.786	3.207	5.529	0.713	1.516	1.076

9.5.3 先知系统网格模块

通过气象观测数据和城市网格巡查数据的结合,运用大数据分析挖掘技术,建立一套气象与城市运行态势之间的大数据分析预测模型,通过气象相关网格事件发生区域、持续时间预测及场景展现,为住建等部门提供基于气象的网格事件影响预报及风险预警(图9-15)。

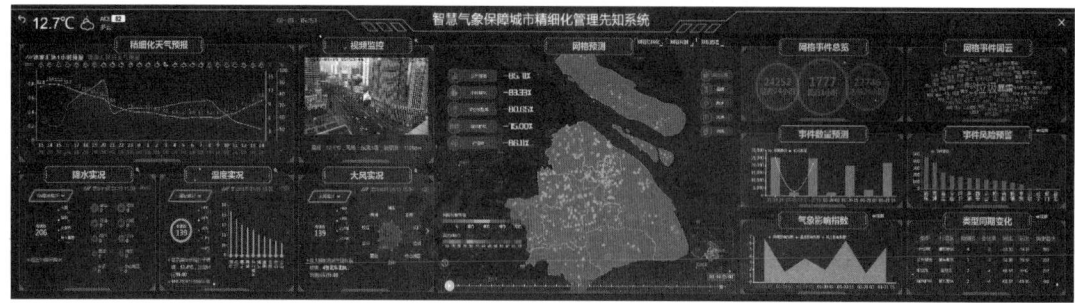

图9-15 先知系统应用截图

参◇考◇文◇献

[1] Cox M, Ellsworth D. Application-Controlled Demand Paging for Out-of-Core Visualization [C]// Proceedings of the 8th conference on Visualization'97. IEEE Computer Society Press, 1997:235-244.
[2] 吴俊伟,朱扬勇.大数据技术与应用:汇计划在行动[M].上海:上海科学技术出版社,2015.
[3] Schonberger V M, Cukier K. Big Data: A Revolution That Will Transform How We Live Work and Think [M]. New York: Harper Business, 2014.
[4] 朱扬勇.大数据资源[M].上海:上海科学技术出版社,2018.

第 10 章
中等城市数字化管理

在当前城市治理的复杂背景下,中等城市面临着各自为政、条块分割、烟囱林立、信息孤岛等问题,严重制约了城市管理的效率和智能化水平。随着信息技术的飞速发展,数字化转型已成为全球及中国发展的必然趋势和重要引擎。中等城市作为国家治理体系和治理能力现代化的重要节点,在推进数字政府建设、优化营商环境、提升公共服务水平等方面发挥着关键作用。习近平总书记指出:"数字技术正以新理念、新业态、新模式全面融入人类经济、政治、文化、社会、生态文明建设各领域和全过程。"在这一背景下,中等城市亟需构建一套科学、高效、协同的数字化管理体系,以应对日益复杂的管理挑战,推动城市治理现代化。

10.1 中等城市数字化管理的现状与挑战

自 20 世纪 90 年代以来,中国政府持续推动数字政府建设与发展,不断提升公共服务的数字化水平。这一进程不仅顺应了全球信息技术飞速发展的浪潮,更深刻体现了国家治理体系和治理能力现代化的内在要求。2017 年,习近平总书记在阐述国家大数据战略时,明确提出要加快建设数字中国,强调运用大数据技术提升国家治理现代化水平,为数字政府建设指明了方向[1-3]。

进入新时代,数字化转型已成为全球及中国发展的必然趋势和重要引擎[4]。这一转型不仅重塑了经济结构和产业格局,还深刻影响了社会治理和公共服务模式,推动社会整体治理效能显著提升[5]。在此背景下,中国作为世界第二大经济体,正积极拥抱数字化转型的浪潮,以创新为驱动,引领经济高质量发展[6]。

中等城市,作为连接大城市与小城镇的桥梁,在推进国家治理体系和治理能力现代化的过程中扮演着举足轻重的角色。它们既是区域协调发展的重要支撑点,也是社会全面进步的关键力量。近年来,随着《中国城市数字治理报告(2020)》的发布,标志着我国正式迈入数字治理 2.0 时代,中等城市在数字政府建设、优化营商环境、提升公共服务水平等方面取得了显著成效。它们积极响应国家号召,运用大数据、云计算、人工智能等先进技术,推动城市管理精细化、智能化,为居民提供更加便捷、高效、个性化的服务体验。

10.1.1 数字转型成效显著

（1）政务数据平台的广泛建立。近年来，许多中等城市积极设立政府数据管理机构，致力于推进各级政务数据治理平台和系统建设项目。这些项目旨在整合政府内部各部门的数据资源，打破信息壁垒，实现数据共享与协同。例如，"最多跑一次"改革通过优化政务流程、简化办事环节，让市民和企业能够更方便快捷地办理各类事务，极大地提高了政务处理效率[7]。同时，"一网统管"等项目的实施，使得政府能够更全面地掌握社会动态，及时响应民众需求，有效提升了城市治理水平[8-9]。

（2）数字治理工具的多样化应用。在基层政府体系中，数字治理工具的广泛应用已成为一种趋势[10]。无论是乡镇农村还是城市社区，都可以看到各种基层数字治理工具的身影[11-12]。如社区通 App，它提供了一个便捷的平台，让居民能够随时随地向政府反映问题、提出建议，政府也能及时响应并处理。而"社区大脑"则是一个智能化的社区管理系统，它能够通过大数据分析、人工智能等技术手段，对社区内的各种信息进行整合、分析，为政府提供更精准的决策支持。此外，还有社区微治理等工具，它们通过微信公众号、小程序等渠道，让居民能够更方便地参与社区治理，共同打造和谐宜居的生活环境。这些数字治理工具在特定时期都起到了一定的治理效果，为基层政府提供了有力的支持。

（3）公共服务水平的快速提升。数字化转型不仅改变了政府的工作方式，也极大地提升了公共服务水平[13]。在在线教育方面，许多中等城市都建立了自己的在线教育平台，为市民提供了丰富多样的课程资源和学习方式。无论是在家里还是在公共场所，市民都能随时随地进行学习，享受便捷的教育服务。在智慧医疗方面，数字化转型使得医疗服务更加智能化、人性化。市民可以通过手机 App 预约挂号、查询检查结果、与医生进行在线咨询等，极大地提高了就医效率。同时，政府还利用大数据技术对医疗资源进行合理配置和优化管理，确保市民能够享受到高质量的医疗服务。在智能交通方面，数字化转型也带来了显著的变化。通过智能交通系统的建设和完善，市民可以更加便捷地出行。例如，智能交通信号控制系统能够根据实时交通流量调整信号灯的配时方案，减少交通拥堵现象；而智能交通信息平台则能够为市民提供实时的路况信息、公交线路查询等服务，让出行更加轻松愉快。

10.1.2 面临的挑战与问题

（1）技术应用的悬浮化与错位。随着智慧城市建设的不断发展，许多城市进行了多部门、长周期、大尺度的基础数据积累、整合和数据平台建设，但很大程度上仍停留在"重数据、轻算法""重平台、轻应用"的阶段[14]。部分数字治理工具在应用过程中出现了悬浮化、行动延迟、错位或滞后等情况，未能充分发挥其应有的作用[15]。这主要是由于一些工具在设计时未能充分考虑实际需求，或者在使用过程中缺乏有效的维护和更新，导致工具与实际工作脱节。例如，一些社区治理 App 可能存在功能繁琐、操作不便等问题，使得居民和政府工作人员都不愿意使用，从而导致工具闲置。为了解决这一问题，政府需要更加注重数字治理工具的实用性和易用性，加强与居民的沟通，确保工具能够真正满足实际需求。

（2）数据安全与隐私保护意识薄弱。随着大量政务数据和市民个人信息的数字化，如何确保数据的安全性和隐私保护成为亟待解决的问题。在数字化转型过程中，政府需要收集和处理大量的敏感信息，如居民身份信息、健康状况、财产状况等。如果这些数据泄露或被滥用,将对居民的个人隐私和财产安全造成严重威胁。特别是在数据驱动的城市智能治理中,数据本身是对城市问题感知的直接来源,其重要性和敏感性更加凸显。然而,这也带来了额外的风险。一方面,由于数据规模巨大且实时更新,如果无法实现实时反馈和有效管理,就可能导致数据被淹没或滥用,进而威胁到个人隐私和数据安全。另一方面,城市数据的感知和收集过程中,也可能存在人为干扰、污染或定向破坏的情况,这不仅会影响数据的准确性,还可能对城市治理产生误导[14]。

因此,政府需要建立完善的数据安全管理体系,加强对数据的加密、存储和访问控制,确保数据的安全性和隐私保护。这包括采用先进的数据加密技术,确保数据在传输和存储过程中的安全性;建立严格的数据访问权限制度,防止未经授权的访问和数据泄露;以及定期进行数据安全审计和风险评估,及时发现和应对潜在的安全威胁。同时,政府还需要加强对数据使用和共享的管理和监督,确保数据的使用符合法律法规和隐私政策的要求,防止数据的滥用和误用。通过这些措施的实施,可以有效保障数字化转型过程中的数据安全和隐私保护,为城市的可持续发展和居民的生活质量提供有力保障。

(3) 数字鸿沟问题较为突出。数字鸿沟问题在不同区域、不同群体之间日益凸显,成为确保数字化转型普惠性和公平性的重大挑战。尤其在一些中等城市中,由于经济发展不平衡、教育资源分配不均等结构性问题,部分区域或群体被边缘化,无法享受到数字化转型所带来的便利和福利。这一现象在老年群体中尤为突出,第七次全国人口普查结果显示,中国60岁及以上人口占比超过18%,65周岁及以上人口约19 064万人,占总人口数的13.5%,人口老龄化程度进一步加深。老年人因经济水平、技术素养、生理及心理因素的影响,正面临难以跨越的数字鸿沟。例如,在2020年初的新冠疫情期间,多地老年人因无法适应数字化、"互联网+"的应急治理措施,在出行、就医、购物等方面遇到困难,频繁成为社会讨论的热点问题。这不仅加剧了社会的不平等现象,也阻碍了数字化转型的全面推进。为了解决这个问题,政府需要采取更加包容和普惠的政策措施,如提供数字技能培训、推广普及数字设备等,帮助老年人等弱势群体融入数字社会,确保所有居民都能享受到数字化转型的红利[16]。

(4) 技术与人才短缺情况普遍存在。数字化转型需要先进的技术支持和专业的人才队伍[17],但部分中等城市在这方面还存在短板。由于地理位置、经济发展水平等原因,一些中等城市可能难以吸引到足够数量的高素质技术人才。这导致在数字化转型过程中缺乏必要的技术支撑和创新动力。为了解决这个问题,政府需要加大对技术创新的投入力度,鼓励本地企业加强与高校、科研机构的合作与交流,共同推动技术创新和人才培养。同时,政府还可以通过提供优惠政策、改善工作环境等措施来吸引和留住技术人才[18]。

随着"十四五"规划的深入实施,我国将进一步加快数字社会建设步伐,适应数字技术全面融入社会交往和日常生活的新趋势[19]。中等城市作为这一进程中的重要参与者,将继续发挥自身优势,深化数字化转型,促进公共服务和社会运行方式的创新,努力构筑全民畅享的数字生活。在这一过程中,中等城市不仅将实现自身治理效能的飞跃提升,更将为推动国家治理体系和治理能力现代化做出积极贡献。

10.2 中等城市数字化管理的特征

中等城市的数字化管理不仅关乎城市自身的未来发展,更在缩小数字鸿沟、推动社会整体进步中扮演着举足轻重的角色。本章节将深入剖析中等城市数字化管理的特征,揭示其在精准高效、科学决策、多元共治、开放共享等方面的探索与实践。这些特征不仅体现了中等城市在数字化转型过程中的创新与智慧,更为其他城市提供了可借鉴的经验与启示。在精准高效方面,中等城市利用物联网、大数据等先进技术,实现了对城市运行状态的实时监测和预警,将事后治理转变为事前防范,显著提高了城市管理的主动性和预见性。这种转变不仅提升了城市管理的效率,更在保障城市安全、预防灾害等方面发挥了重要作用。在科学决策方面,中等城市注重数据驱动,通过数据分析挖掘城市运行规律,为决策提供科学依据。利用数据关联分析,城市管理者能够发现潜在的问题,精准施策,从而提高决策的科学性和精准性。这种以数据为基础的决策方式,为中等城市的可持续发展奠定了坚实基础。在多元共治方面,中等城市积极构建政府、企业、社会组织和公众共同参与的城市治理格局,形成多元主体协同共治的良好氛围。通过数字化平台,各主体之间实现了信息共享和协同作业,显著提升了城市治理的整体效能。这种协同共治的模式,不仅增强了城市治理的合力,更提升了城市治理的民主化和科学化水平。在开放共享方面,中等城市积极推动城市数据开放共享,让公众能够便捷地获取城市运行信息,增强了城市治理的透明度和公信力。同时,利用数字化手段,城市提供了更加便捷、高效的公共服务,满足了居民多元化需求。这种开放共享的理念,不仅提升了城市居民的幸福感和满意度,更推动了城市治理的创新与发展[20]。

10.2.1 精准高效

中等城市充分利用物联网、大数据、云计算等先进技术,对城市基础设施、公共服务、交通状况、环境质量等进行实时监测和预警。通过在城市各个关键节点部署智能感知设备,如传感器、摄像头等,实时收集城市运行数据,并通过数据分析平台进行处理和分析。城市管理者能够实时掌握城市运行状态,包括交通流量、环境质量、公共设施使用情况等,及时发现潜在问题,并迅速做出反应。

这种将事后治理转变为事前防范的模式,不仅显著提高了城市管理的效率,还大大增强了城市管理的主动性和预见性。例如,通过实时监测交通流量数据,城市管理者可以及时发现交通拥堵状况,并采取措施进行疏导,避免交通瘫痪的发生。同时,对城市环境质量的实时监测也可以及时发现污染源,采取相应的治理措施,保障市民的健康和生活质量。

此外,通过对城市数据的深度挖掘和分析,城市管理者还可以更加精准地制定城市管理策略,优化资源配置。例如,通过分析市民的出行数据,可以优化公共交通线路和班次,提高公共交通的便捷性和效率。通过对城市能源使用数据的分析,可以制定更加科学的能源管理策略,实现节能减排和可持续发展。

10.2.2 科学决策

中等城市注重数据驱动的科学决策模式。通过收集、整合和分析城市运行产生的各类数据,城市管理者能够深入挖掘城市运行规律,揭示城市发展的内在逻辑和潜在问题。这些数据包括交通流量、环境质量、公共设施使用情况、市民行为模式等,通过数据分析平台进行处理和分析,可以为城市管理者提供全面、准确的信息支持。

利用数据关联分析和机器学习等技术,城市管理者能够发现数据之间的复杂关系,揭示出城市问题的根源和影响因素。例如,通过分析交通流量数据和环境质量数据,可以发现交通拥堵与空气污染之间的关联关系,从而制定更加科学的交通管理和环境治理策略。同时,通过机器学习等技术,城市管理者还可以对历史数据进行挖掘和学习,预测城市未来的发展趋势和潜在问题,为科学决策提供更加全面的依据。

这种以数据为基础的决策方式不仅为中等城市的可持续发展奠定了坚实基础,还有助于优化城市治理结构,提高城市治理的民主化和科学化水平。通过数据分析平台,城市管理者可以更加便捷地获取市民的意见和诉求,将其纳入决策过程中,增强决策的民主性和科学性。同时,数据分析还可以为市民提供更加透明、公正的信息服务,增强市民对城市治理的信任和支持。

10.2.3 多元共治

中等城市积极构建政府、企业、社会组织和公众共同参与的城市治理格局。通过数字化平台,各主体之间实现了信息共享和协同作业,形成了多元主体协同共治的良好氛围。政府在城市治理中发挥着主导作用,负责制定政策、规划和管理城市运行;企业则承担着城市建设和服务的重任,为市民提供优质的公共设施和服务;社会组织则发挥着桥梁和纽带的作用,连接政府和市民,传递信息和诉求;而公众则是城市治理的最终受益者和参与者,他们的行为和需求直接影响着城市的发展和治理效果。

通过数字化平台,各主体可以更加便捷地获取城市运行信息,更加高效地参与城市治理。例如,政府可以通过数字化平台发布政策信息和城市治理进展,征求市民的意见和建议;企业可以通过平台获取市场需求和市民反馈,优化产品和服务;社会组织可以通过平台组织市民参与城市治理活动,传递市民的声音和需求;而公众则可以通过平台获取城市运行信息和服务资源,参与城市治理的决策和监督。

这种协同共治的模式不仅增强了城市治理的合力,还提高了城市治理的响应速度和执行力。各主体之间通过信息共享和协同作业,可以更加快速地发现和解决问题,提高城市治理的效率和效果。同时,这种协同共治的模式还有助于增强市民对城市治理的认同感和归属感,促进城市的和谐稳定发展。

10.2.4 开放共享

中等城市积极推动城市数据开放共享,让公众能够便捷地获取城市运行信息,增强城市治理的透明度和公信力。通过开放数据接口、建立数据共享平台等方式,城市管理者将部分非敏感数据向公众开放,鼓励市民参与城市治理和公共服务创新。这些数据包括交通状况、环境质量、公共设施使用情况等,市民可以通过手机应用、网站等渠道获取相关信息,了解城市运行状态和服务质量。

同时,城市管理者还利用数字化手段提供更加便捷、高效的公共服务。例如,通过智能交通系统,市民可以实时获取交通路况信息,规划最佳出行路线;通过智慧医疗系统,市民可以享受远程医疗咨询、预约挂号等服务;通过在线教育平台,市民可以随时随地获取优质的教育资源和学习支持。这些数字化服务不仅满足了市民的多元化需求,还提高了公共服务的效率和质量。

这种开放共享的理念不仅提升了城市居民的幸福感和满意度,还推动了城市治理的创新与发展。通过开放共享,城市管理者可以更好地了解市民的需求和诉求,更加精准地提供公共服务。同时,市民的参与和反馈也可以为城市管理者提供更多的信息和建议,促进城市治理的不断改进和完善。这种开放共享的模式有助于构建更加民主、透明、高效的城市治理体系,推动城市的可持续发展和民生改善。

10.3 中等城市数字化管理的建设方案

中等城市在推进数字化管理的建设过程中,应秉持数据为翼、智慧为魂的理念,强调数据促进"一流治理",智慧成就"一流城市",全面支撑美丽城市建设,逐步建成基础设施"一体支撑"、政务服务"一网通办"、城市治理"一网通管"、民生服务"一码通城"、产业发展"一数融产"。通过数据深度挖掘与分析,优化治理决策,提升城市管理智能化水平,为城市可持续发展奠定坚实基础[21]。

10.3.1 总体框架

中等城市数字化管理的总体构建框架旨在通过集成化、智能化的方式提升城市管理效能,促进城市可持续发展。该框架主要包含以下五大核心部分:城市运行管理体系、领域综合协同体系、专题智慧应用体系、智慧应用支撑体系、基础设施构筑体系,见图10-1。

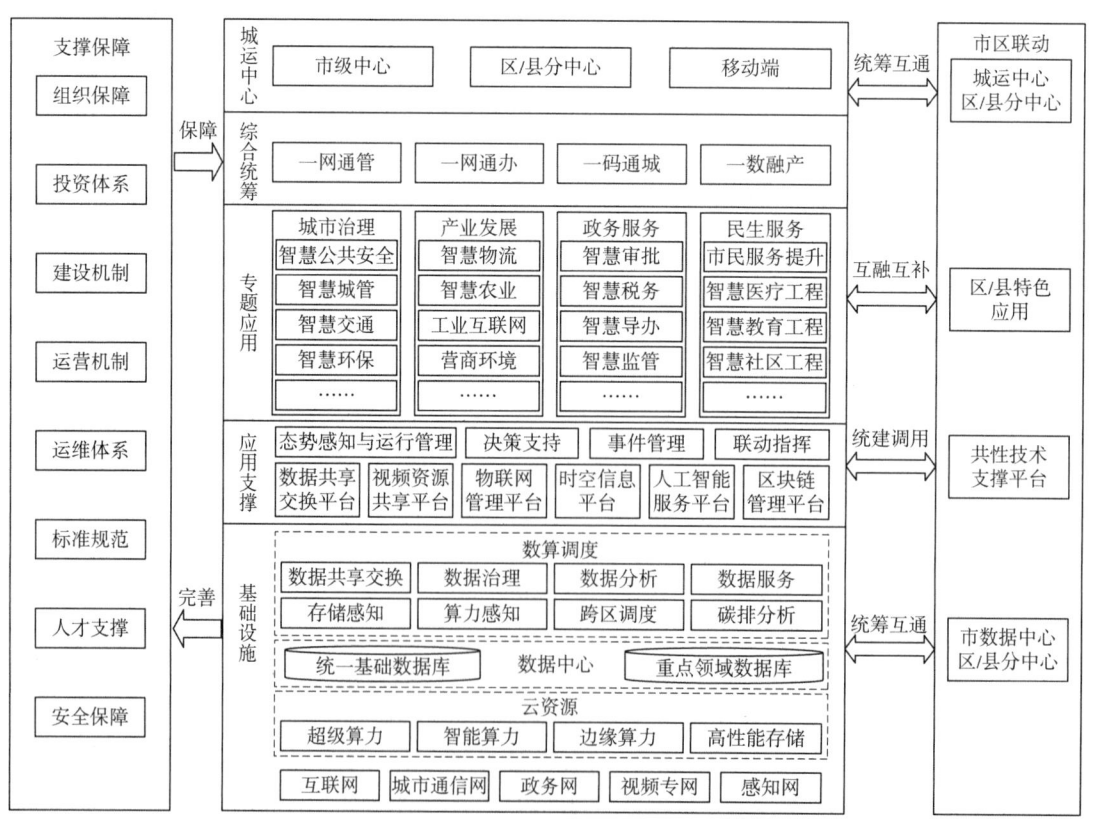

图 10-1 中等城市数字化管理总体框架图[22]

(1)城市运行管理体系。构建多级联动的城市运行管理中心,实现从市级到区县级、街道乡镇级乃至社区村居级的多层次、全覆盖管理体系。整合公安、自然资源、生态环境、住建、城管、交通、水利、卫生健康、应急管理等关键领域的信息系统,确保在不越位、不替代各部门原有管理职能的前提下,实现跨部门业务系统的深度融合与数据共享。通过横向业务打通与纵向多级联动,形成"一屏观全城、一网管全域"的高效运行管理和指挥调度机制。

（2）领域综合协同体系。基于新型智慧城市的建设成果,深化城市治理、民生服务、政务服务和产业发展四大领域的综合统筹。推进"一网统管"实现城市治理精细化,"一码通城"便捷民生服务,"一网通办"优化政务服务流程,"一数融产"促进数字经济与传统经济深度融合。通过场景化驱动数据深度利用,打破领域壁垒,促进跨部门、跨领域的协同合作,实现数据资产的有效盘活与增值。

（3）专题智慧应用体系。针对城市治理、政务服务、市民服务及产业发展等关键领域,持续优化和提升智慧化应用水平。在城市治理方面,加强公共安全、智慧城管、智慧交通、智慧环保等应用;在产业发展方面,推动智慧物流、智慧农业、工业互联网、营商环境等产业升级;在政务服务方面,优化智慧审批、智慧服务、智慧导办、智慧监管等流程;在民生服务方面,强化市民服务体系建设,深化智慧医疗、智慧教育及智慧社区等工程的应用与服务。同时,确保市级应用与区县级特色应用的互融互补,形成上下联动、协同发展的行业应用生态。

（4）智慧应用支撑体系。加强智慧城市的泛在能力支撑,涵盖态势感知与运行管理、决策支持、事件管理、联动指挥等核心功能,构建一个高度智能化、响应迅速的城市管理与服务环境。重点打造数据共享交换、视频资源共享、物联网管理、时空信息云、区块链服务、人工智能服务等关键数字平台,为城市数字化管理提供坚实的技术支撑和数据处理能力,确保数据的高效流通与价值挖掘。

（5）基础设施构筑体系。加快部署先进的信息基础设施,包括互联网、城市通信网、政务网、视频专网、感知网等,构建高速、安全、泛在的信息环境。云资源为各类应用提供了强大的计算和存储能力,超级算力、智能算力、边缘算力等不同类型的计算资源通过虚拟化技术实现资源的池化和弹性扩展,能够根据实际需求动态分配资源,提高资源利用率,降低运营成本。数据中心是数据存储、处理和分析的核心场所,包括统一基础数据库和重点领域数据库两大组成部分,统一基础数据库是智慧城市数据中心的基础,它整合了城市各类基础数据,如人口、地理、经济等,为智慧城市提供统一、准确的数据服务。重点领域数据库则聚焦于智慧城市建设的特定领域,如交通、医疗、教育等,收集、存储和处理与这些领域相关的数据,为领域内的应用提供定制化的数据支持。数算调度系统通过实时监测资源使用情况和应用需求,动态调整资源分配策略,确保各类应用能够高效、稳定运行。

10.3.2 基础设施体系构建

基础设施体系主要包括网络基础设施、云基础设施、数据基础设施、城市运行管理中心等关键组成部分。

（1）网络基础设施。网络基础设施是城市数字化转型的血脉,它连接着城市的每一个角落,确保信息的畅通无阻。该体系涵盖互联网、城市通信网、政务网、视频专网及感知网等多种网络形态,实现高速光纤网络、无线网络、物联感知网络、下一代广播电视网和下一代互联网的协调发展,推动多网融合趋势。一是建设全光高速网络。加大高速光网在政务、金融、医疗、教育等重点行业领域的创新推广应用。深化高速光网与智能家居、远程办公及直播带货等家庭新业务普及应用,持续提升用户网络体验,实现"高速到户、超高速入企"。二是打造先进 5G 网络。加快 5G 网络在关键区域和场所的深度覆盖,进一步完善 5G 基站和室内数字化系统建设,确保政府办公区、教育机构、交通枢纽、产业园区及文化旅游热点区域等享有高质量的 5G 网络服务。同时,推动多功能智能杆搭载 5G 微基站,加强城乡区域的连续覆盖,并鼓励 5G 轻量化技术的广泛应用。三是构建综合立体通信网络。利用国家级互联网骨干节点的优势,增强国际数据交换能力,扩容关键国际光缆通道,提升作为区域通信枢纽的地位。探索卫星通信的多元化应用,促进天基、地基、海基通信网络的融合发展,特别是在应急通信、海洋监测等领域发挥重要作用。四是升级政务专用网络架构。推进政务网络的全面升级,打造稳定、高效、低延迟的专用网络环境。通过扩容骨干网络、提升互联网出口带宽及实施 IPv6 改造,构建适应多业务场景的网络架构,确保政务数据、视频监控、视频会议及物联网应用的高效传输与安全共享。五是构建多层次工业互联网生态。提升工业互联网标识解析节点的服务能力,支持多层次工业互联网平台的建设与发展,包括基础赋能平台、行业特色平台及服务应用平台等。推动制造业数字化转型,培育国家级示范项目与省级标杆案例,促进工业数据的深度整合与应用。六是健全应急通信网络体系。加快应急通信网络的建设与完善,确保在紧急情况下通信服务的连续性和可靠性。扩展应急通信网络的覆盖范围,特别是在偏远地区和人口密集区域,同时提升广播电视融合网络的应急响应能力,为各类突发事件提供及时、有效的信息支持。

(2) 云基础设施。云基础设施作为城市数字化管理的核心计算平台,承载着数据处理、存储与共享的重任。一是全面推进政务云升级。协同联动省级电子政务"一朵云",建设市级统筹管理、集约建设和统一服务的高水平政务云平台;建设多云管理平台,实现政务多云统一接入、全局监管、分级决策、弹性调度,优化云资源使用效能,提升云服务质量;搭建政务云数据总库,推动全市政务信息系统上云,实现数据、算法、服务等跨层级、跨系统、跨部门、跨业务归集治理、共享共用。二是全面支持公有云建设。鼓励云服务商建设落地计算、存储、数据库等云基础设施,支持公有云平台面向政务、交通、医疗、教育等多个领域提供安全高效云资源。推进企事业单位上云用云进程,打造一批可复制、可推广的融合基础设施建设和应用样板。三是全面强化自主可控替代升级。加强信创产品在政务云升级改造中的应用,推进云平台使用国产化技术进行升级和扩容,积极探索异构云、混合云架构体系,满足不同系统多元化需求。扩大自主可控处理器、硬件设备、操作系统、数据库、中间件、算法、软件、终端等产品的应用规模,推进应用软件适配优化,构建自主可控的应用生态。

(3) 数据基础设施。数据基础设施是城市智慧化转型的关键资源,它关乎数据的采集、整合、分析及利用。一是建设一体化公共数据平台。着力提升政务数据汇聚共享水平,全面对接省级一体化公共数据平台,夯实城市数据底座。加强政务服务数据共享,提升全市各级各部门跨层级、跨区域数据共享意识和共享水平。推动政务数据、公共数据、社会数据低成本采集、高效率归集与低能耗存储,加快建设数据资源池。促进数据资产入表工作,鼓励社会企业向政府汇聚自身持有的公共数据,促进公共数据政企融合。普及电子证照、时空信息、地名地址、信用信息等基础数据在政务服务中的共享应用,促进基础数据的社会化应用。优先在医疗、教育、交通、工业等民生相关领域,支持行业主管部门对自身持有数据开展数据分级分类和行业专题库建设。二是打造公共数据开发利用平台。鼓励公共数据社会化开发利用,探索建立数据产权、流通交易、收益分配、安全治理等制度体系,完善数据质量标准规范，培育提升数据服务能力。依托省大数据交易所和省市数据开发利用平台，培育数据要素流通和交易服务生态。探索"可用不可见""数据沙箱"等公共数据运营新模式，鼓励企业开展场景化公共数据开发利用。培育专业的区域性数据供应商，促进数据使用价值复用与充分利用，促进数据使用权交换和市场化流通。谋划储备一批"数据要素×"重大工程项目，进一步发挥数据要素乘数效应，赋能经济社会发展。

(4) 算力基础设施。一是布局高水平数据中心。推进数据中心资源规模化集聚，做大做强大型互联网企业区域性数据中心，积极创建国家绿色数据中心，推进数据中心绿色发展。二是打造国家级人工智能算力集群。建设集约、高效的人工智能算力基础设施，打造多云异构算力网络，推动省级人工智能计算中心合理扩容；配置成熟、安全、可信的人工智能全栈运行环境，加快建成国家新一代人工智能公共算力开放创新平台，形成规模化先进国产算力供给能力。以"中国算力网"省级节点为抓手，打造覆盖全省、辐射周边地区的算力协同计算和调度平台，实现"算力一网化、统筹一体化、调度一站式"。三是部署泛在边缘算力。加快边缘算力建设，支撑智能制造、智能电网、电竞游戏等低延时、高带宽业务发展，实现泛在算力、全景覆盖、协同发展。加强行业算力建设布局，满足工业互联网、教育、交通、医疗、金融、能源等行业应用需求，支撑传统行业数字化转型。优化边缘数据中心的部署和资源配置，系统化提升算力资源统筹供给能力。统一加强对边缘数据安全的监管和管理，保障数据的安全性和可靠性。

(5) 城市运行管理中心。城市运行管理中心是城市数字化管理的中枢神经，负责城市运行状态的实时监测、预警与调度。该中心构建智慧运营中心的物理空间，部署展示大屏、操作设备、会议终端、智能座席及移动终端等硬件设施，承载和展示各类领域综合应用。通过集成各类城市管理系统和数据资源，实现跨部门、跨领域的协同作战，为城市管理者提供全面、准确、及时的决策支持，确保城市运行的高效、平稳与可持续。

10.3.3 业务体系构建

(1) 建设一体化应用支撑平台。建设全市统一身份认证平台，整合多种认证方式和认证源。完善统一电子印章、统一电子签名、统一缴费等系统，提升各类政务应用系统开发效率和规范化程度。针对政府数字化转型过程中的新任务、新需求所需要的应用支撑组件，汇聚各部门、各县(市)区优秀组件，统一审核接入一体化应用支撑平台，丰富应用支撑体系，促进全市公共支撑能力高效共建共享。

(2) 建设一体化运维监管平台。对网络、云平台、数据资源、应用支撑、业务应用等政务资源进行全过程规范化、自动化、可视化、智慧化的统一管理，全面提升运维服务效率和运维质量。打造统一的监控管理、统一的资产管理、自动化运维管理、运维事件流程管理、端到端的调用链管理、运维可视化分析的能力

(3) 整合提升一体化综合门户。整合市级政府网站集群、自助终端、12345热线和政务服务中心实体大厅等服务渠道，构建集多渠道多终端融合、线上线下一体化的综合门户，实现政务服务线上线下统一标准、统一流程。深化政府部门在决策、执行、管理、服务、结果方面的信息公开，打通各工作环节的壁垒，将政务业务流程进行重组和改造，推动从满足政府自身政策需要转向回应公众实际需求，进一步发挥综合门户在数字政府建设中的基础支撑作用。

（4）打造社会治理一体化平台。不断完善"城市大脑"体系建设，推动市级城市运营中心建设，推动数字应用调度平台建设。深化"近邻"党建模式，按照"市域一体、直达网格，互联互通、精准高效"的原则，构建人、场、网格关联绑定的基层治理底座。推动市、县（市）区两级分级建设社会治理数字化平台，市级平台整合已建市级相关赋能平台现有能力，对接省级平台数据资源，实现数据、网格落图，赋能给各县（市）区，助力基层治理能力和治理水平提升。县（市）区级平台根据各自特点开展基层治理应用场景建设，并按照统一数据格式与市级平台实现互联互通。

10.3.4 应用体系构建

应用体系由基础层应用、平台层应用和各领域智慧应用三部分构成，形成横向协同、共建共享、灵活管控、易于迭代的应用体系。

（1）基础层应用。基础层应用是智慧城市应用体系的基石，涵盖云管理、网络管理、终端设备管理、边缘设备管理及物联网设备管理等多个维度。这些应用专注于提供信息化基础设施的管理运维服务，确保城市数字平台及各领域智慧应用能够按需、高效地配置硬件资源。通过基础层应用的稳固支撑，智慧城市得以构建起坚实的技术底座，为上层应用的稳定运行奠定坚实基础。

（2）平台层应用。平台层应用是智慧城市应用体系的技术中枢，集成了大数据、时空地理信息、物联网、人工智能、视频资源共享、区块链等前沿技术服务。这些平台不仅构成了城市数字平台的核心框架，更为政府管理、城市治理、民生服务和产业发展等各领域智慧应用提供了共性技术支撑。平台层应用的广泛集成与深度融合，促进了新技术在城市各领域的广泛应用与深入渗透，加速了智慧城市的全面转型与升级。

（3）各领域智慧应用。各领域智慧应用是智慧城市应用体系的直接体现，涵盖了政府管理、城市治理、民生服务和产业发展等多个关键领域。这些应用通过统一接入城市数字平台和城市运行管理中心，实现了资源的优化配置与能力的协同共享。同时，应用体系具备高度的灵活性与可扩展性，能够根据业务需求的变化，快速实现新增应用的接入与老旧应用的平滑退出，确保智慧城市应用体系的持续迭代与优化。

10.3.5 保障体系构建

为构筑可信、可控的城市全域保障体系，全面提升信息安全管理、防御和运维能力，需从多个维度完善保障体系。

（1）健全制度机制。坚持整体谋划，创新工作机制，建立全方位、多层次、立体化的数字化治理法规制度体系，构建一整套与数字政府、数字经济、数字社会、数字法治相适应的体制机制和工作规范，为数字政府建设提供有力支撑。

（2）筑牢安全屏障。一是构建网络安全防护体系。完善网络安全工作责任制考评机制，压实网络安全主体责任、监管责任。完善密码基础设施建设，健全密码应用安全评估机制。全面提升信息安全、网络安全和数据安全能力。完善网络安全监测、通报预警、应急响应与处置机制，提升网络安全态势感知、事件分析以及快速恢复能力。建立并实施安全评估和风险研判机制，推动互联网执法规范信息化建设，强化互联网管理技术支撑保障，强化网上风险的事先防控、源头管控，大力构建网络生态治理格局。

二是深化"雪亮工程"和智慧公安建设。聚焦智能化社会感知体系建设，持续推进"雪亮工程"和"平安家园·智能天网"建设，加强在公共安全、治安防控、道路交通安全管理等方面的深度应用。继续推动社会治安防控体系建设，开展市级社会治安防控平台建设，强化平台实战效能。依托互联网安全管理一体化平台，持续实施互联网安全分类分级管理制度。以整治APP超范围收集个人信息为切入点，深入开展个人信息安全生命周期安全监管。升级扩容视频解析能力，提高前端点位密度，提升视频图像智能化应用水平，全力支撑侦查打击实战。

三是加强数据安全管理。构建安全可信的城市级数据安全运维中心和运行机制，推动制定市级数据安全管理办法，健全各单位持有数据分类分级和隐私数据保护与合理使用机制，加强重点行业单位、社会企业数据安全风险监测，建立数据安全风险评估标准及评估队伍，常态化开展公共数据应用安全检查；建立数据安全事件应急响应机制及支撑队伍，以防范和应对各种潜在的安全威胁，最大限度地保护个人和企业的数据安全。

（3）保障资金投入。统筹全市城市信息化资金投入，结合政务信息化建设运营改革，落实城市信息化和数字经济专项资金保障，充分发挥财政资金杠杆作用。加强数字化项目谋划建设力度，鼓励各部门开展信息化建设，支持市属国企开展市级重大项目建设。积极争取中央预算内投资资金、地方政府专项债和超长期特别国债等资金支持。出台数字经济专项政策，发挥政策资金引导作用，优化一、二、三产业专项资金使用结构，促进传统产业数字化转型升级，推动全市产业链升级。

（4）加强企业服务。推进省数字经济重点项目跟踪对接和服务工作，做好数字经济龙头服务工作，注重龙头引领和产业链生态建设，培育更多新型企业，争取在数字经济领域培育更多"独角兽""未来独角兽"以及"瞪羚"企业。

（5）强化人才支撑。打造全链条人才创业创新孵化平台，推动建设数字经济人才市场，优化数字经济人才流动和配置。持续开展职业技能提升培训，推动数字经济相关专业的技术职称评定工作。发挥工会资源优势，探索产教融合、工学结合的新时代工匠培养新模式，致力提升职工学历、孵化拔尖技能型人才、提升产业工人技术技能。紧贴数字产业化和产业数字化发展需要，扎实开展数字人才育、引、留、用等专项行动，形成数字人才集聚效应。

10.4 中等城市数字化管理的实现路径

随着信息技术的迅猛发展和数字化转型的全球趋势，中等城市正站在一个历史性的转折点上。面对日益复杂的城市治理问题和公众不断提升的服务需求，数字化管理不仅是提升城市治理效能的关键手段，更是推动城市可持续发展、增强城市竞争力的重要途径。然而，实现数字化管理并非易事，它要求城市在基础设施、治理模式、政策法规以及公众参与等多个层面进行深刻变革和全面创新。

本小节将深入剖析中等城市数字化管理的实现路径，围绕强化数字技术支撑、转变城市治理模式、完善政策法规体系以及提升公众参与度等四个核心方面展开详细探讨。在数字技术支撑方面，本章将分析物联网、大数据、人工智能等前沿技术在城市治理中的应用潜力，以及构建高效、稳定的城市数字化基础设施的重要性。在转变治理模式方面，本章将探讨如何从传统的经验决策向数据驱动决策转变，以及如何构建政府、企业、社会组织和公众共同参与的城市治理格局。在完善政策法规体系方面，本章将强调制定和完善关于城市数据采集、处理、共享和应用的相关政策法规的必要性，以确保数字化管理的合法合规运行。在提升公众参与度方面，本章将探讨如何通过数字化平台增强政府与公众的互动和沟通，以及如何通过多种措施激发公众的参与热情和创造力。

10.4.1 强化数字技术支撑

中等城市在推进数字化管理的过程中，首要任务是强化数字技术支撑[23]。这要求城市持续加大对物联网、大数据、人工智能等前沿技术的研发投入，积极支持科研机构和企业进行技术创新，并推动技术成果的应用落地。为此，中等城市需要构建高效、稳定的城市数字化基础设施，这包括5G网络、云计算中心、数据共享平台以及智能分析系统等，它们共同构成了城市数字化管理的坚实底座。

在数字技术支撑方面，中等城市还需注重技术的融合创新。通过推动物联网、大数据、人工智能等技术的深度融合，可以形成具有城市特色的数字化解决方案，进而提升城市管理的智能化水平。例如，利用物联网技术收集城市运行数据，借助大数据技术进行实时分析和预测，再运用人工智能技术进行智能决策和优化，从而为城市治理提供更加精准、高效的技术支持。

此外，中等城市在强化数字技术支撑的同时，也应关注数字生态技术的提升。这包括在深度学习、人工智能、云计算、大数据处理分析等方面进一步提升和深化技术，以打造集数据整合、实时监测、动态管理、决策分析、移动监管等功能于一体的生态环境大数据平台。这样的平台将能够创新出可智慧决策的"生态治理大脑"，为大气、水、土壤污染防治等"三大战役"以及生态环境保护管理提供有力支持。

（1）构建高效稳定的城市数字化基础设施。中等城市应加大对物联网、大数据、人工智能等前沿技术的研发投入，积极构建高效、稳定的城市数字化基础设施，作为支撑智慧城市运行的核心。这包括高速、安全的5G网络覆盖，高效能、可扩展的云计算中心，以及智能、灵活的数据共享平台。这些基础设施将为城市数据的快速传输、安全存储和智能分析提供坚实的基础，确保城市治理的每一个环节都能得到及时、准确的数据支持。

（2）推动技术创新与应用融合。技术创新是推动数字化管理不断前行的关键动力。中等城市应鼓励科研机构和企业加大在物联网、大数据、人工智能等领域的研发投入，推动技术突破和应用创新。同时，应积极探索新技术在城市治理中的融合应用，如利用物联网技术实现城市基础设施的智能化管理，运用大数据分析预测城市运行趋势，借助人工智能优化决策过程等。通过这些措施，将技术创新的成果转化为提升城市治理效能的实际行动。

（3）构建数字生态，促进协同发展。在数字化转型的过程中，构建良好的数字生态至关重要。中等城市应致力于打造一个开放、协同、共赢的数字生态体系，吸引更多的企业和人才参与到城市数字化建设中来。通过政府引导、市场运作、社会参与的方式，推动产业链上下游的紧密合作和协同发展，形成推动城市数字化管理不断前行的强大合力。

10.4.2 转变城市治理模式

（1）从经验决策向数据驱动决策转变。传统的城市治理模式往往依赖于经验判断，难以应对复杂多变的城市治理问题。中等城市应积极推动从经验决策向数据驱动决策的转变，充分利用大数据和人工智能技术，对城市运行数据进行深度挖掘和分析，为决策提供科学依据。通过数据驱动决策,可以更加精准地把握城市发展的脉搏,及时发现和解决潜在问题,推动城市治理的科学化、精细化发展[24]。

(2) 构建多元共治的治理格局。城市治理是一个复杂而庞大的系统工程,需要政府、企业、社会组织和公众等多方力量的共同参与。中等城市应积极推动构建多元共治的治理格局,鼓励各方力量在城市治理中发挥积极作用。通过建立跨部门、跨领域的数据共享和协同机制,打破信息孤岛,促进数据资源的整合和利用。同时,通过数字化平台加强与公众的互动和沟通,引导公众参与城市治理过程,形成政府主导、社会协同、公众参与、法治保障的城市治理新局面[25]。

(3) 创新生态治理模式。在生态治理方面,应注重治理模式的创新。从治理主体上,实现从以政府为主体向多元化主体共同参与转变;从治理观念上,从事后治理向事前预警和事中应对转变;从决策依据上,从依赖人的知识经验转向主要依据生态治理大数据进行科学决策[26]。

10.4.3 完善政策法规体系

(1) 制定和完善相关政策法规。政策法规是保障数字化管理顺利推进的重要保障[27]。中等城市应制定和完善关于城市数据采集、处理、共享和应用的相关政策法规,明确各方责任和义务,规范数据采集、处理和应用的行为。同时,应加强对数据安全和个人隐私保护的监管力度,建立健全数据安全和个人隐私保护机制,防止数据泄露和滥用事件的发生。

(2) 注重政策法规的与时俱进。随着数字化技术的不断发展和应用场景的不断拓展,相关政策法规也需要不断修订和完善。中等城市应密切关注数字化技术的发展趋势和应用动态,及时制定和调整相关政策法规以适应新的发展需求。同时,应加强对新兴技术的监管力度,确保新兴技术在城市治理中的应用合法合规、安全可控。

(3) 强化生态治理法规建设。在生态治理方面,中等城市应强化生态治理法规建设力度。通过制定和完善关于生态数据采集、处理、共享和应用的相关政策法规,保障生态治理工作的顺利开展。同时,应加强对生态环境违法行为的打击力度,维护生态环境的良好秩序和可持续发展。

10.4.4 提升公众参与度

中等城市在数字化管理过程中,需要注重提升公众的参与度[28]。通过数字化平台,政府可以更加便捷地与公众进行互动和沟通,了解公众的需求和诉求,及时回应公众的关切和期望。为了提升公众的参与度,中等城市可以采取多种措施:

(1) 利用数字化平台增强互动沟通。数字化平台是连接政府与公众的重要桥梁。中等城市应充分利用数字化平台加强与公众的互动和沟通,及时了解公众的需求和诉求并做出积极回应。通过社交媒体、在线调查等方式收集公众的意见和建议;通过举办线上线下的公众参与活动如城市治理研讨会、公众听证会等让公众更加深入地了解城市治理的过程和成果;通过这些措施的实施增强公众的参与感和满意度。

(2) 激发公众环保意识与参与热情。在生态治理方面激发公众的环保意识与参与热情至关重要。中等城市应通过打造多元化平台、多样化渠道普及环保知识提高公众的环保意识;通过组织公众参与环境监测、环境监察等活动增强其责任感和参与感;通过建立生态治理效果评估机制鼓励公众对生态治理成果进行评价和监督;通过这些措施的实施形成全社会共同关注和支持生态治理的良好氛围推动生态环境的持续改善。

(3) 建立公众参与评价机制,推动治理效能提升。公众参与评价机制是推动城市治理效能提升的重要手段之一。中等城市应建立公众参与的城市治理评价机制对政府和企业的城市治理行为进行评价和监督;通过公开透明的评价机制增强政府的透明度和公信力;同时让公众更加积极地参与到城市治理的监督中来推动城市治理的民主化和科学化进程;在生态治理方面同样适用该机制确保生态治理措施的有效实施和持续改进推动城市生态环境质量的不断提升。

10.5 "福州模式"建设实践

10.5.1 福州概况

福州市是福建省省会,简称"榕",位于福建省中部东端。

截至 2024 年 9 月,福州市辖鼓楼、台江、仓山、晋安、马尾、长乐 6 个区,闽侯、连江、罗源、闽清、永泰、平潭 6 个县及福清 1 个县级市,总面积达 11 968.53 平方千米。最新报告显示,2022 年末,福州市常住人口 844.8 万人,其中,城镇常住人口 619 万人,占总人口比重(常住人口城镇化率)为 73.27%,出生人口 4.96 万人,人口出生率 7.38‰,死亡人数 2.34 万人,人口死亡率 3.39‰,人口自然增长率 3.85‰。

2022 年,福州市有 54 个民族成分。福州作为一座典型的中等城市,其特色不仅体现在地理位置的优越性和人口规模的适中上,更在于近年来在数字化建设方面的实质性进展与成就。作为数字政府建设的积极探索者,福州市稳步推动政务服务向数字化、智能化方向转型,并取得了一系列显著成果。自 2016 至 2020 年,福州市连续五年在高交会上获评"中国领军智慧城市奖",标志着其在智慧城市建设领域的持续努力和显著成效。同时,福州市在 2019 至 2020 两届中欧绿色智慧城市峰会上分别获选"卓越城市"和"数字化抗疫优秀案例"奖(城市治理类),体现了其在城市管理和应对公共卫生事件中的数字化创新能力。

福州市 12345 便民(惠企)服务平台和"e 福州"平台,是福州数字化建设的两张亮丽名片。福州市 12345 便民(惠企)服务平台凭借其高效、便捷的服务,赢得了广大市民和企业的广泛赞誉。该平台在多个国家级和省级荣誉评选中脱颖而出,如 2018 年在首届数字中国建设峰会上入选 30 个"数字中国"最佳实践成果、2019 年在全国政务热线发展高峰论坛上荣获全国政务热线"年度最佳管理效率奖"和"年度卓越百姓服务奖"、2020 年在第四届全国 12345 政府服务热线年会上取得全国副省级城市和省会城市排名第一的佳绩,并荣获"全国十佳热线奖""智慧抗'疫'引领奖"两项荣誉、2021 年在全国政务热线发展年会上荣获"2021 年度优秀服务能力成果案例"奖、2021 年在全国政务热线高峰论坛上荣获"总体评估优秀单位等级 A+""服务群众满意热线优秀单位""服务企业满意热线优秀单位"等称号,充分展示了福州在数字政务领域的先进水平。"e 福州"平台作为城市数字化转型的重要载体,也取得了令人瞩目的成绩。该平台在智慧中国年会上荣获"2021 年城市 App 综合示范奖",并蝉联智慧城市 App 榜首,彰显了福州在智慧城市建设方面的卓越成就。此外,"e 福州"平台还获评"2023 年数字政府建设卓越示范案例",进一步证明了福州在数字政府建设方面的实力。

除了上述两个平台外,福州市还在数字城管、AI人工智能信息采集应用等方面取得了多项成就。如2023年,"福州市'智慧福州'管理服务中心创新城市管理信息采集新模式"入选了中国信息协会2023年数字城市论坛"2023年数字城市创新成果与实践案例"。2023年9月,《福州市数字城管AI智能信息采集应用》成功申报住房城乡建设部"住房和城乡建设领域北斗系统典型应用案例"。福州市在数字化建设方面取得的成就,是基于扎实的工作基础和持续的创新努力,为提升城市管理效率和服务水平提供了有力支撑,同时也为其他城市的数字化建设提供了有益参考。

10.5.2 总体框架

总体框架如图10-2所示。

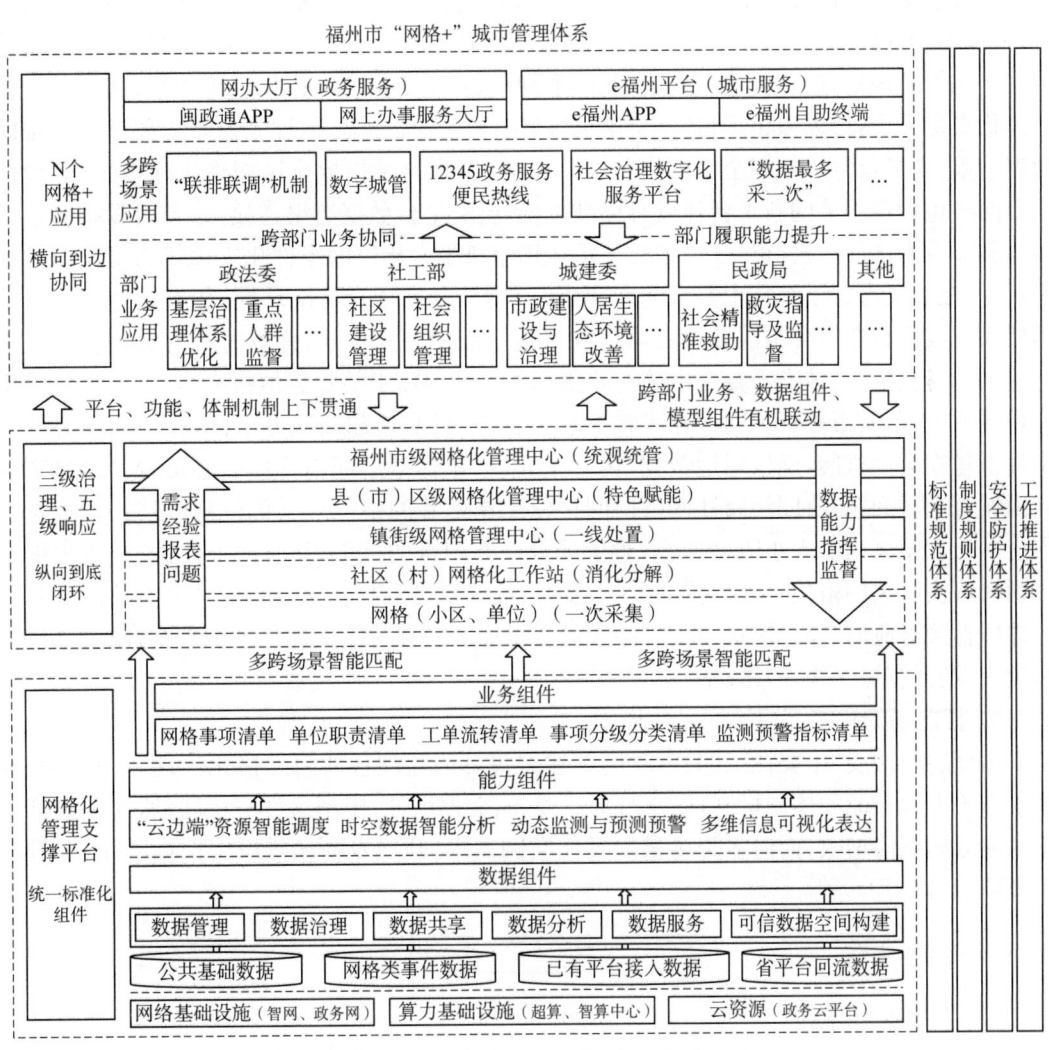

图10-2 福州市网格化管理体系框架图

1)建设组件化网格管理支撑平台

构建城市网格化管理的数据中枢、能力中枢和业务中枢。作为数据中枢,升级市公共数据汇聚共享平台、大数据平台等,实现基础性公共数据、各类网格化管理事件数据的全量汇聚;构建异构系统数据接入能力,对接已建系统和省平台,丰富数据的范围和供给。在此基础之上,通过数据治理、数据服务、可信数据空间构建等,形成标准化数据组件,强化公共数据的高质量供给能力。作为能力中枢,通过融合"云边端"资源智能调度、时空数据智能分析、动态监测与预测预警、多维信息可视化表达等能力,为后续业务应用提供标准化能力组件。三是作为业务中枢,通过整合网格事项、单位职责、工单流转、事项分类分级、监测预警指标等清单,对有关业务事项进行"原子化"解析和重构,打造能够灵活拼接、相互衔接的业务组件。通过标准组件化的支撑体系,利用多跨场景智能匹配方式,为打造"网格+"管理体系提供坚实基础。

2）构建跨层级穿透式闭环处置机制

完善市级、县(市)区、镇街"三级治理"以及新增社区(村)网格员工作站、网格(小区、单位)形成的"五级响应"机制,形成穿透式网格化闭环处置机制。其中,市级中心负责编制全市网格化管理规划方案,构建制度规则、标准规范、安全防护和工作推进等体系;建设并运营一体化支撑平台,持续强化平台"三个中枢"的组件化支撑能力,梳理并发布需要基层上报的数据清单;全局监测和掌握全市网格化管理态势,精准科学指导全市网格化建设工作,确保全市网格化管理相关的新平台建设有标准可依,已有平台数据有渠道接入,及时发掘基层成功经验并着力推广。县(市)区级中心注重运用市级平台提供的组件化支撑能力提高事件处置水平,在满足有关市级技术要求的前提下,鼓励充分发挥自身能动性(如有已建平台可采用接入方式),打造符合本区域发展需求和区位特点的创新场景,并及时将有关经验做法进行总结、上报、推广;核准需要全市统一收集和本区特色需求的数据填报列表,制定数据采集与报送方案,落实市级有关网格化考核的有关任务;针对跨部门联办事件,在市级中心统一指挥下建立会商机制,确保属地数据"内部消化"。镇街基层网格管理中心负责主动发现辖域内城市运行问题,协同辖属社区(村)网格化工作站和网格(小区、单位)开展"一线处置",推进事项在辖区内实现小闭环处置,对于处置存在困难的事项,及时向上反馈;负责根据有关列表落实有关网格化管理数据的统一、及时、准确采集,提高工作效能;结合基层缺少各行业部门直接对应的"碎片块状"职能特征,对上级推送的有关任务进行整合重构,降低基层工作负担,增强基层一线处置效率。

3）打造场景化多部门协同工作模式

由市委政法委、市委社工部、市政府城建委等部门梳理各部门网格化治理业务事项,并基于有关平台功能和体制机制,以及跨部门业务、数据组件、模型组件有机联动,实现各部门单项业务的赋能增效;面向多跨场景的具体案例需求,开展专题场景应用挖掘赋能,提升部门履职能力。

10.5.3 典型实践

1）数字基础设施

福州市坚持"全省一盘棋、上下一体化建设"原则,打造健壮稳定、集约高效、安全可控、开放兼容的"1131"基础平台体系,支撑数字政府全领域改革,赋智赋能决策、服务、执行、监督和评价履职全周期,为数字政府应用创新提供坚实基础。

（1）整合优化福建省电子政务"一张网"。以统规统建、统用统管、统运统维为基本原则,整合优化、扩容升级现有政务网络,构建覆盖全省、上下贯通、横向联通、泛在可及的新型电子政务"一张网"暨政务信息网,形成全省网络运行、管控"一盘棋"。建设大容量、高可靠的省市两级核心纵向骨干网络,网络带宽升级至40G(可平滑演进到100G),满足IPv6网络演进和业务部署,支持IPv4/IPv6双栈网络运行,满足业务应用层、数·据应用层及视频会议层三大纵向分层承载需求。建设标准、弹性的省、市、县三级横向接入网络,各级横向接入网络通过20G以上链路带宽接入纵向骨干网络,全网设备接受统一管理,接入单位通过基层服务管控终端实现安全接入,实现省市县乡村五级贯通的全省政务"一张网"。建设安全、易用的无线政务专网,支持多运营商终端接入,通过全省统建的安全接入平台实现移动终端认证,构建省、市两级入口,满足全省公职人员无线接入应用需求。建设全省统一的政务网络管理运营平台,构建智能化、集中化全程全网管控体系。整合优化原政务外网、政务信息网、无线政务专网、省直部门和设区市专网,推进各部门制定迁移整合方案,推动网络和业务迁移到整合后的政务信息网,所有非涉密政务网络全部并入政务信息网。保留公安、检察院、法院、税务、医保、教育等专网,采用"安全交换"的方式,实现互联互通。完善提升电子政务内网。

(2) 优化建设福建省电子政务"一朵云"。构建"省市两级、物理分散、逻辑统一、整体联动"的福建省新型政务云体系。省级层面依托现有省级自主可控云平台进行扩展和优化升级,分别建设以承载业务应用系统为核心的业务区,以提供数据汇聚更新、数据治理管理和数据共享应用为核心的数据区,以及为业务应用系统开发提供测试环境和云资源的测试区。建设统一云管平台,打造省级政务云资源统一申请、统一开通、统一交付、统一服务、统一安全、统一管控的"六个统一"管理新模式。各设区市参照省级"一朵云"模式优化建设市级政务云平台,并与省级"一朵云"协同联动。

(3) 统筹建设"三大一体化平台"。① 建设一体化应用支撑平台。接入现有省级公共能力平台,建立全省应用组件目录。针对数字化改革过程中的新任务、新需求所需要的应用支撑组件,可汇聚各地各部门优秀组件,统一审核接入一体化应用支撑平台,丰富应用支撑体系,促进全省公共支撑能力高效共建共享。对公共数据目录、智能组件目录、业务服务目录进行一体化集成整合,提供标准化接入规范和能力,将相对离散的各类资源整合成为一个有机整体,对内部资源进行统一调度,对外部用户提供统一服务,全面提升业务协同和综合集成服务能力。

② 建设一体化公共数据平台。升级公共数据汇聚共享平台、公共数据资源统一开放平台和公共数据资源开发服务平台,完善全省一体化公共数据支撑能力,支持部门依托省公共数据汇聚共享平台建设数据资源专区和开展多跨场景分析应用。提升数据共享和数据服务能力,为各地各部门数据应用提供产品化、标准化、智能化的统一支撑。支撑省市两级公共数据目录实时同步更新,实现全省公共数据目录"一本账"管理。提升省市数据通道能力,按照"应汇尽汇"原则,有序实现设区市数据汇聚到省平台,支持各设区市依场景按需共享调用省平台数据。

③ 建设一体化运维监管平台。对网络、云平台、数据资源、应用支撑、业务应用等政务资源进行全过程规范化、自动化、可视化、智慧化的统一管理,全面提升运维服务效率和运维质量。打造统一的监控管理、统一的资产管理、自动化运维管理、运维事件流程管理、端到端的调用链管理、运维可视化分析的能力,并开放对应的运维接口用于运维数据消费场景及个

性化需求二次开发。

（4）全面提升"一个综合门户"。整合中国福建门户网站集群、省网上办事大厅、闽政通（公众版）、闽政通（政务版）、自助终端、12345 热线和政务服务中心实体大厅等服务渠道，构建集多渠道多终端融合、线上线下一体化的综合门户，实现政务服务线上线下统一标准、统一流程。

2）综合服务门户

图 10-3　"e 福州"主界面及交通出行子页面

福州市移动政务办公平台"e 福州"（如图 10-3 所示）是一款由福州市政府发布的市民服务官方应用，旨在让福州市民用一个 App 畅享城市所有服务，获得包括"2023 年数字政府建设卓越示范案例"等荣誉奖励，体现了其在数字政府建设领域的领先地位。作为综合服务门户，其建设背景主要包括如下 5 个方面：

① 数字中国建设的推动。随着数字中国战略的深入实施，各地政府纷纷加快数字化转型步伐，推动电子政务和智慧城市的建设。福州市作为福建省的省会城市，积极响应国家号召，将数字福州建设作为推动城市发展的重要引擎。在这一背景下，"e 福州"应运而生，成为福州市推进数字政府建设和智慧城市发展的重要抓手。

② 提升政务服务效率和市民满意度。传统政务服务模式存在流程繁琐、效率低下等问题，给市民和企业带来不便。为了提升政务服务效率，提高市民满意度，"e 福州"通过整合政务资源，提供一站式在线政务服务，实现了政务服务事项的网上办理和移动办理，极大地方便了市民和企业。

③ 推动城市信息化进程。福州市一直致力于推动城市信息化进程，通过建设信息化基础设施，提升城市管理和公共服务水平。"e福州"作为福州市的移动政务办公平台，不仅提供了丰富的政务服务功能，还整合了交通、医疗、教育、文化等领域的服务资源，为市民提供了全方位的生活服务。这有助于推动福州市的城市信息化进程，提升城市综合竞争力。

④ 借鉴先进经验和技术创新。在"e福州"的建设过程中，福州市积极借鉴国内外先进经验和技术创新成果，结合本地实际情况进行定制化开发。通过引入云计算、大数据、人工智能等先进技术，提升了"e福州"的智能化水平和服务能力。同时，福州市还注重与第三方企业的合作，共同推动"e福州"的建设和发展。

⑤ 市民需求的日益增长。随着福州市经济社会的快速发展和市民生活水平的不断提高，市民对政务服务和生活服务的需求也日益增长。为了满足市民的多元化需求，"e福州"不断丰富和完善服务功能，提升用户体验。通过提供便捷、高效的在线服务，增强了市民的获得感和幸福感。

3）建设成效

在政务服务便捷化方面，"e福州"整合了福州市各类政务服务资源，提供了包括社保、医保、公积金查询、交通违章处理、水电煤气缴费等在内的一站式服务，极大地方便了市民办理各类政务事项，打造一站式服务模式；市民通过"e福州"App即可实现在线预约、在线办理、在线支付等功能，避免了传统政务服务模式下的排队等待和繁琐流程，提高了政务服务效率，是支撑福州市"网上办、指尖办"的主体。

在生活服务多元化方面，"e福州"提供了公交、地铁扫码乘车服务，以及出租车、咪表车位在线缴费功能，方便市民出行。而且，"e福州"还支持市属多家医院的网上挂号、在线支付和预交金跨医院通用，缓解了市民就医难的问题。同时，针对老百姓关心的问题，提供学区查询、图书馆借阅、景区购票等服务，丰富了市民的文化生活。

在用户规模方面，截至2024年9月，"e福州"App的总注册用户数已突破1100万，显示出其广泛的用户基础，与此同时，日均活跃用户数保持较高水平，表明"e福州"已成为福州市民日常生活中不可或缺的一部分。

在技术创新与引领方面，"e福州"在全国首推智能辅助审批创新应用，实现了审批业务从"阅卷式"审核办理向数字化"零人工"服务模式转型升级，提高了审批效率和准确性，打造智能辅助审批新模式。与此同时，率先开展电子证照服务平台的研发，实现了行政审批全流程电子证照应用，让信息多跑路、群众和企业少跑腿。

4）常态智慧应用

（1）背景概况：为了进一步落细落实中组部、中政委、民政部、住建部等四部委下发的《关于深化城市基层党建引领基层治理的若干措施（试行）》的要求，福州市委、市政府于2022年年初印发了《关于深化党建引领加强基层治理体系和治理能力现代化的实施意见》，提出实施"夯实根基、赋权增效、网格治理、数字智治、温暖民心"五大工程，以五大工程为抓手，奋力推进治理体系和治理能力现代化，并于2022年开始，筹划建设福州市社会治理数字化服务平台。该平台以网格、居民、住宅、场所、组织等数据为基础，以事件处置为核心，构建人、场、网格关联绑定的基层治理底座。

福州市社会治理数字化服务平台通过整合福州市已建的地名地址管理服务平台、CIM平台、12345平台、时空信息公共服务平台、网格化管理综合服务平台、住房保障和房产管理综合信息平台等平台能力,对接省级平台数据资源,实现数据、网格落图,赋能给各县(市)区使用。目前,已经从功能上集成网格、党建和综治等业务。以划分好的各级网格为基础,将党员对象落入网格,并且在各网格中体现出党员的数量,从而支撑数字党建工作;此外,还将事项、重点人员(包括失业人员、吸毒人员、涉邪人员等需要重点关注的群体)、网格员、企业等对象落在网格上。目前业务内容主要是处理百姓上报的问题,与 12345 平台不同的是,社会治理平台采用"自下而上"的事项申报解决管理办法,原则是"小事不出社区,中事不出街道,大事不出县域"。

依托该平台,福州市旨在以"小团队、细网格"构建社会治理模式,充分发动党员、志愿者、社会群众等力量,通过信息化实现有效联动,开展基层业务重构,促进公众参与基层自治。同时,结合执法力量下沉,整合各部门办事事项,实现办事事项下沉至社区,打通基层办事"最后一公里"。

除此平台外,相关的信息化平台还涉及已在全市常态化运行的福州市数字城管系统、鼓楼区推广应用的"鼓楼智脑"系统等平行系统,有关功能与本平台定位有所重叠。

(2)建设成效:创新网格划分方案。为进一步提升平台的精准化,福州市社会治理数字化服务平台创新性地对网格的划分进行了细化,将网格划分成小区网格和单位网格。小区网格基本按照 500~1000 户划分一个网格,全市共划分 13 400 个小区网格,结合行政区位代码,每个小区网格有一个唯一的编码;将学校、医院、政府部门、公园、道路、内河等划分成单位网格,全市共有 15 843 个单位网格。单位网格内的事项由各单位牵头负责落实。目前系统已在仓山区、台江区和马尾区部分社区推广使用,后续计划在 45 个福州市精品社区开展。

5)应急智慧应用

(1)背景概况:2017 年 3 月,福州市在全国范围内率先建立水系联排联调机制,成立了联排联调中心,实现涉水三个部门、五个单位的紧密联合,实施"一套预案、统一调度",并启动福州城区水系科学调度监测预警系统项目,建成全国首个城市级水系科学调度系统。系统旨在通过运用物联网、大数据等新一代信息技术,对城区 1000 多个库、湖、池、河、闸、站实现智慧管控,形成多水合一与湖库河网厂站一体化统筹管理,通过强化实体在线监测监控、模型智能分析决策、设施设备自动控制等空天地一体化监测监控手段,实现"事前预警预报、提前布防,事中辅助决策、协同指挥,事后灾损评估、优化系统"的全过程精准调控和监管,构建起福州市常态化应对城区"内涝"、"黑臭"两大问题治理的"眼、脑、手"智慧体系,成功打造"一张图"联动指挥、"一条指令、群闸联动"、"多水合一"统筹调度和智慧管理的治水管水的新理念、新标杆。

(2)建设成效:系统覆盖城区库、湖、池、河、闸、站 1000 多个,实现智慧、精准管控;分批启动并完成梅峰支路、金岩路、金达路、双湖高架桥、金山大桥下、齐安路、首山路北段、黄山公交站、登云路等 35 处易积水点专项整治,新建快排通道 200 处,雨水口扩大改造 500 个。2023 年,计划启动治理西三环(淮安半岛)、江滨西大道下穿、白马路、国货西路(华纯南宫酒店)、新园路等 10 处积水风险点,新建快排通道 100 处,新增改造扩大雨水口 500 个。

2017 年以来,福州市城区排水防涝应急处置效率提高了 50%,库湖河调蓄效益提高了 30%以上,城区经受住了 12 个台风和 289 场短历时强降雨的考验。通过制定有效的城区河道生态水位保持和水质达标的上库、中湖、下闸联合调度方案,扩大了纳潮引水量,减少泵提水量,也确保河湖、官网、闸泵、污水厂负荷均衡运行,每年节约电费 2300 万元,大大提高了水体自净能力,内河水位实现平均提高 1.2~1.8 m,主要内河流速达到 0.2 m/s,为市民营造良好的水生态环境,综合效益明显。

6) 民生诉求感知

(1) 背景概况:福州市 12345 平台首创于 2002 年"数字鼓楼"建设的"12345 有事找政府"便民服务平台,搭建了老百姓和政府之间的网络服务桥梁和纽带,为社会治理提供了高效的解决路径。其经验做法分别于 2007 年和 2012 年在福州全市和福建全省进行推广,并在之后向全国推广。

目前,福州市 12345 平台是运用新一代信息技术打造的集"政务服务、便民服务、企业服务"为一体的便民惠企综合服务平台,设有热线电话、网站、微信等 12 种互动渠道,提供"7×24 小时"全天候服务,联动 1 200 多家市、县(市、区)两级承办单位,具有广覆盖、广联动性。依托该平台已构建形成融合城市治理和公共服务为一体的城市综合政务服务体系,成为推进城市治理体系和治理能力现代化的重要抓手。其主要做法有如下方面:

一是服务渠道多元化。统一受理群众通过 12345 网站、电话、微信小程序、手机 App 等渠道提出的非紧急救助类诉求,充分利用互联网密切联系市民、疏导民意、化解社会矛盾等。二是服务内容多样化。为市民提供"咨询、投诉、建议、求助"四种类型便民服务,服务受理范围涵盖市民生活方方面面,全天候互动服务。三是服务流程全闭环。建立诉求件提交、受理、批转、办理、审核、回访、评价等流程,将服务对象、服务部门、监督部门均纳入平台实现网络化协同办理,形成以综合受理、批转审核、协调督办、考核评价为核心的服务闭环。四是服务流程规范化。强化制度保障,制定福建省 12345 便民服务平台管理办法,规范服务流程,明确部门职责,确保市民诉求能够及时有效解决,做到"有受理、有办理、有反馈","事事有着落,件件有回音"。五是服务资源扁平化。建立统一共享互联的服务资源,用"一个号码、一张网络"实现服务资源扁平化覆盖到省、市、县、乡四级,做到服务无盲区。

(2) 建设成效:一是有效纾解群众生活困难及诉求。自 2003 年开通以来,平台共受理群众诉求 283.52 万件,其中 2023 年上半年共受理群众诉求 99.70 万件,诉求件受理率 100%,及时查阅率 100%,按时办理率 99.98%,群众满意率 98.54%。二是高效联动紧急事件处置渠道。与 110 报警服务台高效对接联动,快速处置群众遇到的紧急事件,实现群众诉求全方位响应。2023 年以来,迅速妥善处置涉及扬言"跳楼""杀人"等诉求案件 690 多件。三是智能分析支持社会治理优化。广泛吸收群众诉求所反映的民情信息,建立社情民意分析研判机制,聚焦和分析民生领域群众反映的热点、痛点、难点问题,形成《12345 每日民生热点诉求专报》《12345 诉求情况分析每月专报》近千件,有效支撑市委、市政府决策。2018 年,在首届数字中国建设峰会上,12345 便民服务平台被评为"数字中国建设年度最佳实践"。

参◇考◇文◇献

[1] 王钦敏.全面建设数字政府统筹推进数字化发展[J].行政管理改革,2022,(1):4-7.
[2] 刘银喜,赵森.公共价值创造:数字政府治理研究新视角——理论框架与路径选择[J].电子政务,2022,(2):65-74.

[3] 朱国伟,周妍池,刘银喜.敏捷治理推动数字政府建设:发展趋势与实现路径[J].电子政务,2024,(2):55-64.

[4] 李哲.国家创新体系数字化转型:挑战与趋势[J].人民论坛,2024,(4):14-18.

[5] 周济南.数字技术赋能城市社区合作治理研究[D].湘潭大学,2022.

[6] 杨晶,李哲,康琪.数字化转型对国家创新体系的影响与对策研究[J].研究与发展管理,2020,32(6):26-38.

[7] 邹翔,朱浙萍.最多跑一次群众好办事[N].人民日报,2024-09-11(005).

[8] 翁士洪.技术驱动与科层统合:城市治理数字化转型的交互机制[J].中国行政管理,2023,(6):42-50.

[9] 孟子龙,任丙强.地方政府数字治理何以有效提升基层治理效能——基于S市A区"一网统管"的案例研究[J].中国行政管理,2023,(6):15-22.

[10] 王轩.数字社会治理:价值变革、治理风险及其应对[J].理论探索,2023,(4):46-52.

[11] 杨志玲,周露.中国数字乡村治理的制度设计、实践困境与优化路径[J].经济与管理,2023,37(5):16-23.

[12] 文军,敖淑凤.社区数字治理中的不确定性风险及其应对策略[J].吉林大学社会科学学报,2023,63(6):58-71+231.

[13] 赵明.建设数字政府提升治理效能[J].群众,2021,2(6):6-7.

[14] 张洪谋.城市智能治理中的感知、反馈与闭环[J].北大政治学评论,2023,4(2):49-65.

[15] 邵梓捷,韩景旭.连接、赋能、行动:APP参与基层数字治理的经验模式[J].北大政治学评论,2023,6(2):66-95.

[16] 马琪,杨薇,廖舫仪.数字治理时代老年人数字融入困境形成机理研究[J].北大政治学评论,2021,10(1):153-177.

[17] 范合君,吴婷.新型数字基础设施、数字化能力与全要素生产率[J].经济与管理研究,2022,43(1):3-22.

[18] 陈雁翎,鲜逸峰,杨竺松.数实融合背景下我国数字人才培养的挑战与应对[J].行政管理改革,2024,8(2):66-75.

[19] 陆峰.数字化转型与治理方法论[M].北京:人民邮电出版社,2022.

[20] 赵静,薛澜,吴冠生.敏捷思维引领城市治理转型:对多城市治理实践的分析[J].中国行政管理,2021,2(8):49-54.

[21] 王鹏.智慧城市:走向城市全域数字化转型[J].软件和集成电路,2024,5(8):73-76.

[22] 王洁钰.数字技术赋能政府治理:机制、困境与路径[J].理论导刊,2024,5(6):73-81.

[23] 鲍静,贾开.数字治理体系和治理能力现代化研究:原则、框架与要素[J].政治学研究,2019,4(3):23-32+125-126.

[24] 杨宏山,李娉.双重整合:城市基层治理的新形态[J].中国行政管理,2020,1(5):40-44.

[25] 王江寒.关于我国生态环境治理模式及其实施路径研究[J].价格理论与实践,2020,2(9):41-44.

[26] 邱耀杰.中小城市数字化管理研究[D].西北农林科技大学,2015.

[27] 张永新.长春市数字化城市治理研究[J].长春市委党校学报,2018,6(6):56-59.